大学计算机基础

（第2版）

Basic Coursebook On University Computer
(2nd Edition)

长沙医学院 编著

主　编：何建军 马俊 周启良
副主编：金智 李红艳 陈实 高超 刘翠翠
编　写：何建军 马俊 周启良 刘蓉 金智 孙华
刘翠翠 李红艳 汪一百 陈实 高超 盛权为
唐启涛 彭利红 张燕 李莹 刘海燕 张骏
任日丽 段湘林 韦湘夫 姜彪 杨蓉

人 民 邮 电 出 版 社
北 京

图书在版编目（CIP）数据

大学计算机基础 / 长沙医学院编著. -- 2版. -- 北京 : 人民邮电出版社, 2014.2（2022.7重印）
21世纪高等学校计算机规划教材
ISBN 978-7-115-34132-7

Ⅰ. ①大… Ⅱ. ①长… Ⅲ. ①电子计算机－高等学校－教材 Ⅳ. ①TP3

中国版本图书馆CIP数据核字(2014)第005638号

内 容 提 要

本书是《大学计算机基础》的第 2 版，在第 1 版的基础上做了技术上的更新、内容上的补充。本书共 11 章。第 1 章介绍计算机基础知识；第 2 章介绍操作系统 Windows 7 的功能及其使用与操作方法；第 3 章～第 5 章主要介绍中文 Office 2010 中的主要组件（Word、Excel、PowerPoint）；第 6 章、第 7 章主要介绍计算机网络基础知识和多媒体基础知识；第 8 章是新增加的“常用工具软件”；第 9 章介绍数据库基础及其工具软件 Access 的使用；第 10 章对信息安全及病毒防范进行介绍；第 11 章介绍医学与信息技术应用。

本书重视计算机的操作和应用，内容非常实用和适用，可作为大学本科非计算机专业的“计算机基础”课程教材，也可作为计算机爱好者的参考书。

◆ 编　　著　长沙医学院
　责任编辑　邹文波
　责任印制　彭志环　杨林杰

◆ 人民邮电出版社出版发行　　北京市丰台区成寿寺路 11 号
　邮编　100164　　电子邮件　315@ptpress.com.cn
　网址　http://www.ptpress.com.cn
　大厂回族自治县聚鑫印刷有限责任公司印刷

◆ 开本：787×1092　1/16
　印张：18　　　　　　　　2014 年 2 月第 2 版
　字数：472 千字　　　　　2022 年 7月河北第 13 次印刷

定价：45.00 元

读者服务热线：(010)81055256　印装质量热线：(010)81055316
反盗版热线：(010)81055315
广告经营许可证：京东市监广登字 20170147 号

第 2 版前言

当今，计算机已成为人类活动不可或缺的一种工具，计算机基础教育已成为各学科的基石，成为高等院校的一门公共基础课程。

长沙医学院是培养全科医师（General Practitioner）的摇篮，对于计算机基础教育同样十分重视，这是因为，现代医学肯定是离不开计算机的。基于这一理念，长沙医学院的老师统一思想，协同一致编写了这套“大学计算机基础”教材，将计算机知识与医学应用融为一体，以满足学生的学习需求。

为了适应 21 世纪经济建设对人才知识结构、计算机文化素质与应用技能的要求，适应计算机科学技术和应用技术的迅猛发展，适应高等学校新生知识结构的变化，我们总结了多年来的教学实践和组织等级考试的经验，同时根据“教育部非计算机专业计算机基础课程教学指导分委会”提出的《关于进一步加强高校计算机基础教学的意见》中有关“大学计算机基础”课程教学的要求，组织编写了本书。“大学计算机基础”是一门理论性与技术性合二为一的课程，重视技术是为了实践、应用，强调理论是为了打好根基、继续发展。本书试图两者兼而有之，以提高学生的综合应用能力。

如在数制转换的章节中，传统的做法是只介绍方法和规则。本书则画龙点睛地证明了一两种转换的原理，使学生能举一反三、触类旁通。

本书适合高等院校非计算机专业使用，尤其适合医学专业的学生使用，医学信息处理的基本技术已融入本书中。全书共 10 章，第 1 章介绍计算机基础知识；第 2 章介绍操作系统 Windows 7 的功能及其使用与操作方法；第 3 章～第 5 章主要介绍中文 Office 2010 中的主要组件（Word、Excel、PowerPoint）；第 6 章、第 7 章主要介绍计算机网络基础知识和多媒体基础知识；第 8 章是新增加的“常用工具软件”；第 9 章介绍数据库基础及其工具软件 Access 的使用；第 10 章对信息安全及病毒防范进行介绍，第 11 章介绍医学与信息技术应用。本书更新了每章的思考与练习内容。

本书的问世，首先应感谢长沙医学院院长何彬生教授，副院长卢捷湘教授，副院长何建军教授，教务长周启良教授，他们共同的支持与鼓励是本书诞生的动力。

参加本书编写的有刘蓉、马俊（第 1 章），高超、韦湘夫（第 2 章），金智、孙华（第 3 章），陈实、刘翠翠、盛权为（第 4 章），李红艳、汪一百（第 5 章），马俊、张骏、刘海燕（第 6 章），李莹、彭利红、何建军（第 7 章，第 11 章），姜彪、段湘林（第 8 章），张燕、任日丽（第 9 章），唐启涛、周启良（第 10 章），刘翠翠、何建军（第 11 章）全书由马俊统稿。

由于编者水平有限，加之时间仓促，书中难免存在错误，恳请专家及读者批评指正。

编　者

2014 年 1 月

目　录

第 1 章 计算机概述

计算机（Computer）是一种能高速、自动、精确处理信息的现代化电子设备。由于它能模拟人的大脑去处理各种信息，故俗称电脑。计算机是 20 世纪人类最重大的科学技术发明之一，它的出现和发展大大推动了科学技术的发展，同时也给人类社会带来了日新月异的变化。伴随计算机技术和网络技术的飞速发展，计算机已渗透到社会的各个领域，对人类社会的发展产生了极其深远的影响。随着信息时代的到来，计算机已经成为现代人类活动中不可缺少的工具。

本章主要介绍计算机的一些基本知识，包括计算机的发展与应用、计算机的特点、未来计算机技术及计算机技术在医学信息中的应用。

1.1 计算机的发展

1.1.1 计算机的发展历史

1946 年 2 月，出于弹道设计的目的，在美国陆军总部的主持下，人类第一台电子计算机 ENIAC（Electronic Numerical Integrator and Calculation，电子数字积分计算机）诞生于美国宾夕法尼亚大学，这台计算机是由埃克特（J. P. Eckert）与莫克利（J. W. Mauchly）设计的（见图 1-1-1），重达 30t，占地 170m^2，用了电子管 18 000 多个。用现在的眼光来看，它显得过于笨重，然而，正是这个庞然大物向人类展示出新世纪的曙光。

图 1-1-1　ENIAC

早在1904年，英国科学家弗莱明发明了第一只真空二极管，1907年，美国学者德福雷斯研制出第一只真空三极管。他们自己也未曾想到，40年后他们发明的电子管竟成了世界上第一台计算机的细胞；而后计算机得到了飞速发展与普及。今天，计算机几乎已经普及到每个家庭。

人们要提高计算速度，自然要想到”机器”，这就是”计算机”（Computing Machinery或者Computer）。作为计算器的计算机经历了手动到机械自动、机械计算到电动计算、机电全自动到电子数字等几个阶段。人类最早的计算工具可以追溯到中国唐代发明的算盘，算盘是世界上第一种手动式的计算器，迄今还在使用中。1622年，英国数学家奥特瑞德（William Oughtred）根据对数表设计计算尺，可执行加、减、乘、除、指数、三角函数运算，沿用到20世纪70年代才由计算器所取代。1642年，法国哲学家、数学家帕斯卡（Blasé Pascal）发明了世界上第一个加法器，它采用齿轮旋转进位方式执行运算，但只能做加法运算。1673年，德国数学家、哲学家莱布尼茨（Gottfried Leibniz）在帕斯卡的发明基础上设计了一种能演算加、减、乘、除和开方的计算器，1679年他在《二进位数学》中发明了二进制，这就是今天计算机的数制。以上计算器都是手动的或机械式的。今天电子计算机的直系祖先是19世纪由英国剑桥大学的查尔斯·巴贝奇（Charles Babbage）教授设计的差分机和分析机，如图1-1-2所示。

(a) 查尔斯·巴贝奇

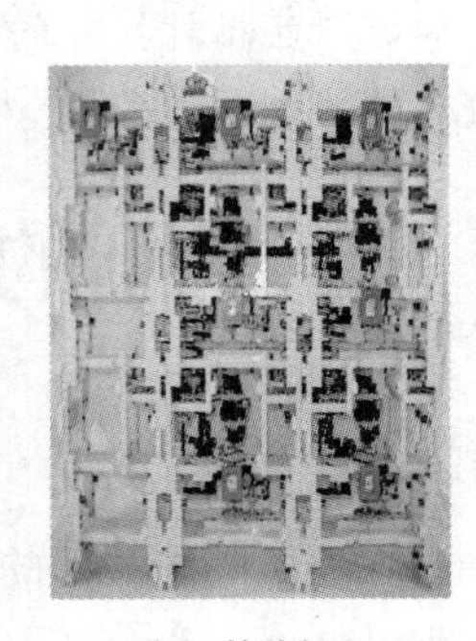
(b) 差分机

(c) 分析机

图1-1-2　查尔斯·巴贝奇以及他的差分机和分析机

巴贝奇是国际计算机界公认的，当之无愧的计算机之父，他在阿达·奥古斯塔（Ad Augusta）的协助和支持下，于1812年首先设计了差分机，并在1822年制成了机器的一部分。开机计算后，其工作的准确性达到了设计的要求。1834年，巴贝奇在研制了差分机的工作中，看到了制造一种新的、在性能上大大超过了差分机的“计算机”的可能性。他把这个未来的机器称为分析机。巴贝奇设计的分析机有3个主要部分：第一部分是由许多轮子组成的保存数据的储存装置；第二部分是运算装置；第三部分是对操作顺序进行控制，并能选择所需处理的数据以及输出结果的装置。巴贝奇还把程序控制的思想引入分析机，他的设想是采用穿孔卡片把指令存到存储库中，机器根据穿孔卡片上孔的图形确定该执行什么指令，并自动运算。

分析机的结构、设计思想与现代计算机的结构、设计思想是一致的，所以说分析机是现代通用计算机的雏形。然而，由于缺乏政府和企业的资助，巴贝奇直到逝世，亦未能最终制成他所设计的计算机。

约100年以后，美国哈佛大学的霍华德·艾肯（Howard Aiken）博士在图书馆里发现了巴贝奇的论文，并根据当时的科技水平，提出了要用机电方式，而不是用纯机械方法来构造新的分析机。艾肯在IBM公司的资助下，于1944年研制成功了被称为电子计算机“史前史”里最后一台著名计算机 MARK Ⅰ，将巴贝奇的梦想变成现实。后来艾肯继续主持 MARK Ⅱ和 MARK Ⅲ等计算机的研制，但它们已经属于电子计算机的范畴。

图 1-1-3　图灵

计算机科学（计算机的知识体系）的奠基人是英国科学家阿兰 · 图灵（Alan Mathison Turing，1912—1945，见图 1-1-3）。在第二次世界大战期间，为了能彻底破译德国的军事密电，图灵设计并完成了真空管机器 Colssus，多次成功地破译了德国作战密码，为反法西斯战争的胜利做出了卓越的贡献。他对计算机科学的贡献有两个方面：一是建立图灵机（Turing Machine，TM）模型，奠定了可计算性理论的基础。图灵证明，只有图灵机能解决的计算问题计算机才能解决，图灵机对计算机的一般结构、可实现性和局限性都产生了深远的影响。

1950 年 10 月，图灵在哲学期刊“Mind”上发表了一篇著名论文《计算器与智能》（Computing Machinery and Intelligence）。他指出，如果一台机器对于质问的响应与人类作出的响应完全无法区别，那么这台机器就具有智能。今天人们把这个论断称为图灵测试（Turing Test），它奠定了人工智能的理论基础。

为纪念图灵对计算机的贡献，美国计算机协会（Association For Computing Machinery，ACM）于 1966 年创立了“图灵奖”，每年颁发给在计算机科学领域的领先研究人员，现在图灵奖被誉为计算机业界的诺贝尔奖。

最近的研究表明，电子计算机的雏形应该是由保加利亚裔美国人、衣阿华大学教授约翰 · 阿塔诺索夫（John V.　Atanasoff）和他的研究生克利福特 · 伯瑞（Cliffod E.　Berry）在 1941 年研制成功的 ABC 计算机（Atanasoff-Berry Computer）。1939 年，阿塔诺索夫和伯瑞开始为数学物理研究设计“电子管计算机”，并在 1941 年制作成功。所以，ABC 更应该被称为世界上第一台电子计算机。

图 1-1-4　冯 · 诺依曼

尽管 ENIAC 是第一台正式投入运行的电子计算机，但它不具备现代计算机的“存储程序”。美籍匈牙利数学家冯 · 诺依曼（Von.　Neumann，1903—1957，见图 1-1-4）在 1946 年 6 月发表了“电子计算机装置逻辑结构初探”的论文，并设计出第一台能存储程序的电子数据计算机（The Electronic Discrete Variable Automatic Computer，EDVAC）。EDVAC 在 1952 年正式投入运行，其运行速度是 ENIAC 的 240 倍。冯 · 诺依曼提出的计算机结构为人们普遍接受，并被称为冯 · 诺依曼结构。

冯 · 诺依曼结构计算机工作原理的核心是“存储程序”和“程序控制”，并具有如下 3 个特点。

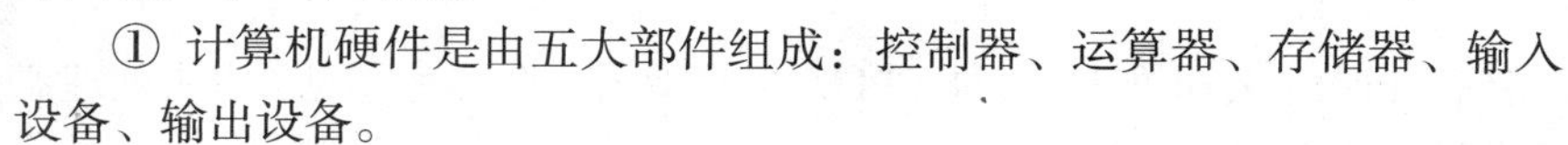

① 计算机硬件是由五大部件组成：控制器、运算器、存储器、输入设备、输出设备。

② 程序和数据均存放在存储器中，且能自动依次执行指令。

③ 所有的数据和程序均采用二进制数 0、1 表示。

60 多年来，虽然计算机系统从性能指标、运算速度、工作方式、应用领域等方面与初始的计算机有很大差别，但基本结构没变，基本上都是建立在冯 · 诺依曼结构原理上的。因此，目前几乎所有的计算机都被称为冯 · 诺依曼计算机。图 1-1-5 所示为计算机诞生的简明历程。

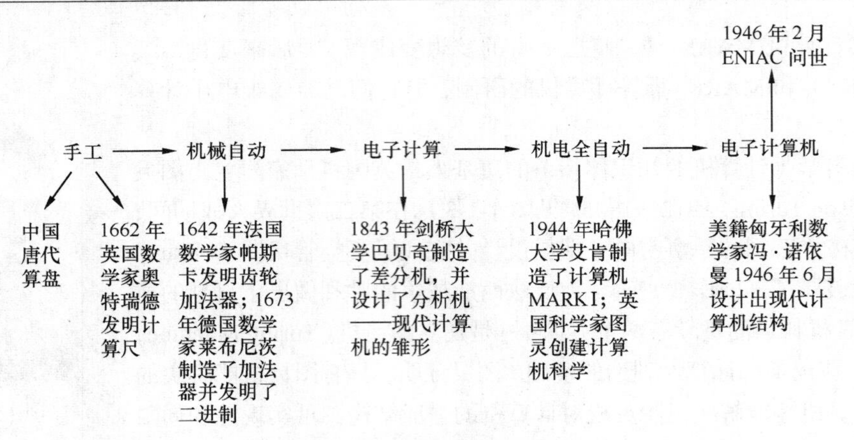

图1-1-5　计算机诞生历程

60多年以来，按照计算机所使用的逻辑元件、功能、体积、应用等划分，计算机的发展经历了电子管、晶体管、集成电路、超大规模集成电路4个时代。

第一代（1946～1958年）是电子管计算机。它使用的主要逻辑元件是电子管。这个时期计算机的特点是体积庞大、运算速度低（每秒几千次到几万次）、成本高、可靠性差、内存容量少，主要被用于数值计算和军事科学方面的研究。

第二代（1959～1964年）是晶体管计算机。它使用的主要逻辑元件是晶体管。这个时期计算机运行速度有了很大提高，体积大大缩小，可靠性和内存容量也有了较大的提高，不仅被用于军事与尖端技术方面，而且在工程设计、数据处理、事务管理、工业控制等领域也开始得到应用。

第三代（1965～1970年）是集成电路计算机。它的逻辑元件主要是中、小规模集成电路。这一时期计算机设计的基本思想是标准化、模块化、系列化，计算机成本进一步降低，体积进一步缩小，兼容性更好，应用更加广泛。

第四代（1971年以后）是大规模集成电路计算机。它的主要逻辑元件是大规模和超大规模集成电路。这一时期计算机的运行速度可达每秒钟上千万次到万亿次，体积更小，成本更低，存储容量和可靠性又有了很大的提高，功能更加完善，计算机应用的深度和广度有了很大发展。

目前，很多国家都在积极研制第五代计算机，这一代计算机是把信息采集、存储处理、通信、多媒体技术和人工智能结合在一起的计算机系统。

1.1.2　微型计算机的发展

现在人们普遍使用的计算机，采用超大规模集成电路，体积小、重量轻，被称为微型计算机（以下简称微机）。微机一般为个人使用，也被称为个人机或PC。微机以计算机使用的微处理器（CPU）作为换代标志。

第一代：1971年英特尔（Intel）公司推出I4004 CPU，成功地用一个芯片实现了中央处理器的全部功能，从此拉开了微机发展的帷幕。

第二代：1973年Intel公司推出8位CPU 8080、8085，由它们装配起来的计算机被称为第二代微机。

第三代：1978年16位CPU的出现，标志微机的发展进入第三代，如Intel 8088/8086微机。

第四代：1985年以后，由集成密集度更高的32位CPU、64位CPU装配起来的计算机被称为第四代微机。

1.1.3　计算机的发展现状

当今计算机的发展有 5 个方面的趋势：巨型化、微型化、多媒体化、网络化、智能化。

1. 巨型化

巨型化是指超高速、超存储量和功能超强的超大型计算机。用于天文、气象、宇航、核反应等尖端科学，也用于基因工程、生物工程等新兴科学。

2. 微型化

中大规模、超大规模集成电路的出现使计算机迅速走向微型化。因为微型机可渗透到诸如仪表、家用电器、导弹弹头等中、小型机无法进入的领地，所以 20 世纪 80 年代以来发展异常迅速。当前微型机的标志是运算部件和控制部件集成在一起，今后将逐步发展到对存储器、通道处理机、高速运算部件、图形卡、声卡的集成，进一步将系统的软件固化，达到整个微型机系统的集成。

3. 多媒体化

20 世纪 80 年代开始，在超大规模集成电路技术支持下，计算机图形处理功能、声像处理功能取得了重大突破，人们致力于研究将声音、图形和图像作为新的信息媒体输入、输出的计算机，多媒体计算机呼之欲出。多媒体是"以数字技术为核心的图像、声音与计算机、通信等融为一体的信息环境"的总称。多媒体技术的目标是：无论在什么地方，只需要简单的设备，就能自由自在地以交互方式收发所需要的各种媒体信息。如今多媒体技术已经成熟并得到了广泛的应用。

4. 网络化

20 世纪 60 年代以来，计算机技术与通信技术已密切结合，出现了在一定范围内将计算机互连在一起进行信息交换、实现资源共享的趋势，计算机应用开始由集中式走向分布式，这就是计算机网络。计算机网络出现后不久，就沿着两个方向发展了：一个是远程网，也称广域网，是研究远距离、大范围的计算机网络；另一个是研究有限范围内的局域网。计算机网络是计算机技术发展中崛起的又一重要分支，是现代通信技术与计算机技术结合的产物。从单机走向互连，是计算机应用发展的必然结果。

5. 智能化

智能化建立在现代科学基础之上。它通过模拟人的感觉、行为、思维，使计算机具备视觉、听觉、语言、行为、思维、逻辑推理、学习、证明等能力。

1.2　计算机的主要分类

计算机的分类方法主要有以下几种。

1. 按计算机用途分类

① 专用计算机。这是针对某类问题能最有效、最快速显示出结果的计算机。例如，导弹和火箭上使用的计算机就是专门计算机。

② 通用计算机。适应性很强，应用性很广的计算机。但其运算效率、速度等依据不同应用对象会受到不同程度的影响。

2. 按计算机规模分类

（1）巨型机（Super Computer）

这是一种超大型计算机，具有很强的计算和处理数据的能力，运算速度可达到每秒几十万亿次，但价格昂贵。对于巨型机的发展，国际上有两种意见，一是巨型机的体系设计，二是用微型机群组成的巨型机。尽管有些人认为现有的巨型机在能力上“没有给人留下深刻的印象”，“得不偿失”，有些计划中的巨型机系统（如 IBM Future System）暂被放弃，但巨型机的发展方向仍将是肯定的，主要应用包括军事、气象等领域。

（2）大型机（Mainframe Computer）。

这包括国内常说的大、中型机。这是一类通用性能很强、功能也很强的计算机。运算速度在每秒几百万次到几亿次，主存容量在几百兆字节左右，字长为 32～64，主要用于计算中心和计算机网络。例如，IBM4300、ES9000、VAX8800 等都是大型计算机的代表产品。

（3）小型计算机（Minicomputer）。

小型计算机是计算机性能较好、价格便宜、应用领域很广泛的计算机。它结构简单、操作方便，不需要经长期培训即可维护和使用，通常会作为某一部门的核心机。例如，IBM AS/400、富士通的 K 系列机等都是小型计算机。

（4）工作站（Workstation）

工作站是介于 PC 与小型计算机之间的一种高档微机，其运行速度比微机快，且具有较强的联网功能。CAD、图像处理、三维动画等，这些都是工作站的应用领域。工作站的代表机型有 SGI、Apollo 等。

（5）个人计算机（Personal Computer，PC）

微型计算机以其设计先进（总是率先采用高性能处理器）、软件丰富、功能齐全、价格便宜、体积较小等优势而拥有广大的用户，大大推动了计算机的普及应用。PC 的主流是 IBM 公司 1981 年推出的 PC 系列及其众多的兼容机；另外，Apple 公司的 Macintosh 系列机在教育美术设计领域也有广泛应用。

1.3 计算机的特点

计算机作为一种通用的信息处理工具，它具有极高的处理速度，很强的存储能力，精确的计算逻辑判断功能，其主要特点如下。

1. 运算快速快

人们打算盘，是用手来拨动算盘珠子，而计算机则是用电子电路来作为“电子算盘珠”（触发器，trigger），这种算盘珠子每秒可以“拨动”几百万次、几千万次，甚至几亿万次，这就是计算机能高速运算的秘密，这也使大量复杂的科学计算问题得以解决。例如，卫星轨道计算、天气预报计算、大型水坝计算等。

2. 运算精度高

计算机由于是根据事先编好的程序自动、连续地工作，所以可以避免人工计算机因疲劳粗心而产生各种错误。例如，圆周率 π 的计算，历代科学家采用人工计算能算出小数点后的 500 位。1981 年日本人曾利用计算机算到小数点后 200 万位，而目前已计算到小数点后上亿位。

科学技术的发展，特别是尖端科学技术的发展，需要高度精确的计算。一般计算机可以有十几位甚至几十位（二进制）有效数字，计算精度可由千分之几到百万分之几。例如，用计算机精确控制导弹。

3. 记忆功能强，存储容量大

计算机的存储器可以存储大量的数据和资料信息。例如，一个大容量的硬盘可以存放整个图书馆的书籍和文献资料。计算机不仅可以存储字符，还可以存储图像、声音等。

4. 逻辑判断能力强

计算机具有逻辑判断能力，即对两个事件进行比较，根据比较的结果可以自动确定下一步该做什么。有了这种能力，计算机就能够实现自动控制，快速地完成多种任务。

5. 可靠性高

计算机可以连续无故障地运行几个月甚至几年。随着超大规模集成电路的发展，计算机的可靠性越来越高。

6. 通用性强

计算机可用于数值计算、数据处理、自动控制、辅助设计、逻辑关系加工与人工智能等方面。计算机的应用已经渗透到科技、工业、农业、商业、交通运输、文化教育、服务行业（网吧、家庭、电话、E-mail）等各行各业。所有这些都说明了计算机的通用性。

计算机的通用性是由数学公式的通用性、逻辑表达的通用性以及计算机的快速、准确、自动计算能力而来的。

1.4　计算机的应用

计算机的应用范围十分广泛，大到进行空间搜索，小到揭示微观世界，从尖端科技到日常生活，几乎无所不包。计算机的应用已经渗透到社会的各个领域，正在深刻改变着人们的工作、学习和生活方式，推动着社会的发展。计算机的应用大致可分为以下几个方面。

1. 科学计算

科学计算也被称为数值计算，计算机最开始是为解决科学研究和工程设计中遇到的大量数学问题的数值计算而研制的计算工具。随着现代科学技术的进一步发展，数值计算在现代科学研究中的地位不断提高，尤其是在尖端科学领域中，显得尤为重要。例如，人造卫星轨迹的计算，房屋抗震强度的计算，火箭、宇宙飞船的研究、设计都离不开计算机的精确计算。

在工业、农业以及人类社会的各个领域中，计算机的应用都取得了许多重大突破，就连人们每天收听、收看的天气预报都离不开计算机的科学计算。

应用计算机进行数值计算，可以大量节省时间、人力和物力。例如，一个有 200 个未知数的代数方程组用每秒百万次的 DJS-11 计算机来算，只需要十几秒就能算出结果。如果用人工计算，则要几十人计算一年。

2. 信息处理

在科学研究和工程技术中，会得到大量的原始数据，其中包括大量图片、文字和声音等信息，而所谓信息处理，就是对类似这样的数据进行收集、分析、排序、存储、计算、传输、制表等操作。目前，计算机的信息处理应用已非常普遍，涉及的领域如人事管理、库存管理、财务管理、图书资料管理、商业数据交流、情报检索、经济管理等。

信息处理已成为当代计算机的主要任务，是现代化管理的基础。据统计，全世界计算机用户用于数据处理的工作量占全部计算机应用的 80%以上，大大提高了工作效率，提高了管理水平。

3. 办公自动化

办公自动化（Office Automation，OA）是将现代化办公和计算机网络功能结合起来的一种新型的办公方式，是当前新技术革命中一个非常活跃和具有很强生命力的技术应用领域，是信息化社会的产物。

在行政机关、企事业单位工作中，是采用 Internet/Intranet 技术，基于工作流的概念，以计算机为中心，采用一系列现代化的办公设备和先进的通信技术，广泛、全面、迅速地收集、整理、加工、存储和使用信息，使企业内部人员方便快捷地共享信息，高效地协同工作；改变过去复杂、低效的手工办公方式，为科学管理和决策服务，从而达到提高行政效率的目的。一家企业实现办公自动化的程度也是衡量其实现现代化管理的标准。我国专家在第一次全国办公自动化规划讨论会上提出办公自动化的定义为：利用先进的科学技术，使部分办公业务活动物化于人以外的各种现代化办公设备中，由人与技术设备构成服务于某种办公业务目的的人—机信息处理系统。

在行政机关中，大多把办公自动化叫做电子政务，是指政府机构在其管理和服务职能中运用现代信息技术，实现政府组织结构和工作流程的重组优化，超越时间、空间和部门分隔的制约，建成一个精简、高效、廉洁、公平的政府运作模式。电子政务模型可简单概括为两方面：政府部门内部利用先进的网络信息技术实现办公自动化、管理信息化、决策科学化；政府部门与社会各界利用网络信息平台充分进行信息共享与服务、加强群众监督、提高办事效率及促进政务公开等。因此“政府上网工程”与“电子政务”可谓互为因果，相辅相成，“政府上网工程”的最终目标正是推动电子政务的实现。

4. 电子商务

电子商务（Electric Commerce，EC）是指利用计算机和网络进行的新型商务活动。从总体来看，电子商务是指对整个商业活动实现电子化。从狭义上讲，电子商务是指在互联网（Internet）、企业内部网（Intranet）和增值网（Value Added Network，VAN）上以电子交易方式进行交易活动和相关服务活动，是传统商业活动各环节的电子化、网络化。从广义来讲，电子商务是指应用计算机与网络技术与现代信息化通信技术，按照一定标准，利用电子化工具来实现包括电子交易在内的商业交换和行政作业的商贸活动的全过程。电子商务包括电子货币交换、供应链管理、电子交易市场、网络营销、在线事务处理、电子数据交换（EDI）、存货管理和自动数据收集系统。在此过程中，利用到的信息技术包括互联网、外联网、电子邮件、数据库、电子目录和移动电话。

5. 自动控制

自动控制是指通过计算机对某一过程进行自动操作，它不需要人工干预，能按人预定的目标和预定的状态进行过程控制。所谓过程控制，是指对操作数据进行实时采集、检测、处理和判断，按最佳值进行调节的过程。自动控制被广泛用于操作复杂的钢铁企业、石油化工以及医药工业等生产中。使用计算机进行自动控制可大大提高控制的实时性和准确性，提高劳动效率、产品质量，降低成本，缩短生产周期。

计算机控制工业生产的水平正在逐步提高。起初，计算机只是起巡回检测、越限报警、自动显示、打印制表等作用。后来，计算机可用作直接数字控制（Direct Digital Control），进而实现了局部最优控制。同时，控制理论也得到相应的发展。现在，正在研究全系统的最优控制。为了实现全系统的最优控制，科技工作者发表了许多有关新型控制规律、控制理论和有关数学模型的文章。

计算机自动控制还在国防和航空航天领域中起决定性作用，如无人驾驶飞机、导弹、人造卫星和宇宙飞船等飞行器的控制，都是靠计算机实现的。可以说计算机是现代化国防和航空航天领域的神经中枢。

6. 计算机的辅助系统

计算机辅助设计（Computer Aided Design，CAD）、计算机辅助制造（Computer Aided Manufacturing，CAM）、计算机辅助测试（Computer Aided Test，CAT）、计算机辅助工程（Computer Aided Engineering，CAE）及计算机辅助教学（Computer Aided Instruction，CAI）被统称为计算机辅助系统。

CAD 是指借助计算机，人们可以自动或半自动地完成各类工程设计工作。有些国家已把 CAD、CAM、CAT 及 CAE 组成一个集成系统，使设计、制造、测试和管理有机地合为一体，形成了一个高度自动化的系统。采用计算机来辅助设计不仅可以大大缩短设计周期、降低生产成本、节省人力物力，而且对于保证产品质量、提高合格率也有重要作用。

CAI 是指用计算机来辅助完成教学计划或模拟某个实验过程。

7. 逻辑关系加工与人工智能

逻辑关系加工是指用计算机对一些逻辑性质的问题进行加工处理。在逻辑关系加工这类应用中，最突出的例子是机器自动翻译，即由计算机把一种语言文字翻译成另一种语言文字。从 1950 年开始，好几个国家先后在计算机上进行的机器自动翻译已基本研究成功，但译文正确性不够高的问题仍然存在。至于语音的自动翻译更有一段距离。

除机器自动翻译外，属于逻辑关系加工这一类应用的还有情报检索、论文摘要、机器编程、下棋、战术研究等。

逻辑关系加工的进一部发展，就属于人工智能的范畴了。

人工智能（Artificial Intelligence，AI）是指计算机模拟人类某些智力行为的理论、技术和应用。

人工智能是计算机应用的一个新领域，这方面的研究和应用正处于发展阶段，在医疗诊断、定理证明、语言翻译和机器人等方面有了显著的成效。例如，用计算机模拟人脑的部分功能进行思维学习、推理、联想和决策，使计算机具有一定“思维能力”。我国已开发成功一些中医诊断系统，可以模拟名医给患者诊病、开处方。

机器人是计算机人工智能的典型例子，机器人的核心是计算机。第一代机器人是机械手；第二代机器人能够反馈外界信息，有一定的触觉、视觉、听觉；第三代机器人是智能机器人，具有感知和理解周围环境的能力，基本掌握了语言、推理、规划和操纵工具的技能，可以模拟人完成某些工作。机器人不怕疲劳，精确度高，适应力强，现已开始被用于搬运、喷漆、焊接、装配等工作中。机器人还能代替人在危险环境中进行工作，如在有放射线、有毒、污染、高温、低温、高压和水下等环境中工作。

综上所述，可以看到计算机的应用是非常广泛的，计算机不仅能代替人们进行某些体力劳动，而且能代替人们进行某些脑力劳动。凡是能归结为算术运算的计算，或能严格规则化的工作，都可由计算机来完成。虽然计算机能够代替人们进行部分体力劳动和部分脑力劳动，但是它不能代替人脑的一切活动。电子计算机是人创造的，也只有人才能发挥它的作用。计算机不仅要人设计、制造，而且要人使用、维护。计算机始终是人类的一个得力的工具。

1.5　未来计算机技术的展望

从 1946 年第一台计算机诞生以来，计算机已经走过了 60 多年的历程，计算机的体积不断变小，但性能、速度却在不断提高。然而，人类的追求是无止境的，一刻也没有停止过研究更好、更快、功能更强的计算机，计算机将朝着微型化、巨型化、网络化和智能化方向发展。但是，目前几乎所有的计算机都被称为冯·诺依曼计算机。从目前的研究情况看，未来新型计算机将可能在下列几个方面取得革命性的突破。

1. 光子计算机

光子计算机利用光子取代电子进行数据运算、传输和存储。在光子计算机中，不同波长的光表示不同的数据，可快速完成复杂的计算工作。制造光子计算机，需要开发出可以用一条光束来控制另一条光束变化的光学晶体管。尽管目前可以制造出这样的装置，但是它庞大而笨拙，用其制造一台计算机，体积将有一辆汽车那么大。因此，短期内光子计算机达到实用很困难。

与传统的硅芯片计算机相比. 光子计算机有下列优点：超高速的运算速度、强大的并行处理能力、大存储量、非常强的抗干扰能力、与人脑相似的容错性等。根据推测，未来光子计算机的运算速度可能比今天的超级计算机快 1000～10 000 倍。1990 年，美国贝尔实验室宣布研制出世界上第一台光学计算机。它采用砷化镓光学开关，运算速度达 10 亿次/秒。尽管这台光学计算机与理论上的光学计算机还有一定距离，但已显示出强大的生命力。目前光学计算机的许多关键技术，如光存储技术、光存储器、光电子集成电路等都已取得重大突破。预计在未来，这种新型计算机可取得突破性进展。

2. 生物计算机（分子计算机）

生物计算机在 20 世纪 80 年代中期开始研制，其最大的特点是采用了生物芯片，它由生物工程技术产生的蛋白质分子构成。在这种芯片中，运算速度比当今最新一代计算机快 10 万倍。能量消耗仅相当于普通计算机的十分之一，并且拥有巨大的存储能力。由于蛋白质分子能够自我组合，再生新的微型电路，使得生物计算机具有生物体的一些特点，如能发挥生物体本身的调节机能，从而自动修复芯片发生的故障，还能模仿人脑的思考机制。

美国首次公诸于世的生物计算机被用来模拟电子计算机的逻辑运算，解决虚构的七城市间最佳路径问题。

目前，在生物计算机研究领域已经有了新的进展，预计在不久的将来，就能制造出分子元件，即通过在分子水平上的物理化学作用对信息进行检测、处理、传输和存储。另外，在超微技术领域也取得了某些突破，制造出了微型机器人。长远目标是让这种微型机器人成为一部微小的生物计算机，它们不仅小巧玲珑，而且可以像微生物那样自我复制和繁殖，可以钻进人体里杀死病毒，修复血管、心脏、肾脏等内部器官的损伤，或者使引起癌变的 DNA 突变发生逆转，从而使人延年益寿。

3. 量子计算机

所谓量子计算机，是指利用处于多现实态下的原子进行运算的计算机，这种多现实态是量子力学的标志。在某种条件下，原子世界存在着多现实态，即原子和亚原子粒子可以同时存在于此处和彼处，可以同时表现出高速和低速，可以同时向上和向下运动。如果用这些不同的原子状态分别代表不同的数字或数据，就可以利用一组具有不同潜在状态组合的原子，在同一时间对某一问题的所有答案进行探寻，再利用一些巧妙的手段，就可以使代表正确答案的组合脱颖而出。

刚进入 21 世纪之际，人类在研制量子计算机的道路上取得了新的突破。美国的研究人员已经成功地实现了 4 量子位逻辑门。

与传统的电子计算机相比，量子计算机具有解题速度快、存储量大、搜索功能强和安全性较高等优点。

1.6 计算机技术在医学信息中的应用

随着电子计算机技术的迅速发展，特别是微型计算机的普及，计算机技术已渗透到医学及其管理的各个领域，可利用计算机获取、存储、传输、处理和利用医学及医学管理的各种信息。经过 30 多年的实践和发展，医学信息处理学已成为一门新兴的、医学与计算机技术相结合的边缘学科，对医学的发展起着重要的作用。信息数据分析（信息处理学）是一门“古老”的技术，现代数据分析技术其内容涵盖了数据仓库、OLAP、数据挖掘及知识发现等。而作为数据分析技术的基础数据仓库则起源于20世纪70年代，在80年代中后期到90年代得到了飞速的发展。90年代中后期数据仓库的基本原理、框架结构，以及分析系统主要原理、主要原则均已确定。应该说信息数据分析技术基本完成了理论探索阶段，进入了实际应用和创造效益的阶段。近年来，由于计算机性能大幅度提高，数据存储成本的急剧下降，数据仓库、数据挖掘、知识发现等数据分析处于十分有利的发展时机。

在医疗卫生行业，信息的过量同样成为了医院的负担，如何才能不被信息的汪洋大海所淹没，从中汲取有用的知识和规律，使其成为真正的决策资源，是医院信息工作者面临的另一大重要课题。获取数据固然重要，如何应用数据更具实际价值。建立医院数据仓库，提供医院数据分析与辅助决策支持，将是使医院数据得到有效利用充分增值的必然选择。

获得数据不是目的，从数据中取得成效才是真正的关键。同时，计算机技术正在广泛应用于医疗领域的方方面面。例如，计算机人工神经网络在医学中的应用；纳米材料在生物医学中的应用；激光技术在医学领域的应用；微波技术在医疗上的应用；计算机管理系统在医学上的应用。

计算机在医学领域中的应用主要有以下方面。

1. 计算机辅助诊断和辅助决策系统（CAD&CMD）

该系统可以帮助医生缩短诊断时间；避免疏漏；减轻劳动强度；提供其他专家诊治意见，以便尽快作出诊断，提出治疗方案。诊治的过程是医生收集病人的信息（症状、体征、各种检查结果、病史包括家族史以及治疗效果等），在此基础上结合自己的医学知识和临床经验，进行综合、分析、判断，作出结论。计算机辅助诊断系统是通过医生和计算机工作者相结合，运用模糊数学、概率统计以及人工智能技术，在计算机上建立数学模型，对病人的信息进行处理，提出诊断意见和治疗方案。这样的信息处理过程，速度较快，考虑到的因素较全面，逻辑判断也较严谨。

利用人工智能技术编制的辅助诊断系统，一般称为“医疗专家系统”。人工智能是当代计算机应用的前沿。医疗专家系统是根据医生提供的知识，模拟医生诊治时的推理过程，为疾病的诊治提供帮助。医疗专家系统的核心由知识库和推理机构成。知识库包括书本知识和医生个人的具体经验，以规则、网络、框架等形式表示知识，存储于计算机中。推理机是一个控制机构，根据病人的信息，决定采用知识库中的什么知识，采用何种推理策略进行推理，得出结论。由于在诊治中有许多不确定性，人工智能技术能够较好地解决这种不精确推理问题，使医疗专家系统更接近医生诊治的思维过程，获得较好的结论。有的专家系统还具有自学功能，能在诊治疾病的过程中再获得知识，不断提高自身的诊治水平。 这类系统较好的实例如美国斯坦福大学的MYCIN系统，它能识别出引起疾病的细菌种类，提出适当的抗菌药物。在中国类似的系统有中医专家系统，或称“中医专家咨询系统”。

2. 医院信息系统（HIS）

该系统用以收集、处理、分析、储存和传递医疗信息、医院管理信息。一个完整的医院信息系统可以完成如下任务：病人登记、预约、病历管理、病房管理、临床监护、膳食管理、医院行政管理、健康检查登记、药房和药库管理、病人结账和出院、医疗辅助诊断决策、医学图书资料检索、教育和训练、会诊和转院、统计分析、实验室自动化和接口。这些系统中较著名的如美国复员军人医院的DHCP；马萨诸塞综合医院用MUMPS语言开发的COSTAR等。我国从1970年起，就开发了一些医院信息系统，并统一规划开发了医院统计、病案、人事、器材、药品、财务管理软件包。

3. 生物—医学统计及流行学调查软件包

在临床研究、实验研究及流行学调查研究中，需要处理大量信息。应用计算机可以准确快速地对这些数据进行运算和处理。为了这方面的需要，用各种计算机语言开发了不少软件包，较著名的有 SAS、SPSS、SYSTAT 及中国的 RDAS 等。

4. 卫生行政管理信息系统（MIS）

利用计算机开发的“卫生行政管理信息系统”，又称为“卫生管理信息/决策系统”，它能根据大量的统计资料给卫生行政决策部门提供信息和决策咨询。一个完整的卫生行政管理信息系统包括 3 部分。①数据自动处理系统（ADP），主要功能是收集与整理数据，汇总成各类统计报表与图表。②信息库，是指能使单位与其外部机构之间，以及单位内部各种职能之间相互共享信息资源的一种模式。信息来源有法定的和非法定的（一次性调查），还有来自计算机日常收集到的各种活动所产生的信息流。设立信息库的主要目的是沟通各项活动和修正工作人员的行动。③决策咨询模型，又称信息决策模型，它可根据必要信息作出可行或优化方案，预测事业的发展。传统的方法（即非信息/决策系统）主要依赖过去的资料，考虑当前决策，或估计今后的发展，它不能产生比较有效而且迅速的应变措施；而建立信息决策模型，便可以及时由当前活动中，指出即将发生的偏差，预见未来，以支持管理决策系统不断更新。

5. 医学情报检索系统

医学情报检索系统利用计算机的数据库技术和通信网络技术对医学图书、期刊及各种医学资料进行管理。通过关键词等即可迅速查找出所需文献资料。医学情报检索工作可分为 3 个部分：①情报的标引处理；②情报的存储与检索；③提供多种情报服务，可向用户提供实时检索，进行定期专题服务，以及自动编制书本式索引。美国国立医学图书馆编制的“医学文献分析与检索系统”（MEDLARS）是国际上较著名的软件系统，这是一个比较完善的实时联机检索的网络检索系统。通过该馆的 IBM3081 计算机系统能提供联机检索和定题检索服务，通过通信网络、卫星通信或数据库磁带的方法，在 16 个国家和地区中形成世界性计算机检索网络。其他著名的系统有 IBM4361、MEDLARS 等。我国开发了一些专题的医学情报资料检索系统，如中医药文献、典籍的检索系统。

6. 药物代谢动力学软件包

药物代谢动力学运用数学模型和数学方法定量地研究药物的吸收、分布、转化和排泄等动态变化的规律性。人体组织中的药物浓度不可能也不容易直接测定，因此，常用血、尿等样品进行测量，通过适当的数学模型来描述和推断药物在体内各部分的浓度和运动特点。在药物代谢动力学的研究中，最常用的数学方法有房室模型、生理模型、线性系统分析、统计矩、随机模型等。这些新技术新方法的发展与应用，都与计算机技术的应用分不开。在已开发的药物代谢动力学专用软件包中，较著名的是 NONLIN 程序（一种非线性最小二乘法程序）。

7. 疾病预测预报系统

疾病在人群中流行的规律，与环境、社会、人群免疫等多方面因素有关，计算机可根据存储的有关因素的信息并根据它建立的数学模型进行计算，做出人群中疾病流行情况的预测预报，供决策部门参考。荷兰、挪威等国还建立了职业病事故信息库，能有效地控制和预测职业危害的影响。我国上海、辽宁等地卫生防疫部门，对气象因素与气管炎、某些地方病、流行病（如乙型脑炎、流行性脑膜炎等）的关系做了大量分析，并建立了数学模型，用这些模型在计算机上可成功地做出这些疾病的预测预报。

8. 计算机辅助教学（CAI）

CAI 可以帮助学生学习、掌握医学科学知识和提高解决问题的能力，以及更好地利用医学知识库和检索医学文献；教员可以利用它编写教材，并可通过电子邮件与同事和学生保持联系，讨论问题，改进学习和考察学习成绩；医务人员可根据各自的需要和进度，进行学习和补充新医学专门知识。目前，在一些医学研究和教学单位里已建立了可由远程终端通过电话网络访问的各种 CAI 医学课程。利用计算机进行医学教育的另一种重要途径是采用计算机模拟的方法，即用计算机模拟人体或实验动物，为学生提供有效的实验环境和手段，使学生能更方便地观察人体或实验动物在条件参数改变下的各种状态，其中有些状态在一般动物实验条件下往往是难于观察到的。由于光盘技术、语言识别、触摸式屏幕显示等新技术的发展，教学用的计算机模拟病例光盘等已试制成功，并作为商品在市场上供应，利用这种光盘可方便地显示手术室等现场实际图景和情况，或有关教科书和文献资料，供学生学习。

9. 最佳放射治疗计划软件

计算机在放疗中的应用，主要是计算剂量分布和制订放疗计划。以往用手工计算，由于计算过程复杂，所以要花费许多时间。因而，在手工计算的情况下，通常只能选择几个代表点来计算剂量值。利用计算机，则只要花很短时间，而且误差不超过 5%，这样，对同一个病人在不同的条件下进行几次计算，从中选择一个最佳的放射治疗计划就成为可能。所谓最佳放射治疗计划就是对病人制订治疗计划，包括确定照射源、放射野面积、放射源与体表的距离、入射角以及射野中心位置等，然后再由计算机根据治疗机性能和各种计算公式，算出相应的剂量分布，在彩色监视器上形象地显示出来。对同一个病人，经过反复改变照射条件，进行计算、分析和比较，就可以得出最理想的剂量分布，使放射线照射方向上伤害正常组织细胞最少，放疗疗效最佳，这就是最佳放射治疗计划。同时，可将此剂量分布图用绘图仪记录下来，存入病历，以供治疗时使用或长期保存。

10. 计算机医学图像处理与图像识别

医学研究与临床诊断中许多重要信息都是以图像形式出现的，医学对图像信息的依赖是十分紧密的。医学图像一般分为两类：一类是信息随时间变化的一维图像，多数医学信号均属此一类，如心电图、脑电图等；另一类是信息在空间分布的多维图像，如 X 射线照片、组织切片、细胞立体图像等。在医学领域中有大量的图像需要处理和识别，以往都是采用人工方式，其优点是可以由有经验的医生对临床医学图像进行综合分析，但分析速度慢，正确率随医生而异。计算机高速度、高精度、大容量的特点，可弥补上述不足。特别是有一些医学图像，如脑电图的分析，凭人工观察，只能提取少量信息，大量有用的信息白白浪费。而利用计算机可做复杂的计算，能提取其中许多有价值的信息。另外，进行肿瘤普查时，往往要在显微镜下观看数以万计的组织切片；日常化验或研究工作中常需要作某种细胞的计数。这些工作既费力又费时，若使用计算机，将节省大量人力并缩短时间。利用计算机处理、识别医学图像，在有的情况下，可以做到人工做不到的工作，如心血管造影，当用手工测量容积，导出血压容积曲线时，只能分析出心脏收缩和舒张的特点，若利用计算机计算，每张片子只需一秒，并可以得到瞬时速度、加速度、面积和容积等有用的参数。此外，不管上述哪一类工作中，计算机还能完成人工不能完成的另一类工作即图像的增强和复原。20 世纪 70 年代医学图像处理在计算机体层摄影成像术（CT）方面的突出成就，和磁共振成像仪、数字减影心血管造影仪等新装置的相继出现，以及超声等其他医学成像仪器的进一步完善，使人们对放射和核医学图像的处理及模式识别研究的兴趣更为浓厚。显微图像在医学诊断和医学研究中一直起着重要作用。计算机图像处理与分析方法已用于检测显微图像中的重要特征，人们已能用图像处理技术和体视学方法半定量与定量地研究细胞学图像以至组织学图像。计算机三维动态图像技术已使心脏动态功能的定量分析成为可能。

11. 生物化学指标、生理信息的自动分析和医疗设备智能化

医疗设备智能化是指现代医疗仪器与计算机技术及其各种软件结合的应用，它使这些设备具有自动采样、自动分析、自动数据处理等功能，并可进行实时控制，它是医疗仪器发展的一个方向。

12. 计算机在护理工作中的应用

计算机在护理工作中的应用，主要分为3个方面：①护理，包括护理记录、护理检查、病人监护、药物管理等；②护士教育，包括护理CAI教育、护士教学计划与学习成绩记录管理；③护士管理，包括护士服务计划调度、人力资源管理、护士工作质量的检查或评比等。

1.7 计算机与生命科学

生命科学是一门实验的科学，计算机自投入应用即在实验科学中发挥着作用，承担了大量实验数据的存储、处理以及分析，一些适合于不同类型生物学实验数据处理的软件包纷纷问世，并为科研工作者所接受，这只是计算机在生命科学舞台上的小角色，不足为奇。“人类基因组计划”是20世纪生命科学研究的重大举措，计算机在某种程度上是以联合主演的身份与现代基因技术同领风骚。从1988年开始实施的“人类基因组计划”由美国倡导，在世界范围内进行，计划15年内投资30亿美元，目的在于阐明人类染色体上的所有基因，绘制出基因图谱，以期从基因水平增强对生命活动的理解，阐明疾病发生发展的机制，更有效地提高疾病防治水平。据估计，人类基因总数为5万～10万个，而每个基因又由其独特的碱基组成，这些必须要借助计算机才能有效地存储，并随时调出，分析比较。美国在巴尔的摩的约翰斯·霍普金斯大学建立了一个完整的计算机网络数据库，用以存储全世界基因研究的成果，计算机在此项中的作用不仅仅是存储、记忆的工具，在研究分析基因活动时，实验设计同样离不开计算机。

计算机在制药方面的应用或许更能说明其在生命科学领域更具实用性的意义。生物制药作为21世纪的支柱产业，发展势头锐不可挡。随着我国关贸总协定缔约国地位的恢复以及药物专利法的实施，对新药研究的投入势必要加大力度。有关专家指出，不重视与新药有关的基础研究，就不可能使我国落后的新药研究走向国际竞争的前列。例如，有些药物发挥必须通过一种叫作“配体—受体”相结合的途径，药物本身作为配体，而受体则是机体细胞表面或内部的特殊的大分子物质。很显然，清晰地揭示受体的结构功能对阐明药物的作用机制非常重要。科学家利用计算机模拟受体的三维结构，以计算机模拟方法研究受体与配体的相互关系，提出更佳的配体设计方案，为新的高选择性配体及新药研究开辟了新途径。国际上一些颇具实力的大企业或研究所常把从事计算机分子设计的计算机专家、研究结构化学、分子药理的化学、生物学专家联合起来，共同进行新药的设计、开发。“深蓝”的老家IBM公司，已和世界上最大规模的药物研究实验室签订了合作协议，使用RS/6000超级并行计算机进行药物设计，此举可将一种新药的研制开发时间从目前的15年缩短至2～3年，意味着能拯救更多为病痛折磨的生命。这正是计算机与生命科学联姻造福人类的一个具体体现。

在生命科学领域，新成果的诞生常伴随着技术上的突破。近几十年计算机技术的参与催生了多项先进、便捷的技术手段和技术设施。例如，曾获诺贝尔奖的聚合酶链反应（PCR），由“变性、退火、延伸”3个主要步骤组成，经过多次循环，扩增很少量的DNA片段，从诞生至今，经过十几年的发展，日趋成熟。PCR技术能协助刑事案件的侦破，疑难疾病的鉴别诊断，甚至揭示某位重要人物的身世之迹等，在生命科学研究中的应用更不消多说。正是看中PCR技术拥有的广阔市场，国际上著名的生化公司纷纷开发操作简便的PCR仪，只要输入既定程序，仪器会自动控制反

应的时间、温度、循环次数等，不仅减轻了操作者的劳动强度，又避免了人为因素导致的误差，颇受欢迎。大型仪器的研制、应用更是离不开计算机的加盟，如计算机断层扫描（即 CT）仪、核磁共振仪、流式细胞仪、激光共聚焦显微镜等，还有利用计算机精确记忆定位而设计的机械手在胚胎学、分子遗传学等的显微操作中大显身手，极大地方便了科学实验的进行。

如果说计算机在生命科学领域协助数据存储、药物设计、仪器研制等方面的应用使世界变得更为简便清晰的话，计算机还具有另一方面的作用，让世界更为迅速以及不再遥远。

曾经，科学家们要就某一课题检索背景资料，常需埋头于图书馆繁密的“书海刊林”中，工作烦琐而缓慢；但近年众多的科学工作者享受了计算机技术带来的便捷与准确。几乎任何一家稍具规模的专业图书馆都备有生物学、医学等光盘资料，可以选择你需要的检索途径，查到所需的论文资料。然而这种方式今天看来也许并不能充当“前卫”，让许多计算机用户兴奋的国际互联网络同样在全球各地的生命科学的研究人员间架起了交流互访的桥梁，一些学术刊物都有电子出版物，在因特网上拥有自己的网址，如 Nature，Science，Ceu 等，从任何一台联网的计算机都可以进入，及时浏览最新成果。而且很多文章有主要作者的电子邮件地址，访问者可以直接和感兴趣的作者交换意见，或者商讨合作事宜。这是计算机技术促进生命科学发展的一种体现。

计算机技术与生命科学的结合加速了生命科学的进步，反之，生命科学的成果也能招致计算机技术的革命。

生命科学成果促进新一代计算机的诞生。随着生物技术基因工程、蛋白质工程和微电子技术、自动化技术以及聚合物化学、人造膜工艺等学科的平行发展，生物计算机从人们模糊的构想中款款步出。20 世纪 80 年代初，美国首先开始部署研制工作，随后日本也开始了类似研究，英国也不甘落后，1987 年拨款 3000 万英镑，开始生物计算机的研制。生物计算机主要有两个研制方向，一是在不改变传统数字式计算技术的基础上，用有机物分子取代现用的硅半导体元器件，在分子水平上进行器件关开和逻辑操作，其优越性在于不仅大大缩小电子器件的体积，而且优化了工作性能，扩大了存储量，提高了运算速度。

生物计算机另一发展方向即模拟活生物体系统寻找二进制数字新的表达方式，表达载体是生物大分子，目前认为可行的主要有两种：蛋白质、核酸。

蛋白质是生命的基本存在形式，由氨基酸小分子组成。许多氨基酸分子按一定顺序排列成一级结构，再经修饰加工盘旋折叠，形成蛋白质大分子。某些氨基酸分子基因的缺失或添加，会造成蛋白质功能上的对立，如丝氨酸或酪氨酸的磷酸化和去磷酸化是蛋白质活性的开关，磷酸基因的有无关系到分子活性是否存在，是否会引发随后的一连串反应，机体能许多重要的生命活动都与之相关。因而，蛋白质分子中氨基酸磷酸化、去磷酸化状态用于新一代计算机研制即被考虑代表二进制中的 0 或 1。蛋白质的空间结构也可作为设计二进制数字新的表达形式的出发点，美国科学家曾发现一种嗜盐细菌体内存在感光蛋白，称为 BR，光照时，结构发生改变并释放出少量电荷，因此可作为触发开关，记录数字化信息。20 世纪 80 年代，已研制出一种激光驱动 BR 的二维计算机存储器。据估计，可存储 180 亿个信息单元，假如 BR 蛋白再经遗传工程改造，同样容量可存储 5000 亿个信息单元。以蛋白质为研究方向的生物计算机除利用蛋白质化学组成、空间结构上的特点外，功能也是考虑内容之一。传统意义上，酶的本质即蛋白质，蛋白酶具有专一性，即仅能作用于蛋白质分子中一定的肽键，这种计算机在运行过程中，蛋白酶分子与周围的物理、化学介质不断相互作用，酶即为转换开关，能够辨认光学图像、识别固体表面形状等。日本正致力于这方面的研究。

核酸是生命遗传信息的物质基础，脱氧核糖核酸（DNA）是核酸的一种，通常由两条盘旋的链组成，生条链包含 4 种不同的碱基，分别以 A、T、G、C 表示，碱基分子具互补配对的特性，即 A 和 T、G 和 C 能互相识别并以化学键相连，这种特性促进了 DNA 两单链的紧密结合，以 DNA 为基础的生物计算机正是利用了碱基互补配对的特性，将单链的 DNA 分子作为记忆链，其中的碱基按其顺序分为若干记忆单元，记忆链较长；另一些数目较多，链为粘附链，其长度与单元等长的碱基组成与记忆单元互补，按碱基与其互补分子结合的不同状态表示二进制数字。1994 年美国南卡罗莱那大学的学者首次证明利用 DNA 生物计算机能解决数学问题，为计算机的发展开辟了一条崭新的路径。

1.8 构建医学人才的 IT 知识结构

随着 21 世纪科教兴国战略的实施及信息化社会进程的加速，形成了以信息化带动医药卫生事业现代化的整体发展趋势，并深刻地影响与改变着传统的医药科学，使今天的医学工作者面临着 IT 知识更新的机遇和挑战。

计算机知识和应用能力是当代大学生知识结构的重要组成部分。使用计算机作为临床医疗，教学和研究工作的工具成为现代基层及临床工作者的重要手段之一。因此，加强高等学校非计算机专业的计算机教学工作，普及医学及相关专业学生计算机基础知识，提高其计算机实际应用能力，是优化医学专业人才的知识与能力结构，适应现代医学发展的客观需要。

我国卫生信息化建设同时面临着对高素质医学人才不断快速增长的需求，因此培养构建和完善现行医学院校的计算机基础教学体系中的 IT 知识结构，成为十分紧迫又必须解决的重要问题。

当今计算机教育的目标，既要求学生具备必需的计算机知识结构，又要求学生具备必需的能力结构。能力结构是目的，知识结构是能力结构的支撑。计算机知识结构与计算机能力结构的综合是学生在计算机应用能力方面的基本素质。根据多年的计算机教学经验来看，医学院校的学生学习 IT 知识结构，可分为以下 3 个层次。

（1）学习计算机基础知识，使学生了解计算机文化在信息系统中的作用，初步掌握使用计算机的能力，使学生进行计算机知识的普及教育。

（2）学习计算机程序设计，培养学生用系统、严谨的思维方式来编写程序的能力，并了解计算机解决问题的全过程。使学生掌握运用程序与数据库相关知识进行医学数据处理。

（3）学习计算机技术的应用，使学生掌握医学图形、图像处理等相关知识，开阔学生的视野，引导学生将学到的计算机知识和技术，结合自己的专业，解决实际问题，从而提高二次开发的综合能力。

习　题

1. 计算机的发展经历了哪几个时代？
2. 简述计算机发展的趋势。
3. 简述计算机的分类。
4. 简述计算机的特点。
5. 简述计算机的应用。
6. 计算机技术在医学信息中的应用体现在哪些方面？
7. 医学院校的学生要怎么样更好地学习 IT 知识？

第 2 章 Windows 操作系统

在计算机科学中，操作系统（OS）是控制计算机的基本软件。它具有 3 个主要功能：协调与操作计算机硬件，如计算机存储器、打印机、磁盘、键盘、鼠标和监视器；在各种存储介质上编排文件，如软盘、硬盘、光盘和磁带；处理硬件错误和数据丢失。

2.1 操作系统概述

计算机系统由硬件系统和软件系统两大部分组成。为了使这两大部分协调一致，有条不紊地工作，就必须有一个软件来进行统一的管理和调度，这种软件就是操作系统。它是用户与计算机之间的一个接口。如果一台计算机没有装备操作系统，用户则无法启动计算机和使用计算机进行其他操作。实际上，从启动计算机到关闭计算机的整个过程中，都一直在运行操作系统。那么，到底什么是操作系统？它具有什么样的功能？这些是我们在这一章中要讨论的内容。

2.1.1 操作系统的概念

操作系统（Operating System，OS）是控制其他程序运行，管理系统资源，并为用户提供操作界面的系统软件的集合。

操作系统是现代计算机系统中必须配置的软件，在整个计算机系统中具有及其重要的特殊地位。从整体上讲，操作系统在整个计算机系统中的作用就是向下管理硬件系统，向上为各种系统软件和应用软件提供运行的平台。因此，它是系统正常运行的基础。无论是大型机还是微型机，它都是必须配置的系统软件。图 2-1-1 所示为操作系统在计算机系统层次结构中的位置。

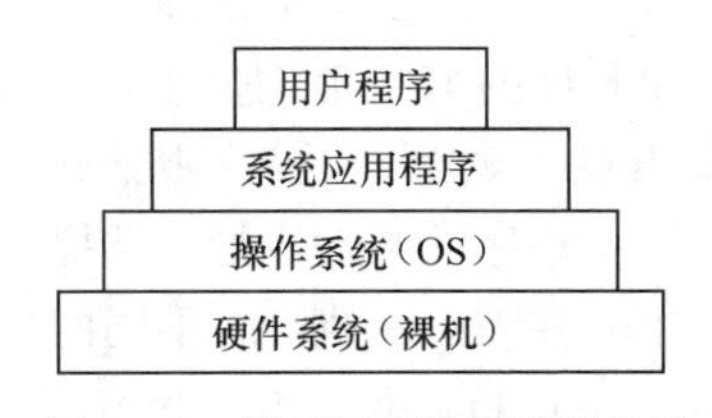

图 2-1-1 计算机系统层次结构图

操作系统的职能是负责系统中软硬件资源的管理，合理地组织计算机的工作流程，并为用户提供一个良好的工作环境和友好的使用界面。从资源管理的角度来看，操作系统的基本功能包括 5 个方面，即处理机管理（进程管理）、存储管理、外部设备管理、文件系统和用户接口。

2.1.2 处理机管理

处理机管理（processor and processes management）是操作系统的基本功能之一，其主要任务是对处理机进行合理分配。作业是用户需要计算机完成某项任务时要求计算机所做工作的集合。作业管理的主要功能是把用户的作业送入内存投入运行。在用户向计算机提交作业之后，系统将它放入外存储器的作业等待队列中等待执行，一旦将作业送入内存，便由进程管理负责其运行的安排。进程管理的主要功能是把处理机分配给进程以及协调各个进程之间的相互关系。在多道程序环境下，由于处理机的分配和运行都是以进程为基本单位的，所以处理机的管理也可归结为对进程的管理。

我们已经知道，程序是可实现某一具体功能的一组有序指令的集合。而一个正准备进入内存的程序通常称为作业。当这个作业进入内存后，就称为进程。

1. 程序的执行方式

程序的执行方式可分为顺序执行和并行执行。

在早期的单道程序工作环境中，一个复杂的程序通常被划分为若干个时间上完全有序的逻辑段，其操作按照物理上的先后次序进行，每一时刻最多执行一个操作，以保证某些操作的结果可为其他操作所利用。例如，对某个用户的计算程序，首先输入该用户的程序和数据，然后进行计算，最后输出所需的结果。显然，程序只能一个一个的顺序执行。当某个用户程序执行时，系统的全部资源都由该用户占有，直至用户程序执行结束，才释放全部资源，转交给后继用户。

由此可以看出，采用顺序执行的程序具有如下特点。

① 顺序性。程序在处理机上执行时，其操作只能严格地按照所规定的顺序执行。

② 封闭性。程序一旦开始运行，因其在运行期间独占系统的各种资源，所以其执行结果不受外界因素影响。

③ 可再现性。只要程序执行时的初始条件和执行环境相同，当程序重复执行时，都将获得相同的结果。

程序顺序执行的封闭性和可再现性为调试程序带来了很大的方便，但其在执行过程中独占系统资源的特点却严重降低了资源的利用率和计算机的处理效率。

为了提高计算机的利用率、运行速度和系统的处理能力，现代计算机系统都采用了并行处理技术，程序的并行执行也成为现代操作系统的一个基本特征。并发执行是指若干个程序段同时在系统中运行，在某一个时刻，不同的程序段占有系统的不同资源，它们的执行在时间上是重叠的，一个程序段的执行尚未结束，另一个程序段的执行已经开始。

例如，设有 N 个程序，它们的执行步骤和顺序相同（见图 2-1-2），都是 K_i（输入）、C_i（计算）、P_i（输出）。其先后次序是：当第一个程序 K_1 执行完毕、执行时，输入机空闲，这时可以执行第 2 个程序的 K_2；在时间上，操作 C_1 和 K_2 是重叠的。C_1 和 K_2 在 T_1 时刻、C_2 和 K_3 在 T_2 时刻、P_2 和 C_3 在 T_3 时刻都是并发执行的。

程序的并发执行虽然提高了系统的处理能力和资源利用率，但它也带来了一些新问题，产生了一些与顺序执行时不同的特征。

① 间断性。并发执行时，由于多个程序段共享处理机或为完成同一项任务而相互合作，致使并发程序之间形成了相互制约的关系。如图 2-1-2 中，若 C_1 未完成则不能进行 P_1，致使作业 K_1 的输出操作暂停运行，这是由相互合作完成同一项任务而产生的直接制约关系；若 K_1 未完成则不能进行 K_2，致使作业 2 的输入操作暂停运行，这种相互制约关系将导致并发程序具有“执行—暂停执行—执行”这种间断性的活动规律。

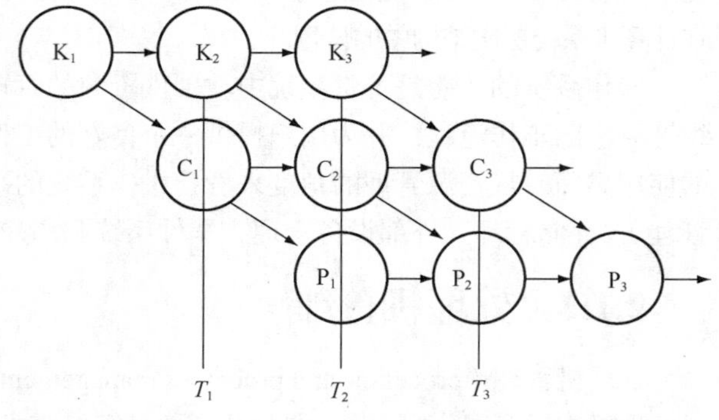

图 2-1-2　并行计算的先后次序

② 失去封闭性。程序在并发执行时，多个程序共享系统中的各种资源，所以资源状态的改变不是取决于某个程序，而是由并发执行的多个程序决定，从而使程序的运行失去封闭性。即一个程序执行时，会受到其他程序的影响。

③ 不可再现性。程序并发执行时，由于失去了封闭性，也将导致失去其运行结果的可再现性。

正是因为在这些可以并发执行的程序段之间，存在着某种相互制约的关系，才使得只用“程序”这一概念不能说明问题的本质。程序是静止的、孤立的，且无法深刻地研究多道程序之间的内在联系、相互联系及其状态变化。为了从动态的观点来刻画程序的并发执行，必须引用“进程”的概念。

2. 进程的概念

进程是指程序在一个数据集合上运行的过程，是执行起来的程序，是系统进行资源分配和调度运行的一个独立单元。习惯上，我们定义进程为：程序的一次执行。从软件结构的构造角度讲，进程是由“程序+数据+进程控制块”构成。

3. 进程状态及其转换

进程在其生存周期内，由于受资源制约，其执行过程是间断性的，因此进程状态也是不断变化的。一般来说，进程有以下 3 种基本状态。

① 就绪状态。进程已经获得了除 CPU 之外所必须的一切资源，只要分配到 CPU，就可以立刻执行。这是一种逻辑上的可运行状态。在多道程序环境下，可能有多个处于就绪状态的进程，通常将它们排成一队，称为就绪队列。

② 运行状态。进程获得了 CPU 及其他一切所需资源，正在运行。对于 CPU 而言，只能有一个进程处于运行状态；在多处理机系统中，则可能有多个进程处于运行状态。

③ 等待状态。由于某种资源得不到满足，进程运行受阻，处于暂停状态，等待分配到所需资源后，再投入运行。处于等待状态的进程也可能有多个，也将它们组成排队队列。

处于就绪状态的进程，在调度程序为其分配了 CPU 后，该进程即可执行，这时它由就绪状态转变为运行状态。正在运行的进程在使用完分配的 CPU 时间后，暂停执行，这时它又由运行状态转变为就绪状态。如果正在执行的进程因运行所需资源得不到满足，执行受阻时，则由运行状态转变为等待状态。当在等待状态的进程获得了运行所需资源时，它就由等待状态转变为就绪状态。

4. 进程控制

进程控制的主要任务是调度和管理进程从“创建”到“消亡”的整个生存周期的所有活动，包括创建进程、转变进程的状态、执行进程、撤销进程等操作。为了管理和控制进程的运行，操作系统为每个进程定义了一个数据结构——进程控制块（PCB），用于记录进程的属性信息。PCB 是进程动态特征的集中反映。系统根据 PCB 而感知进程的存在，通过 PCB 中所包含的各项变量的变换，掌握进程所处的状态以达到控制进程活动的目的。PCB 是进程存在的唯一标志。

当 OS 要调度某个进程执行时，首先从该进程的 PCB 中查出它的现行状态和优先级，并以此作为是否执行该进程的调度的依据；在调度到某进程后，要根据其在 PCB 中所保存的现场信息，恢复其被中断前的各种参数值（如各寄存器、指令计数器及程序状态的值等），并根据程序和数据的地址，找到要继续执行的断点处；在进程执行过程中，当需要和其他进程实现同步、通信或访问文件时，也要依据相应的进程控制信息；当进程因故而暂停执行时，又要在 PCB 中保存中断现场信息；当某进程结束时，则删除其 PCB。

一般来说，PCB 包含的信息有以下 4 项。

① 描述信息：包括进程的名称、进程标识符（用于唯一区别于其他进程），以及与其他进程

间可能存在的家族关系等。

② 调度控制信息：包括进程状态和进程优先级。进程状态用来记录进程当前处于何种状态，以此作为进程调度和分配系统资源的依据；进程优先级用于在进程调度进程中，哪一个进程可以优先获得 CPU 资源。

③ 现场信息：记录进程因放弃 CPU，而必须保存的现场信息，作为再次恢复运行时从断点处开始执行的依据。现场信息包括通用寄存器状态、指令计数器的值、程序状态字的值、中间结果值等。

④ 资源信息：进程占用内存的大小，使用 I/O 设备情况，文件系统信息等。

描述进程存在、反映进程变化的工作称为进程的静态描述。它由 3 个部分组成：进程控制块、有关程序段和该程序段操作的数据块，它们是构成进程结构的三要素。

2.1.3 存储管理

操作系统中的存储管理是指对主存的管理，它是操作系统的重要功能之一。

1. 存储器管理的功能

存储器管理的主要任务是为多道程序的运行提供高效的环境。在多道程序环境下，程序要运行必须为其创建进程，创建进程的第一件事就是将程序和数据装入内存，因此，首先需要为进程分配一定的存储空间，当进程运行完毕后需要收回内存，并在整个过程中进行相应的管理。为此，存储器管理应具有以下功能。

① 内存的分配和回收。按算法完成内存空间的分配和管理。

② 地址变换。在多道程序环境下，将程序中的逻辑地址转换为内存中的物理地址。

③ 扩充内存。借助于虚拟内存储技术等，为用户提供比内存空间大的地址空间，从而实现内存容量扩充目的。

④ 存储保护。保证进入内存的各道作业都在自己的存储空间内运行，互不干扰。这种保护一般由硬件和软件配合完成。

2. 程序的装入和链接

将一个用户源程序变为一个可在内存中执行的程序，需要经过以下步骤。

① 编译。由编译程序（compiler）将用户的源程序代码编译成为若干个机器语言的目标模块（object module）。

② 链接。由链接程序（linker）将编译后形成的目标模块及它们所需要的库函数链接在一起，形成一个装入模块（load module）。

③ 装入。由装入程序（loader）将装入模块装入内存。

3. 虚拟存储器

在程序装入时，可以将程序的一部分放入内存，而将其余部分放在外存，就可以启动程序执行。在程序执行过程中，当所访问的信息不在内存时，由操作系统将所需要的部分调入内存，然后继续执行程序，另一方面，操作系统将内存中暂时不使用的内容换出到外存上，从而腾出空间存放将要调入内存的信息。从效果上看，这样的计算机系统好像为用户提供了一个存储容量比实际内存大得多的存储器，这个存储器称为虚拟存储器（简称虚存）。

虚拟存储器是通过交换功能，在逻辑上对主存空间加以扩充的一种存储系统。它采用内、外存结合的办法，把外存空间作为主存使用，从而为用户提供足够大的地址空间——虚存空间，使用户在编程时不必考虑实际主存的大小。

4. 存储管理方式

各种操作系统之间最明显的区别之一，就在于它们所采用的存储管理方案不同。目前，基本上可概括成 4 类方案：分区管理、页式管理、段式管理和段页式管理。

2.1.4 外部设备管理

设备管理的主要任务是控制设备和 CPU 之间进行 I/O 操作。由于现代操作系统的外部设备的多样性和复杂性以及不同的设备需要不同的设备处理程序，设备管理成了操作系统中最复杂、最具有多样性的部分。设备管理模块在控制各类设备和 CPU 进行 I/O 操作的同时，还要尽可能地提高设备和设备之间、设备和 CPU 之间的并行操作度以及设备利用率，从而使得整个系统获得最佳效率。另外，设备管理模块还应该为用户提供一个透明的、易于扩展的接口，以使得用户不必了解具体设备的物理特性和便于设备的追加和更新。

1. 设备管理的主要任务

设备管理的主要任务如下。

- 选择和分配输入/输出设备，以便进行数据传输操作。
- 控制输入/输出设备和 CPU（或内存）之间交换数据。
- 为用户提供一个友好的透明接口，把用户和设备的硬件特性分开，使得用户在编制应用程序时不必涉及具体设备，系统按用户要求控制设备工作。
- 提高设备和设备之间、CPU 和设备之间以及进程和进程之间的并行操作度，以使系统获得最佳效率。

2. 设备管理的功能

- 提供和进程管理系统的接口：将进程要求转达给设备管理程序。
- 进行设备分配：分配硬件资源给请求的进程，并将未分配到请求设备的进程放入等待队列。
- 实现设备和设备、设备和 CPU 等之间的并行操作：完成设备和内存之间的数据传输工作。
- 进行缓冲区管理：进行缓冲区分配、释放及有关的管理工作。

3. 设备分类

① 按设备的使用特性分类（见图 2-1-3）。

- 存储设备。
- 输入/输出设备。
- 终端设备。
- 脱机设备。

② 按设备的从属关系分类。

- 系统设备：在操作系统生成时就已配置好的各种标准设备（如键盘、打印机等）。
- 用户设备：由用户自己安装配置后由操作系统统一管理的设备（如 D/A 变换器等）。

③ 按信息组织方式分类（如 UNIX 系统中外设被分为：字符设备和块设备）。

外部设备	存储设备	磁带	
		磁盘	软盘
			硬盘
		其他（磁鼓、光盘等）	
	输入/输出设备	键盘	
		打印机	
		显示器	
		图形输入/输出设备	
		图像输入/输出设备	
		绘图机	
		声音输入/输出设备	
		网络通信板	
		其他	
	终端设备	通用终端	会话型
			批处理型
			智能终端
		专用终端	
		虚终端	
	脱机设备		

图 2-1-3 按使用特性对外部设备的分类

2.1.5 文件系统

在现代计算机系统中，要用到大量的数据和程序。由于内存容量有限，且不能长期保存，因此这些数据和程序总是以文件的形式存放在外存中，需要时再随时调入内存。文件管理系统（File System）的功能就是管理在外存上的文件，并为用户提供对文件的存取、保护、共享等手段。

1. 文件和文件系统

（1）文件

文件是具有文件名的一项相关信息的集合。通常，文件由若干个记录组成。记录是一些相关数据项的集合，而数据项是数据组织中可以命名的最小逻辑单位。例如，每个职工情况记录由姓名、性别、出生年月、工资等数据组成。一个单位的职工情况记录就组成了一个文件。

（2）文件系统

文件系统是指操作系统中与文件管理相关的软件和数据的集合。从用户角度看，文件系统主要实现了按名存取。当用户要求系统保存一个已命名文件时，系统根据用户所给文件名能够从文件存储器中找到所要的文件。

2. 文件分类

为便于管理和控制文件，通常将文件分为若干种类型。文件的分类方法有很多，这里介绍几种常用的文件分类方法。

（1）按用途分类

- 系统文件：是指由系统软件构成的文件。大多数系统文件只容许用户调用执行，而不允许用户去读或修改。
- 库文件：指由系统提供给用户使用的各种标准过程、函数和应用程序文件。这类文件允许用户调用执行，但不允许用户修改。
- 用户文件：用户委托文件系统保存的文件，如源程序、目标程序、原始数据等，这类文件只能由文件所有者或所有者授权用户使用。

（2）按保护级别分类

- 只读文件：允许所有者或授权用户对文件进行读，但不允许写。
- 读写文件：允许所有者或授权用户对文件进行读写，但禁止未授权用户读写。
- 执行文件：允许授权用户调用执行，但不允许对它进行读写。
- 不保护文件：不加任何访问限制的文件。

（3）按数据形式分类

- 源文件：指由源程序和数据构成的文件，通常由ASCII码或汉字组成。
- 目标文件：指源文件经过编译以后，但尚未链接的目标代码形成的文件。目标文件属于二进制文件。
- 可执行文件：编译后的目标代码经链接程序链接后形成的可以运行的文件。

2.1.6 用户接口

为使用户能方便地使用计算机，操作系统（OS）向用户提供了用户与OS间的接口，即用户可以通过接口命令向OS提出请求，要求OS提供特定的服务；OS执行后，将服务结果返回给用户。

OS的用户接口包括两种类型：命令形式和系统调用形式。命令形式提供给用户在键盘终端上使用，用户利用这些操作命令来组织和控制作业的执行；系统调用形式提供给用户在编程时使用，程序员通过编写程序请求操作系统服务。通常将这两种接口分别叫作命令接口和程序接口。一种基于图像的命令接口称为图形用户接口。

1. 命令接口

使用操作命令进行作业控制的主要方式是脱机控制方式和联机控制方式两种。

- 脱机控制方式：是指用户将对作业的控制要求以作业控制说明书的方式提交给系统，由系统按照作业说明书的规定控制作业的执行，在作业执行工程中，用户无法干涉作业，只能等待作业执行结束之后才能根据结构信息了解作业的执行情况。
- 联机控制方式：是指用户利用系统提供的一组键盘命令或其他操作命令和系统会话，交互式地控制程序的执行。其工作过程是用户在系统给出的提示符下键入特定命令，系统在执行完该命令后向用户报告执行结果，然后用户决定下一步的操作。如此反复，直到作业执行结束。

2. 程序接口

程序接口由一组系统调用命令（简称系统调用）组成，用户通过在程序中使用这些系统调用命令来请求操作系统提供的服务。用户在程序中可以直接使用这组系统调用命令向系统提出各种服务要求，如使用各种外部设备，进行有关磁盘文件的操作等。

3. 图形用户接口

图形用户接口的目标是通过对出现在屏幕上的对象直接进行操作，以控制和操纵程序的运行。例如，用键盘和鼠标对菜单中的各种操作进行选择，使命令程序执行用户选定的操作。这种用户接口大大减少或免除了用户的记忆工作量。目前，图形用户接口是最为常见的人机接口方式，可以认为图形接口是命令接口的图形化。

2.2　Win7 概述

Windows 是一款由美国微软公司开发的窗口化操作系统，采用了 GUI 图形化操作模式，比起之前的指令操作系统如 DOS 更为人性化。Windows 操作系统是目前世界上使用最广泛的操作系统。随着计算机硬件和软件系统的不断升级，Windows 操作系统也在不断升级，从 16 位、32 位到 64 位操作系统；从最初的 Windows 1.0 和 Windows 3.2 到 Windows 95、Windows 97、Windows 98、Windows 2000、Windows Me、Windows XP、Windows Server、Windows Vista、Windows 7、Windows 8 各种版本的持续更新。Windows 7（以下简称 Win7）操作系统是在之前的 Windows 版本基础上，改进而开发出来的新一代的图形操作系统，这个版本汇聚了微软公司多年来研发操作系统的经验和优势，其最突出的特点是用户体验、兼容性及性能都得到极大提高。与其他 Windows 版本相比，它对硬件有着更广泛的支持，能最大化地利用计算机自身硬件资源。

2.2.1　Win7 概述

Win7 是微软公司发布的面向家庭用户、企业台式机和工作站平台的最新操作系统，作为 Windows Vista 的后续版本，Win7 有 20 个甚至更多的优点、优势，同时 Win7 操作系统在设计方面更加模块化，更加基于功能。Win7 包含大量可用性更改，所有这些更改使其成为了目前最易使用、信息丰富和明确易懂的 Windows 版本。Windows 7（2009 年）常见的版本有 Windows 7 Home Basic（家庭普通版）、Windows 7 Home Premium（家庭高级版）、Windows 7 Professional（专业版）和 Windows 7 Ultimate（旗舰版）。

1. Win7 的设计重点

Win7 的设计重点包括以下几点。

- 针对笔记本电脑的特有设计。
- 基于应用服务的设计。
- 用户的个性化。
- 视听娱乐的优化。
- 用户易用性的新引擎。

围绕这几方面，Win7 操作系统较以前的操作系统使用起来更加简单、更加安全、更低成本、更易连接。

2. Win7 新特性

Win7 在功能和性能上比之前的版本有了大的改进，其新特性主要有以下几个方面。

（1）安装和设置

安装 Win7 只需花费 30 多分钟的时间，并且在安装过程中减少了重启次数以及用户交互。与 Windows 旧版本的安装相比，时间短、设置简单。

（2）新的任务栏

Win7 的任务栏不仅可以显示当前窗口中的应用程序，还可以显示其他已经打开的标签，包括开始菜单、Internet Explorer 8、Windows 资源管理器、Windows Media Player 等。

（3）任务缩略图

当用户将鼠标停留在任务栏的某个运行程序上时，将显示一个预览对话框，以便于用户了解最小化程序的当前运行状态。

（4）Win7 桌面新特性

Win7 将支持 Desktop Slideshow 幻灯片壁纸播放功能，在桌面单击鼠标右键选择“个性化”选项，即可选择要设置的桌面壁纸、主题、自定义主题等操作。

（5）全新的 IE8 浏览器

Win7 自带的 IE8 浏览器在 IE7 的基础上增添了网络互动功能、网页更新订阅功能、实用的崩溃恢复功能，改进的仿冒网页过滤器以及新的 InPrivate 浏览模式。

（6）无线网络使用

只要单击通知区域中的网络图标，用户就会得到附近可访问的无线网络列表，再选择相应的网络连接即可。

（7）操作中心

Win7 将原来的“安全中心”用“操作中心”取代。除了原有安全中心的功能以外，还有系统维护信息、计算机问题诊断等实用信息。“操作中心”包含对十大 Windows 功能的提示，其设置窗口如图 2-2-1 所示。

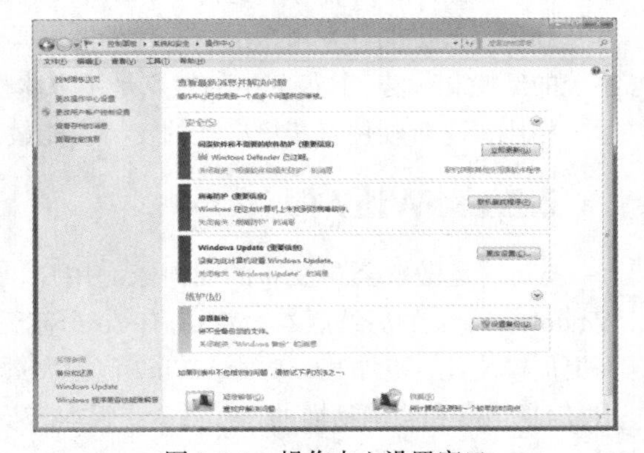

图 2-2-1　操作中心设置窗口

（8）数据备份和系统修复

在 Win7 系统中允许将数据备份存储到任何可访问的网络驱动器中。

（9）家庭网络

家庭网络是一个本地网络共享工具，当用户

在某台计算机上创建家庭网络时，Win7 会自动为该网络建立一个密码，当其他 Win7 用户要加入家庭网络时只需提供正确的密码便可加入，访问或共享其内容。

（10）库

库是 Win7 众多新特性的又一项。库是包含了系统中的所有文件夹集合的一个文件管理库，它可将分散在不同位置的照片、视频或文件集中存储，方便用户查找或使用。一般有 4 种默认的库，即“文档”、“音乐”、“图片”和“视频”，如图 2-2-2 所示。

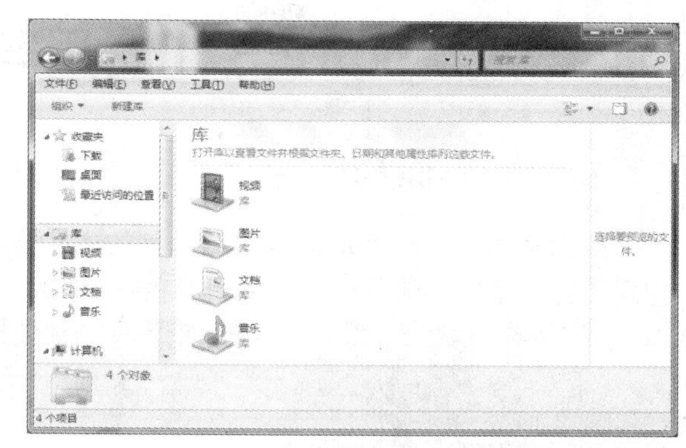

图 2-2-2 库窗口

（11）触摸功能

Win7 提供了不需要第三方支持的触摸屏功能。与鼠标相比，触摸技术更快、更方便、更直观，用户只需要通过手指触摸来指示 Win7 做什么。但是，实现或者体验 Win7 触摸屏的关键是，用户需要整合计算机硬件配置以及显示器等来支持该功能。

（12）PowerShell 2.0

PowerShell 是一种脚本语言，用户可通过编写脚本管理或设置系统中任何需要自动化完成的工作。在 Win7 中，已捆绑 PowerShell 2.0 作为系统的一部分。

这些仅是 Win7 的一部分新特性，Win7 还有一些其他的方便用户使用的新特性，将在后续章节中介绍。

2.2.2 安装 Win7 的硬件配置

安装 Win7 系统的硬件配置需求有最低需求和推荐需求，两种配置需求如表 2-2-1 所示。

表 2-2-1 安装 Win 7 系统的硬件需求

硬件设备	最低需求	推荐需求
硬盘	硬盘容量至少 40GB，同时可用空间不少于 16GB	硬盘容量至少 80GB，同时可用空间不少于 40GB
内存	512MB	最少 1GB
显示卡	至少拥有 32MB 显示缓存并兼容 Directx9 的显示卡	至少拥有 128MB 显示缓存并兼容 Directx9 于 WWDM 标准的显示卡
中央处理器	至少 800MHz 的 32 位或 64 位处理器	1GHz 或更快的 32 位或 64 位处理器
显示器	分辨率在 1024 像素×768 像素及以上，或可支持触摸技术的显示设备	
磁盘分区格式	NTFS	
光驱	DVD 光驱	
其他	微软兼容的键盘及鼠标	

2.3 使用与管理桌面

2.3.1 桌面与图标

桌面是用户启动 Windows 之后见到的主屏幕区域，也是用户执行各种操作的区域。在桌面中，包含了开始菜单、任务栏、桌面图标和通知区域等组成部分，如图 2-3-1 所示。

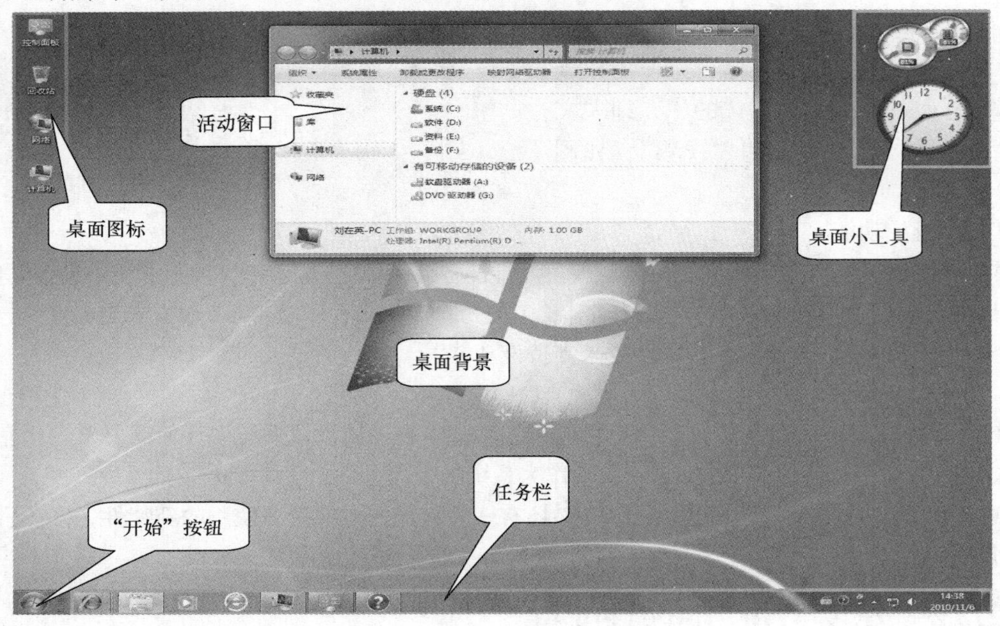

图 2-3-1　Win7 桌面

- 开始菜单：位于桌面的左下角，单击“开始”按钮即可弹出。通过开始菜单用户可以启动应用程序、打开文件、修改系统设定值、搜索文件、获得帮助、关闭系统等。
- 桌面图标：在桌面的左边，有许多个上面是图形、下面是文字说明的组合，这种组合叫作图标。用户可以根据自己的使用习惯，添加用户文件、计算机、网络和控制面板等图标，还可以自己创建快捷方式图标。
- 任务栏：任务栏位于桌面最下方，提供快速切换应用程序、文档和其他窗口的功能。在运行多个应用程序的情况下，可以通过单击任务栏上的图标快速切换程序。相比之前的 Windows 版本，Win 7 的任务栏发生了较大的改变。具体表现在：将程序锁定到任务栏，预览窗口，跳转列表。
- 通知区域：位于 Win 7 任务栏的右侧，用于显示时间、一些程序的运行状态和系统图标，单击图标，通常会打开与该程序相关的设置，也称为系统托盘区域。

2.3.2 任务栏

任务栏一般位于桌面的底部，主要由 4 部分构成：“开始”菜单、快速启动栏、任务按钮区和通知区域，如图 2-3-2 所示。任务栏是桌面的重要对象，其中的“开始”菜单可以打开大部分已经安装的软件，快速启动栏中存放的是最常用程序的快捷方式，任务按钮区是用户进行多任务工作时的主要区域之一，通知区域是以图标形象地显示计算机软硬件的重要信息。

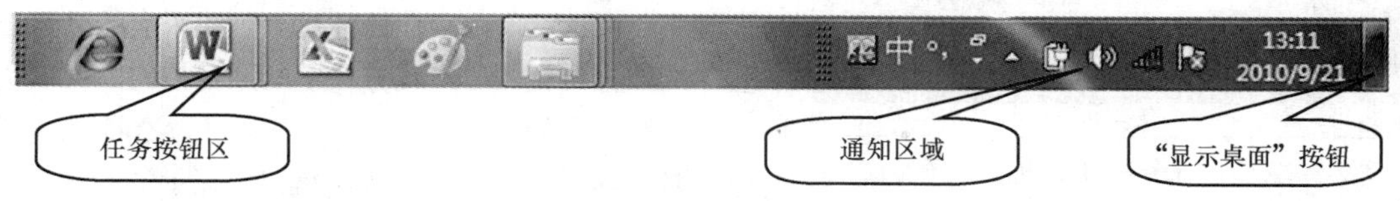

图 2-3-2 任务栏

1. 任务栏外观设置

在任务栏的空白区域单击鼠标右键，在弹出的快捷菜单中单击"属性"命令，打开"任务栏和【开始】菜单属性"对话框，单击"任务栏"选项卡，设置任务栏的显示情况，如图 2-3-3 所示。

① "锁定任务栏"选项，可以使任务栏的大小和位置保持在固定状态而不能被改动。

② "自动隐藏任务栏"选项，可以使鼠标指针在离开任务栏时将任务栏自动隐藏。

③ "使用小图标"选项，可以使任务栏中的程序图标都以缩小的图标形式出现。

④ "屏幕上的任务栏位置"后的列表框中，可选择"底部"、"左侧"、"右侧"和"顶部"4 个位置选项以确定任务栏在桌面上的位置。

⑤ "任务栏按钮"后的列表框中，可以选择任务栏上按钮的排列方式，有"始终合并、隐藏标签"、"当任务栏被占满时合并"和"从不合并"3 种。

图 2-3-3 "任务栏和【开始】菜单属性"对话框

2. 任务栏的大小调整

为了实际使用时方便显示，任务栏的大小可以调整。在任务栏空白处右击鼠标，观察弹出菜单中的"锁定任务栏"命令，如果其前面有勾选标记，则单击该菜单命令，清除其前面的勾选标记，单击"确定"按钮，解除对任务栏的锁定。将鼠标指针指向任务栏的边缘，看到指针呈双箭头形状，按住鼠标左键向上或向下拖动，调整到合适位置时释放鼠标左键，即可调整任务栏的大小。

当"锁定任务栏"命令前面有勾选标记时，任务栏处于锁定状态，大小与位置是不可以调整的，鼠标指针指向任务栏的边缘也看不到双箭头形状的指针。

3. 任务栏的移动

首先，在任务栏的空白处右击鼠标，在弹出的菜单中取消"锁定任务栏"前面的勾选标记。然后，将鼠标指针放在任务栏空白处的边缘，按鼠标左键，将其拖动至桌面的左边，任务栏就位于桌面的左边。同样方法，可以将任务栏拖动至桌面的顶端、右边。

4. 跟踪窗口

如果一次打开多个程序或文件，则所有窗口都会堆叠在桌面上。由于多个窗口经常相互覆盖或者占据整个屏幕，因此有时很难看到被覆盖的其他内容，或者不记得已经打开的内容，这种情

图 2-3-4　指向任务栏 IE 图标出现预览窗口

况下使用任务栏很方便。无论何时打开程序、文件或文件夹，Windows 都会在任务栏上创建对应的已打开程序的图标按钮。单击任务栏上的图标按钮，可以实现不同窗口之间的切换，且当某一窗口为当前“活动”窗口时，其对应的任务栏按钮是突出显示的。

将鼠标指针移向任务栏按钮时，会出现一个小图片，上面显示缩小版的相应窗口，称为“缩略图”，鼠标指向该缩略图时可全屏预览该窗口，如图 2-3-4 所示。如果想要切换到正在预览的窗口，只需要单击该缩略图即可。

仅当 Aero 可在计算机上运行且在运行 Win7 主题时，才可以查看缩略图。

5. 快速启动栏图标的添加与删除

为了启动程序的方便，可以把常用的程序启动图标添加到任务栏中，具体操作方法如下。

① 找到需要添加的程序，用鼠标左键拖动程序图标至任务栏中的快速启动栏目标位置。

② 松开鼠标左键，即可将启动程序的图标添加到任务栏上。

如果不需要该程序作为快速启动项，可以在该程序图标上右击鼠标，从弹出的快捷菜单中单击“将此程序从任务栏解锁”命令。

6. 通知区域

在 Win7 中，通知区域是一个用于集中管理安全和维护通知的单一窗口。它位于任务栏的最右侧，包括一个时钟和一组图标，如图 2-3-5 所示。

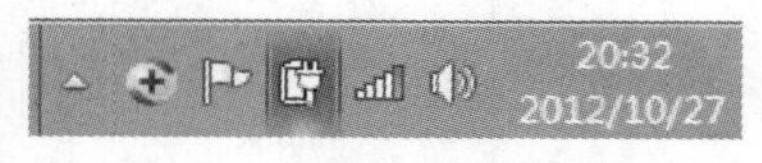

图 2-3-5　任务栏通知区域

可以根据实际需要选择通知区域的图标显示与隐藏，可避免大量图标挤在一起给操作带来麻烦。其具体操作方法如下。

① 在任务栏空白处右击鼠标，在弹出的快捷菜单中单击“属性”命令，打开“任务栏和【开始】菜单属性”对话框。

② 在“通知区域”选项区中单击“自定义”按钮，如图 2-3-6 所示。

③ 打开“通知区域图标”窗口，在“选择在任务栏上出现的图标和通知”列表框中，找到相应的程序图标，在其后单击选择要显示或隐藏图标。设置完成后，单击窗口中的“确定”按钮，保存设置，如图 2-3-7 所示。

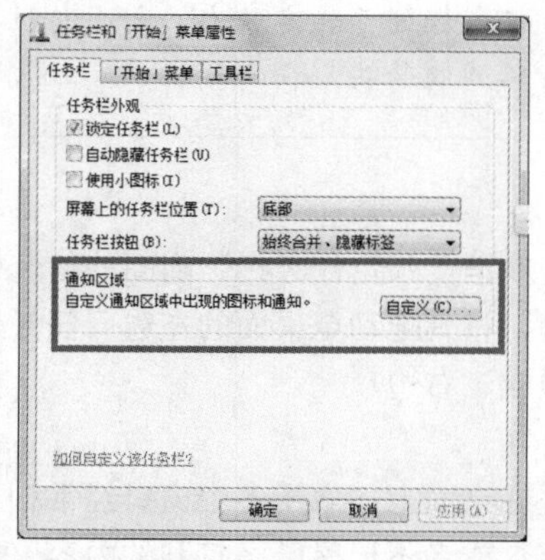

图 2-3-6　“任务栏和【开始】菜单属性”对话框

图 2-3-7　“通知区域图标”窗口

7. 在任务栏中添加工具栏

为了方便操作，可以将某些常用工具栏放置到任务栏上，具体的操作方法与步骤如下。

① 右击任务栏上的空白位置，从弹出的快捷菜单中选择“工具栏”命令，打开“工具栏”级联菜单。

② 选择相应的选项，即可向任务栏中添加“地址”工具栏和“链接”工具栏，如图 2-3-8 所示。

图 2-3-8　添加“地址”和“链接”工具栏的任务栏

另外，对于不经常使用的工具，一般不用显示在“任务栏”上，以免影响日常工作。删除工具的方法是，右击任务栏上的空白位置，从弹出的快捷菜单中选择“工具栏”命令，打开“工具栏”级联菜单，去掉对应工具栏前面的“√”勾选标记。

8. 显示桌面

在 Win7 任务栏的最右端的小矩形是“显示桌面”按钮，单击此按钮，可以最小化打开全部窗口，再次单击此按钮，会重新显示这些曾打开的窗口。当鼠标指向“显示桌面”按钮，打开的窗口会逐渐淡去并随之变成透明，即可看见桌面；将鼠标从“显示桌面”按钮移去，就会重新显示这些打开的窗口。使用快捷键 Win+Space 也可以实现相同功能，但需要保持 Win 键（键盘上的 Windows 系统徽标键）的按下状态。

2.3.3　窗口管理

窗口的操作是 Windows 的最基本操作。每当打开程序、文件或文件夹时，其内容都会在屏幕上称为窗口的框或框架中显示。在 Win7 中窗口分为两种：应用程序窗口和文档窗口。应用程序窗口是指一个应用程序运行时的窗口，该窗口可以放到桌面上的任何位置，也可以最小化到任务栏；文档窗口是指一个应用程序窗口中打开的其他窗口，用来显示文档和数据文件，该窗口可以最大化、最小化和移动，但这些操作都只能在应用程序窗口中进行。

1. 窗口的组成

虽然每个窗口的内容各不相同，但所有窗口都是始终显示在屏幕的主要工作区域上。另一方面，窗口都包括标题栏、菜单栏和工具栏等相同的基本组成部分，如图 2-3-9 所示。

① 标题栏：显示文档和程序的名称，如果正在文件夹中工作，则显示文件夹的名称，右上角有最小化、最大化或还原以及关闭按钮。

② 最小化、最大化和关闭按钮：这些按钮分别可以隐藏窗口、放大窗口使其填充整个屏幕或者关闭窗口。

③ 菜单栏：包含程序中可单击进行选择的项目，为用户在操作过程中提供了访问方法。

④ 滚动条：可以滚动窗口的内容以查看当前视图之外的信息。

⑤ 边框和角：可以用鼠标指针拖动这些边框和角以更改窗口的大小。

⑥ 工具栏：包含一些常用的功能按钮。

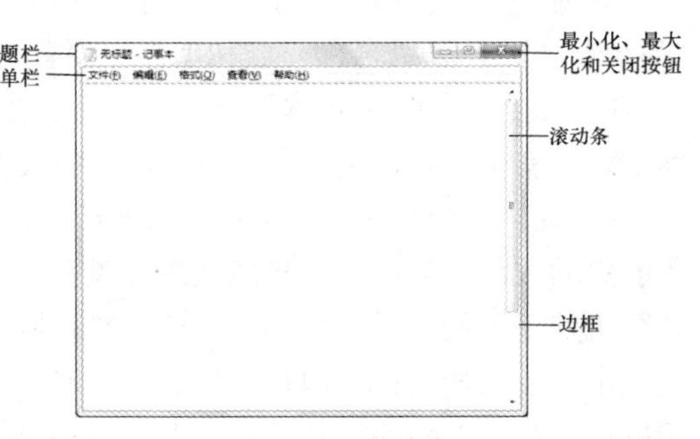

图 2-3-9　窗口的组成

上述只是窗口的一些基本组成部分，其他窗口除这些基本组成部分外可能还具有其他的按钮、框或栏。

2. 对话框

对话框是一种特殊类型的窗口，它可以提出问题，允许用户选择选项来执行任务，或者提供信息。当程序或 Windows 需要用户进行响应它才能继续时，经常会看到对话框。它与窗口的区别在于，它没有“最小化”按钮、“最大化”按钮，不能改变对话框的大小，但是可以被移动，如图 2-3-10 所示。

图 2-3-10　对话框

2.3.4　系统属性

在桌面“计算机”图标上单击鼠标右键，在弹出的快捷菜单中单击“属性”命令，打开“系统”窗口，就可以查看基本硬件信息。例如，可以看到用户当前的计算机名，通过单击“系统”左窗格中的链接还可以更改重要系统设置，如图 2-3-11 所示。

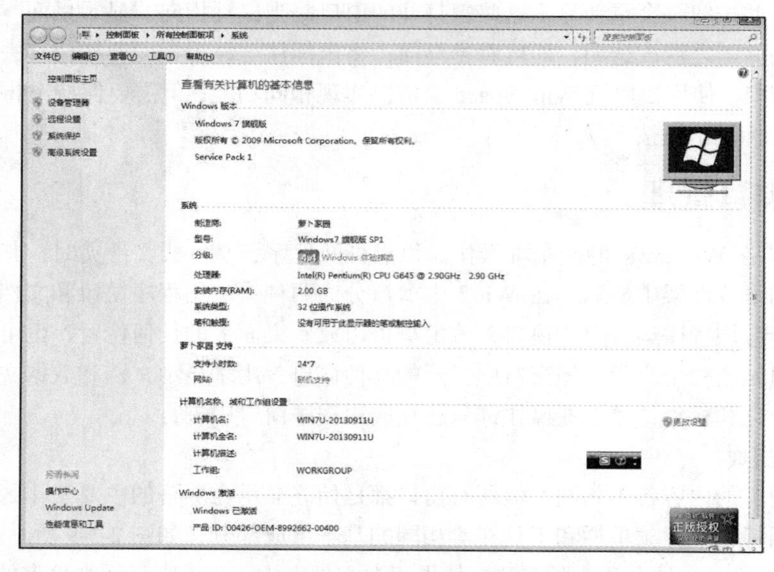

图 2-3-11　“系统”窗口

1. 查看有关计算机的基本信息

在窗口的右窗格中“系统”提供“查看有关计算机的基本信息”，包括“Windows 版本”、“系统”、“计算机名称、域和工作组设置”和“Windows 激活”4 部分内容。

- 在“Windows 版本”中列出了有关当前计算机的基本详细信息的摘要视图和 Windows 版本，以及有关计算机上运行的 Windows 版本的信息。
- 在“系统”一栏中显示出当前计算机的 Windows 体验指数基本分数，这是描述计算机总体能力的数字。列出计算机的处理器类型和速度，如果所用的计算机使用多个处理器，还将列出计算机处理器的数量。例如，当前计算机有两个处理器，则将会在此看到显示“2 个处理器”，还显示安装的随机存取内存（RAM）容量，某些情况下还显示 Windows 可以使用的内存数量。用鼠标单击“Windows 体验指数”，可以看到计算机各主要系统组件的“评分的项目”和“子分数”等详细评分信息。

- 在“计算机名称、域和工作组设置”一栏中显示计算机名称以及工作组或域信息，通过单击“更改设置”可以更改该信息并添加用户账户。
- 在“Windows 激活”一栏中激活验证当前的 Windows 副本是否是正版，及显示产品 ID 号，这有助于防止软件盗版。

2. 更改 Windows 系统设置

可通过以下方式更改 Windows 系统设置。

- 单击“系统”窗口左窗格中的“设备管理器”，打开“设备管理器”窗口，可更改系统各硬件的设置和更新驱动程序。
- 单击“系统”窗口左窗格中的“远程设置”，打开“系统属性”窗口的“远程”选项卡页面，在此更改可用于连接到远程计算机的“远程桌面”设置和可用于邀请其他人连接到用户的计算机以帮助解决计算机问题的“远程协助”设置。
- 单击“系统”窗口左窗格中的“系统保护”，打开“系统属性”窗口的“系统保护”选项卡页面，可以使用其来撤销不需要的系统更改，还原以前版本的文件。
- 单击“系统”窗口左窗格中的“高级系统设置”，打开“系统属性”窗口的“高级”选项卡页面，访问高级性能、用户配置文件和系统启动设置，包括监视程序和报告可能的安全攻击的“数据执行保护”，还可以更改计算机的虚拟内存设置。

2.4　管理文件与文件夹

文件是计算机中一个很重要的概念，它是操作系统用来存储和管理信息的基本单位。文件可用来保存各种信息，用文字处理软件生成的文档、用计算机语言编写的程序以及进入计算机的各种的各种多媒体信息，都是以文件的方式存放的。文件的物理存储介质通常是磁盘、磁带、光盘等。

2.4.1　认识文件与文件夹

1. 文件

文件是存储在储存介质上的一组信息的集合。文件通常包含两部分内容：一是文件所包含的数据，称为文件数据；二是关于文件本身的说明信息或属性信息，称为文件属性。文件属性主要包括创建日期、文件长度、访问权限等，这些信息主要被文件系统用来管理文件。

文件提供了一种将数据保存在外部存储介质上以便访问的功能。每个文件都有一个确定的名字，这样用户就不必关心文件存储方法、物理位置、访问方式等，直接以“按名存取”的方式来使用文件。

文件的名称由文件名和扩展名组成，扩展名与文件名之间用一个“.”字符隔开。通常扩展名由 1~4 个合法字符组成，文件的扩展名说明文件所属的类别。例如：

- EXE：可执行文档；
- DOC：Word 文档；
- TXT：文本文件；
- HTM（L）：网页文档；
- PDF：Adobe Acrobat 文档
- BAS：BASIC 语言源程序
- SYS：系统文件；
- POT：演示文稿母版文件；
- RTF：带格式的文本文件；
- SWF：Flash 动画发布文件；
- ZIP：压缩格式文档；
- C：C 语言源程序。

Win 7 支持长文件名，其长度（包括扩展名）可达 255 个字符。

2. 文件夹

无论是操作系统的文件，还是用户自己生成的文件，其数量和种类都是不可胜数的。为了便于对文件进行存储和管理，系统引入了文件夹（目录）的概念。例如，建立一个“学习资料下载”文件夹，用于存储从网络上获取的各类资源文档。一个文件夹对应一块磁盘空间。文件夹的路径是一个地址，它告诉操作系统如何才能找到该文件夹。

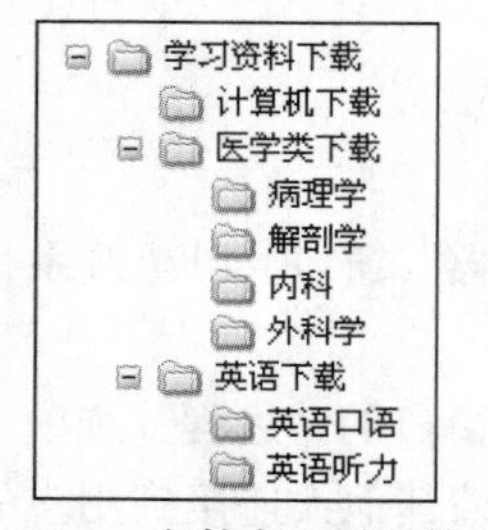

图 2-4-1　文件夹和子文件夹

每一个文件夹还可以用来作为其他对象（如子文件夹、文件）的容器，以方便更细致地分类存储。例如，在“学习资料下载”文件夹下在分别创建“计算机下载”、“医学类下载”及“英语下载”子文件夹，在“英语下载”子文件夹下，将口语类英语和听力类英语分别放在“英语口语”和 “英语听力”子文件夹下。在打开文件夹窗口时，其中包含的内容以图符的方式来显示，如图 2-4-1 所示。

3. 创建与重命名文件和文件夹

（1）创建文件

一般情况可通过应用程序来新建文档。例如，通过应用程序往新文档中增加数据，然后选择“文件”→“另存为”命令把它存放在磁盘上。

除了上述传统方法外，还可以不启动应用程序，就可以直接创建新文档。在桌面上或者某个文件夹中单击鼠标右键，在弹出的快捷菜单中选择“新建”命令，就会出现一个文档类型列表，如图 2-4-2 所示，选择所需的文档类型即可。

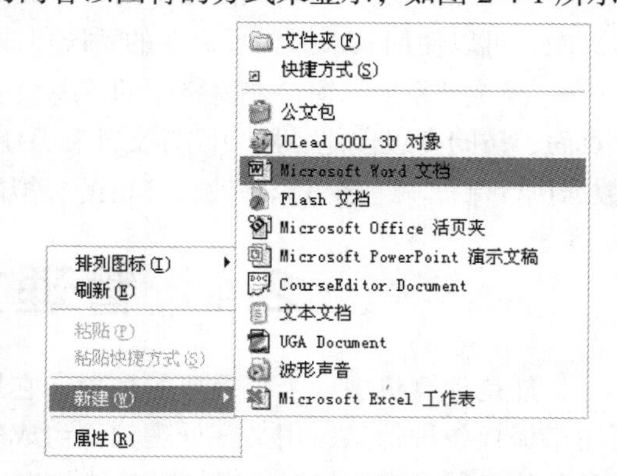

图 2-4-2　使用不启动应用程序的方法来创建新文档

（2）创建文件夹

最简单的方法就是在要创建文件夹的地方，单击鼠标右键，然后从弹出的快捷菜单中选择“新建”→“文件夹”命令，系统便会创建一个名叫“新建文件夹”的文件夹，并且文件夹的名字是被选中的，可以键入自己想要的名字，自定义该文件名，如图 2-4-3 所示。

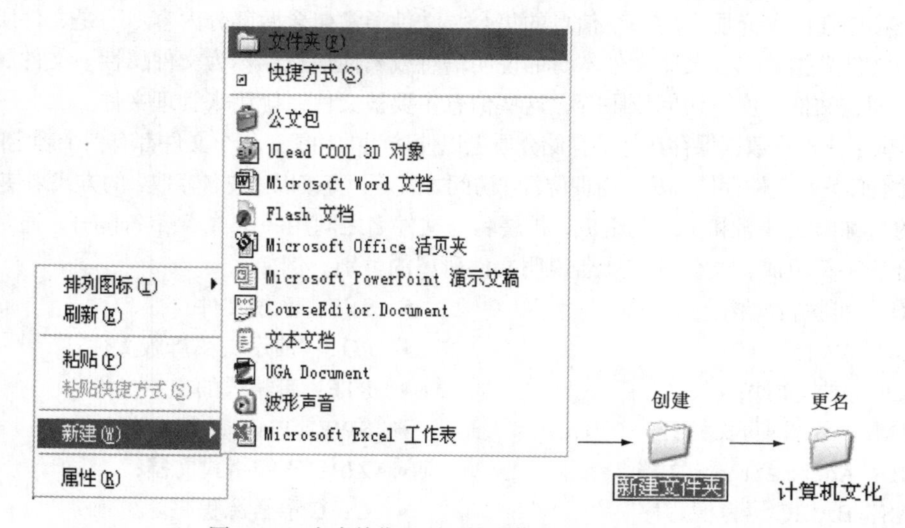

图 2-4-3　在当前位置利用快捷菜单创建新的文件夹

4. 移动、复制、删除、搜索文件和文件夹

在日常生活中，人们做的大部分文件和文件夹管理工作，就是在不同的磁盘和文件夹之间复制、移动文件，以及文件与文件夹的删除和搜索。

（1）用鼠标“拖放”的方法复制、移动文件或文件夹

最简单的方法（拖放）：直接用鼠标把选中的文件的图标拖放到目的地。至于鼠标的拖放是复制还是移动，取决于源文件和目的文件夹的位置关系。

- 相同磁盘：在同一磁盘上拖放文件或文件夹执行移动命令。若拖放文件时按 Ctrl 键则执行复制操作。
- 不同磁盘：在不同磁盘之间拖放文件或文件夹执行复制命令。若拖放文件时按 Shift 键则执行移动操作

如果希望自己决定鼠标“拖放”操作到底是执行复制命令还是移动命令，可用鼠标右键把对象拖到目的地。当释放鼠标右键时，将弹出一个快捷菜单，从中可以选择是移动还是复制该对象，或者为该对象在当前位置创建快捷方式图标。

“选择”操作（即明确对象）是所有操作的前提。

（2）使用“剪贴板”复制、移动文件或文件夹

复制、移动文件或文件夹的常规方法是菜单命令操作。通过“编辑”菜单中的“复制”或“剪切”命令，借助“剪贴板”复制、移动文件或文件夹。

要使用菜单命令复制、移动文件或文件夹，首先选择要复制的一个或多个文件或文件夹，然后打开“编辑”菜单，选择“复制”命令，再打开目的文件夹，打开“编辑”菜单，选择“粘贴”命令，将选择的文件或文件夹复制到目的文件夹中。

同理，可以执行“编辑”菜单中的“剪切”命令实现移动文件和文件夹的操作。

（3）重命名

文件或文件夹的名字是可以随时改变的，以便于更好地描述其内容。重命名的方法有以下几种。

- 菜单方式：选中文件或文件夹后，从菜单栏中选择“文件”→“重命名”命令。
- 右键方式：选中文件或文件夹后，用鼠标右键单击，在弹出的快捷菜单中选择“重命名”命令。
- 二次选择方式：选中文件或文件夹后，再在文件或者文件夹名字位置处单击。

采用上面 3 种方法操作后，在文件或文件夹名字的位置处即可输入新的名字。输入名字后，按 Enter 键确认。

（4）删除和恢复文件或文件夹

当不再需要某个文件或文件夹时，可以选中该对象，然后按 Delete 键删除它。删除文件夹时要小心，该操作同时也会删除文件夹所包含的所有文件。

删除文件最简单的方法是：选择要删除的对象，然后单击鼠标右键，在弹出的快捷菜单中选择“删除”命令。

删除的文件被暂时放进了“回收站”，在“回收站”里提供了删除文件或文件夹的补救措施。打开“回收站”，选择要操作的对象，从菜单栏中选择“文件\还原”命令，即可将删除的文件或文件夹还原到原来的位置。当“回收站”的空间变为满状态时，删除的文件或文件夹不再受“回收站”保护，而直接被删除。

5. 搜索文件和文件夹

Win 7 支持使用匹配符（*）和问号（？）来控制文件名的匹配模式。星号表示多个字符，问号表示一个字符，利用它们查找文件既简单又方便。例如，要查找出扩展名为.doc 的所有文件，可用*.doc 来表示文件名，这样就会快速找到该类型的所有文件。W*.doc 表示以任何以字母“W”开头的 doc 类型的文件；W？？.doc 表示任何以字母“W”开头，后跟两个字符的 doc 类型的文件。文件搜查窗口如图 2-4-4 所示。

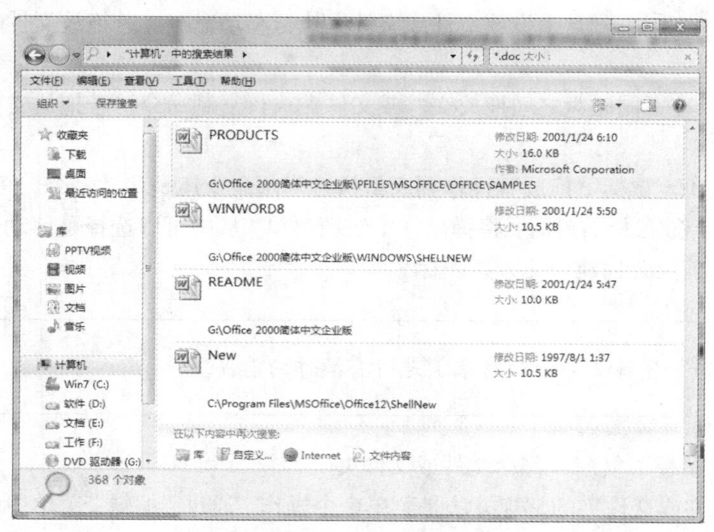

图 2-4-4　文件搜索

2.4.2　Windows 程序管理

程序以文件的形式存放，它是指能够实现某种功能的一类文件。通常，把这类文件称作可执行文件（.EXE）。

在 Win 7 中，“开始”按钮可以起到程序管理器的作用。可以把各种程序的“快捷方式”（不是程序本身文件）分门别类地存放在“开始”菜单“所有程序”项目中的不同文件夹内，以方便从“开始”菜单中运行程序。

当然也可以把自己经常使用的程序的快捷图标放在桌面上，或放在某一文件夹中。

1. 应用程序的运行与退出

（1）运行程序的方法

使用一个程序，首先要启动它，Win7 为用户提供了多种启动程序的方法，其中包括：

- 使用桌面快捷方式，这是最简便的运行程序的方法。
- “开始”菜单中的“运行”命令框，在命令框中输入命令运行程序，如图 2-4-5 所示。

图 2-4-5　“运行”命令框

- 在“资源管理器”窗口中，打开程序文件所在的文件夹，双击程序图标。
- 通过某个具体的文档，直接打开编辑该文档的应用程序和文档本身。
- 将程序的快捷方式拖入“启动”文件夹中，使 Windows 在每次启动时自动运行该程序。

（2）应用程序的退出

- 退出一个程序，通常的方法是单击界面右上角的“关闭”按钮，或按快捷键 Alt+F4。

- 选择“文件”菜单中的“关闭”命令。
- 在“Windows 任务管理器”中结束程序的运行。

2. 控制面板

控制面板是用来进行系统设置和设备管理的一个工具集。在控制面板中，用户可以根据自己的喜好对鼠标、键盘、桌面等进行设置和管理，还可以进行添加和删除程序的操作。

启动控制面板的方法很多，最简单的是选择“开始\控制面板”命令。

控制面板启动后，出现如图 2-4-6 所示的窗口。

图 2-4-6 “控制面板”窗口

（1）程序和功能

在控制面板中双击“程序和功能”，打开“程序和功能”窗口如图 2-4-7 所示。该窗口用于更改或删除程序，安装新程序，添加或删除 Win7 程序组件。

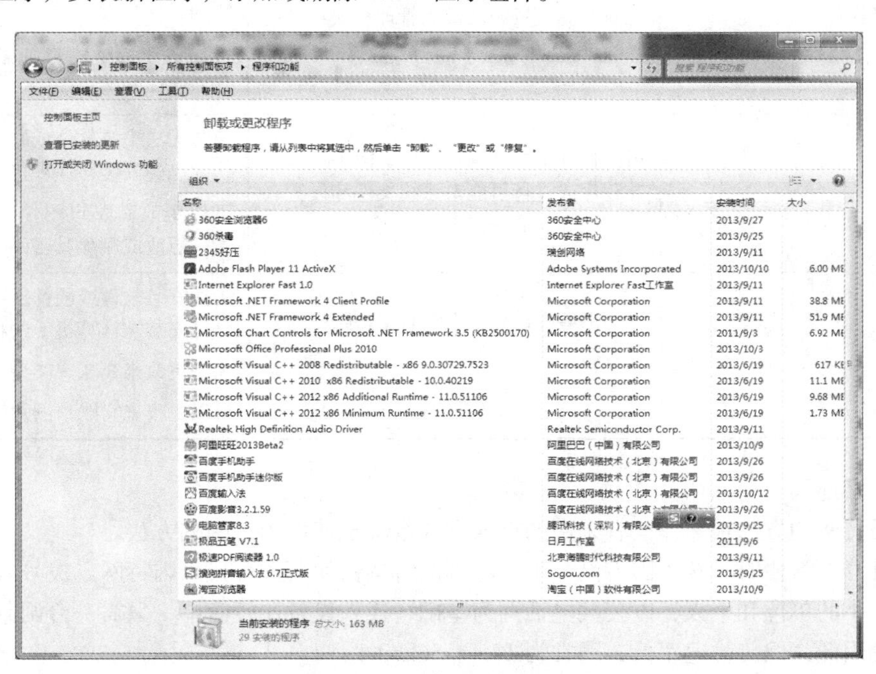

图 2-4-7 “程序和功能”窗口

① 卸载应用软件。在“程序和功能”窗口中，选中要卸载的程序图标，单击对应程序图标的“卸载”按钮，即可开始卸载这个程序。

如果应用程序在安装时在注册表中注册了自带的安装和卸载程序，此时将使用这个卸载程序进行删除。

如果应用程序在安装时没有在注册表中注册自带的安装和卸载程序，此时将使用系统卸载程序，卸载系统将提出一个删除确认对话框，如果单击“是”按钮，卸载便根据注册表中的记录情况，安全删除应用程序在系统中的所有文件、文件夹、应用程序的快捷方式、“开始”菜单中的相应选项等。

② 安装软件。安装软件的方法有以下3种。

- 目前，许多应用程序是以光盘形式提供的，如果光盘上有 Autorun.inf 文件，则根据该文件的指示自动运行安装程序。
- 直接运行安装盘（或光盘）中的安装程序（通常是 Setup.exe 或 Install.exe）。
- 如果应用程序是从 Internet 上下载的，通常整套软件被捆绑成一个.exe 文件，用户运行该文件后直接运行安装。

（2）用户账户管理

Win7 系统的用户管理内容，主要包括账号的创建、设置密码、修改账号等内容，可以通过打开“控制面板”中的“用户账户”或者“管理工具”来进行设置。对于单机多用户环境，将所有的用户进行合适的分类而授予相应的权限就可以有效管理计算机。计算机账户类型及权限如表2-4-1所示。

表 2-4-1　　计算机账户类型及权限

账户类型	说明	权限
计算机管理员	拥有对本机资源的最高管理权限	可以创建和删除计算机上的用户账户 可以更改其他用户的账户名、图片、密码和账户类型
受限制账户	可操作计算机并保存文档，但不可以安装程序或进行可能对系统文件和设置有潜在破坏性的任何更改	通常无法安装软件或硬件，但可以访问已经安装在计算机上的程序 可以更改其账户图片，还可以创建、更改或删除其密码
来宾账户	专为那些在计算机上没有用户账户的人设置的	无法安装软件或硬件，但可以访问已经安装在计算机上的程序 无法更改来宾账户类型 可以更改来宾账户图片

（3）网络连接

连入因特网的方法很多，读者采用的接入方式取决于使用因特网的方法。

如果打算在需要时才接入因特网，可通过调制解调器使用拨号接入因特网。拨号入网主要适应于传输量小的单位和个人，以公共电话网为基础，连入设备比较简单，只需一台调制解调器。此类连接费用低，但传输速率低，通常为14.4～56kbit/s。

如果上网速度有要求，可以申请一个拨号 ISDN（综合服务数字网）账号或数字用户环路（ADSL）。

2.5　Linux 操作系统简介

2.5.1　概述

简单地说，Linux 是一套免费使用和自由传播的类 UNIX 操作系统，它主要用于基于 Intel x86 系列 CPU 的计算机上。这个系统是由世界各地的成千上万的程序员设计和实现的。其目的是建立不受任何商品化软件的版权制约的、全世界都能自由使用的 UNIX 兼容产品。

Linux 的出现，最早开始于一位名叫 Linus Torvalds 的计算机业余爱好者，当时他是芬兰赫尔辛基大学的学生。他的目的是想设计一个代替 Minix（是由一位名叫 Andrew Tannebaum 的计算机教授编写的一个操作系统示教程序）的操作系统，这个操作系统可用于 386、486 或奔腾处理器的个人计算机上，并且具有 UNIX 操作系统的全部功能，因而开始了 Linux 雏形的设计。

Linux 的基本思想有两点：第一，一切都是文件；第二，每个软件都有确定的用途，同时它们都尽可能编写得更好。其中第一点就是系统中的所有都归结为文件，即命令、软件和硬件设备、操作系统、进程等，对于操作系统内核而言，都被视为拥有各自特性或类型的文件。至于说 Linux 是基于 UNIX 的，很大程度上也是因为这两者的基本思想十分相近。

2.5.2　历史

1983 年，理察·马修·斯托曼（Richard Stallman）创立了 GNU 计划（GNU Project）。这个计划有一个目标是为了发展一个完全免费自由的 Unix-like 操作系统。自 20 世纪 90 年代发起这个计划以来，GNU 开始大量地生产或收集各种系统所必备的元件，如函数库（libraries）、编译器（compilers）、侦错工具（debuggers）、文字编辑器（text editors）、网页服务器（web server），以及一个 UNIX 的使用者接口（Unix shell）。1990 年，GNU 计划开始在马赫微核（Mach microkernel）的架构之上开发系统核心，也就是所谓的 GNU Hurd，但是这个基于 Mach 的设计异常复杂，发展进度缓慢。

最初的设想中，Linux 是一种类似 Minix 这样的一种操作系统。1991 年 4 月，芬兰赫尔辛基大学学生 Linus Benedict Torvalds（当今世界最著名的电脑程序员、黑客）不满意 Minix 这个教学用的操作系统。出于爱好，他根据可在低档机上使用的 MINIX 设计了一个系统核心 Linux 0.01，但没有使用任何 Minix 或 UNIX 的源代码。他通过 USENET（就是新闻组）宣布这是一个免费的系统，主要在 x86 计算机上使用，希望大家一起来将它完善，并将源代码放到了芬兰的 FTP 站点上提供免费下载。本来他想把这个系统称为 Freax，意思是自由（ free ） 和奇异（freak） 的结合字，并且附上了“X”这个常用的字母，以配合所谓的 Unix-like 的系统。可是 FTP 的工作人员认为这是 Linus 的 Minix，嫌原来的命名“Freax”的名称不好听，就用 Linux 这个子目录来存放，于是它就成了“Linux”。这时的 Linux 只有核心程序，仅有 10000 行代码，仍必须执行于 Minix 操作系统之上，并且必须使用硬盘开机，还不能称作是完整的系统；随后在 10 月第二个版本（0.02 版）就发布了，同时这位芬兰赫尔辛基的大学生在 comp.os.minix 上发布一则信息：

Hello everybody out there using minix-
I'm doing a （free） operation system （just a hobby,
won't be big and professional like gnu） for 386（486） AT clones.

由于许多专业用户（主要是程序员）自愿地开发它的应用程序，并借助 Internet 拿出来让大家一起修改，所以它的周边的程序越来越多，Linux本身也逐渐发展壮大起来。

从1983年开始的GNU计划致力于开发一个自由并且完整的类UNIX操作系统，包括软件开发工具和各种应用程序。到1991年 Linux 内核发布的时候，GNU已经几乎完成了除了系统内核之外的各种必备软件的开发。在Linus Torvalds和其他开发人员的努力下，GNU组件可以运行于Linux内核之上。整个内核是基于GNU通用公共许可，也就是GPL（GNU General Public License，GNU通用公共许可证）的，但是Linux内核并不是GNU 计划的一部分。1994年3月，Linux1.0版正式发布，Marc Ewing成立了 Red Hat 软件公司，成为最著名的Linux分销商之一。

2.5.3 应用与评价

过去，Linux主要被用作服务器的操作系统，但因它的廉价、灵活性及UNIX背景使得它很合适作更广泛的应用。传统上有以Linux为基础的“LAMP（Linux, Apache, MySQL, Perl/PHP/Python 的组合）”经典技术组合，提供了包括操作系统、数据库、网站服务器、动态网页的一整套网站架设支持。而面向更大规模级别的领域中，如数据库中的 Oracle、DB2、PostgreSQL，以及用于Apache的Tomcat JSP等都已经在Linux上有了很好的应用样本。除了已在开发者群体中广泛流行，它亦是现时提供网站服务供应商最常使用的平台。

基于其低廉成本与高度可设定性，Linux 常常被应用于嵌入式系统，如机顶盒、移动电话及移动装置等。在移动电话上，Linux已经成为与Symbian OS、Windows Mobile系统并列的三大智能手机操作系统之一；而在移动装置上，则成为Windows CE与Palm OS之外另一个选择。目前流行的TiVo数码摄影机使用了经过改制后的Linux。此外，有不少硬件式的网络防火墙及路由器，如部分LinkSys的产品，其内部都是使用Linux来驱动，并采用了操作系统提供的防火墙及路由功能。

采用Linux的超级电脑越来越多，根据2005年11月的TOP500超级电脑列表，世上最快速的两组超级电脑都是使用Linux作为其操作系统。

2006年开始发售的SONY PlayStation 3亦使用Linux的操作系统。之前，Sony也曾为他们的PlayStation 2推出过一套名为PS2 Linux的DIY组件。至于游戏开发商雅达利及id Software，都有为其旗下的游戏推出过Linux桌面版本。此外，Linux Game Publishing也有专门为Linux平台撰写游戏，并致力于把其他在Windows平台编撰的游戏程序码转至Linux平台，为游戏提供使用授权。

而一个打算对所有生活在发展中国家孩子提供手提电脑的名为“每个孩子皆有一部手提电脑（OLPC）”的项目，正是使用Linux作为默认的操作系统。

Linux以它的高效性和灵活性著称。它能够在计算机上实现全部的UNIX特性，具有多任务、多用户的能力。Linux是在GNU公共许可权限下免费获得的，是一个符合POSIX标准的操作系统。Linux 操作系统软件包不仅包括完整的Linux操作系统，而且还包括了文本编辑器、高级语言编译器等应用软件。它还包括带有多个窗口管理器的X-Windows图形用户界面，如同Windows NT一样，允许用户使用窗口、图标和菜单对系统进行操作。

Linux之所以受到广大计算机爱好者的喜爱，主要原因有两个：一个原因是它属于自由软件，用户不用支付任何费用就可以获得它和它的源代码，并且可以根据自己的需要对它进行必要的修改，无偿对它使用，无约束地继续传播；另一个原因是它具有UNIX的全部功能，任何使用UNIX操作系统或想要学习UNIX操作系统的人都可以从Linux中获益。

运行Linux需要的配置并不高，它支持众多的PC周边设备，并且这样一个功能强大的软件完全免费，其源代码是完全公开的，任何人都能拿来使用。它代表着软件开发的另一种概念：基于 GNU 的版权制度。

版权是为了保护作者应有利益而设立的制度，但时至今日它却对科技的发展造成了一定的阻碍。例如，现在病毒的肆虐，就是因为微软公司不肯将 Windows 的源代码公开。杀毒软件的厂商只好自己去钻研 OLE 结构。还有，Intel 为了保住自己的霸主地位，建立了一个个不许其他厂商使用的硬件规范，造成众多开发者并不是为了提升技术而是为了兼容性而耗费资金和时间，这样就造成了科研发展的混乱和垄断。

为了改变这种状况，Richard M.Stallman 在 1984 年创立了以生产免费软件为目的的组织——Free Software Foundation（自由软件基金会，简称 FSF）。他认为：各个软件公司为了自己的利益不公开源代码会阻碍人类文明的发展，一个真正好的软件是为了替人解决问题，应该散发给需要的人。他开发了一个叫作 GNU 的计划，第一套软件就是 GNU Emacs（UNIX 平台下强大的编辑器）。任何人都能免费拿到这个软件和它的源代码，于是许多人自发地修改这套软件，为它增加功能。为了明确 GNU 的规范，Stallman 发表了 GNU General Public License 和 GNU Library General Public License 授权声明，根据这些声明，所有的 GNU 软件都可以被任何人下载、出售、复制和修改，但必须提供程序源代码或者让使用者知道从哪里获得源代码。但不论免费或者收费，任何得到这些软件的使用者都有和提供者同样的权利，可以将它们赠送或出售。由于这个授权，GNU 软件像滚雪球一样越来越多，功能也越来越强。

Linux 核心程序的著作权归 Linus 本人所有，其他应用程序归各自的作者所有，但按照 GNU 授权，任何人都可以采取收费或免费方式来发行 Linux，并在符合该授权的规范下做修改。这样就有了一大批的免费程序移植到了 Linux 上，包括 GNU Emacs、XFree86、Mozilla 等经典软件。由于源代码是公开的，任何一个使用 Linux 的人在添置了新硬件后都能自己编写驱动程序，所以 Linux 对新硬件的支持已经超过了许多专业 UNIX 系统。Linux 的成功如果没有 Internet 是不可能的，因为 Linux 实际上是世界各地众多程序员共同开发的结果。

现在的 Linux 经过数次改版（包括核心的升级和周边程序的完善），已经发展成了一个遵循 POSIX 标准的纯 32 位多工操作系统，64 位版本也在开发之中。Linux 可以兼容大部分的 UNIX 系统，很多 UNIX 的程序不需要改动，或者很少的改变就可以运行于 Linux 环境；内置 TCP/IP 协议，可以直接连入 Internet，作为服务器或者终端使用；内置 Java 解释器，可直接运行 Java 源代码；具备程序语言开发、文字编辑和排版、数据库处理等能力；提供 X Windows 的图形界面；主要用于 x86 系列的个人计算机，也有其他不同硬件平台的版本，支持现在流行的所有硬件设备。就性能上来说，它并不弱于 Windows 甚至 UNIX，而且靠仿真程序还可以运行 Windows 应用程序。它有成千上万的各类应用软件，并不输于 Windows 的应用软件数量，其中也有商业公司开发的营利性的软件。最可贵的是：它是一个真正的 UNIX 系统，可以供专业用户和想学 UNIX 的人在自己的个人计算机上使用。Linux 是一个非常灵活的系统，相对于 Windows 而言也是一个比较难用的系统，就如同大多数用户用不惯 MacOS 的单键鼠标一样。想要对 Linux 轻车熟路，必须掌握一些相关知识，如软、硬件的配置，最好还懂点程序，因为没有人有义务为你提供技术支援，除了和其他用户交流之外，你必须要自己解决问题。当然，如果你只是作为日常应用，就不需要那么复杂，Linux 一样会为你提供完美的操作环境，你所要做的就是改变使用习惯和成见。

Linux 上最常用的 X Windows 是 Xfree86，它是 MIT 的 X11R5 的移植版，使用 Openlook 窗口管理系统，所以 Xfree86 是免费的。Xfree86 支持现行所有的 PC 显示卡，但不一定支持它们的 Windows 加速特性，如 DirectX 9。

到目前为止，可以支持中文的 Linux 已不再是凤毛麟角，而且中文应用软件也不断丰富。

2.5.4 未来软件界的方向

Linux 作为较早的源代码开放操作系统，将引领未来软件发展的方向。

基于 Linux 开放源码的特性，越来越多大中型企业及政府投入更多的资源来开发 Linux。现今世界上，很多国家逐渐把政府机构内部门的计算机转移到 Linux 上，这个情况还会一直持续。Linux 的广泛使用为政府机构节省了不少经费，也降低了对封闭源码软件潜在的安全性的忧虑。

习 题

一、选择题

1. 操作系统的功能是对计算机资源（包括软件和硬件资源）等进行管理和控制的程序，是（ ）之间的接口。

A. 主机与外设的接口　　B. 用户与计算机的接口

C. 系统软件与应用软件的接口　　D. 高级语言与机器语言的接口

2. 操作系统是一种（ ）。

A. 应用软件　　B. 实用软件

C. 系统软件　　D. 编译软件

3. 设当前工作盘是硬盘，存盘命令中没有指明盘符，则信息将存放于（ ）。

A. 内存　　B. 软盘

C. 硬盘　　D. 硬盘和软盘

4. Wind7 中可对 U 盘进行格式化的有（ ）。

A. 控制面板　　B. IE 软件

C. 资源管理器　　D. 附件

5. 若已打开若干个窗口，利用快捷键 Alt+（ ），可在窗口之间切换，并且还将显示该窗口对应的应用程序图标。

A. Esc　　B. Ctrl

C. Tab　　D. Shift

6. 将鼠标指针置于某窗口内，按 Alt +（ ）组合键，可将该窗口放入剪贴板。

A. Ctrl　　B. Print Screen

C. Alt　　D. Insert

7. 在资源管理器中，若要选定若干非连续的文件，按住（ ）键的同时，再单击所要选择的非连续文件。

A. Alt　　B. Tab

C. Shift　　D. Ctrl

8. 在 Win7 中，剪切命令对应的快捷键是（ ）；

A. Ctrl +V　　B. Ctrl +C

C. Ctrl +X　　D. Ctrl +A

9. 任务栏通常是在（ ）的一个长条，左端是“开始”菜单，右端显示时钟、中文输入法等。当启动程序或打开窗口后，任务栏上会出现带有该窗口标题的按钮。

A. 桌面左边　B. 桌面右边
C. 桌面底部　D. 桌面上部

10. Win7 中寻求帮助的热键是（　　）。

A. F2　B. F1
C. F3　D. F4

11. 在文件夹中可以包含有（　　）。

A. 文件　B. 文件、文件夹
C. 文件、快捷方式　D. 文件、文件夹、快捷方式

12. 撤销一次或多次操作，可以用下面的（　　）命令。

A. Alt+Z　B. Alt+Q
C. Ctrl+Z　D. Ctrl+Q

13. 通常把可以直接启动或执行的文件称为（　　）。

A. 数据文件　B. 文本文件
C. 程序文件　D. 多媒体文件

14. 中文输入法的启动和关闭是用（　　）组合键。

A. Ctrl+Shift　B. Ctrl+Alt
C. Ctrl+Space　D. Alt+Space

15. 英文和各种中文输入法之间的切换是用（　　）组合键。

A. Ctrl+Space　B. Ctrl+Alt
C. Ctrl+Shift　D. Alt+Space

16. 在桌面上的图标“我的电脑”是（　　）。

A. 用来暂存用户删除的文件、文件夹等内容的
B. 用来管理计算机资源的
C. 用来管理网络资源的
D. 用来保持网络中的便携机和办公室中的文件保持同步的

17. 由于突然停电原因造成 Windows 操作系统非正常关闭，那么（　　）。

A. 再次开机启动时必须修改 CMOS 设定
B. 再次开机启动时必须使用软盘启动盘，系统才能进入正常状态
C. 再次开机启动时，大多数情况下系统自动修复由停电造成损坏的程序
D. 再次开机启动时，系统只能进入 DOS 操作系统

18. 以下说法中最合理的是（　　）。

A. 硬盘上的数据不会丢失
B. 只要防止误操作，就能防止硬盘上数据的丢失
C. 只要没有误操作，并且没有病毒的感染，硬盘上的数据就是安全的
D. 不管怎么小心，硬盘上的数据都有可能读不出

19. 经常对硬盘上的数据进行备份，可能的原因是（　　）。

A. 可以整理硬盘上的数据，提高数据处理速度
B. 防止硬盘上有坏扇区
C. 恐怕硬盘上出现新的坏扇区

D. 恐怕硬盘上出现碎片

20. 在 Win7 中，若系统长时间不响应用户的要求，为了结束该任务，应使用的组合键是(　　)。

A. Shift+Esc+Tab　　B. Crtl+Shift+Enter

C. Alt+Shift+Enter　　D. Alt+Ctrl+Delete

21. 通常在 Win7 的附件中不包含的应用程序是（　　）。

A. 记事本　　B. 画图

C. 计算器　　D. 公式

二、问答题

1. 菜单的约定有哪些？分别代表什么意思？
2. 屏幕保护程序的作用是什么？应该如何设置？
3. 窗口由哪些部分组成？窗口的操作方法有哪些？
4. 什么是对话框？对话框与窗口的主要区别是什么？

第 3 章 Word 2010 字处理软件

Word 是微软公司的 Office 系列办公组件之一，是目前世界上最流行的文字编辑软件。使用它可以编排出精美的文档，方便地编辑和发送电子邮件，编辑和处理网页等。本章主要介绍 Word 2010 工作窗口以及创建、保存、打开文档等基本操作。

3.1 Word 2010 概述

Word 2010 中带有众多顶尖的文档格式设置工具，可帮助用户更有效地组织和编写文档，它还包括功能强大的编辑和修订工具，以便用户与他人轻松地开展协作。此外，应用 Word 2010，用户还可以将文档存储在网络中，进而可以通过各种网页浏览器对文档进行编辑，随时把握住稍纵即逝的灵感。Microsoft Word 从 Word 2007 升级到 Word 2010，其最显著的变化就是使用“文件”按钮代替了 Word 2007 中的 Office 按钮，使用户更容易从 Word 2003 和 Word 2000 等旧版本中转移。另外，Word 2010 同样取消了传统的菜单操作方式，而代之于各种功能区。在 Word 2010 窗口上方是外形像菜单的功能区，当单击这些功能区的名称时并不会打开菜单。

3.1.1 Word 2010 的启动与退出

在安装了 Word 2010 之后，为了便于后面章节内容的学习，首先介绍最基本的操作：程序的启动和退出。

1. Word 2010 的启动

Word 2010 的启动也有多种方法，下面介绍两种比较常用的方法。

（1）从“开始”菜单启动

当安装 Word 2010 后，安装向导会自动在“开始”菜单中创建该应用程序的“程序组”——Microsoft Office 文件夹，选择“开始”→“程序”→“Microsoft Office”→“Microsoft Office Word 2010”菜单项，即可启动 Word 2010 应用程序，如图 3-1-1 所示。

（2）通过双击 Word 文档来启动 Word 2010

打开“资源管理器”，双击某一 Word 文档，即可自动启动 Word 2010，并打开被双击的 Word 文档。

2. 退出 Word 2010

Word 2010 的退出包括以下几种常用方法。

① 选择“文件”→“退出”命令。

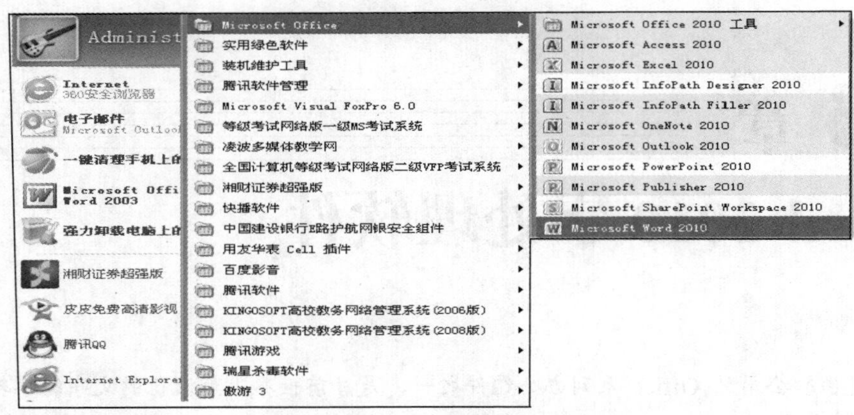

图3-1-1　从"开始"菜单启动Word 2010

② 双击标题栏左边的W图标。

③ 单击窗口右上角的关闭×按钮。

④ 单击标题栏左边的W图标，选择其中"关闭"选项。

⑤ 将要关闭的窗口作为当前窗口，按Alt+F4组合键。

3.1.2　Word 2010新增功能

Word 2010启动后的窗口如图3-1-2所示。对于Word的老用户来说，了解Word 2010的新增功能可以更快更好地掌握Word 2010的使用；对于Word的新用户来说，可以在学习完后续章节后再来学习本部分内容。

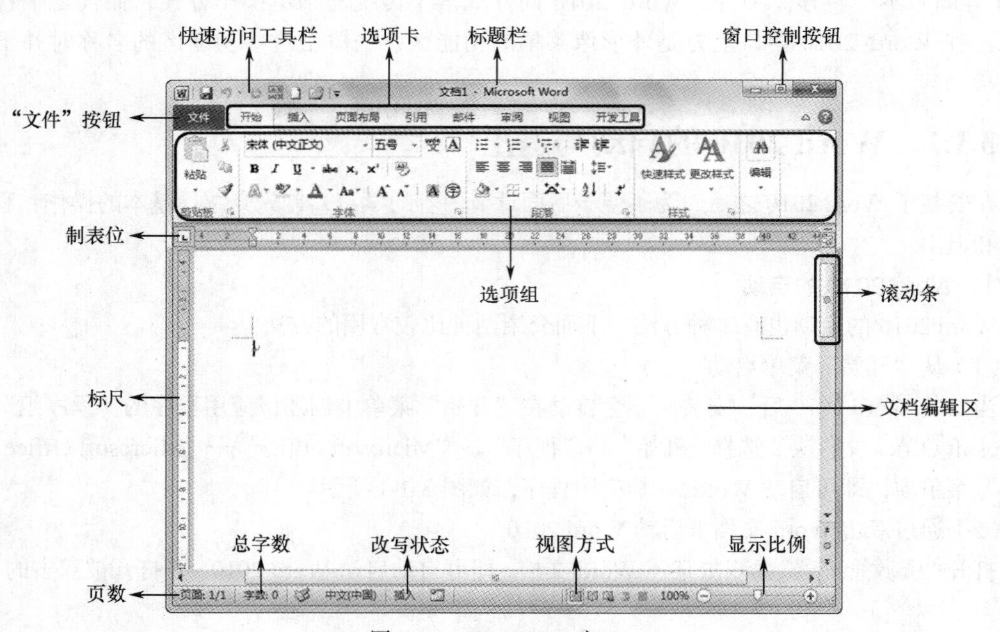

图3-1-2　Word 2010窗口

与Word的先前版本相比，Word 2010将微软的.NET战略体现得更为全面和彻底，在协同工作、信息交流、提高工作效率等方面令人耳目一新。

① 文档工作区：利用文档工作区，可以通过 Word 2010 简化实时的共同写作、编辑和审阅文档的过程。文档工作区站点是围绕一篇或多篇文档的。

② 改进的文档保护：在 Word 2010 中，文档保护可进一步控制文档格式设置及内容修改。例如，用户可以指定使用特定的样式，并规定不得更改这些样式。当保护文档内容时，用户不再是只能将相同的限制应用于每一位用户和整篇文档，而是可以有选择地允许某些用户编辑文档中的特定部分。

③ 支持手写设备：随着手写输入设备的进一步发展，在 Word 2010 中加入了对手写设备的支持。如果用户正在使用 Tablet 笔来完成 Word 2010 的手写输入功能，如用手写批注和注释标记文档，将手写内容写入 Word 文档，或者使用 Microsoft Outlook 中的 Wordmail 发送手写电子邮件。

④ 增强的可读性：Word 2010 使计算机上的文档阅读工作变得前所未有的简单，它可以根据屏幕的尺寸和分辨率自动优化显示。同时，新的阅读版式视图也提高了文档可读性，使用阅读版式视图，可以隐藏不需要的工具栏：显示文档结构图和新的缩略图窗格，以便快速跳至文档的各个部分：自动在页面上缩放文档内容，以得到最佳的屏幕显示并易于浏览：允许突出显示部分文档并添加批注或进行更改。

⑤ 并排比较文档：有时查看多名用户对同一篇文档的更改是非常困难的，但现在有了一种新方法——并排比较文档。选择“窗口”→“并排比较”菜单项，即可启用该项功能。该功能不需要将多名用户的更改合并到文档中就能简单地判断出两篇文档间的差异，也可以同时滚动两篇文档来辨认两篇文档间的差别。

⑥ 信息版权管理：以前只有通过限制对存放敏感信息的网络或计算机的访问权限，才能控制敏感信息，而一旦用户具有访问权限，就无法保证文档内容会被如何更改，也无法保证文档会被传播到何处，这就使得敏感信息很容易被传送到没有访问权限的用户手中。Microsoft Office 2010 提供了信息版权管理（IRM）功能，这种新功能有助于保证无论是在发生意外还是在不慎的情况下，都能避免敏感信息落入没有权限的用户手中。

⑦ 支持 XML 文档：Word 2010 允许以 XML 格式保存文档，因此用户可以将文档内容与其二进制格式定义分开。文档内容可以用于自动数据采集和其他用途，还可以通过 Word 以外的其他进程搜索或修改，如基于服务器的数据处理。

⑧ 增强的国际功能：Word 2010 为创建使用其他语言的文档和在多语言设置下使用文档提供了增强的功能，包括根据特定语言的要求，邮件合并功能会根据收件人的性别选择正确的问候语格式，还能根据收件人的地理区域自动设置地址格式。

增强的排版功能实现了更好的多语言文本显示，Word 2010 支持更多 Unicode 编码范围，并能更好地支持单调符号组合。

除了以上新增功能外，Word 2010 在程序外观、信息检索以及联机帮助等方面均有较大的提高，用户在使用过程中可以充分体验到其强大的功能。

3.2 文档的录入

在新建一个文档或打开一个文档以后，文档窗口中会有个光标在闪烁，它表示可以在此位置向文档中输入文本。在输入文本之前，首先选定要使用的输入法。

3.2.1 选择输入法

在 Word 2010 中，既可以输入汉字，也可以输入英文。当刚打开 Word 2010 时，默认是处于中文输入状态下，输入法是微软拼音输入法，如果想使用这种输入法输入中文的话，直接用键盘输入即可。

要切换到其他输入法状态，有以下两种方法。

① 单击屏幕右下方语言栏的输入法指示器，这时会弹出如图 3-2-1 所示的输入法菜单，选择需要的输入法即可。

② 使用快捷键 Ctrl+Shift 进行输入法切换。

图 3-2-1 输入法菜单

如果要输入英文，可以选择输入法菜单中的“中文（中国）”选项，此时就处于英文的输入状态了，直接用键盘输入即可。当要输入大写字母时，可以按大写锁定键，然后再输入的英文字母就是大写了，若再按一下 Caps Lock 键，就又回到了小写字母的输入状态。

3.2.2 输入文本

选择一种输入法后，就可以在光标处向文档中输入文本了。

用户可以在插入与改写两种方式下输入文本，双击 Word 2010 窗口状态栏中的“改写”按钮，当“改写”按钮变成灰色时，如图 3-2-2 所示，表明当前处于“插入”输入方式下，当“改写”正常显示时，如图 3-2-3 所示，表明当前处于“改写”输入方式下。

页面: 62/281 | 字数: 226,758 | 英语(美国) | 插入

图 3-2-2 “插入”状态

页面: 62/281 | 字数: 226,758 | 英语(美国) | 改写

图 3-2-3 “改写”状态

“插入”和“改写”方式的区别是：当光标后面有内容时，若采用的是“改写”输入方式，输入的内容将覆盖光标后面的内容；如果采用的是“插入”输入方式，光标后面的内容将依次后移。了解了它们的功能以后，用户可以根据需要选择输入方式。

用户可以显示或隐藏格式标记，在输入文档的过程当中，输完一段后，可以按 Enter 键创建一新的段落，Word 2010 通过插入一个段落标记来标记段落的结束。段落标记在 Word 2010 的文档中是非打印字符，非打印字符是不会被打印机印出来的。非打印字符除段落标记外，还有空格、制表符等，在 Word 2010 中被称为格式标记。

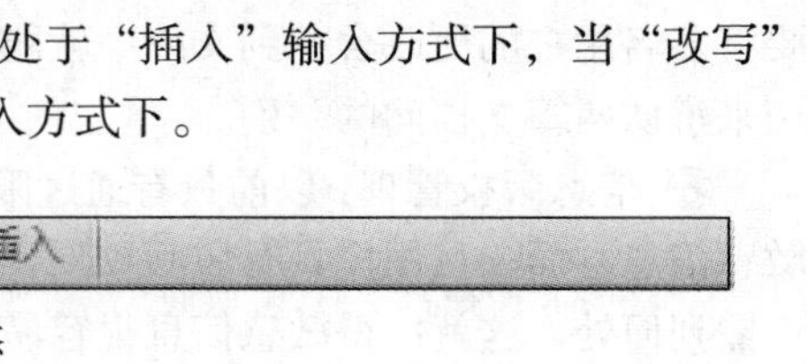

图 3-2-4 “格式标记”设置

格式标记通常在屏幕上也是看不到的，但是可以通过设置在屏幕上显示它们。例如，选择“开始”→“段落”选项组，如图 3-2-4 所示，选中“段落标记”按钮，则在文档中显示段落标记符号。

3.2.3　插入日期、时间和特殊符号

在输入文本时，有时需要输入一些特殊的字符，如日期、时间、特殊符号等，特殊符号是指键盘上没有的符号，如 1/4、㊣、长破折号（——）、省略号（……）或不间断空格等。

1. 日期和时间

在文档中插入日期和时间有 3 种方式：键盘直接输入方式、静态方式和自动更新方式。键盘输入方式可以向文档中输入任意时间和日期，而静态方式和自动更新方式是将当前系统的日期和时间插入到文档中，而且还可以根据需要自动更新。

（1）直接输入

用键盘直接输入方式输入时间、日期与输入其他普通文本一样，直接输入即可。时间和日期可以是任意的，不受系统时间的限制，所以也不会自动更新。

（2）静态方式插入

以静态方式插入的是系统时间和日期，时间和日期一旦插入，以后一直保持不变，其操作步骤如下：将光标移动到要插入时间或日期的位置，选择“插入”→“文本”→“日期和时间”选项，打开“日期和时间”对话框，如图 3-2-5 所示。

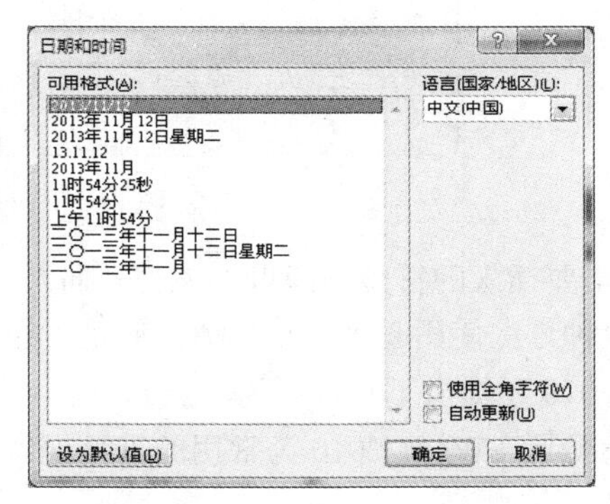

图 3-2-5　“日期和时间”设置

在“可用格式”列表框中选择需要的日期或时间格式，单击“确定”按钮，日期或时间就会按选定的格式插入到文档中。

（3）自动更新插入

自动更新插入方式是指把日期和时间插入文档后，日期和时间还会随着系统时间的改变而自动更新，在打印文档时，打印出的总是当前日期和时间，这适用于通知、信函等文档类型。具体的操作步骤和静态方式类似，不同的是要在“日期和时间”对话框中选中“自动更新”复选框，如图 3-2-6 所示。

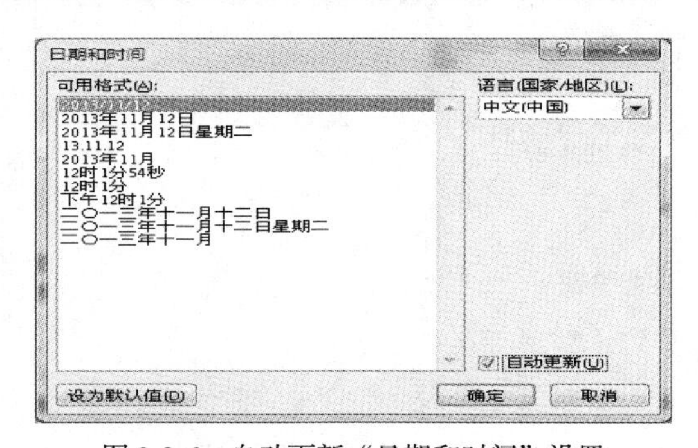

图 3-2-6　自动更新“日期和时间”设置

2. 输入特殊符号

在向文档中插入一些如“㊤”这样键盘上没有的符号时，必须使用 Word 2010 所提供的插入符号功能，操作步骤如下。

① 将光标移动到想要插入符号的位置。

② 选择“插入”→“符号”选项组，打开“符号”对话框，选择“符号”或“特殊字符”选项卡，如图 3-2-7 所示。

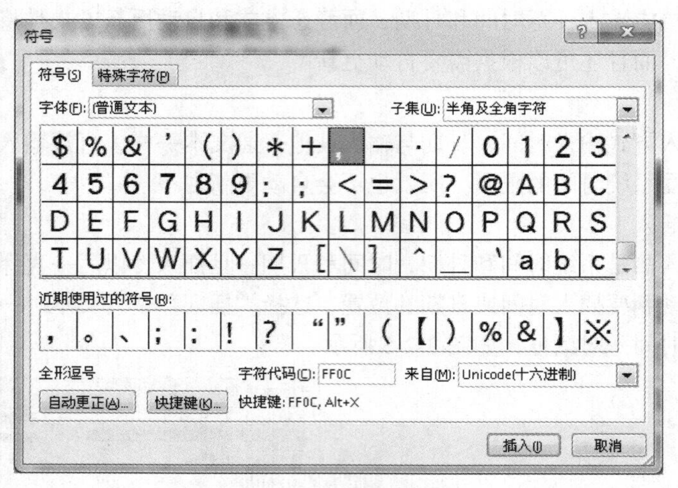

图 3-2-7 插入特殊符号

③ 双击要插入的符号，即可将该符号插入到文档中。

上面这种方法使用起来比较简单，但是，在频繁地插入这些特殊符号时使用这种方法非常麻烦，Word 2010 还提供了一种更为快捷的方法，即使用快捷键方法。

通常情况下，Word 2010 为常用的符号提供了快捷键，在“符号”对话框中可以看到它们的快捷键定义。

如果觉得 Word 2010 定义的快捷键使用起来不方便，用户也可以自己为该字符定义快捷键，操作步骤如下。

① 在“符号”对话框中选择要为其定义快捷键的符号。

② 单击“快捷键”按钮，打开“自定义键盘”对话框，如图 3-2-8 所示。

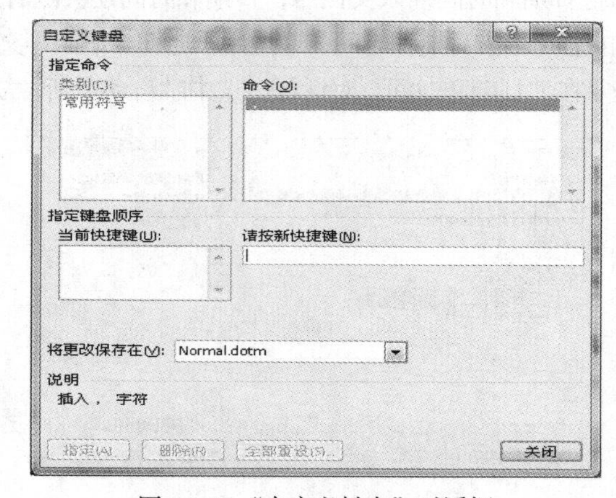

图 3-2-8 “自定义键盘”对话框

③ 将光标定位到“请按新快捷键”文本框，输入新的快捷键，该快捷键会显示在该文本框中。

④ 单击“指定”按钮，然后单击“关闭”按钮，就完成了快捷键的设定。

如果要删除关于这个快捷键的定义，可以在“自定义键盘”对话框中选取“当前快捷键”列表框中的快捷键定义，然后单击“删除”按钮，再单击“关闭”按钮。

3.2.4　移动与复制

向文档中输入文本时，有些文本需要重复输入，这时可以使用 Word 提供的复制与粘贴功能，节省输入文字的时间，提高工作效率。

提到复制、粘贴就不得不提一提剪贴板。剪贴板（ClipBoard）是 Windows 内置的一个非常有用的工具，通过小小的剪贴板，架起了一座彩桥，使得在各种应用程序之间，传递和共享信息成为可能。

当从某个程序剪切或复制信息时，该信息会被移动到剪贴板并保留在那里，直到清除剪贴板或者用户又剪切或复制了另一条信息。“剪贴簿查看器”中的剪贴板窗口显示了剪贴板的内容。可以在任何需要的时候将信息从剪贴板粘贴到文件中。但是，信息仅暂时存储在剪贴板上。

一般情况下，剪贴板是隐藏着的，仅利用它来粘贴资料，按 Ctrl+C 组合键复制内容，再按 Ctrl+V 组合键粘贴，或单击鼠标右键粘贴。

1. 文字的复制与粘贴

文字的复制与粘贴一般是成对使用的

复制文字：复制时，先要选取欲复制的文字，然后进行复制。其操作方法有以下 3 种。

① 选择“开始”→“复制”选项。

② 在选取的文字上单击鼠标右键，在弹出的快捷菜单中选择“复制”选项。

③ 使用快捷键 Ctrl+C。

粘贴文字：粘贴时，先在欲粘贴文字的位置处单击鼠标左键，插入光标，然后进行粘贴。其操作方法有以下 3 种。

① 选择“开始”→“粘贴”选项。

② 单击鼠标右键，在弹出的快捷菜单中选择“粘贴”选项。

③ 使用快捷键 Ctrl+V。

2. 文字的剪切和移动

在编辑文档过程中，可能需要将某些文档从当前位置移动到其他位置，改变文档的结构。可以这样做：先删除这部分文档，然后将鼠标定位到要输入文档的新位置，再重新输入文本。该方式对于少数几个字的移动是可行，但如果要移动整段或是更多的文字，就显得很繁琐。这种情况下可以使用 Word 提供的剪切与移动功能，高效、快捷地完成工作。

剪切文字：剪切与复制的功能差不多，所不同的是，复制只将选定的部分拷贝到剪贴板中，而剪切则在复制到剪贴板的同时将选取部分从原位置删除了。操作方法有以下 3 种。

① 选择“开始”→“剪切”选项。

② 在选取的文字上单击鼠标右键，在弹出的快捷菜单中选择“剪切”选项。

③ 使用快捷键 Ctrl+X。

移动文字：“剪切”与“粘贴”结合使用，便可以将选取的文字从当前位置移动到其他位置，在 Word 中还提供了直接移动文字的功能。其操作方法有以下两种。

① 将鼠标指针移动到选取的文字上，这时鼠标指针变成箭头形状，然后按住鼠标左键并拖动鼠标，这时随着鼠标的移动，文档中会出现一条虚线，表明被选取的文字将要移到的位置。在目标位置释放鼠标左键，则选取的文字便移动到了新的位置，如图 3-2-9 所示，“然后”将被移动到“如图”后面。

② 使用快捷键：先按 Ctrl+X 组合键，然后再按 Ctrl+V 组合键。

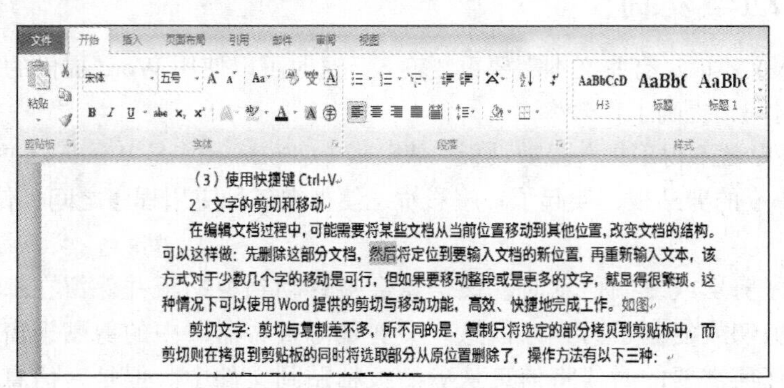

图 3-2-9　移动文字

3.2.5　删除、撤销和恢复操作

1．删除操作

在编辑文档过程中，经常需要删除一些文字。

① 如果删除一个字符，则可将光标定位到要删除字符的前面，按 Delete 键，该字符即被删除，同时被删除字符后面的文字依次前移。

② 如果要删除一整段的内容，则先选取要删除部分文字，然后按 Delete 键。

2．撤销与恢复

编辑文档的时候，经常会发生一些错误操作，如写错了某个字符，误删了不该删除的内容等，为此 Word 提供了撤销与恢复功能。撤销是为了纠正错误，即取消上一步的操作结果，将编辑状态恢复到所做误操作之前的状态；恢复则对应于撤销，是将撤销的操作再恢复回来，所以恢复操作实际上是撤销操作的逆操作。

撤销的方法有以下两种。

① 单击快速访问工具栏中的“撤销”按钮。

② 使用快捷键 Ctrl+Z。

恢复的方法有以下两种。

① 单击快速访问工具栏中的“恢复”按钮。

② 使用快捷键 Alt+Shift+BackSpace。

3.3　文档编辑

3.3.1　文字的选定、插入、删除

1．文字的选定

在 Word 中，常常要对文档的某一部分进行操作，如某个段落、某些句子等，这时就必须先

选取要进行操作的部分，被选取的文字以黑底白字的高亮形式显示在屏幕上，这样就很容易与未被选取的部分区分出来，如图 3-3-1 所示。选取文本之后，用户所做的任何操作都只作用于选定的文本。下面介绍几种常用的选取方法。

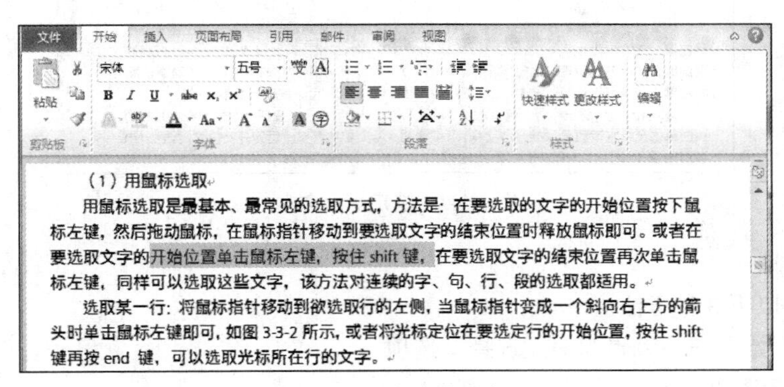

图 3-3-1　文本的选定

（1）用鼠标选取

用鼠标选取是最基本、最常见的选取方式，方法是：在要选取的文字的开始位置按鼠标左键，然后拖动鼠标，在鼠标指针移动到要选取文字的结束位置时释放鼠标即可。或者在要选取文字的开始位置单击鼠标左键，按住 Shift 键，在要选取文字的结束位置再次单击鼠标左键，同样可以选取这些文字。该方法对连续的字、句、行、段的选取都适用。

选取某一行：将鼠标指针移动到欲选取行的左侧，当鼠标指针变成一个斜向右上方的箭头时单击鼠标左键即可，如图 3-3-2 所示；或者将光标定位在要选定行的开始位置，按住 Shift 键再按 End 键，可以选取光标所在行的文字。

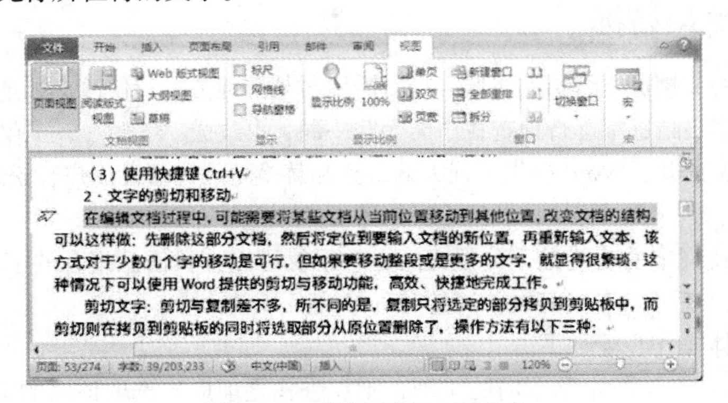

图 3-3-2　用鼠标选定一行文本

选取某一句：按住 Ctrl 键，单击文档中的某个地方，鼠标单击处的整个句子就被选取。

选取某一段：将鼠标指针移动到欲选取段的左侧，当鼠标指针变成一个斜向右上方单击鼠标左键两次，即可选定整个一段。

（2）矩形选取

矩形选取的方法有：按住 Alt 键，在要选取的开始位置按鼠标左键，拖动鼠标可以拉出一个矩形选择区域。

在欲选取的开始位置单击鼠标左键，同时按住 Alt 键和 Shift 键，在结束位置单击鼠标左键，同样可以选定一个矩形区域，如图 3-3-3 所示。

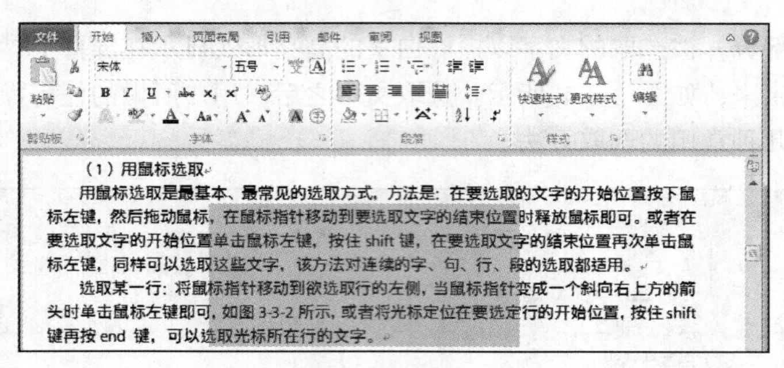

图 3-3-3　选定矩形文本

（3）全文选取

全文选取有以下 3 种方法。

- 选择“开始”→“编辑”→“选择”选项。
- 使用快捷键 Ctrl+A。
- 将鼠标指针移到文档左侧任何位置，当鼠标指针变成一个斜向右上方箭头时单击鼠标左键 3 次。

2．文字的插入

在 Word 中，常常在输入一段文本后需要在某个特定的位置插入一段文本或者插入字符，要插入文字，只需将光标移动要插入文本的地方，直接输入即可。

3．文字的删除

在 Word 中，有时候要对现有的文本进行删除，删除的方法有多种，现介绍两种常用的方法。

用鼠标进行删除：选定要删除的文本，单击鼠标右键，选择“删除”命令即可。

用快捷键删除：选定要删除的文本，按键盘上的 Delete 键即可删除。

3.3.2　查找和替换

在对一篇较长的文档进行编辑的时候，经常需要对某些地方进行修改，如把“天气”改为“气候”，这时如果单靠眼睛逐字逐行地查找“天气”一词，再改成“气候”，不仅费时费力，而且很容易有遗漏的地方。为此，Word 提供了强大的查找和替换功能，帮助用户轻松地完成上述工作。

1．查找文本

Word 2010 查找文本的功能是十分强大的，它不仅可以查找任意组合的字符，包括中文、英文、全角、半角等，还可以查找英文单词的各种形式。

查找文本的具体操作步骤如下。

① 如果是想查找某一特定范围内的文档，则在查找之前应先选取该区的文档。

② 选择“开始”→“编辑”→“查找”选项，打开“查找和替换”对话框，如图 3-3-4 所示。

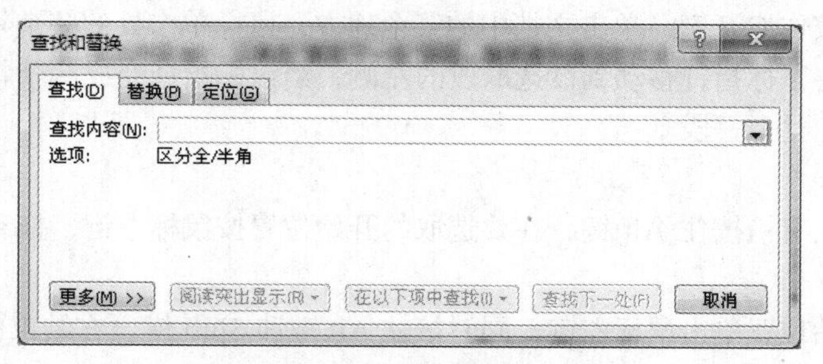

图 3-3-4　“查找和替换”对话框

③ 在“查找内容”下拉列表框中输入要查找的内容，如“等待”。

④ 单击“查找下一处”按钮，即可找到指定的文本，找到后，Word 会将该文本所在的页移到屏幕中央，并高亮反白显示找到的文本。用户可以单击“查找下一处”按钮，继续查找指定的文本，或单击“取消”按钮回到文档中。

如果用户对查找的范围有具体的限定，可以对查找进行高级选项的设置。方法是单击“查找和替换” 对话框中的“更多”按钮，展开其高级选项，如图 3-3-5 所示。其中，“搜索”下拉列表框中有“向上”、“向下”和“全部”3 个选项，“全部”选项代表在整个文档中进行查找，“向下”指从当前位置向下查找，“向上”指从当前位置向上查找，当前位置即光标所在位置。另外，在“搜索选项”选项区有 5 个复选框用来限制查找的形式，如“区分大小写”等，当对应复选框处于选中状态时，即开启了该项功能。

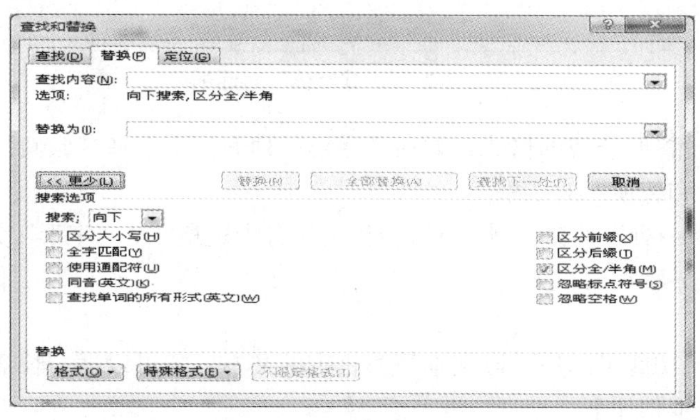

图 3-3-5 展开“更多”选项

Word 的查找和替换功能不仅可以查找指定的文本，还可以查找指定的格式。例如，如果用户查找具有斜体格式的文本，操作步骤如下。

① 选择“开始”→“编辑”→“查找”选项，弹出“查找和替换”对话框。

② 单击“更多”按钮，展开“查找和替换”对话框的高级选项。

③ 单击“格式”按钮，在弹出下拉菜单中选择“字体”选项，如图 3-3-6 所示，此时将弹出“查找字体”对话框，并默认打开“字体”选项卡，如图 3-3-7 所示。

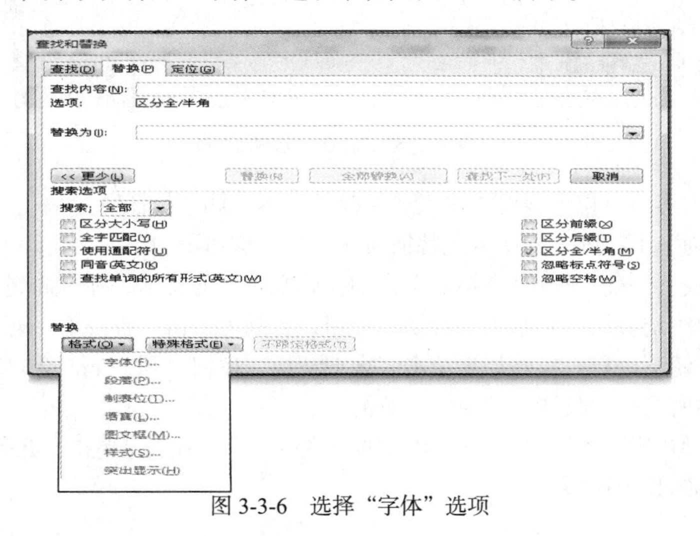

图 3-3-6 选择“字体”选项

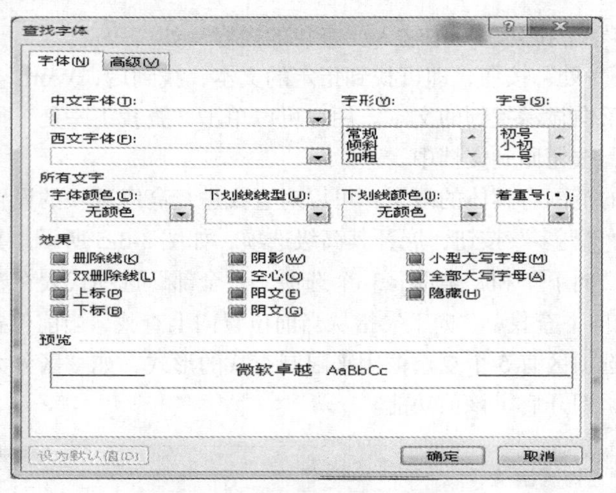

图 3-3-7 “查找字体”对话框

④ 利用各选项设置要查找的格式，如在“字形”列表框中选择“倾斜”选项，单击“确定”按钮，返回到“查找和替换”对话框。

⑤ 单击“查找下一处”按钮，则 Word 会找到具有指定格式（“字形”为“倾斜”）的文本，并以高亮反白的形式显示在窗口上。

2. 替换文本

Word 提供的替换功能可以用一段文本替换指定的文本，如可以把“长江”替换为“黄河”。替换文本的操作步骤如下。

① 选择“开始”→“编辑”→“替换”选项，打开“查找和替换”对话框，这时默认打开“替换”选项卡，如图 3-3-8 所示。

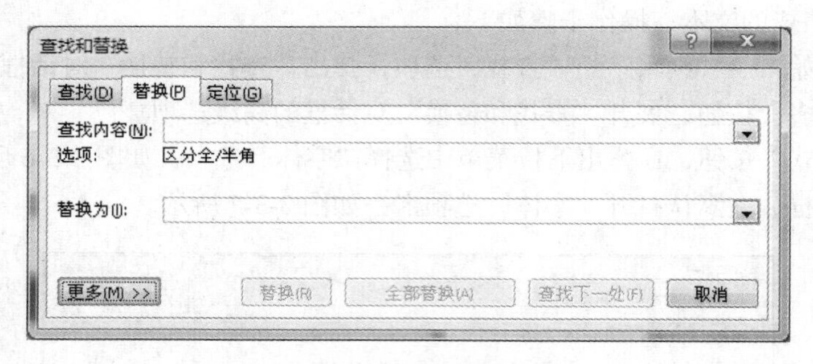

图 3-3-8 “替换”选项卡

② 在“查找内容”下拉列表框中输入要替换的文本，如“长江”。

③ 在“替换为”下拉列表框中输入替换文本，如“黄河”。

④ 单击“查找下一处”按钮，Word 会自动找到要替换的文本，并以高亮反白的形式显示在屏幕上，如果用户决定替换，则单击“替换”按钮，否则可单击“查找下一处”按钮继续查找，或单击“取消”按钮不进行替换。如果单击“全部替换”按钮，则 Word 会自动替换所有指定的文本，即将文档中所有的“长江”替换为“黄河”。

与查找方法类似，用户可以首先设定替换的范围等选项，方法是单击“更多”按钮，展开“查找和替换”对话框的高级选项。

3.3.3　模板、样式以及项目符号、编号的运用

1. 创建模板

在文档处理过程中，如果需要经常用到同样的文档结构和文档设置，就可以根据这些设置自定义并创建一个模板，操作步骤如下。

第 1 步：打开 Word 2010 窗口中，在当前文档中设计自定义模板所需要的元素，如文本、图片、样式等。

第 2 步：完成模板的设计后，在“快速访问工具栏”单击“保存”按钮。打开“另存为”对话框，选择“保存位置”为 Users Administrator AppData Roam Microsoft Templates 文件夹，然后单击“保存类型”下拉三角按钮，并在下拉列表中选择“Word 模板选项。在“文件名”编辑框中输入模板名称，并单击“保存”按钮即可，如图 3-3-9 所示。

第 3 步：单击“文件”→“新建”按钮，在打开的“新建文档”对话框中选择“我的模板”选项。

第 4 步：打开“新建”对话框，在模板列表中可以看到新建的自定义模板。选中该模板并单击“确定”按钮即可新建一个文档。

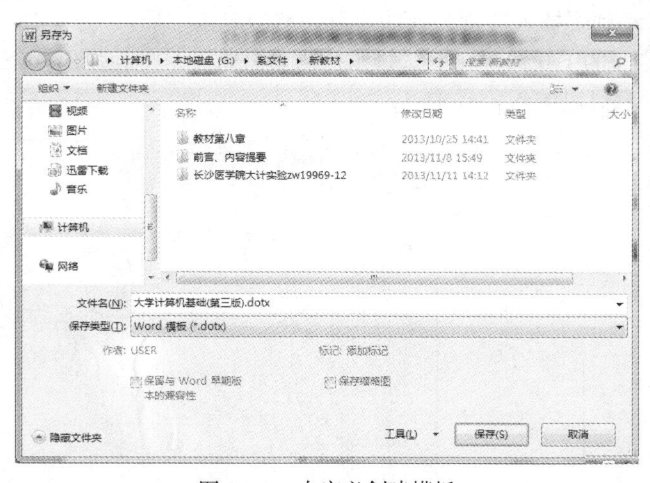

图 3-3-9　自定义创建模板

2. 应用样式

在 Word 中新建文档都基于一个模板，而 Word 默认的模板是 Normal 模板，该模板提供了多种内置样式，如果要在文本中应用某种内置样式，操作步骤如下。

① 将光标置于需要应用样式的段落中或选中要应用样式的文本。

② 在“开始”选项卡的“样式”组中打开“样式”任务窗格，如图 3-3-10 所示。

③ 在“样式”任务窗格列表框中列出了可选的样式，有段落样式、字符样式、表格样式以及列表样式，单击需要的样式即可应用该样式。

3. 项目符号与编号

在文档中添加项目符号和编号，可以使文档结构清晰，层次分明，使读者易于阅读，便于比较。

为文本添加项目符号和编号：选定要应用项目符号或编号的文本，单击“开始”选项卡“段落”组中的“项目符号”按钮☰，可为选定文本添加项目符号；单击“编号”按钮☰，可为选定文本添加编号。

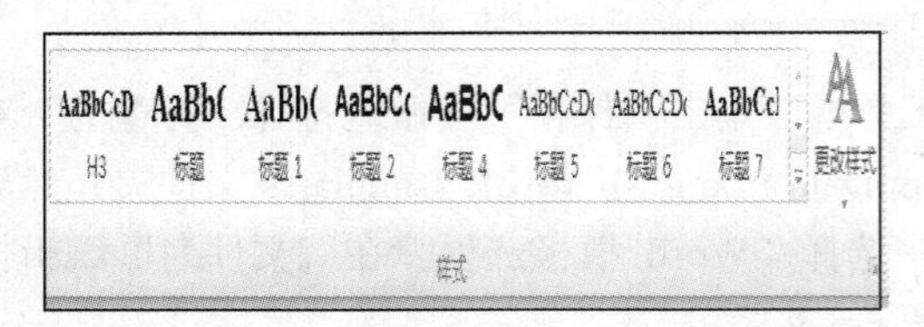

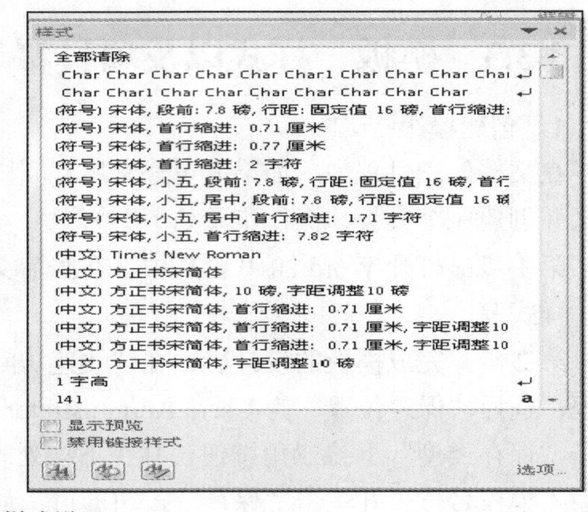

图 3-3-10　样式设置

3.3.4　公式输入

用 Word 提供的数学公式编辑工具可以在文档中建立各式各样的数学公式。

首先将插入点移动到要插入数学公式的位置，然后单击“插入”→“符号”→“公式”选项（见图 3-3-11），在打开的下拉菜单中，选择“插入新公式”，将会弹出“公式工具”选项卡，如图 3-3-12 所示，这时就可以输入公式了。

图 3-3-11　选择“公式”

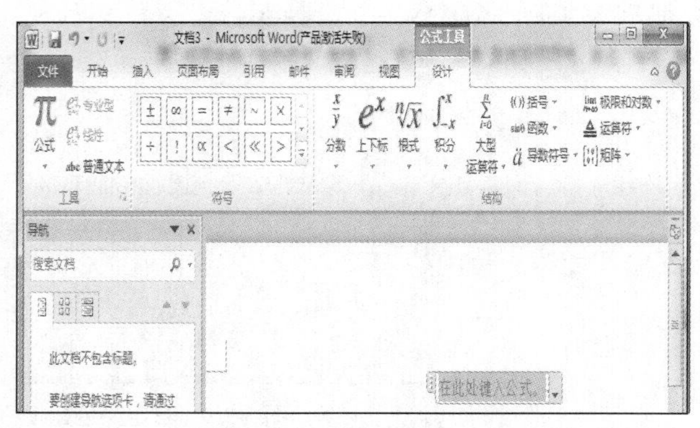

图 3-3-12　“公式工具”的工具栏

3.4　文档排版

文档中的文字录入、修改完成后，接下来就要考虑如何使得一篇文章更加漂亮、美观，并且方便阅览，这就需要进行适当的格式设置。文档的格式设置通常可分为 3 个层次，最基础的是字符的格式设置，其次是段落格式的设置，最后决定整体布局的是页面的设置。

3.4.1　字符格式

字符格式包括字符的字体、字号、字形、颜色、字符修饰等。如果不作任何特别的设置，在一个普通空白文档中键入的字符通常是宋体五号字，并且没有任何修饰效果。为了确保设置有效，应该先选定文字再进行设置。

常用的字符格式大部分都可以用字体功能区上的按钮设置。如果想要设置更加完善的字符格式，可以使用“字体”对话框来设置，如图 3-4-1 所示。

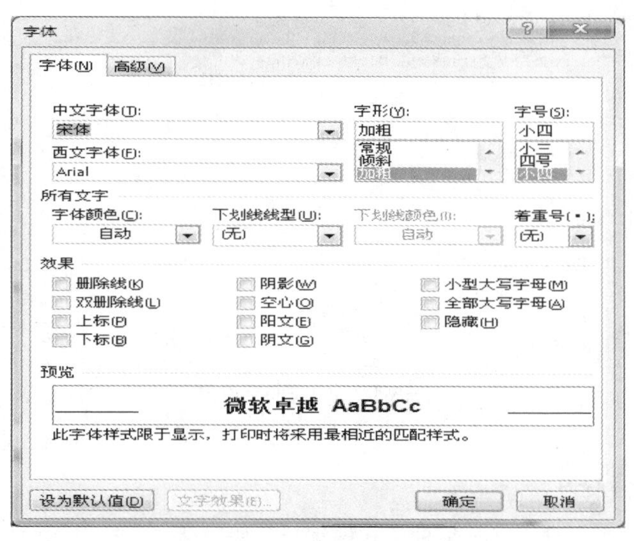

图 3-4-1　字体格式设置

1．字体、字号和字形

通常对字符格式设置得最多的是字体和字号。在对话框上可以分别设置中文字体和英文字体。中文字体包括宋体、黑体、楷体、隶书、仿宋体等，英文字体也有多种。Word 将中文字号从大到小分为 16 级，最大字号为“初号”，最小字号为“8 号”，而英文字号则是以“磅值”为单位，与中文字号相反，磅值越大，字就越大，反之就越小。除了可以在字号下拉框中选择列表中已列出的磅值外，也可以在字号框中直接键入一个数字来确定字号。

至于字形、字体颜色、下划线、着重号、修饰效果等的设置都非常简单直观，只要在相应的选择框中分别进行设置就可以了。

2．字符的间距和动态效果

“字体”对话框中的“高级”选项卡（见图 3-4-2），主要用来设置字符的缩放率、间距、位置以及 Open Type 功能。

“字符间距”选项栏中的“缩放”框用来改变字符的宽度，用百分率表示。正常字符的缩放率是 100%。当缩放率大于 100%时，表示字符的宽度比正常字符更宽，而当缩放率小于 100%时，则表示字符的宽度比正常的字符更窄。

“字符间距”选项栏中的“间距”框用来改变字符之间的距离。默认的间距是“标准”，若要加大字符间距，应先选择“加宽”选项，再在右边的“磅值”文本框中输入一个适当的数值。若要缩小字符间距，应先选择“紧缩”选项，然后再在右边的“磅值”文本框中输入一个适当的数值。

“字符间距”选项栏中的“位置”框用来改变字符在行中的上下位置。默认的位置是“标准”，若要提升字符的位置选择“提升”，若要降低字符的位置选择“降低”。字符位置的具体高度，也是由右面的“磅值”决定的。

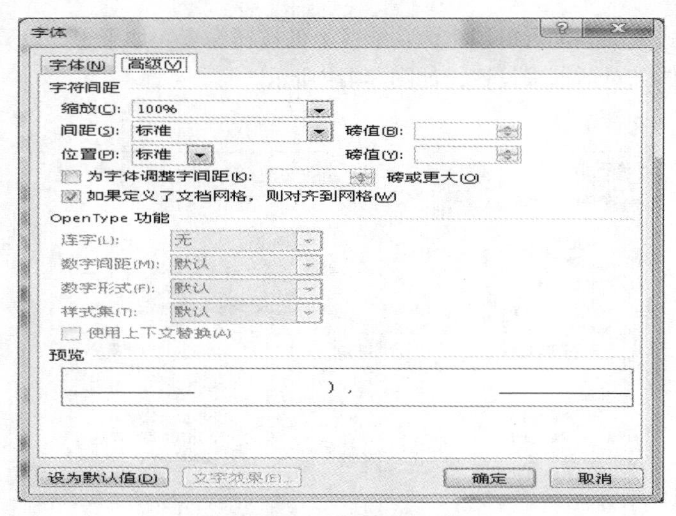

图 3-4-2　字符间距设置

3.4.2　段落格式

“段落”格式是对整个段落进行某种格式的编排，如段落左、右与页面打印区边界的距离（即段落缩进方式），段落第一行是否与其他各行一致，段中各行如何对齐，段落前后是否增加距离，段中各行的距离等。

设置段落格式，也应当先选定段落，如果没有选定段落，则段落格式的设置就是针对插入点所在的段落。如果要对若干段落设置相同的格式，必须先选定这些段落，然后再进行段落格式的设置。

1. 段落标记

在 Word 中，用段落标记来区分不同的段落单位。每个段落在结束处都要按 Enter 键，Enter 键实际上就是段落的结束标记，它表示一个段落的结束，其后的内容将属于另外一个段落。如果删除段落标记，就会把其前后的两个段落合并成一个段落。合并后的段落采用前一个段落的格式。段落标记在屏幕上用符号↵表示。在“开始”→“段落”功能区上有一个显示/隐藏编辑标记按钮¶，按下这个按钮，可以在文档中每个段落的结尾处看到段落标记↵。

2. 对齐方式

对齐方式是最基本的段落格式之一，包括左对齐、右对齐、居中对齐、两端对齐和分散对齐 5 种。

- 左对齐是指段落中的各行左边对齐。左对齐常用于英文的文档。
- 右对齐是指段落中的各行右边对齐。右对齐用在单行的段落中比较多，常用于行文中的落款行。
- 居中对齐是指行中文字的两端到页面打印区左右边界的距离相同，这样可使得文字始终仅位于各行的中间。居中对齐用在单行中比较多，常用于一篇文章的标题行。
- 两端对齐是指段落中的各行的左边和右边都对齐。因此，当一行中的文字较少时，对齐将使其中的文字均匀拉开距离，将一行占满。
- 分散对齐多用于表格中的单元格，可使得单元格中的文字均匀分布。

设置对齐方式可以利用“开始”→“段落”选项组中的一组对齐按钮，这组按钮从左到右依次为：左对齐按钮、居中对齐按钮、右对齐按钮、两端对齐按钮、分散对齐按钮，如图 3-4-3

所示。

图 3-4-3　对齐按钮

利用“段落”对话框也可以设置对齐方式，方法是：在“开始”选项卡的“段落”组中单击右下角的箭头图标，弹出“段落”对话框，选择“缩进和间距”选项卡，在“对齐方式”下拉列表中进行选择即可，如图 3-4-4 所示。

图 3-4-4　“段落”对话框

3. 缩进和间距

段落的缩进是指段落中各行文字的两端到页面打印区域的边界的距离。段落缩进包括左缩进、右缩进、首行缩进和悬挂缩进。

左（右）缩进是设置段落的左（右）端距左（右）边界的距离。对于普通的中文文章，常见到段落的第一行向内缩进两个汉字的距离，这时就可应用首行缩进。

悬挂缩进设置的是除首行外，段落其余各行文字左端到页面打印区或窗口显示区域的左边界的距离。

缩进格式的设置可以直接用段落缩进标记，也可用对话框进行精确设置，如图 3-4-5 所示。

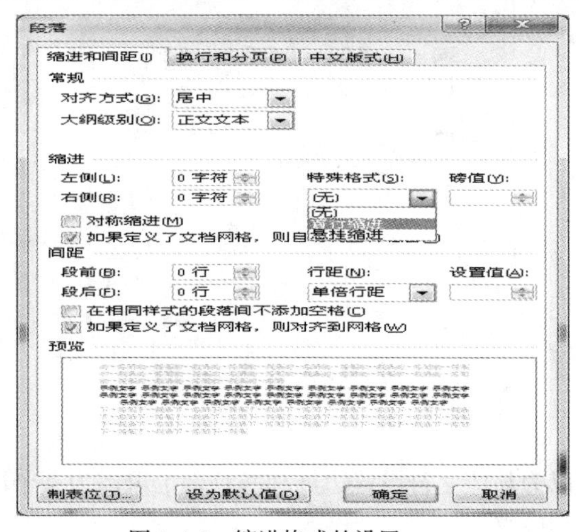

图 3-4-5　缩进格式的设置

4. 段落的行距

段落的行距是指段落中行与行之间的距离，一般采用“单倍行距”，即标准行距。当然也可以设置为1.5倍行距、2倍行距、最小值、固定值、多倍行距等。

若想设置所选段落与上一段之间的距离，可以进行段前间距的设置；若想设置所选段落与下一段之间的距离，可以进行段后间距的设置。

行距和段前、段后的间距都可用“段落”对话框进行设置。

3.4.3 特殊排版方式

用户可以使用Word 2010的突出显示、首字下沉、分栏等特殊排版功能，以达到重点突出、引人注意的目的。

1. 突出显示

用“突出显示”工具标记重要文本的操作步骤如下。

① 单击“开始”→“字体”选项组中的“突出显示”按钮。

② 选定要突出显示的文本或图形，这时，这些文本或图形将被突出显示。

③ 突出显示内容后，再次单击“突出显示”按钮完成操作。

2. 首字下沉

要设置首字下沉，可以选择“插入”→“文本”→“首字下沉”命令。这个命令也可以取消已经设置的首字下沉格式。在“首字下沉”对话框中，可以选择下沉的方式、下沉字符的字体、下沉行数及距正文的距离等，如图3-4-6所示。

图3-4-6　首字下沉的设置

3. 分栏

分栏可以利用“页面设置”选项组中的分栏按钮，也可以选择“页面布局”→“页面设置”→“分栏”命令。在弹出的“分栏”对话框的上部，列出了5种分栏的样式，可以直接从中选择一种。还可以设置栏宽和间距，并在各栏之间添加分隔线，如图3-4-7所示。

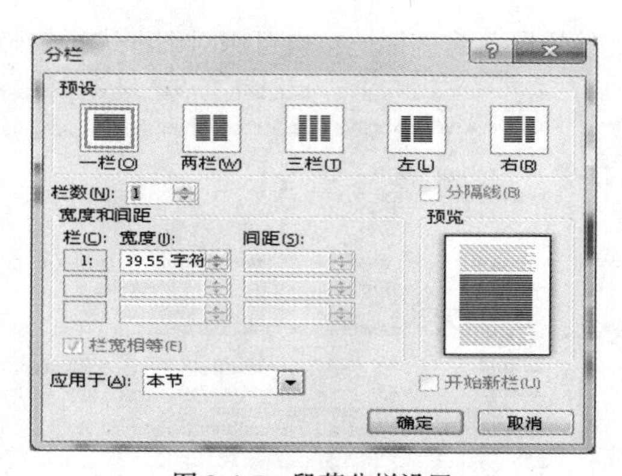

图3-4-7　段落分栏设置

4. 边框、底纹

在Word中，既可以为某些字符设置边框和底纹，也可以为某个段落设置边框和底纹，还可以为整个页面设置边框和底纹。

设置边框和底纹，首先要进行选定，选定的内容可以是一些字符，也可以是一些段落，或者是表格等。然后，选择“开始”→“段落”→“边框和底纹”命令，在弹出的对话框中进行设置，如图 3-4-8 所示。

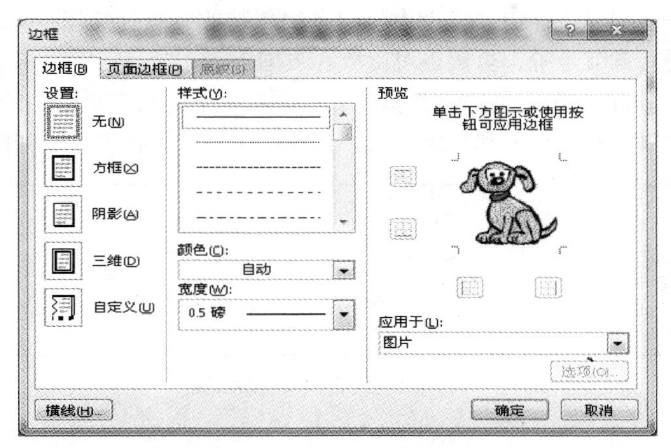

图 3-4-8　边框和底纹设置

3.4.4　设置页码

Word 是自动进行分页的。当文字内容超过一页时，自动转到下一页。如果希望文字内容不足一页时就转到下一页，这时就需要人工插入一个强制分页符。插入分页符的操作方法是：将插入点置于需要换页的位置，选择“页面布局”→“页面设置”→“分隔符”命令，在“分隔符”对话框上选择“分页符”选项，单击“确定”按钮，如图 3-4-9 所示。

也可以不通过菜单命令，直接键入强制分页符，其方法：将插入点置于需要换页的位置，然后按住 Ctrl 键并单击 Enter 键即可。

如果要在文档中显示和打印页码，应先插入页码。插入页码的方法是：选择“插入”→“页眉和页脚”→“页码”命令，在弹出的“页码”下拉框中选择页码放置的位置就可以了，如图 3-4-10 所示。

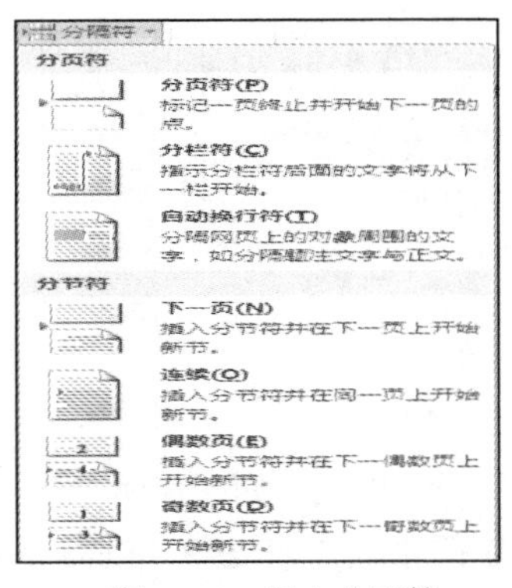

图 3-4-9　插入分页符

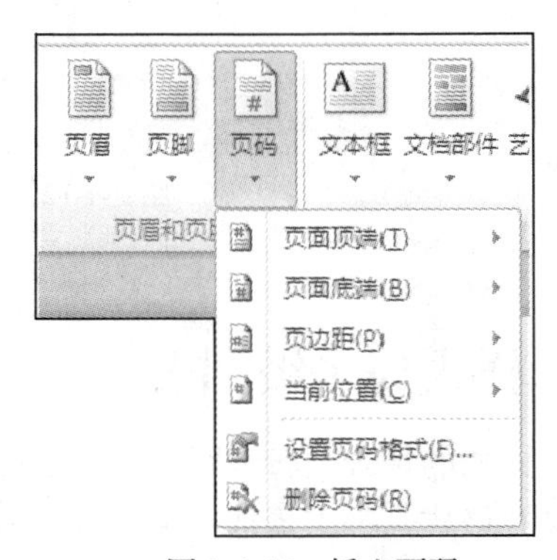

图 3-4-10　插入页码

页码下拉框中还有一个“设置页码格式”选项，单击该选项，弹出“页码格式”对话框，利用该对话框可以设置页码的格式。Word 将按照设置的页码格式，自动在每一页的指定位置插入正确的页码。

3.4.5 设置页眉和页脚

用“插入”→“页眉和页脚”→“页码”命令所插入的页码，通常是将页码放在页眉和页脚。

“页眉”是指每一页正文内容上方的区域，有些出版物的页眉上往往有文章标题、作者姓名等信息，有些页眉中还有章节号等，页码也可以放在页眉上。

“页脚”是指每一页正文下方的区域，页码在很多情况下是放在页脚中的。

要编辑页眉和页脚，在“页眉和页脚工具”选项卡中进行设置即可，如图 3-4-11 所示。

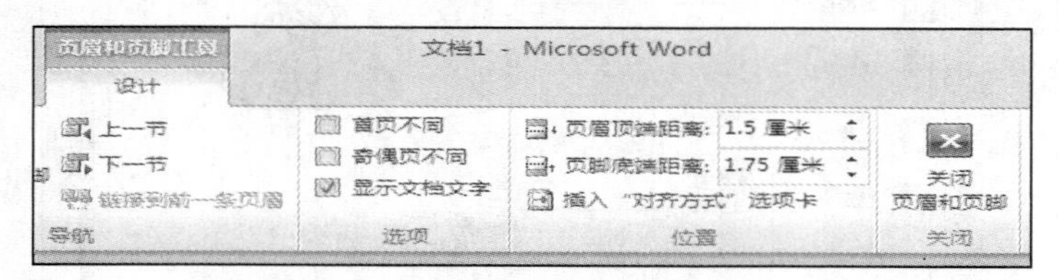

图 3-4-11 页眉和页脚的设置

3.4.6 页面设置

大部分的页面设置工作可以通过“页面布局”选项卡的“页面设置”组实现。单击“页面设置”选项组右下角的箭头图标，在弹出的“页面设置”对话框中有 4 个选项卡，分别是“页边距”、“纸张”、“版式”和“文档网络”，根据需要进行设置即可，如图 3-4-12 所示。

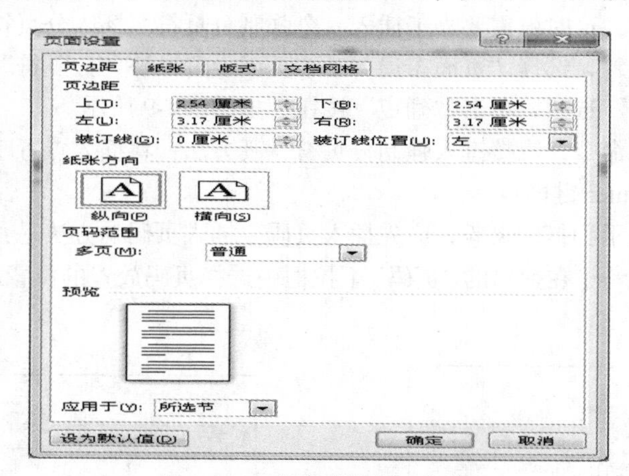

图 3-4-12 “页面设置”对话框

3.4.7 样式与多级列表

样式就是格式的集合。通常所说的“格式”往往指单一的格式，如“字体”格式、“字号”格式等。每次设置格式，都需要选择某一种格式，如果文字的格式比较复杂，就需要多次进行不同的格式设置。而样式作为格式的集合，它可以包含几乎所有的格式，设置时只需选择某个样式，就能把其中包含的各种格式一次性设置到文字和段落上。

样式的设置较简单，将字体和段落的各种格式设计好后，为样式定义一个名字，就可以保存样式。Word 有一个默认的样式，如果没有特别规定，只需使用 Word 提供的预设样式就可以了，但是一般长文档都有特殊的格式规定，预设样式不能满足要求，这时就必须修改预设样式。

1. 样式

（1）修改样式

文档中的内容采用系统预设的样式后，格式可能不能完全符合实际需要。如果设定的要求是一级标题黑体、四号、加粗，前后间距 0.5 行、单倍行距，内置的标题 1 则无法完全满足需求，这个时候就需要修改样式。

无论是内置样式，还是自定义样式，用户随时可以对其进行修改。修改样式的步骤如下。

① 在“开始”选项卡的“样式”组中单击“显示样式窗口”按钮，打开“样式”任务窗格，如图 3-4-13 所示。

② 在打开的“样式”窗格中右键单击准备修改的样式，在弹出的快捷菜单中选择“修改”命令。

③ 打开“修改样式”对话框，用户可以在该对话框中重新设置样式定义。

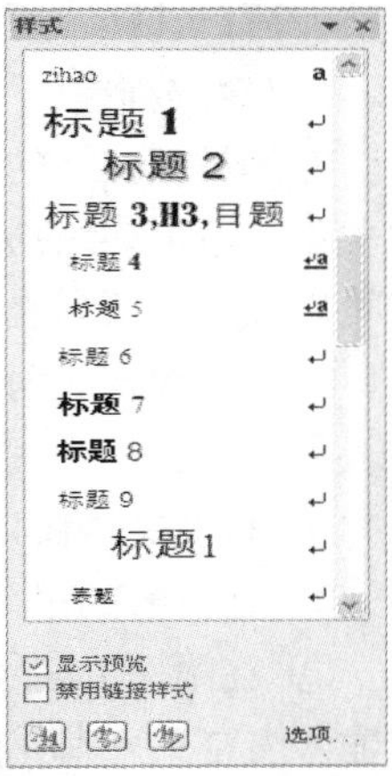

图 3-4-13 “样式”窗格

“正文”样式是文档中的默认样式，新建文档中的文字通常都采用“正文”样式。很多其他的样式都是在“正文”样式的基础上经过格式改变而设置出来的，因此“正文”样式是 Word 中最基础的样式，不要轻易修改它，一旦它被改变，将会影响所有基于“正文”样式的其他样式的格式。

对于当前编排的文章，需要在“正文”样式上修改为首行缩进两个字符，那么，就必须要先修改正文，才可以修改其他样式，否则正文所做的修改将会影响到其他样式，导致之前所做更改无效。

“标题 1”～“标题 9”为标题样式，它们通常用于各级标题段落。通过标题级别设置，可得到文档结构图、大纲和目录。

通常文档中可用到以下样式。

正文样式：为原样式基础上首行缩进两个字符，必须首先修改。

标题样式：需要三级标题，因此必须要设置好“标题 1”、“标题 2”和“标题 3”这 3 个标题的样式。

文档中的图表和说明文字，采用“注释标题”样式。

（2）样式的使用

设置好样式之后，即可录入文字并使用样式了。

- 认识大纲级别

大部分用户很少使用“段落”中的“大纲级别”，但是，无论是生成文档结构图或者生成目录，都必须了解“大纲级别”。以某篇文章的第一个“一级标题”即“一、前言”为例，选择“一、前言”这一行，然后右键选择“字体”，设置字体为黑体、四号、加粗，然后再右键选择“段落”，设置前后间距为 0.5 行，单倍行距。最重要的是在“大纲级别”处将“正文文本”改为“1 级”，这样，“一、前言”这一行就成为一级标题，并且在文档结构图中已经显示“一、前言”。后续相同样式可以利用格式刷设置。

将“（一）设置纸张”这一行设置好字体和行距后也要在“大纲级别”处将“正文文本”改为“2 级”，这样就出现了二级标题，其他二级标题用格式刷设置。使用格式刷时，最好双击格式刷，一次性将所有二级标题全部设置好。依此类推，三级标题也是如此设置。

- 应用有效样式

录入文章第一部分的标题，注意保持光标的位置在当前标题所在的段落中。切换到“开始”选项卡，在“样式”组中选择“标题1”样式，即可快速设置好此标题的样式。

用同样的方法，即可一边录入文字，一边设置该部分文字所用的样式。如果没有定义正文的样式，可以选择“所有样式”，即可为文字和段落设置“正文首行缩进2”和“注释标题样式”。

2. 多级列表

在编排长文档的过程中，很多时候需要插入多级列表编号，以更清晰地标识出段落之间的层次关系。所谓多级列表是指Word文档中编号或项目符号列表的嵌套，以实现层次效果。在文档中可以插入多级列表，操作步骤如下。

（1）创建多级列表

方法一：

① 打开文档窗口，在“开始”选项卡的“段落”组中单击“多级列表”按钮。

② 在打开的多级列表面板中选择一种符合实际需要的多级列表编号格式。

③ 在第一个编号后面输入内容，按Enter键自动生成第二个编号（注意不是第二级编号），接着输入内容。完成所有内容的输入后，选中需要更改级别的段落，并再次单击“多级列表”按钮。

④ 在打开的多级列表面板中选择“更改列表级别”选项，并在下一级菜单中选择需要设置的列表级别。

⑤ 返回文档窗口，即可以看到创建的多级列表。

方法二：

① 打开文档窗口，在“开始”选项卡的“段落”组中单击“多级列表”按钮。

② 在打开的多级列表面板中选择一种符合实际需要的多级列表编号格式。

③ 在第一个编号后面输入内容，按Enter键自动生成第二个编号，先不要输入内容，而是按Tab键将自动开始下一级列表编号。

（2）定义新的多级列表

① 打开文档页面，在“开始”选项卡的“段落”组中单击“多级列表”按钮。

② 在打开的多级列表面板中选择“定义新的列表样式”选项。

③ 在打开的“定义新列表样式”对话框中根据需求分别进行设置和勾选。

3.4.8 引用与链接

在长文档的编排中通常会有脚注、尾注、书签、题注、交叉引用、超链接等操作，这里重点介绍题注和交叉引用。

1. 题注

题注就是给图片、表格、图表、公式等项目添加的名称和编号。例如，在图片下面输入图编号和图题，就能方便读者的查找和阅读。

使用题注功能可以保证长文档中的图片、表格或图表等项目能够顺序地自动编号；如果移动、插入或删除带题注的项目时，Word可以自动更新题注的编号；一旦某一项目带有题注，还可以对其进行交叉引用。

【例3-1】添加表格题注。

在文档窗口中，选中准备插入题注的表格。在“引用”选项组的“题注”组中单击“插入题注”按钮。

打开“题注”对话框，在“题注”编辑框中会自动出现“表格 1”字样，可在其后输入被选中表格的名称，然后单击“编号”按钮。

在打开的“题注编号”对话框中，单击“格式”下拉三角按钮，选择合适的编号格式。如果选中“包含章节号”复选框，则标号中会出现章节号。设置完毕单击“确定”按钮。

返回“题注”对话框，如果选中“题注中不包含标签”复选框，则表格题注中将不显示“表”字样，而只显式编号和用户输入的表格名称。单击“位置”的下拉三角按钮，在位置列表中可以选择“所选项目上方”或“所选项目下方”。设置完毕单击“确定”按钮。

长文档中的表格和图片较多，在编排时，只要所有图片或表格都使用了题注的方式进行标识，那么新插入的图片或表格及后面图片或表格的题注中的编号都会被自动更新。也就是说，如果在“图 10”前面插入了一张图片，那么原来的“图 10”就会自动变为“图 11”，后面的图片一样会自动更新。

2. 交叉引用

交叉引用就是在文档的一个位置引用文档另一个位置的内容，类似于超级链接，只不过交叉引用一般是在同一文档中互相引用而已。如果两篇文档是同一篇主控文档的子文档，用户一样可以在一篇文档中引用另一篇文档的内容。

交叉引用常常用于需要互相引用内容的地方，如“有关××××的使用方法，请参阅第×节”和“有关××××的详细内容，参见××××”等。交叉引用可以使读者能够尽快地找到想要找的内容，也能使整个书的结构更有条理，更加紧凑。在长文档处理中，如果是想靠人工来处理交叉引用的内容，既花费大量的时间，又容易出错。如果使用 Word 的交叉引用功能，Word 会自动确定引用的页码、编号等内容。如果以超级链接形式插入交叉引用，则读者在阅读文档时，可以通过单击交叉引用直接查看所引用的项目。

（1）创建交叉引用

创建交叉引用的方法如下。

① 在文档中输入交叉引用开头的介绍文字，如“有关××××的详细使用，请参见××××。”

② 在“引用类型”下拉列表中选择需要的项目类型，如编号项。如果文档中存在该项目类型的项目，那么它会出现在下面的列表框中供用户选择；在“引用内容”列表框中选择相应要插入的信息，如“段落编号（无内容）”等；在“引用哪一个编号项”下面选择相应合适的项目。

③ 要使读者能够直接跳转到引用的项目，选择“以超级链接形式插入”复选框，否则将直接插入选中项目的内容。

④ 单击“插入”按钮即可插入一个交叉引用。如果还要插入其他的交叉引用，可以不关闭该对话框，直接在文档中选择新的插入点，然后选择相应的引用类型和项目后单击“插入”按钮即可。

（2）修改交叉引用

在创建交叉引用后，有时需要修改其内容，如原来要参考 6.2 节的内容，由于章节的改变，需要参考 6.3 节的内容。具体方法如下。

① 选定文档中的交叉引用（如 6.2 节），注意不要选择介绍性的文字（如有关×××的详细内容，请参看×××）。

② 切换到“插入”选项卡，单击“链接”组中的“交叉引用”按钮，打开“交叉引用”对话框。

③ 在“引用内容”框中选择要新引用的项目。

④ 单击“插入”按钮。

如果要修改说明性的文字，在文档中直接修改即可，并不对交叉引用造成影响。

（3）利用交叉引用在页眉或页眉中插入标题

在页眉和页脚中插入章节号和标题是经常用的排版格式，根据章节号和标题可以迅速地查找到所需要的内容，Word 可以利用交叉引用在页眉和页脚中插入章节号和标题，这样可以节省用户的工作量，并能使文档的内容与页面或页脚的内容保持一致。具体操作方法如下。

① 切换到“页面和页脚”编辑状态，将光标定位在“页面”或“页脚”编辑区。

② 切换到“插入”选项卡，单击“链接”组中的“交叉引用”按钮，打开“交叉引用”对话框。

③ 在“引用类型”下拉列表中，选择“标题”选项；在“引用内容”下拉列表中，选择“标题文字”选项；在“引用哪一个标题”下面，选择要引用的标题（如：6.7 使用交叉引用）。

④ 单击“插入”按钮，即可将章节号和标题插入页面和标题中。

如果以后对文档的章节号或标题做了修改，Word 在打印时会自动更新页面和页脚，而不必人工去修改页面或页脚的章节号。如果想要更新页眉或页脚，可以选择该页眉或页脚，然后单击鼠标右键，在弹出的快捷菜单中选择“更新域”命令即可，也可以按 F9 键来更新域。

3.4.9 浏览与定位

1. 文档结构图

对于长篇文档，无论是迅速定位文档位置，还是要设定“样式和格式”，或者生成目录，都必须了解“文档结构图”。

切换到“视图”选项卡，在“显示”组中勾选“导航窗格”选项。打开“导航”窗格，其中有 3 页，单击“浏览你的文档中的标题”页，将文档导航方式切换到“文档标题导航”，系统会对文档进行智能分析，并将文档标题在“导航”窗格中列出，如图 3-4-14 所示，只要单击标题，就会自动定位到相关段落。

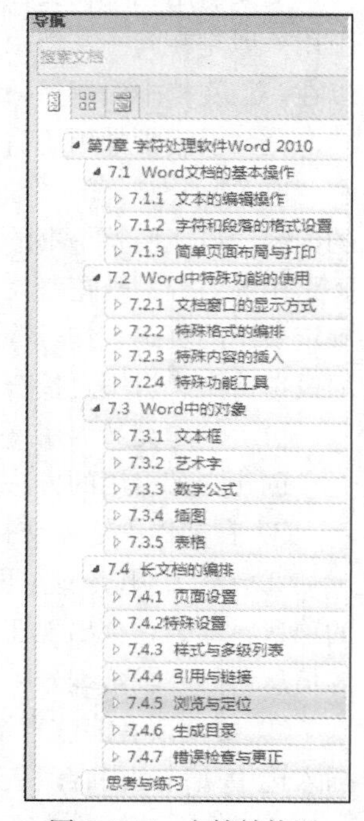

图 3-4-14　文档结构图

一般而言，在没有任何设置的情况下，文档结构图是空白的，如果文档结构图中有内容，单击其内容即定位到那段文档，选择那段文档后右键单击，在弹出的快捷菜单中可以选择相应命令调整标题级别。

文档结构图可简单明了地显示出各级标题和大纲级别，它也是设定样式和格式的基础。文档结构图是不可以编辑的，它是由于各级标题的设定而出现的。其中，二级标题将会在一级标题后缩进一个字符，而三级标题将会再缩进半个字符，从中可以一目了然地看出标题行的正确与否。文档结构图就是以后目录的基础。

2. 拆分窗口

当需要在一篇很长的 Word 文档的两个位置来回进行操作时，翻来翻去很不方便，这时可以使用“拆分窗口”功能，将 Word 文档的整个窗口拆分为两个窗口，不仅使窗口拆分为两个窗口，同时也可以对窗口进行最大化和还原窗口的操作。操作步骤如下。

切换到“视图”选项卡，单击“窗口”组中的“拆分窗口”按钮，此时窗口中间出现一条横贯工作区的灰色粗线，直接移动鼠标（不要按键），可以移动其位置，将之拖动到合适位置，单击鼠标左键，原窗口即被拆分成了两个。

取消拆分有以下两种方法。

方法一：选择“窗口”→“取消拆分”。

方法二：在拆分条上双击。

3. 快速定位

在长文档中快速定位的方法主要有以下几种。

① 利用“查找和替换”对话框：切换到“开始”选项卡，单击“编辑”组中的“替换”按钮，在打开的“查找和替换”对话框中切换到“定位”选项卡，根据需要选择和键入即可。

② 利用“垂直滚动条”上的按钮快速定位。

③ 利用键盘上的翻页键 PageUp、PageDown 或方向键。

④ 利用“书签”功能定位。

3.4.10 生成目录

当全文的文档结构图生成并且检查无误之后，就可以生成目录了。

1. 生成目录

将鼠标定位于第二页的目录位置，切换到“引用”选项卡的“目录”组，单击“目录”按钮，在弹出的选项中选择“插入目录”，打开“目录”对话框，选择设置完成后，单击“确定”按钮，目录就做好了。如果不要缩进和加粗，直接把目录当成普通的文字编辑就可以了。

2. 生成目录的作用

生成目录的好处，在于即使更改了部分内容和页码，只要在目录上的任意位置单击鼠标右键，选择“更新域”命令，就会弹出“更新目录”对话框：如果只是页码发生改变，可选择“只更新页码”；如果有标题、内容的修改或增减，可选择“更新整个目录”。另外，目录还有链接的功能。

至此，一个长文档基本完成了格式的编辑功能，如果打印装订，还要考虑到装订线位置的问题。

为了让双面打印的比较厚的文档能够在装订后不会遮挡文字，可以预留出装订线区域。

打开 Word 文档窗口，进入“页面设置”对话框，选择“页边距”选项卡。

在“页码范围”中，设置“多页”为“对称页边距”；在“页边距中”，设置“装订线”为“2厘米”，并可预览效果；在“预览”中设置“应用于”为“整篇文档”。

3.5 图片排版

3.5.1 插入图片或剪贴画

在文档中要插入图片或剪贴画，可以切换到“插入”选项卡，单击“插图”组中的“剪贴画”按钮，就可以选择所需要的图片，如图 3-5-1 所示。

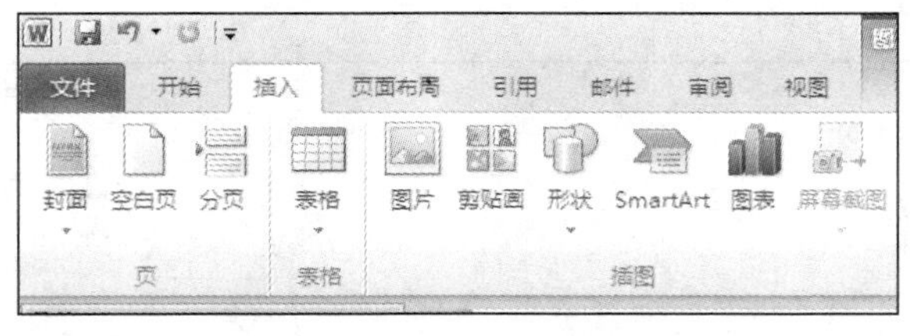

图 3-5-1 插入剪贴画

3.5.2 设置图片格式

插入一张图片后，如果要对插入的图片进行编辑，右击该图片，在弹出的快捷菜单中选择“设置图片格式”命令，在弹出的对话框中进行设置即可，如图 3-5-2 所示。

图 3-5-2 图片格式设置

3.5.3 插入艺术字

在“插入”选项卡的“文本”组中单击“艺术字”按钮，就会弹出“艺术字库”列表框，如图 3-5-3 所示。

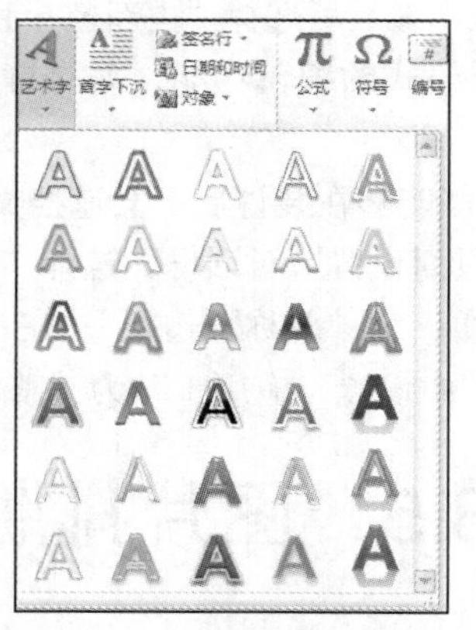

图 3-5-3 “艺术字库”列表框

从中选择一种样式后，单击“确定”按钮，则会打开“编辑艺术文字”对话框，在对话框中可输入艺术字的文字内容，并可对文字进行格式设置。单击“确定”按钮后，刚创建的艺术字就会出现在插入点的位置上，如图 3-5-4 所示。

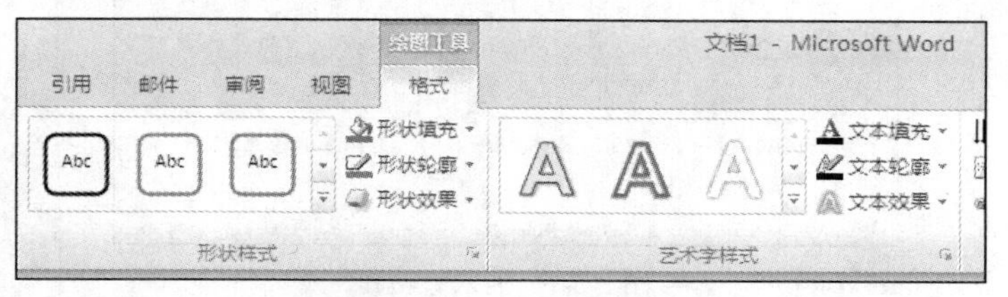

图 3-5-4 艺术字设置

如果要修改已插入的艺术字，双击该艺术字，弹出“艺术字”工具栏，利用工具栏上提供的各种编辑按钮，可以对艺术字进行编辑。

3.5.4　绘制图形

在 Word 中可以直接绘制图形。单击“插入”→“插图”工具栏中的“形状”按钮，如图 3-5-5 所示，可以在其中选择绘制各种图形。

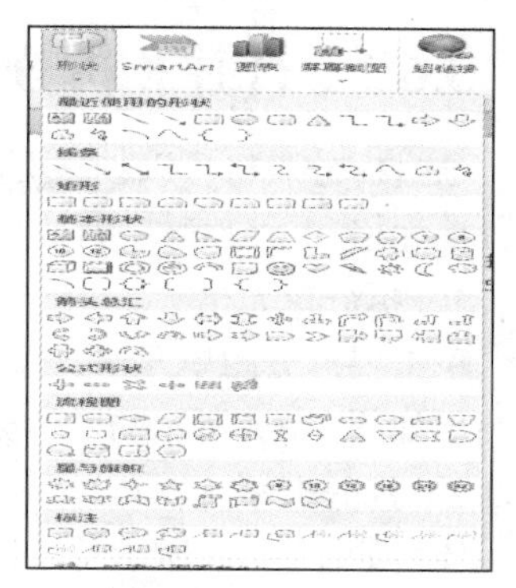

图 3-5-5　绘图工具

3.6　表格的创建和编辑

在实际应用中，经常需要将一些信息用表格和图表来实现，从而达到简明、清晰、直观的效果。Word 2010 提供了强有力的表格处理功能。

3.6.1　创建表格

在文档中创建表格通常有两种方法：插入表格和绘制表格。

1. 插入表格

在指定位置插入表格，通常使用菜单命令：选择“插入”→“表格”→“插入表格”命令（见图 3-6-1），将打开“插入表格”对话框（见图 3-6-2）。设定好需要插入表格的行数和列数，单击“确定”即可。

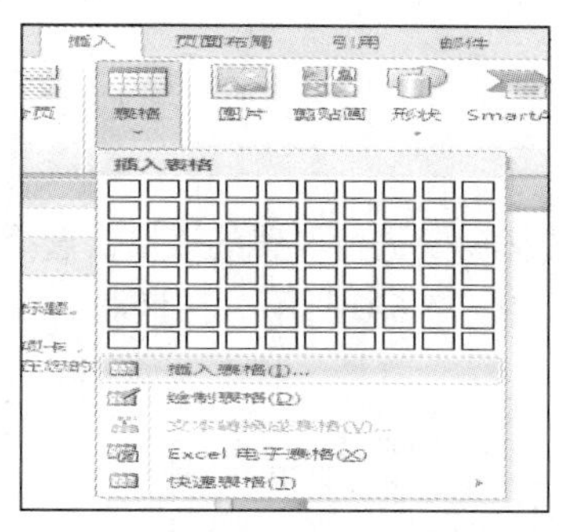

图 3-6-1　选择“插入表格”命令

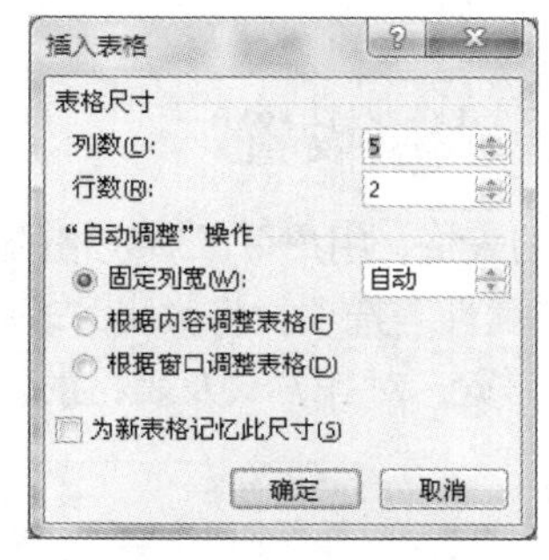

图 3-6-2　“插入表格”对话框

2. 绘制表格

选择“插入”→“表格”→“绘制表格”命令，用画笔画一个表格，就可以利用“表格工具”对表格进行编辑了，如图 3-6-3 所示。

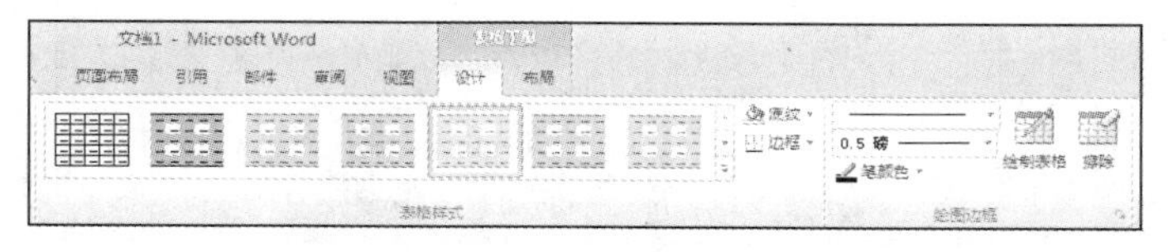

图 3-6-3　“表格工具”选项卡

3.6.2 合并和拆分表格

通过拆分表格可以创建更具灵活性的表格。表格的拆分有拆分单元格和拆分表格两种。

1. 拆分单元格

单击要拆分的单元格，选择“表格工具”→“布局”选项，将弹出如图 3-6-4 所示的“拆分单元格”对话框。

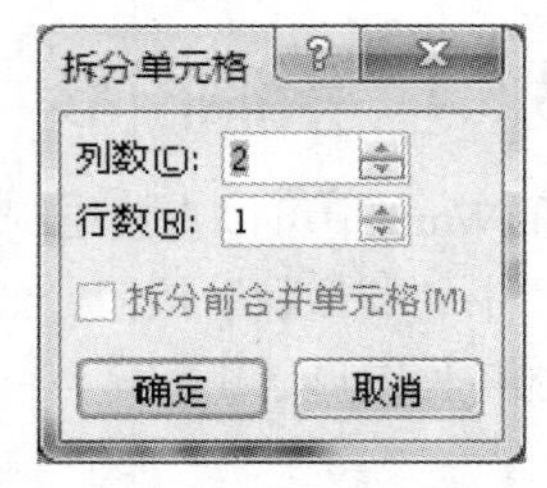

图 3-6-4 “拆分单元”对话框

2. 拆分表格

要将如图 3-6-5 所示的表格从第 2 行往下拆分为两个表格，可单击第 2 行的任意单元格，选择“表格工具”→“拆分表格”选项，表格的拆分即完成，效果如图 3-6-5 所示。

↵	↵	↵	↵	↵
↵	↵	↵	↵	↵
↵	↵	↵	↵	↵
↵	↵	↵	↵	↵

↵	↵	↵	↵	↵

↵

↵	↵	↵	↵	↵
↵	↵	↵	↵	↵
↵	↵	↵	↵	↵

图 3-6-5 拆分表格

3. 表格的合并

表格的合并也分为合并单元格和合并表格两种。表格的合并和表格的拆分操作相似，在这里就不再赘述。

3.6.3 表格设置

对插入的表格，用户可以对表格的属性进行设置。选择需要进行设置的表格，选择“表格”→“布局”→“属性”选项，将弹出“表格属性”对话框，如图 3-6-6 所示。在该对话框中可以对表格的行高、列宽、对齐方式及表格的大小等进行设置。

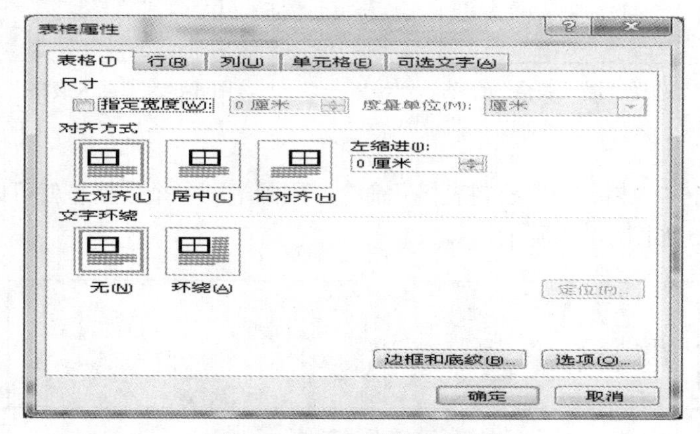

图 3-6-6 “表格属性”对话框

3.6.4 表格中的文本排版

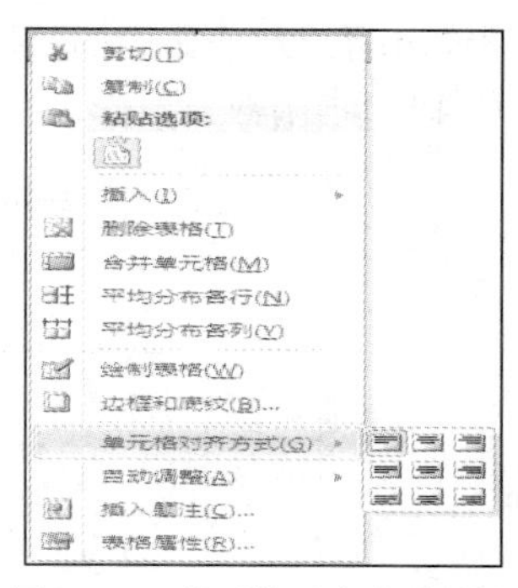

图 3-6-7 单元格对齐方式设置

Word 可以对表格中的文本进行排版。选择需要排版的单元格，单击鼠标右键，在弹出的快捷菜单中选择“单元格对齐方式”级联菜单中的相关内容，即可进行设置，如图 3-6-7 所示。

3.6.5 格式化表格

Word 可以对表格的格式进行设置。选中要设置的表格，单击“开始”→“段落”→“下框线”→“边框和底纹”选项，在弹出的“边框和底纹”对话框中可以对表格的边框和底纹进行设置，如图 3-6-8 所示。

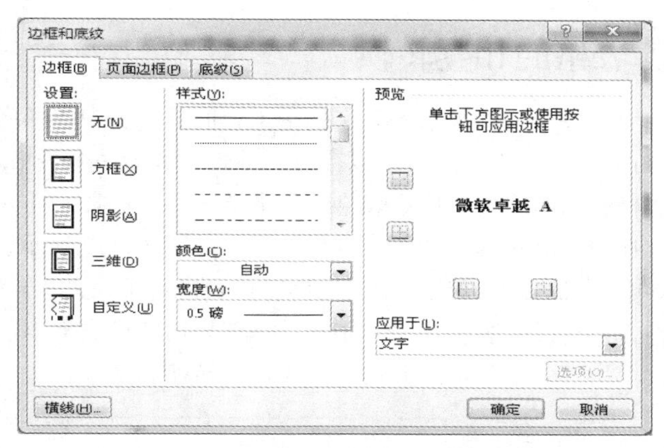

图 3-6-8 表格边框和底纹设置

3.6.6 排序和数字计算

Word 可以对表格中的内容进行排序。选择“表格工具”→“布局”中的 “排序”按钮，弹出“排序”对话框，如图 3-6-9 所示。在“主要关键字”下拉列表中选择排序所需参照的是哪一列中的数据。如果排序所需依据的数据有 2 ~ 3 个，可以在下面的“次要关键字”和“第三关键字”下拉列表中继续进行选择。在“类型”下拉列表中可以选择排序所依据的方式。

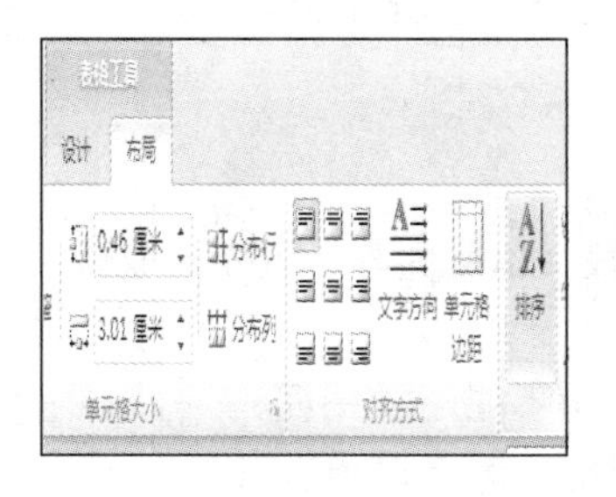

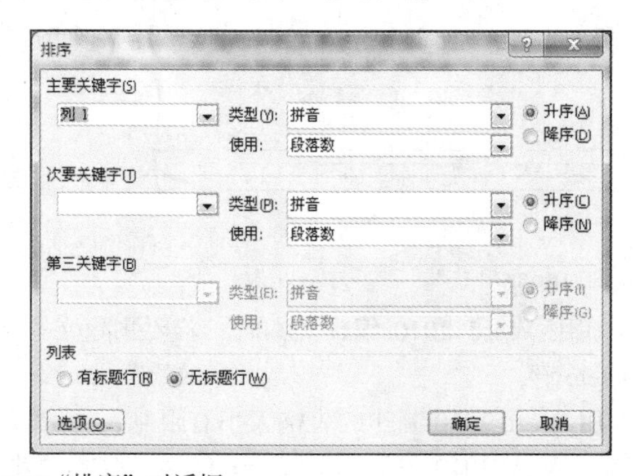

图 3-6-9 “排序”对话框

Word可以对表格中的数据利用公式进行计算。公式通常是一个以等号“=”开始的运算式，其中可以包括函数、数学表达式等。选定一个准备放置计算结果的单元格，选择“表格”→“布局”→“数据”中的“*fx*公式”选项（见图3-6-10），则弹出“公式”对话框，如图3-6-11所示。

图3-6-10　选择“*fx*公式”选项

图3-6-11　“公式”对话框

3.6.7　文本与表格的相互转换

如果有关表格的内容已经作为列表录入在文档中了，而且列表中各列之间的分隔是用制表位（或逗号、空格等）进行分隔的，则该列表可以很方便地转换成为一个表格。

要将文本转换成表格，只需将要转换成表格的文本选中，再选择“插入”→“表格”→“文本转换成表格”选项，在弹出的对话框中即可进行转换，如图3-6-12所示。

在Word中，不仅可以将文本转换成表格，也可以将表格转换成文本。将表格转换成文本时，首先选定要转换的表格，再选择“表格”→“转换”→“表格转换成文本”选项，在弹出的对话框上选择一种分隔符，单击“确定”按钮，选定的表格则转换为文本。

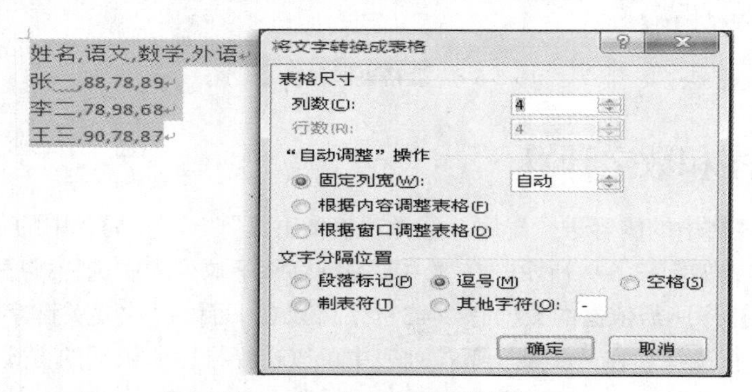

图3-6-12　将文字转换成表格

习　题

一、判断题

1. 在用Word 2010编辑文本时，若要删除文本区中某段文本的内容，可先选取该段文本，再按Delete键。（　）
2. 用Word 2010制作的表格大小有限制，一般表格的大小不能超过一页。（　）
3. 在Word 2010中编辑文稿，要产生文绕图的效果，只能在图文框中进行。（　）

4. 在 Word 2010 中，使用“查找”命令查找的内容，可以是文本和格式，也可以是它们的任意组合。（　　）

5. 删除选定的文本内容时，Delete 键和退格键的功能相同。（　　）

6. 为了使用户在编排文档版面格式时节省时间和减少工作量，Word 2010 提供了许多“模板”。所谓“模板”，就是文章、图形和格式编排的框架或样板。（　　）

7. 在 Word 2010 中，把表格加上实线，或者把表格变成虚线，通过“格式”菜单中的“边框与底纹”进行设置。（　　）

8. 要在每一页中放置相同的水印，必须放在页眉和页脚中。（　　）

9. Word 2010 文档可以保存为“纯文本”类型。（　　）

10. 在 Word 2010 中隐藏的文字，屏幕中仍然可以显示，但打印时不输出。（　　）

二、选择题（题头带*为多选题）

1. Word 2010 字形和字体、字号的默认设置值是（　　）。

A. 常规型、宋体、4 号　　B. 常规型、宋体、5 号

C. 常规型、宋体、6 号　　D. 常规型、仿宋体、5 号

2. Word 2010 允许用户选择不同的文档显示方式，如“普通”、“页面”、“大纲”、“联机版式”等视图，处理图形对象应在（　　）视图中进行。

A. “普通”　　B. “页面”　　C. “大纲”　　D. “联机版式”

3. 在 Word 2010 中，如果要把整个文档选定，先将光标移动到文档左侧的选定栏，然后（　　）。

A. 双击鼠标左键　　B. 连续击 3 下鼠标左键

C. 单击鼠标左键　　D. 双击鼠标右键

4. 在 Word 2010 文档中，要把多处同样的错误一次更正，正确的方法是（　　）。

A. 用插入光标逐字查找，先删除错误文字，再输入正确文字

B. 使用“开始”→“编辑”→“替换”命令

C. 使用“撤销”与“恢复”命令

D. 使用“定位”命令

5. 在 Word 2010 中编辑文档时，如果希望在“查找”对话框的“查找内容”文本框中只需一次输入便能依次查找分散在文档中的“第 1 名”，“第 2 名”，……，“第 9 名”，那么在“查找内容”文本框中用户应输入（　　）。

A. 第 1 名，第 2 名，……，第 9 名　　B. 第？名，同时选择“全字匹配”

C. 第？名，同时选择“模式匹配”　　D. 第？名

6. 有关“样式”命令，以下说法中正确的是（　　）。

A. “样式”只适用于文字，不适用于段落

B. “样式”命令在“工具”菜单中

C. “样式”命令在“格式”菜单中

D. “样式”命令只适用于纯英文文档

7. 单击绘图工具栏中的“绘图”按钮，出现“绘图”下拉菜单，选择（　　）命令，可使图形置于文字上方或下方。

A. “绘图”下拉菜单中的“组合”命令

B. “绘图”下拉菜单中的“叠放次序”命令

C. “绘图”下拉菜单中的“微移”命令

D. “绘图”下拉菜单中的“编辑顶点”命令

*8. 办公自动化的主要业务有（　　）。

A. 文字处理　B. 表格处理　C. 语音处理　D. 图形处理
E. 图像处理　F. 电子邮件　G. 电子会议　H. 文档管理

*9. 下列软件属于办公自动化套件 Office 的是（　　）。

A. Word　B. Visual FoxPro　C. Excel　D. WPS
E. C++　F. PowerPoint　G. UCDOS　H. FoxPro
I. Access　J. Outlook

*10. “文件”菜单中的“退出”命令是（　　）。

A. 关闭 Word 2010 窗口连同其中的文档窗口，并退到 Windows 窗口中
B. 退出正在执行的文档，但仍在 Word 2010 窗口中
C. 与双击窗口最左上角的图标命令功能相同
D. 与单击窗口最左上角的次下图标，然后单击“关闭”命令相同

三、填空题

1. 在 Word 2010 窗口的文本区中，有一个闪烁的“I”形光标，称为________，其作用是________。

2. 用户初次启动 Word 2010 时，Word 2010 打开了一个空白的文档窗口，其对应的文档所具有的临时文件名为________。

3. Word 2010 文档窗口的左边有一列空列，称为选定栏，其作用是选定文本，其典型的操作是：当鼠标指针位于选定栏，单击鼠标左键，则________；双击鼠标左键，则________；3 击鼠标左键，则________。

4. 在 Word 2010 中浏览文稿时，若要把插入点快速移到文章头，可按________键；若要把插入点快速移到文章尾，可按________键。

5. 如果要把一篇文稿中的“computer”都替换成“计算机”，应选择“开始”选项卡“编辑”组中的________选项，在出现的“查找和替换”对话框的“查找内容”框中输入________，在“替换为”框中输入________，然后单击________按钮。

6. 在 Word 2010 中的常用工具栏中有一个“格式刷”按钮，格式刷的作用是________。

7. 可以把用 Word 2010 编辑的文稿按需要进行人工分页。人工分页又叫作硬分页，设置硬分页的方法是把插入点移到需分页的位置，按________键。

8. Word 中的段落是指以________为结尾的文字、图形、对象或其他项目的集合。

9. Word 2010 文稿中的注释一般有“脚注”和“尾注”两种，脚注放在________，而尾注则出现在________。

10. Word 2010 给编辑的文档提供了 3 个层次的编辑空间，这 3 个层次分别是________层、________层和________层。

11. 文本框和图文框是 Word 2010 处理文档的有力工具，要形成水印之类的效果，应把图形放入________中；若要使文字绕图周围环绕排列，应把图放入________中。

12. 在 Word 2010 文稿中插入图片，可以直接插入，也可以在________或________中插入。

13. 在 Word 2010 中，“剪切”命令的作用是________。

14. 在 Word 2010 中，将常用的文本或图形定义为一词条后，每次利用词条名可达到快速简便输入的目的，这种方法是采用了________或________。

15. 可以使用 Word 2010 窗口中常用工具栏中的“剪切”按钮和“粘贴”按钮来移动一段文本或图形，可按以下步骤进行操作：① 选取欲移动的文本或图形；②________；③________；④________。

16. 利用 Word 2010 制作表格的一种方法是把选定的正文转换为表格的操作，在选定正文后，应选择“插入”→“表格”→“________”选项，在弹出的对话框中设置相应的选项。

17. 在 Word 2010 中，要想把一些常用的文本字段和复杂的表格、图形方便地插入文稿，可以利用 Word 2010 提供的________功能。

第 4 章 Excel 2010 电子表格软件

Excel 是微软公司的 Office 系列办公组件之一，它提供了丰富的函数及强大的图表、报表制作功能，能有助于高效率地建立与管理资料。它可以进行各种数据的处理、统计分析和辅助决策操作，广泛应用于管理、统计财经、金融等众多领域。本章主要介绍 Excel 2010 的基本操作、数据编辑、格式设置、数据计算、分析管理、打印输出及其他功能。

4.1 Excel 2010 的工作环境与基本概念

本节主要介绍 Excel 2010 新版本的特点，介绍工作簿文件的基本操作、数据的基本操作、行列单元格的基本操作和工作表的基本操作。

4.1.1 Excel 2010 的新特点

Excel 2010 具有强大的运算与分析能力。从 Excel 2007 开始，改进的功能区使操作更直观、更快捷，实现了质的飞跃。不过进一步提升效率、实现自动化，单靠功能区的菜单功能是远远不够的。在 Excel 2010 中使用 SQL 语句，可以灵活地对数据进行整理、计算、汇总、查询、分析等处理，尤其在面对大数据量工作表的时候，SQL 语言能够发挥其更大的威力，快速提高办公效率。

Excel 2010，可以通过比以往更多的方法分析、管理和共享信息，从而帮助用户做出更好、更明智的决策。全新的分析和可视化工具可跟踪和突出显示重要的数据趋势，可以在移动办公时从几乎所有 Web 浏览器或 Smartphone 访问重要数据。甚至可以将文件上传到网站并与其他人同时在线协作。无论是生成财务报表还是管理个人支出，使用 Excel 2010 都能够更高效、更灵活地实现目标。

在 Excel 2010 中，Ribbon 工具条中的功能更加增强了，可以设置的东西更多了，使用更加方便，而且创建 SpreadSheet 更加便捷。

Excel 2010 改进了文件格式对 Excel 2007 版本的兼容性，并且较前一版本更加安全。

Excel 2010 中一个最重要的改进就是对 Web 功能的支持，用户可以通过浏览器直接创建、编辑和保存 Excel 文件，以及通过浏览器共享这些文件。除了部分 Excel 函数外，Web 版的 Excel 可与桌面版的 Excel 一样出色。另外，Excel 2010 还提供了与 Sharepoint 的应用接口，用户可以将本地的 Excel 文件直接保存到 Sharepoint 的文档中。

在 Excel 2010 中，在“插入”菜单中增加了 Sparklines 的功能，可以根据选定的一组单元格数据描绘出波形趋势图，同时可以有多几种不同类型的图形选择。这种小的图表可以嵌入 Excel

的单元格内，让用户获得快速可视化的数据表示。

Excel 2010 提供的网络功能也允许 Excel 可以和其他人同时分享数据，包括多人同时处理一个文档等。

4.1.2 工作簿文件操作

启动 Excel 2010 程序后，系统首先建立一个名为“工作簿 1”的文件。工作簿是存储和运算数据的文件，其后缀名为.xlsx。

1. Excel 2010 的工作界面

启动 Excel 2010 后，进入其工作界面，如图 4-1-1 所示。其工作界面由快速访问工具栏、功能页次、功能区、工作表选项卡标签、工作表、显示比例工具等组成。

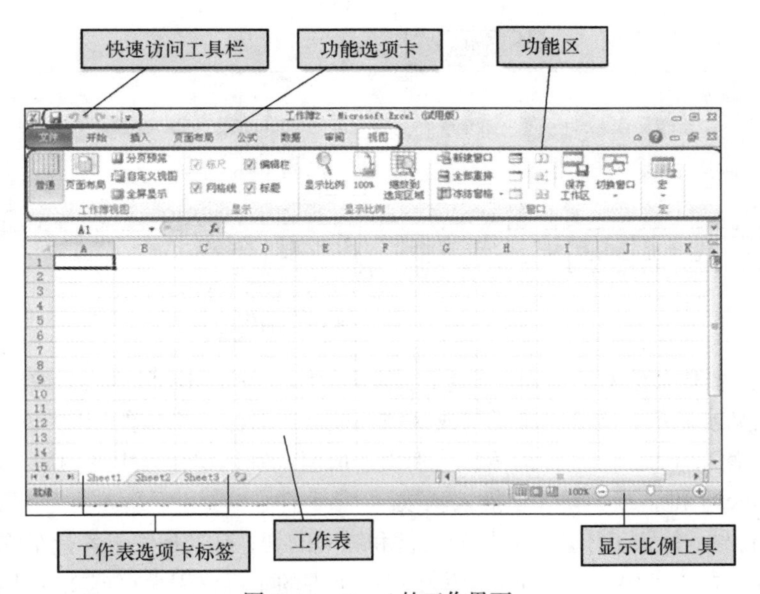

图 4-1-1 Excel 的工作界面

Excel 中所有的功能操作分为 8 个选项卡，包括文件、开始、插入、页面布局、公式、数据、审阅和视图。各选项卡中收录相关的功能群组，方便使用者切换、选用。例如，“开始”选项卡就是基本的操作功能，如字型、对齐方式等设定，只要切换到该功能选项卡即可看到其中包含的内容。“公式”和“数据”选项卡是 Excel 2010 特有的功能。

- “公式”选项卡：包含 4 组内容，即函数库、定义的名称、公式审核和计算，如图 4-1-2 所示。

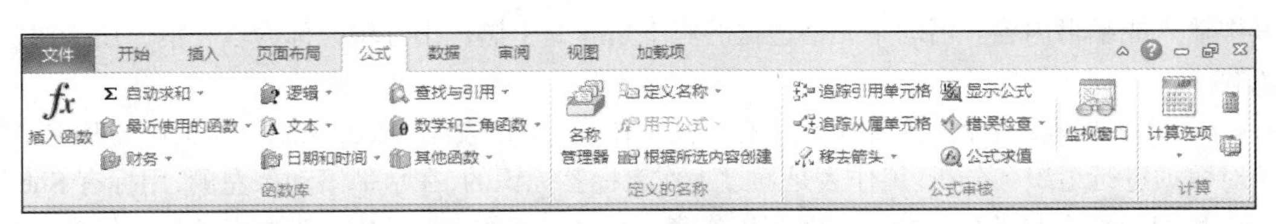

图 4-1-2 “公式”选项卡功能按钮

- “数据”选项卡：包含 5 组内容，即获取外部数据、连接、排序和筛选、数据工具和分级显示，如图 4-1-3 所示。

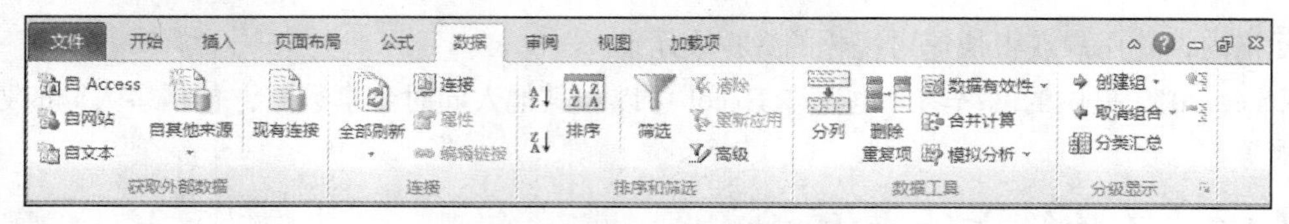

图 4-1-3 “数据”选项卡功能按钮

视窗上半部的面板称为功能区，放置了编辑工作表时需要使用的工具按钮。开启 Excel 时预设会显示“开始”选项卡下的工具按钮，当按下其他的功能选项卡，便会改变显示该选项卡所包含的按钮。当我们要进行某一项工作时，先选择功能选项卡，再从中选择所需的工具按钮。例如，要在工作表中插入 1 张图片，则选择“插入”选项卡，再单击“插图”组中的“图片”按钮，即可选取要插入的图片，如图 4-1-4 所示。

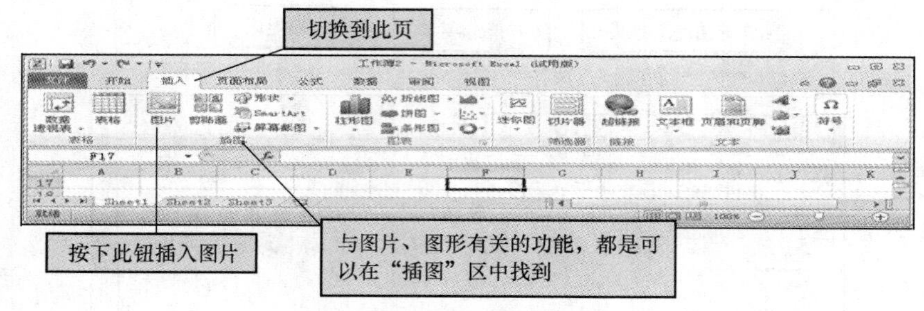

图 4-1-4 选择选项卡功能按钮

- 编辑栏：位于功能区下方，用于显示、编辑和修改单元格中的内容。编辑栏左侧是单元格名称框，用于定义或显示当前活动单元格或区域的地址或名称。当在单元格中输入或编辑内容时，编辑栏中等号左侧会出现×✓fx按钮，分别用于取消或确认单元格中的内容，相当于键盘上的【Esc】键和【Enter】键，或向单元格插入函数。

- 列标和行号：每张工作表中有横向的行和纵向的列，行号是位于各行左侧的数字，通常用阿拉伯数字表示，如 2，10，35。列标是位于各列上方的字母，用大写英文字母表示，如 A，C，AM，DX。

- 单元格：工作表中行与列交叉处是一个单元格，共有 1 044 576 行×16 344 列个单元格，单元格中用于输入各种格式的文本、数字、公式等数据信息。默认的单元格名称由列标行号表示，如 G5 指位于第 G 列第 5 行的单元格。由于一个工作簿中包含有多张工作表，为了区分不同工作表中的单元格，可在单元格地址前加表名来区别，工作表名称与单元格地址间用“!”分隔。例如，Sheet2!A5 表示该单元格为 Sheet2 工作表中的 A5 单元格。

单击某个单元格时，其四周被粗黑边框包围，这个单元格称为当前活动单元格，意味着可以在其中输入或编辑内容。活动单元格边框的右下角有一个黑色小方块，称为填充柄，用于快速填充内容。

- 工作表标签：一个工作簿中默认有 3 张工作表，工作表是 Excel 完成一项工作的基本单位，用于对数据进行组织和分析。工作表是通过工作表标签标识的，在水平滚动条左侧，用标有 Sheet1、Sheet2 和 Sheet3 名称的标签代表一张张工作表。在这些工作表标签中，呈白底色的工作表为当前工作表，其他灰色标签的为非活动工作表。若工作表标签没有全部显示出来，可用工作表滚动按钮进行操作：用于显示出第一个或最后一个工作表标签；用于显示出当前工作表的前一个或后一个工作表标签。

- 窗口分割条：分割条位于水平和垂直滚动条上，其中“工作表标签分割条”可用来改变水平滚动条和工作表标签区的长短；窗口的“水平分割条”和“垂直分割条”可将窗口分成上下或左右两部分，每部分都有滚动条，使窗口在上（左）半部分保持不动的情况下，滚动下（右）半部分，这种操作对于查看一张庞大的表格十分有用。

在 Excel 工作窗口中右击任意处，都会出现一个相应的快捷菜单，菜单中的命令随右击对象的不同而变化，此菜单中聚集了处理该对象最常用的各种命令。

2. 创建工作簿

一个工作簿就是一个文件，新建 Excel 工作簿的方法与一般文件类似。

- 启动 Excel 程序时系统自动创建一个新的文件：工作簿 1。
- 在已打开的 Excel 程序窗口中，单击“快速访问工具栏”中的“新建”按钮。
- 在已打开的 Excel 程序窗口中，按 Ctrl+N 组合键。
- 在已打开的 Excel 程序窗口中，执行“文件”按钮下的“新建”命令，可从右侧选择“空白工作簿”、“最近打开的模板”、“样本模板”、“我的模板”、“根据现有内容新建”以及 Office.com 模板进行创建。

利用模板生成电子表格，可以减少烦琐的重复操作，提高工作效率。

3. 保存工作簿

在工作表中输入一定内容后，要及时保存。执行“快速访问工具栏”上的“保存”按钮，或“文件”按钮下的“保存”命令。若第一次执行保存操作，系统弹出“另存为”对话框，选择保存类型，确定文件的保存位置，输入文件名，单击“保存”按钮。以后再执行保存命令时，Excel 会按原位置、原名称覆盖原文件。

- 如果希望文件在之前的版本中也能打开，则“保存类型”中选择“Excel97-2003 工作簿”。
- Excel 默认将工作簿文件保存在“我的文档”文件夹中。
- Excel 默认的文件保存类型为“Excel 工作簿（*.xlsx）”，也可将文件保存为“模板（*.xltx）”格式，以便重复使用该表，这时文件的保存位置会自动变为“Templates”文件夹。
- 在“另存为”对话框中单击“工具”按钮，选择“常规选项”，打开如图 4-1-5 所示的对话框，可对要保存的工作簿进行设置。

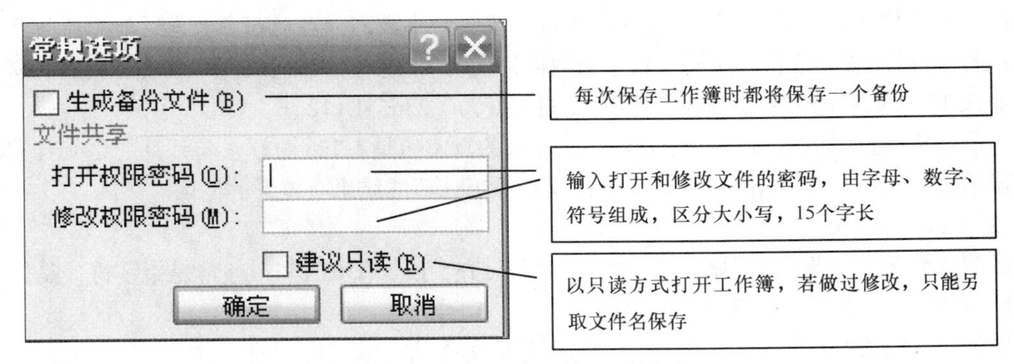

图 4-1-5　“常规选项”对话框

4. 保护工作簿

Excel 对工作簿、工作表和单元格均可进行保护和隐藏。保护和隐藏工作簿可以防止他人对工作簿进行任何操作，保护和隐藏工作表可防止工作表中任何对象被修改，保护和隐藏单元格可防止他人对单元格中的数据、公式等进行修改。

Excel 2010 可以从结构和窗口两方面对工作簿进行保护。

在工作簿的“审阅”选项卡中选择“更改”组，单击“保护工作簿”，进入如图 4-1-6 所示的对话框。“结构”主要保护工作簿不被移动、重命名、隐藏/取消隐藏、删除工作表等操作；“窗口”用于保护工作簿的窗口不被移动、缩放、隐藏、关闭。经过保护后的工作簿窗口中标题栏上的控制按钮消失。

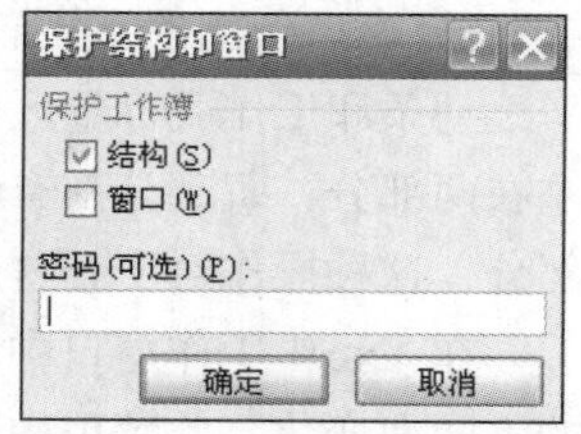

图 4-1-6　工作簿保护对话框

5. 关闭工作簿

完成工作簿的操作需要关闭时，最常用的方法是单击工作簿文件标题栏上的“关闭”按钮，也可执行“文件”按钮下的“退出”命令。

4.1.3　数据的基本操作

1. 数据的输入

输入数据是建立工作表最基本的操作，只有输入数据，才可对其进行计算以及分析等工作。工作表中可以输入的数据包括数字、文本、时间和日期、公式和函数等，可以用以下两种方法对单元格输入数据。

- 选定单元格，直接在其中输入数据，按 Enter 键确认。
- 选定单元格，在“编辑栏”中单击鼠标左键，向其中输入数据，然后单击编辑栏上的√按钮或按 Enter 键确认。

向 Excel 中输入任何符号时必须在英文标点符号输入状态下，各类数据输入方法和格式有别。

（1）数字的输入

Excel 中键入的数字为常量，可参与计算，输入单元格的数字自动右对齐。

Excel 中的数字包括可从键盘上输入的 0～9、+、−、/、%、$、.、E 等数字和符号。

若要输入分数，应采用“整数␣分子/分母”的格式，真分数的整数部分用零代替，以免系统将输入的数字当日期对待。例如，输入二分之一时，要输入 0␣1/2，否则系统会认为是 1 月 2 日。

当单元格中输入的数字过长时，Excel 会将整数部分用科学记数法（一种采用指数形式的记数方法，由尾数部分、字母 E 及指数部分组成）表示，小数部分自动四舍五入后显示（数字为常规格式时），或出现####符号字样（数字为数值格式时），这时可调整列宽来改变。例如，向单元格中输入 1236547494745 时，确定后该单元格中变为 1.23655E+12。

当单元格中显示的数值是小数如 5.73 而输入的真实值是 5.726 时，参与计算的是其真实值而不是显示值。这就是有时用 Excel 计算的结果与手工计算的结果有差异的原因。

（2）文本的输入

在默认情况下，单元格中输入的文本自动左对齐。Excel 中的文本通常是指字符或是任何字符与数字的组合，如 12-R、第 5 行、24A 等。

如果要将输入的数字如电话号码、身份证号码等作为文本对待，而非数字数据，须先向单元格中输入英文标点中的单引号（’），再输入数字，确定后该单元格左上角会自动出现一个绿色三角标记，且当选定该单元格时，旁边出现提示符号，提示该单元格中的内容为文本格式，并可从下拉三角形中选择操作命令。

单元格的文本太长时会溢出到右单元格，若右单元格中也有内容，则会截断溢出部分，但左单元格中实际内容都存在，可选定该单元格，在编辑栏中浏览其中全部内容，也可调整列宽来显示全部内容。

公式或函数中有文本时，须用字符串定界符即英文标点中的双引号将文本括起来。例如，要输入文本 0123，可在单元格中输入="0123"；又如，公式=IF(D2>60,"通过","不通过")中的“通过”和“不通过”都是文本格式。

单元格中插入的“特殊符号”也自动作为文本对待。

（3）日期和时间的输入

在 Excel 中，日期和时间均按数字处理，故可用于计算。日期和时间的显示方式取决于所在单元格的数字格式。通过设置单元格格式，可使日期的显示方式为 07/1/24 或 2007-1-24。

一般 Excel 默认使用斜线（/）或连字符（-）输入日期，用冒号（:）输入时间，并以 24 小时制显示时间。例如：

输入 12/6/24 时，显示为 2012-6-24；输入 6/24 时，显示为 6 月 24 日；

输入 12：30：45 时，显示为 12：30：45。

输入当天日期，可用 Ctrl+；组合键，输入当时时间可用 Ctrl+Shift+：组合键。

（4）公式和函数的输入

Excel 单元格中除了可以输入数字、文本等常量外，还经常需要对某些数据进行数学运算处理，这就要求在工作表单元格中输入公式或函数。详细内容将在后面的相关部分具体介绍。

（5）批量自动填充

在向工作表中输入数据时，有时要在一行、一列或一个单元格区域内填充相同的数据，或填充一些序列数据，如月份、季度、星期，为了快速完成这类数据的输入，可以用 Excel 提供的自动填充功能，即拖动活动单元格的填充柄或用“开始”选项卡→“编辑”组→“填充”按钮进行操作。

- 相同数据的输入。要在工作表的某区域中输入相同的数据，先在区域第一个单元格中输入数据，用鼠标向下和向右拖曳其填充柄，到该区域的最后一个单元格，松开鼠标即可。

先选定要输入数据的单元格区域（可以连续或不连续），输入数据后，按 Ctrl+Enter 组合键，即可在所有选定的单元格中快速输入相同数据。

- 序列数据的输入。除了连续复制同样的数据外，Excel 可扩展起始单元格中包含的序列数据（指有一定变化规律的数字或字段），如自然数、奇数、季度、星期、月份等。

要连续填充数字系列，先在区域的前两个单元格中分别输入数据，确定变化的步长，然后选定这两个单元格，拖动填充柄到区域的最后一个单元格释放鼠标，数据会按步长值依次填入单元格区域。

若要填充连续自然数或系统预定义的序列，可在第一个单元格中输入第一个数据后直接拖动填充柄到区域的最后一个单元格。例如，在某单元格中输入星期一，向下拖动该单元格的填充柄，即可自动填入星期二、星期三、星期四、星期五、星期六、星期日。

选定已输入序列起始值的单元格，用鼠标右键拖动其填充柄到区域的最后单元格，释放鼠标后，弹出如图 4-1-7 所示的快捷菜单，从中选择要执行的命令，即可按要求填充序列。

也可用“序列”对话框填充，在第一个单元格中输入序列的初始值，选定填充区域，在“开始”选项卡中的“编辑”组中单击“填充”按钮，执行下拉菜单中的“系列”，打开如图 4-1-8 所示的对话框，选择按行或列的方向填充；序列类型如果是“日期”，则要选择一种日期单位；如果是数字型的序列，要确定步长值和终值；设置完毕后单击“确定”按钮，即可完成序列数据的填充。

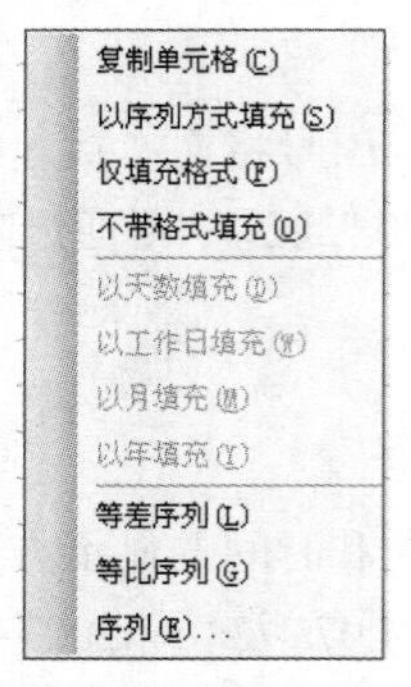

图 4-1-7　快捷菜单

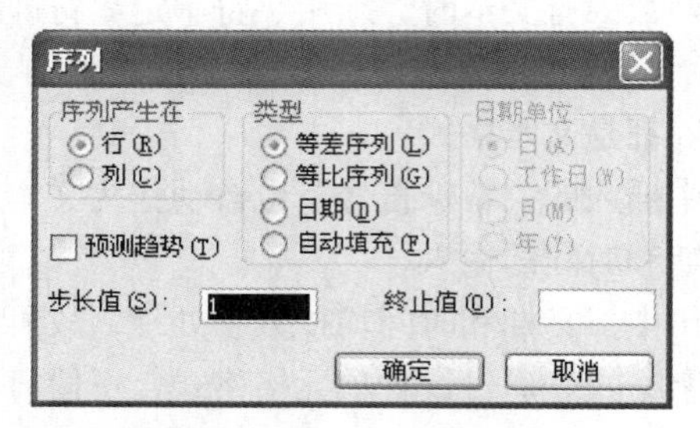

图 4-1-8　“序列”对话框

【例 4-1】启动 Excel 2010 程序，在第一张工作表中输入如图 4-1-9 所示的数据。

	A	B	C	D	E	F
1	食品公司员工基本工资表					
2				制表日期		
3	工号	姓名	部门	工龄	基本工资	岗位工资
4	001	李华	原料车间	12	2300	400
5	002	张成	配料车间	23	3400	350
6	003	徐克	原料车间	30	4500	400
7	004	周建	模具车间	21	3000	300
8	005	黄海	模具车间	5	1800	300
9	006	郑建设	成品车间	10	2000	260
10	007	范璐	原料车间	7	1900	400
11	008	李平	配料车间	2	1000	350
12	009	何勇	配料车间	4	1600	350
13	010	齐永亮	成品车间	9	2100	260

Sheet1　Sheet2　Sheet3

图 4-1-9　例表原始样式

要求：工号内容是文字型，且用序列方式填充，相同的部门名称可以复制填充，在 E2 单元格中按 Ctrl+;组合键快速输入当前制表日期，内容输入完毕后保存为“工资信息”文件。

2. 单元格数据的编辑

数据输入单元格后，可能要进行修改、删除、移动、复制、查找、替换等编辑操作。

（1）修改数据

单击单元格，直接输入新内容将替换原来的内容。若只对单元格中的内容进行局部修改，则有以下两种方法。

- 单击数据所在的单元格，则该数据显示在“编辑栏”中，在编辑栏中单击并修改数据后确定。
- 双击数据所在的单元格，直接在单元格中对数据进行修改，按 Enter 键确定。

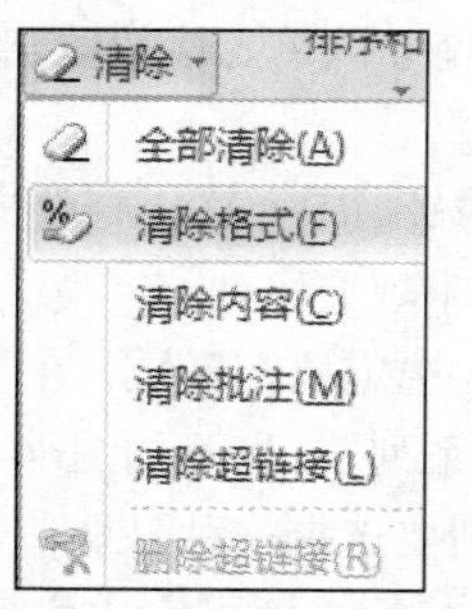

图 4-1-10　“清除”下拉菜单

（2）删除和清除数据

若只删除某些单元格中的内容，可以在选定这些单元格后，按 Delete 键；若要删除的是单元格中的全部内容，或只清除格式、批注等时，在选定单元格后，从“开始”选项卡中“编辑”组中单击“清除”下拉菜单，从中选择相应的子菜单，如图 4-1-10 所示，其中各项含义如下。

- 全部清除（A）：删除所选单元格中的内容、格式、批注、超链接等全部对象。
- 清除格式（F）：只删除所选单元格的格式，而保留内容和批注。

- 清除内容（C）：只删除所选单元格中的内容而保留其他属性，相当于按 Delete 键。
- 清除批注（M）：只删除所选单元格附加的批注，单元格内容和格式不受影响。
- 清除超链接（L）：清除所选单元格中的超链接，但超链接格式仍存在。
- 删除超链接（R）：删除所选单元格中已有的超链接。

（3）移动和复制数据

移动和复制单元格数据可用以下两种方法。

- 直接使用鼠标的拖放功能。适合于近距离移动和复制数据。选定要移动或复制数据的单元格（区域），鼠标放到选定区域的边缘并变成白色带有双十字的左箭头形状时，按鼠标左键拖至目标位置松开即可移动数据，拖动的同时按住 Ctrl 键，即是复制操作。

若按鼠标右键拖至目标位置处释放鼠标后，打开如图 4-1-11 所示的快捷菜单，从中选择要执行的操作命令。这种方法既方便又实用。

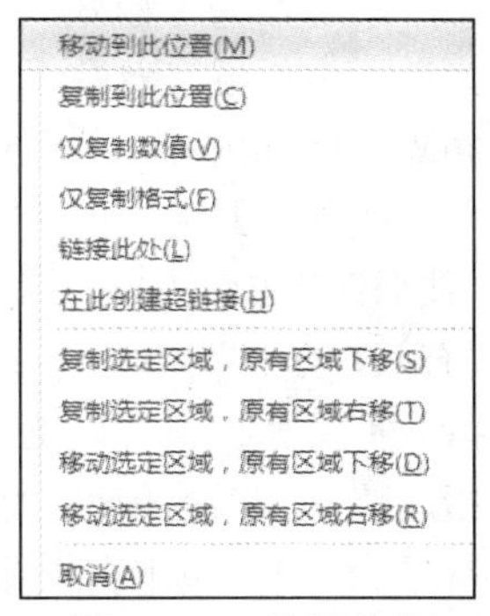

图 4-1-11　快捷菜单

- 使用“剪切”、“复制”、“粘贴”命令。适合于远距离移动或复制数据，如在相距较远的单元格之间、不同的工作表之间、不同的工作簿之间等。

如果只想复制单元格中的某些对象（如格式、批注或公式），需在粘贴时选择“剪贴板”→“粘贴”→“选择性粘贴”中的某项，如图 4-1-12 所示；或右击目标位置，在快捷菜单中选择。从中可选择只粘贴单元格中的某些对象（如格式、批注或公式），可将原表格的行与列发生转换（转置），也可将原单元格中的数据与目标单元格中的数据进行某种运算等。

（4）查找和替换

Excel 可以查找出指定的文字、数字、日期、公式等所在的单元格，还可以替换查找到的内容。

单击“开始”选项卡　“编辑”组中的“查找和选择”按钮，选择“查找”命令，打开如图 4-1-13 所示的对话框。

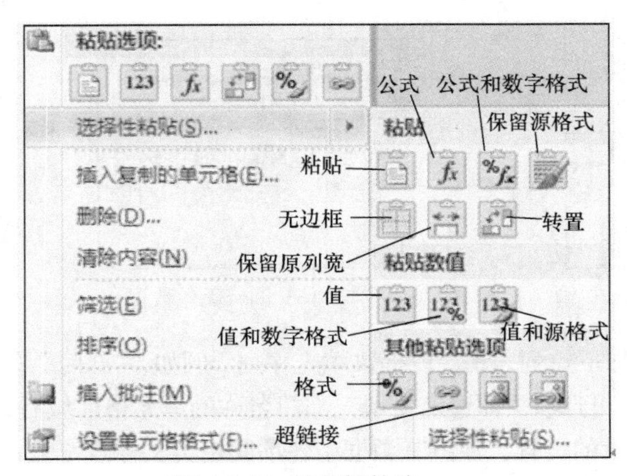

图 4-1-12　选择性粘贴

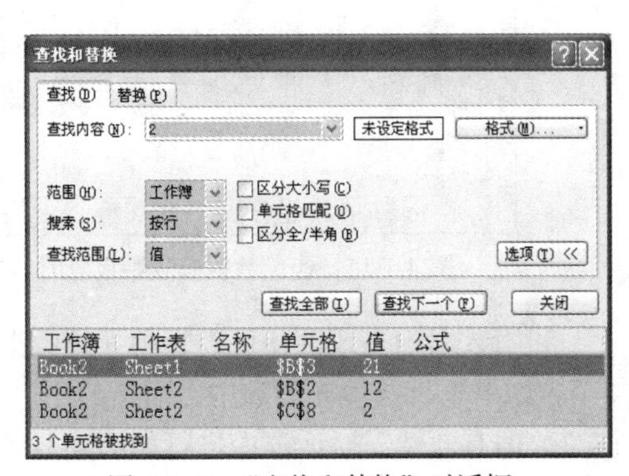

图 4-1-13　“查找和替换”对话框

在“查找内容”框中输入要查找的信息（文字、数字、公式、批注内容），在“范围”框中选择相应的选项（工作簿，工作表），在“搜索”框中选择“按行”或“按列”，在“查找范围”框中选择“公式”、“值”、“批注”，按照是否要区分大小写和全/半角来决定是否选中相应的复选框，若只查找与“查找内容”框中指定的字符完全匹配的单元格，则要选中“单元格匹配”复选框。单击“查找下一个”按钮，符合条件的单元格将成为当前活动单元格。单击“查找全部”按钮，则在对话框下部列出查找到的相关信息。

替换功能与查找功能的使用方法类似，它可以将查找到的信息用其他信息替换。只要在“替换”选项卡中的“替换值”框中输入要替换成的数据，单击“替换”按钮或“全部替换”按钮即可。

3. 数据的有效性

向工作表中输入数据时，为防止用户输入错误数据，限制用户只能输入指定范围的数据，可为单元格设置有效数据范围。用数据有效性可控制输入的数据范围、小数位数、文本长度、日期间隔、序列内容，甚至可以自定义公式进行限制。

例如，要求岗位工资的取值必须在 250～500，设置的方法是：选定岗位工资所在区域，打开“数据”选项卡中的“数据有效性”，在出现的对话框中对各个标签进行如图 4-1-14 所示的设置，“有效性条件”中允许取的值包括任何值、整数、小数、序列、日期、时间、文本长度、自定义这些数据类型。在“设置”选项中主要指定数据类型和取值范围，在“输入信息”选项中输入鼠标指向该区域时的信息，在“出错警告”选项中设置当用户输入的数据不在指定范围时的指示语及符号。当向岗位工资中输入 777 时，会出现如图 4-1-15 所示的内容。如果要强行输入，就单击“是”按钮。执行“数据有效性”下拉列表中的“圈释无效数据”命令，则将违反数据有效性的数据用红色椭圆圈起来，如图 4-1-16 所示，也可清除这个圈释。

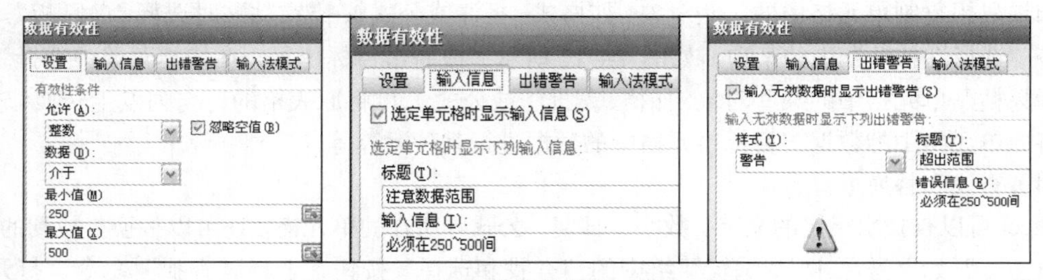

图 4-1-14　数据有效性的设置、信息、警告

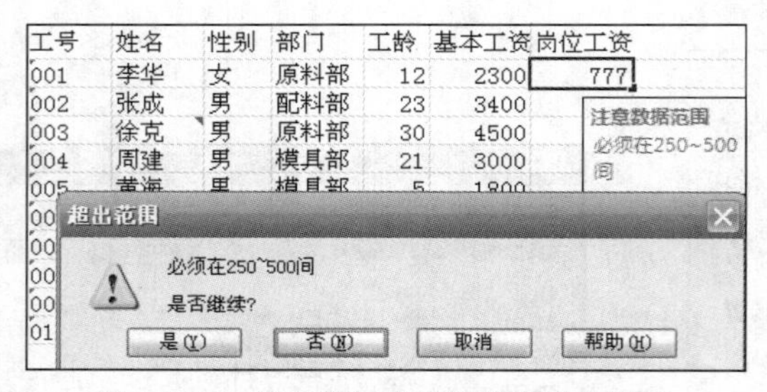

图 4-1-15　违反数据有效性设置时的提示

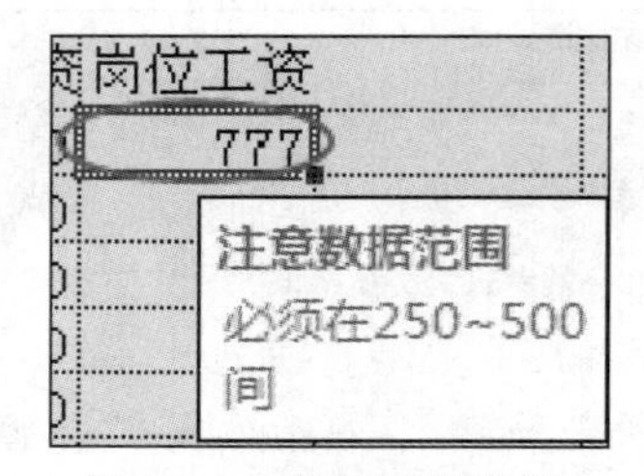

图 4-1-16　圈释无效数据

利用数据的有效性还可以为单元格数据添加下拉列表框，以提供填充序列。例如，“部门”有 4 个，如果不直接填充到表中，而是为用户提供可选项，即选定要填充部门名称的单元格区域后，在“数据有效性”对话框中进行如图 4-1-17 所示的设置，注意来源框中各项间用英文标点符号，确定后，在这些单元格中提供了下拉式列表，可以从中选择希望的值，如图 4-1-18 所示。

4.1.4　行列单元格的基本操作

1. 工作表中光标的移动和定位

向工作表的单元格中输入数据时，首先要将光标置于某单元格，使其成为当前活动单元格。

- 移动光标最简单的方法是鼠标单击某单元格，适合在不相邻的单元格间进行。

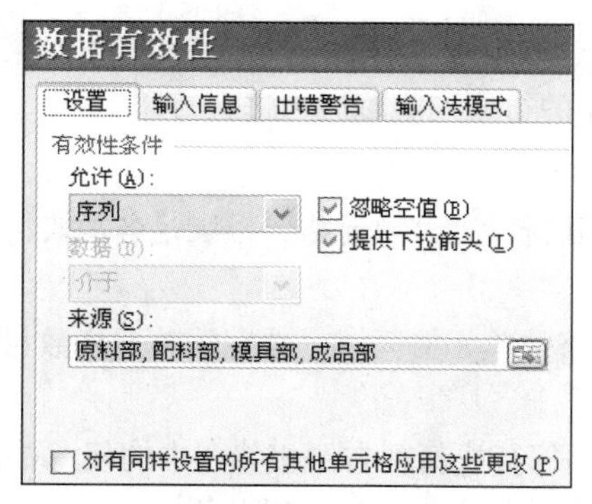

图 4-1-17　设置序列填充

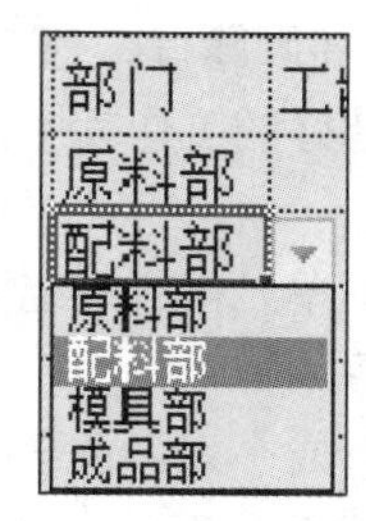

图 4-1-18　选择序列填充值

- 相邻单元格间光标移动用键盘更快捷方便：按一次 Tab 键光标从左向右移动一个单元格，若同时按住 Shift 键，则光标向相反方向移动；按 Enter 键光标下移一个单元格（而不是在同一个单元格中换行）；4 个方向键↑、↓、←、→可将光标向当前单元格的上、下、左、右位置的单元格移动。
- 要将光标定位到相距甚远的单元格时，可单击"开始"选项卡"编辑组"中的"查找和选择"菜单下的"转到"命令，将目标单元格的地址输入对话框的"引用位置"文本框，单击"确定"按钮。
- 要将光标定位到满足某种条件的单元格时，可单击"开始"选项卡"编辑组"中的"查找和选择"菜单下的"定位条件"命令，在对话框中选择合适的条件。

在单元格间移动光标，就确定了前一个单元格中的内容（相当于单击编辑栏中的对勾）。

2. 选取行、列、单元格

选定操作是执行其他操作的基础，被选定的单元格区域将反白显示为淡紫色（第一个单元格除外）。

- 一个单元格的选取。只要用鼠标单击某个单元格，则该单元格被选定，其周边被粗黑边框包围，是当前活动单元格。
- 多个单元格（区域）的选取。要选定多个连续的单元格（区域），可按鼠标左键直接拖曳。要选定较大的连续区域，先单击左上角第一个单元格，按 Shift 键，再单击该区域的最后一个单元格，这种操作可避免在鼠标拖曳过程中因滚动过快而难以控制的情况发生。

要选定不连续单元格（区域），选定第一个单元格（区域）后，按 Ctrl 键不放，用鼠标选择其他单元格（区域），最后松开 Ctrl 键。

- 快速选定空白单元格。打开"编辑"组中的"查找和选择"下的"定位条件"对话框（或按 Ctrl+G 快捷键），选择其中的"空值"单选按钮。
- 行列的选取。用鼠标单击行号或列标，可选定一行或一列；按住鼠标左键沿行号或列标拖曳，可选定连续的多行或多列；若按 Ctrl 键单击某些行号或列标，则可选定不连续的行或列。
- 整表的选取。用鼠标单击工作表左上角行号和列标交叉处的按钮（称为全选按钮），可选定整张工作表的所有单元格。

要取消已选定的区域，用鼠标在工作表的任一处单击即可。

3. 隐藏行、列、单元格

要对单元格进行隐藏，右击单元格，在弹出的快捷菜单中选择"设置单元格格式"，选择"保护"标签，选中"隐藏"复选框即可。这样含有公式的单元格被隐藏后，其中的公式就不会出现在编辑栏中，但只有在工作表被保护的情况下单元格隐藏才有效。

选定要隐藏的行或列，在“开始”选项卡的“单元格”组中打开“格式”下拉菜单的“可见性”，并选择相应的操作。例如，可以将不想打印的行或列隐藏后再进行打印。

4. 插入和删除行、列、单元格

在已经建好的工作表中，往往需要插入或删除行、列、单元格，以满足各类表格的要求。

- 插入。

插入空白单元格：选定要插入新的空白单元格的单元格区域，选定的单元格数目应与要插入的单元格数目相等。

插入一行或一列：单击需要插入的新行之下相邻行或新列右侧相邻列中的任意单元格。例如，若要在第 5 行之上插入一行，单击第 5 行中的任意单元格，要在 B 列左侧插入一列，单击 B 列中的任意单元格。

插入多行或多列：先选定需要插入的新行之下相邻的若干行或新列右侧相邻的若干列。选定的行数或列数应与要插入的行数或列数相等。

然后在“开始”选项卡的“单元格”组中打开“插入”下拉菜单，选择其中的“插入单元格”、“插入工作表行”或“插入工作表列”，如图 4-1-19 所示。或右击执行快捷菜单中相应命令。

插入新的单元格、行或列后，行号或列标会自动重新编号。

需要注意的是，如果插入一个单元格可能会改变表格的结构，甚至丢失原单元格中的公式，若用插入行或列来代替，公式会自动调整。

- 删除。选定要删除的行、列、单元格，右击，执行快捷菜单中的“删除”命令，或从“开始”选项卡的“单元格”组中打开“删除”下拉菜单，选择其中的命令，如图 4-1-20 所示。

5. 调整行高和列宽

默认工作表中所有单元格具有相同的宽度和高度，但若各列数据长短不同或数据在一个单元格中表现为两行时，需要根据实际情况调整单元格的行高和列宽。

改变列宽有以下两种方法。

- 鼠标直接拖曳法：鼠标指向某列的右列标线变为双向箭头↔形状时，按鼠标左键并左右拖动即可改变列的宽窄；直接双击列标线，可依据该列中最宽数据项自动调整；要同时调整多列为等宽时，先选定这几列，再拖动其中任何一列的列标线。

- 菜单命令法：选定某列或某单元格，在“开始”选项卡的“单元格”组中打开“格式”下拉菜单，选择其中的“列宽”，如图 4-1-21 所示，向弹出的对话框中输入列宽的值，或选择“自动调整列宽”。

图 4-1-19 “插入”菜单

图 4-1-20 “删除”菜单

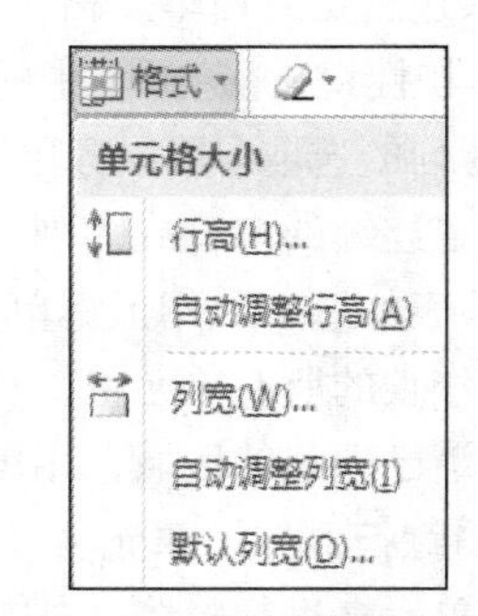

图 4-1-21 调整行高列宽

改变行高与改变列宽的方法类似。

6. 批注

对单元格中的内容进行文字说明而不显示在表格中时，可为单元格插入批注。

选定单元格，在“审阅”选项卡中的“批注”组中单击“新建批注”按钮，或右击单元格，在弹出的快捷菜单中选择“插入批注”命令，在“编辑批注”框中输入批注内容，该单元格右上角出现一个红色三角形。

还可在“批注”组或快捷菜单中选择相应的按钮或菜单，对批注进行编辑、删除、显示/隐藏批注操作，如图 4-1-22 所示。

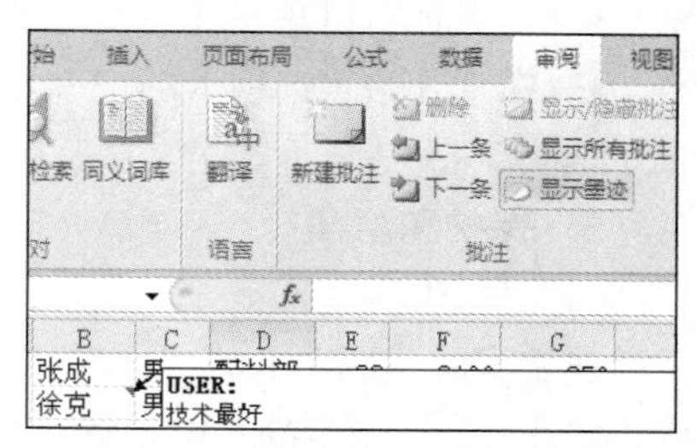

图 4-1-22　批注

4.1.5　工作表的基本操作

在一个打开的工作簿中，默认有 3 张工作表，可以根据需要插入、删除、重命名、移动、复制、隐藏、保护工作表，还可以对每个工作表窗口进行拆分、冻结，使工作表的结构更简洁明了。

1. 工作表的选定

对工作表进行其他操作之前需要先执行选定操作，选定工作表有以下几种方法。

- 选定单张工作表：单击相应的工作表标签。
- 选定多张连续工作表：单击第一个工作表标签，按住 Shift 键，单击最后一个工作表标签。
- 选定多张不连续工作表：单击第一个工作表标签，按住 Ctrl 键单击其他工作表标签。
- 选定工作簿中所有工作表：用鼠标右键单击工作表标签，从弹出的快捷菜单中选择“选定全部工作表”命令。
- 取消选定：对所选的工作表标签单击，可取消对单个工作表的选定，单击任一个未选定的工作表标签可取消多个工作表的选定。

2. 工作表的插入和删除

在一个工作簿中插入新的工作表有以下几种方法。

- 直接单击工作表标签右侧的“插入工作表”按钮。
- 用鼠标右键单击某工作表标签，在弹出的快捷菜单中选择“插入”命令，从弹出的对话框中选择“工作表”选项。
- 选定多张工作表标签，按上述方法进行插入操作，可一次插入多张工作表。

新插入的工作表将出现在活动工作表的左侧，并成为当前工作表。

要删除工作表，先选定要删除的一张或多张工作表，然后选择下列方法之一。

- 选择“开始”选项卡中的“单元格”组，从“删除”按钮的下拉菜单中选择“删除工作表”。
- 用鼠标右键单击工作表标签，从快捷菜单中选择“删除”命令。

3. 工作表的移动和复制

同一工作簿内，用鼠标左键拖曳工作表标签到目标位置执行移动工作表操作；按 Ctrl 键拖曳可复制工作表。不同的工作簿间，用鼠标右键单击工作表标签，从弹出的快捷菜单中选择“移动或复制…”命令，选择对话框中要移动或复制到的目标工作簿；若选中了“建立副本”复选框，则相当于执行复制工作表操作。

4. 工作表的重命名

新建的工作簿中工作表的默认名称是 Sheet1，Sheet2，……，其含义不能反映工作表中的内容，可以将其改为与表中内容相符的名字。重命名的方法有以下 3 种。

- 双击工作表标签，输入新的工作表名称。
- 用鼠标右键单击工作表标签，从弹出的快捷菜单中选择“重命名”命令。
- 在“开始”选项卡的“单元格”组中，打开“格式”下拉菜单，选择其中的“重命名工作表”选项。

5. 保护和隐藏

（1）保护

在“审阅”选项卡的“更改”组中单击“保护工作表”按钮，或在“开始”选项卡的“单元格”组中打开“格式”下拉菜单，选择“保护工作表”命令，均进入如图 4-1-23 所示的对话框。选中“保护工作表及锁定的单元格内容”复选框时，用户将不能修改保护工作表之前未解除锁定的单元格，不能查看保护工作表之前所隐藏的行或列，不能查看保护工作表之前所隐藏的单元格中的公式。

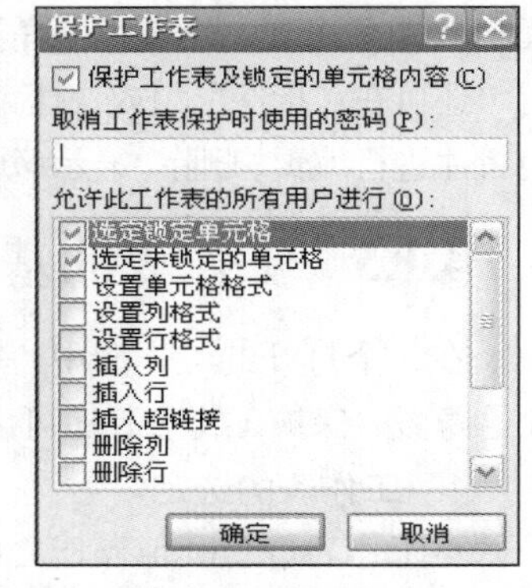

图 4-1-23 “保护工作表”对话框

在“允许此工作表的所有用户进行”列表框中，清除某复选框项，就意味着用户不能进行相应的操作。

（2）隐藏和取消隐藏

鼠标右击工作表标签，在弹出的快捷菜单中选择 “隐藏”命令，即可将该工作表隐藏；执行“取消隐藏”命令可重现工作表。

也可在“开始”选项卡的“单元格”组中打开“格式”下拉菜单，选择相应的命令，如图 4-1-24 所示。

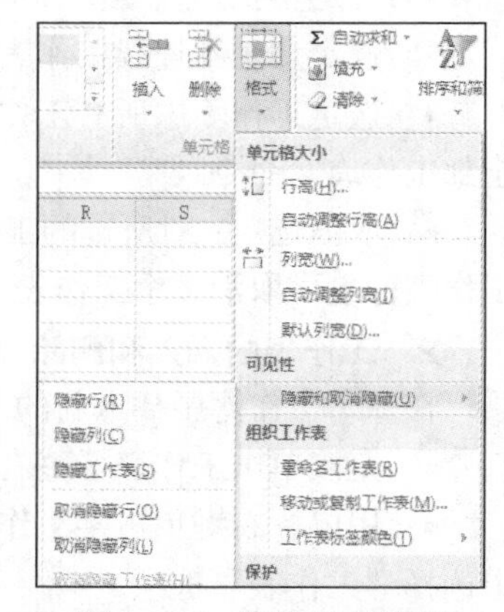

图 4-1-24 隐藏/取消隐藏

6. 工作表窗口的拆分和冻结

在查看一张比较庞大的表格时，往往不能在同一窗口中浏览到全部内容，为此可以将工作表窗口拆分或冻结。

（1）拆分

利用拆分条可将窗口拆分为几个小窗口，每个小窗口显示出同一张工作表中的不同部分，拖动各窗口中的滚动条，将所需部分显示在窗口中，以便查看。拆分方法有两种：一是用鼠标直接拖曳工作簿窗口中的水平或垂直拆分条，可将窗口分为左右或上下两个窗口，两条都用时可拆为 4 个窗口，双击拆分条，即可取消拆分；二是选定某单元格，在“视图”选项卡的“窗口”组中单击“拆分”按钮，即从选定单元格的左上角对窗口进行拆分，再一次单击“拆分”按钮则取消拆分。

（2）冻结

工作表的冻结是将工作表窗口的某一部位固定，使其不随滚动条移动，这样在查看大型表格中的内容时，始终能看到表固定部位的内容。选定一个单元格，在“视图”选项卡中的“窗口”组中单击“冻结窗格”按钮，从下拉菜单中选择“冻结拆分窗格”，则从选定单元格的左上角位置被冻结；也可以只冻结首行或首列。同样，从“冻结窗格”下拉菜单中取消冻结。

图 4-1-25 重排窗口

另外，在 Excel 2010 中可对打开的多个工作簿进行排列，在“视图”选项卡的“窗口”组中选择“全部重排”，可选择不同的排列方式，如图 4-1-25 所示。

【例 4-2】打开例 4-1 中建立的工作表，将工作表 Sheet1 的名字改为“基本工资表 1”；将表中 3～14 行的行高统一调整为 14；在“部门”左侧插入一列“性别”，并用简单的方法输入内容；将所有的“车间”替换为“部”；为 B6 单元格插入一个批注，内容：技术最好。在该表前插入一张名为“新表”的工作表，再基于“样本模板”创建一个文件“个人月度预算 1”，将其中的工作表复制到“工资信息”工作簿中成为最后一张表，冻结该表的 4～9 行，保护该工作表，要求用户不能对其进行任何操作。

4.2 工作表的格式设置

在建立并编辑了工作表后，还需要对工作表本身及其中的数据格式化，将工作表按人们更容易接受的形式，将数据按行业特征的形式进行定制。Excel 提供了许多格式化工作表的方法，用于对表中行、列、单元格进行修饰，对单元格中的数据采用不同的格式。一般工作表的格式化包括自定义格式和自动套用格式两种设置方式。

4.2.1 单元格格式的设置

对于单元格（区域）中的数字、文字、对齐方式及单元格本身的格式化有两种途径可以设置：一种是利用“开始”选项卡中的各组按钮，如图 4-2-1 所示；另一种是“设置单元格格式”对话框。

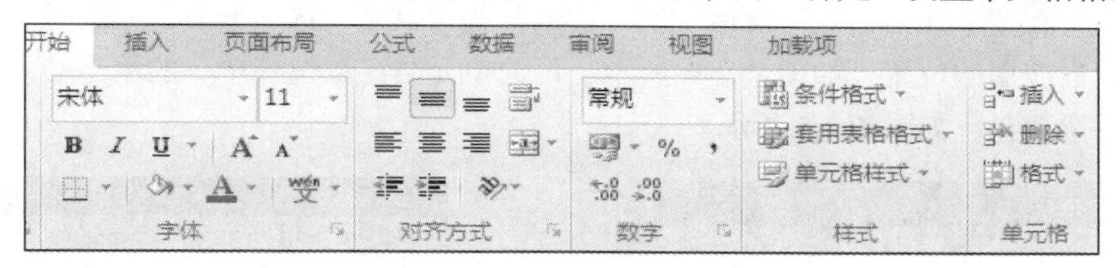

图 4-2-1 “开始”选项卡

1. 数字格式

Excel 的数字格式包括常规、数值、日期、时间、百分比、分数、货币、文本、会计专用、科学计数法等多种类型。

选定要进行格式的区域，单击“开始”选项卡中“数字”组中的“常规”，从其下拉列表中选择数据格式，也可直接选择“货币样式”、“百分比样式”、“千位分隔样式”、“增加小数点位数”、“减少小数点位数”按钮来改变数字的格式。更详细的设置可进入“单元格格式”对话框中进行，如图 4-2-2 所示。在“数字”选项卡中的“分类”列表框中选择一种格式类型，“示例”中会显示出预览效果。如果没有需要的数字类型，也可从“分类”中选择“自定义”，在“类型”框中输入自己需要的数字格式。例如，日期格式可以是 2012-06-30，也可通过自定义变为 2012/06/30。在“特殊”类型中可以将数字格式转换为中文大（小）写数字，甚至可转换为邮政编码。

2. 对齐方式

工作表中输入的数据按照 Excel 内置的方式对齐，即文本数据左对齐，数字数据右对齐，但在多数情况下，都要重新改变数据对齐方式。

选定要设置对齐方式的区域后，在“开始”选项卡的“对齐方式”组中单击“顶端对齐”、“垂直居中”、“底端对齐”、“自动换行”，“左对齐”、“居中”、“右对齐”、“合并及居中”，“缩进”、“方向”等按钮，即可让选定区域的数据按要求进行对齐。也可进入“单元格格式”对话框中的“对齐”选项卡设置，如图 4-2-3 所示。这些特殊效果在设计较复杂的表格时非常有用。

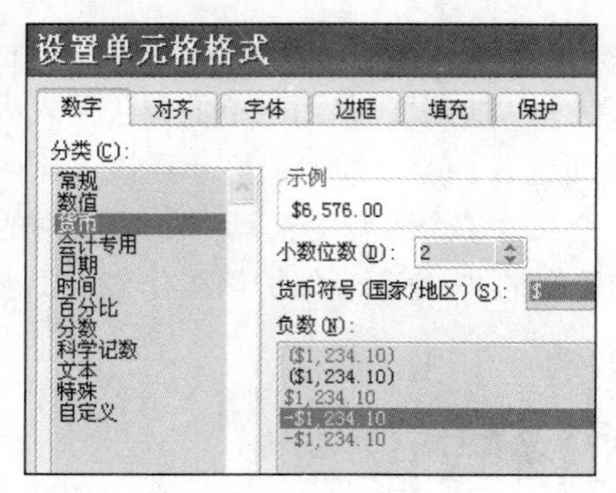

图 4-2-2 “数字”格式

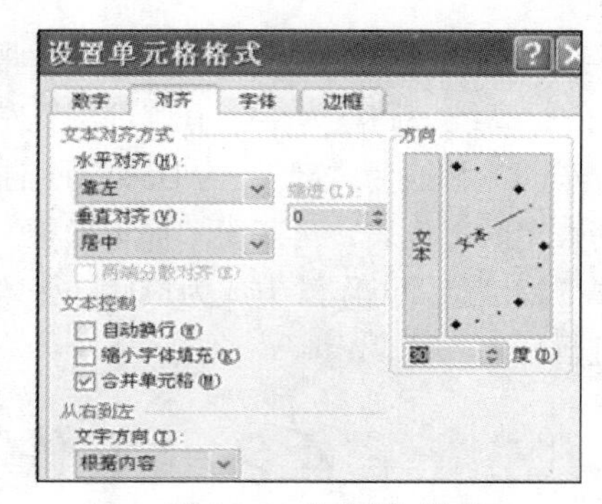

图 4-2-3 “对齐”格式

3. 字体

利用“开始”选项卡中“字体”组中的按钮或“单元格格式”对话框中的设置，可以对文字像在 Word 中一样处理。

4. 边框和底纹

默认 Excel 表中显示的表格线是辅助线条，打印不出来，可以为所选区域添加真实边框，也可为该位置添加颜色或底纹图案。利用“开始”选项卡中“字体”组中的“边框”按钮和“填充颜色”按钮，单击按钮旁的三角形，从打开的列表中选择。

详细设置可在“单元格格式”对话框的“边框”和“填充”选项卡中，先选择边框样式和颜色，再单击边框应用的位置，如图 4-2-4 所示。可为单元格区域选择单一的填充颜色，也可以选图案样式及图案颜色，如图 4-2-5 所示。

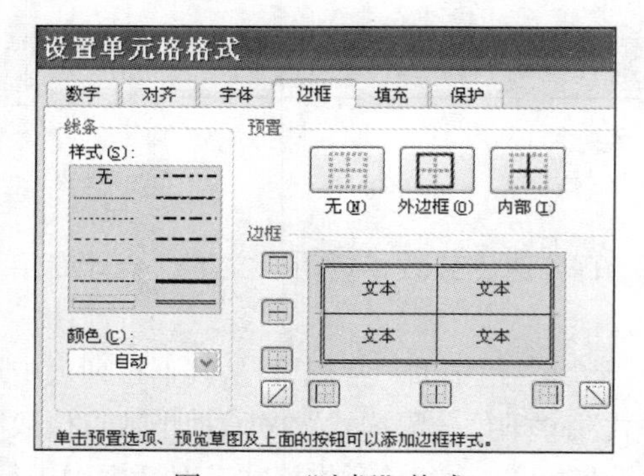

图 4-2-4 “边框”格式

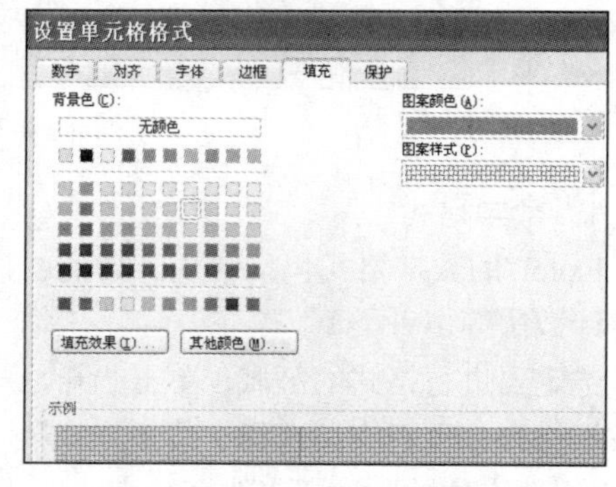

图 4-2-5 “填充”格式

5. 自动套用格式

Excel 2010 提供了表格格式样式和单元格样式，使用这些样式可起到方便、快捷、省时的目的。

选定要套用格式的表格，在“开始”选项卡的“样式”组中可以选定表格“套用表格式”，出现如图 4-2-6 所示的对话框，其中显示的数据来源就是选定的表格区域。选定“表包含标题”，则在套用格式后表的第一行作为标题行，如图 4-2-7 所示。如果第一行不想有筛选按钮出现，可右键单击该区域，在快捷菜单中选择“表格”子菜单“转换为区域”，从弹出的提示框中选择“是”即可，效果如图 4-2-8 所示。

也可选定某些单元格（区域），套用“单元格样式”中的对应格式。选定一个区域后，在“开始”选项卡的“样式”组中，打开“单元格样式”，如图 4-2-9 所示，单击要套用的样式，如单击“汇总”按钮，效果如图 4-2-10 所示的第一行。

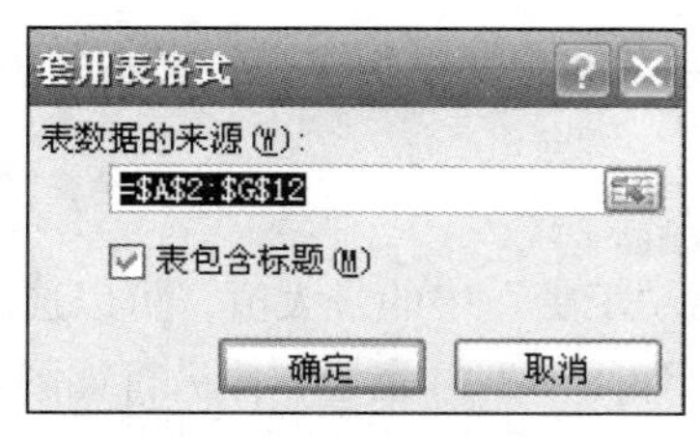

图 4-2-6　套用表格式

工号	姓名	性别
001	李华	女
002	张成	男
003	徐克	男
004	周建	男
005	黄海	男
006	郑建设	男
007	范璐	女
008	李平	女

图 4-2-7　表格套用格式效果

工号	姓名	性别
001	李华	女
002	张成	男
003	徐克	男
004	周建	男
005	黄海	男
006	郑建设	男
007	范璐	女
008	李平	女

图 4-2-8　转换为区域效果

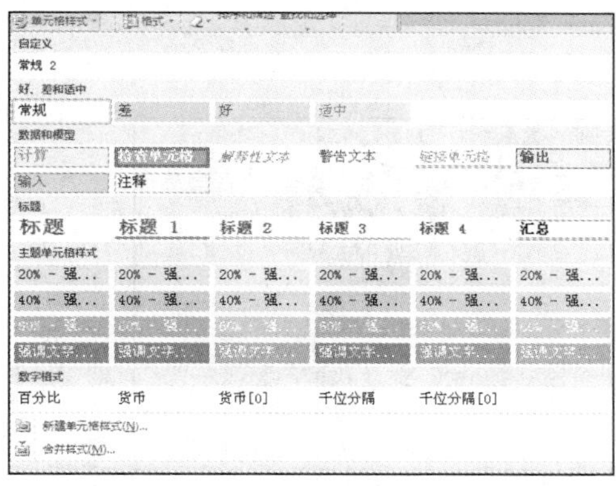

图 4-2-9　单元格样式

工号	姓名	性别	部门	工龄	基本工资	岗位工资
001	李华	女	原料部	12	2300	400
002	张成	男	配料部	23	3400	350
003	徐克	男	原料部	30	4500	400
004	周建	男	模具部	21	3000	300
005	黄海	男	模具部	5	1800	300
006	郑建设	男	成品部	10	2000	260
007	范璐	女	原料部	7	1900	400
008	李平	女	配料部	2	1000	350
009	何勇	男	配料部	4	1600	350
010	齐永亮	男	成品部	9	2100	260

图 4-2-10　套用单元格样式效果

若要删除套用的所有格式，选定该区域后，进入如图 4-2-9 所示的窗口后单击“常规”按钮。

4.2.2　条件格式的设置

在分析数据量比较大的财务表格时常会用到条件格式的设置和使用。条件格式是指用醒目的格式设置选定单元格区域中满足条件的数据单元格格式。在工作表中选定某区域，在“样式”组中单击“条件格式”下拉菜单，选择要进行的设置。Excel 2010 的条件格式新增了许多功能。使用条件格式可以突出显示所关注的单元格区域，强调异常值，使用数据条、颜色刻度和图标集来直观地显示等，共有 5 种类型。

1. 突出显示单元格规则

用于当选定单元格（区域）的值满足某种条件时，可设置该选定区域的填充色、文本色及边框色为特殊格式以突出显示。例如，将岗位工资小于 330 元的单元格填充为点状，可选定该区域，按如图 4-2-11 和图 4-2-12 所示操作，选择“突出显示单元格规则”下的“小于……”，设置条件及填充格式，效果如图 4-2-13 所示。

图 4-2-11　“突出显示单元格规则”选项

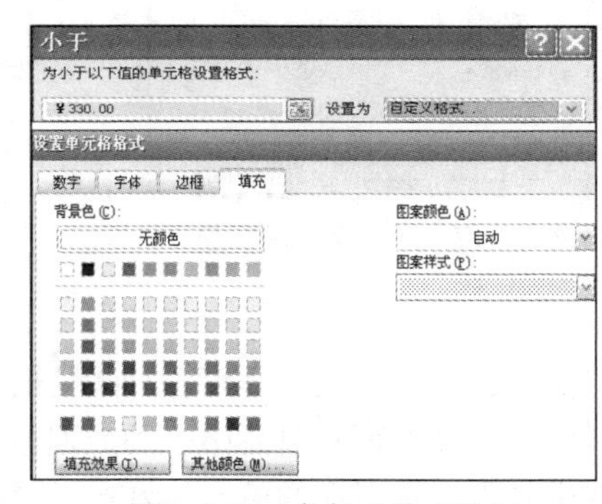

图 4-2-12　条件及格式设置

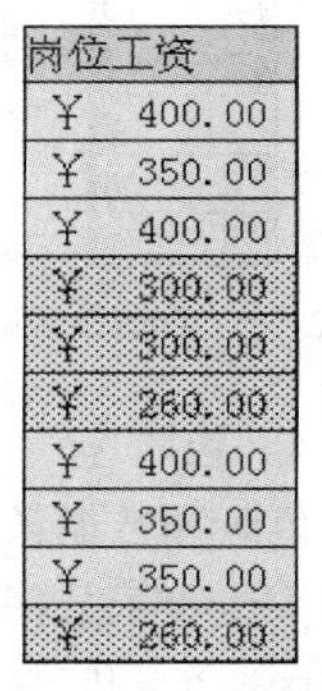

岗位工资
￥ 400.00
￥ 350.00
￥ 400.00
￥ 300.00
￥ 300.00
￥ 260.00
￥ 400.00
￥ 350.00
￥ 350.00
￥ 260.00

图 4-2-13　突出显示效果

利用“突出显示单元格规则”，可以对在一定范围的数字所在单元格、包含某文本的单元格、有重复值的单元格进行格式设置。

2. 项目选取规则

要标记出数据区域中符合特定范围的单元格，如标记出“工龄”中的最大值，可以选定工龄所在的区域，选择“项目选取规则”下的“值最大的 10 项”，如图 4-2-14 所示，并进行如图 4-2-15 所示的设置，这样工龄最大的数据 30 所在的单元格加了红色边框。

图 4-2-14　项目选取规则

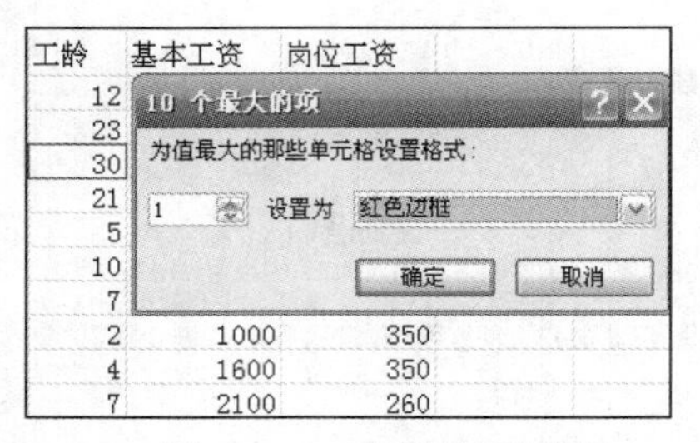

图 4-2-15　选取规则及效果

利用该规则可以用特殊格式标记出值最大、最小的前 *n* 项，百分值最大、最小的前 *n* 项，高于或低于平均值的项目。

3. 数据条

数据条用于帮助用户查看选定区域中数据的相对大小，数据条的长度代表数据的大小。例如，将工龄按大小用数据条显示出来的效果如图 4-2-16 所示。选定区域后，进入如图 4-2-17 中选择渐变填充的第一种，如果要求数据条不带边框，可单击下方“其他规则”，进入如图 4-2-18 所示的对话框，设置为渐变填充，无边框。

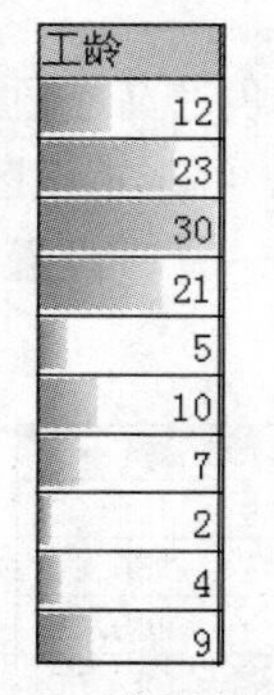

图 4-2-16　数据条效果

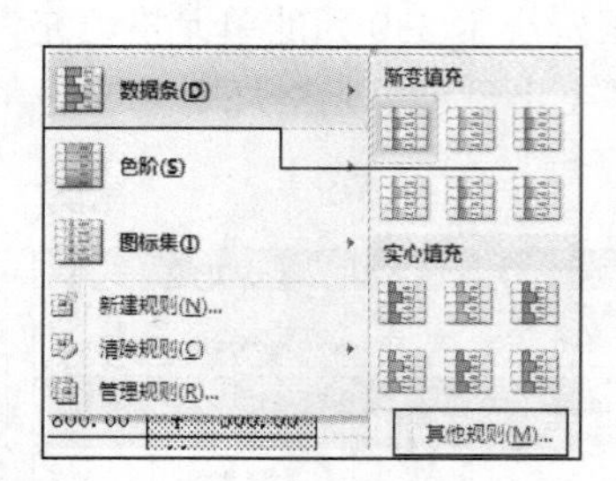

图 4-2-17　数据条的渐变填充

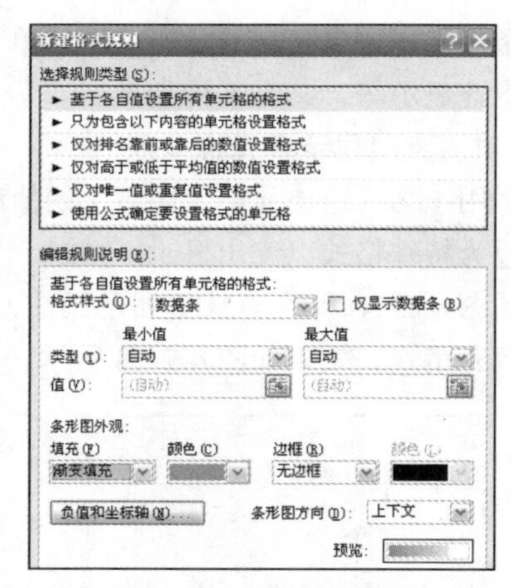

图 4-2-18　数据条规则编辑

4. 色阶

色阶和数据条的功能类似，利用颜色刻度以多种颜色的深浅程度标记符合条件的单元格，颜色的深浅表示数据值的高低，这样就可对单元格中的数据进行直观的对比。如将基本工资列中的数据用三色刻度显示，选定基本工资所在的单元格区域后，在“条件格式”下拉列表中选择“色阶”中的“其他规则”选项，进入如图 4-2-19 所示的对话框，在“格式样式”下拉列表中选择“三色刻度”，3 个颜色下拉列表框中分别设置最小值、中间值、最大值对应的颜色，此处设置为红色、黄色、绿色，效果如图 4-4-20 所示。

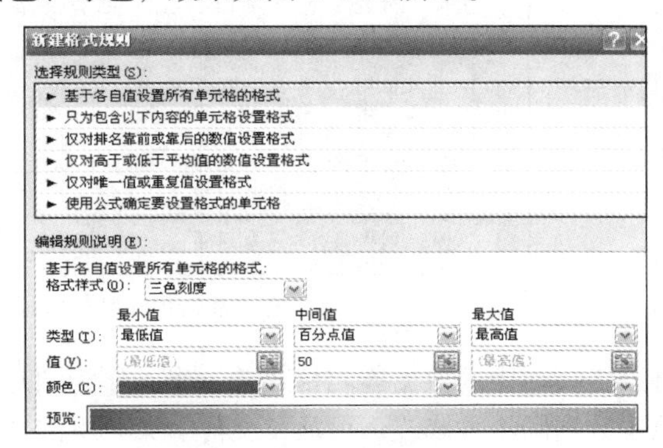

图 4-2-19　色阶规则设置

基本工资
2300
3400
4500
3000
1800
2000
1900
1000
1600
2100

图 4-2-20　色阶效果

5. 图标集

图标集可以为数据添加注释，系统能根据单元格的数值分布情况自动应用一些图标，每个图标代表一个值的范围。例如，为基本工资添加图标集时，在选定该区域后，先应用“图标集”中“等级”中的“五等级”，如图 4-2-21 所示，再进入“其他规则”中，按基本工资每隔 1000 为一个等级对图标进行设置，如图 4-2-22 所示，效果如图 4-2-23 所示。

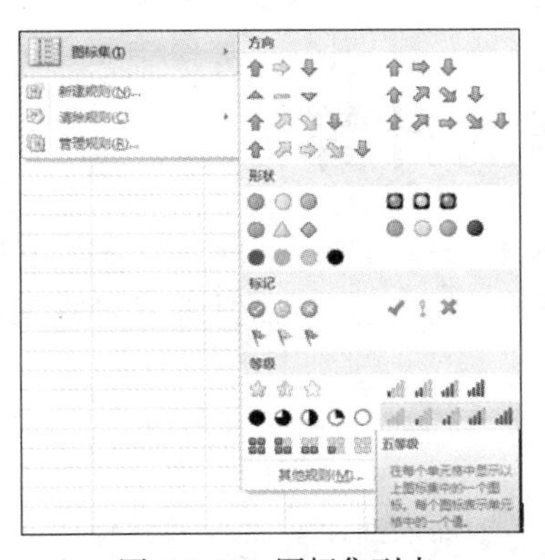

图 4-2-21　图标集列表

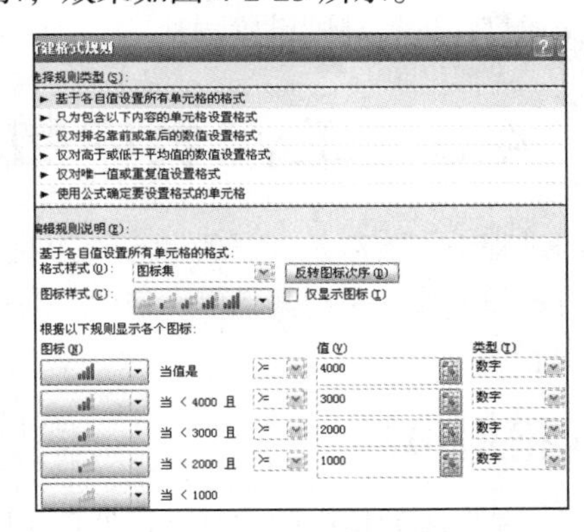

图 4-2-22　规则设置

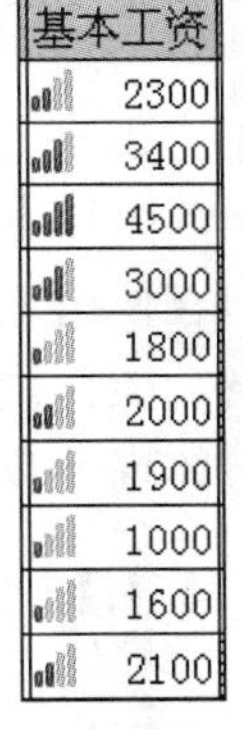

图 4-2-23　效果

6. 规则

除用上述这些工具设置格式外，Excel 2010 的条件格式还可选择某种规则进行设置。

例如，将表格中行号为双的行填充为浅黄色的设置，需要用一定的公式进行设置，选定区域后，在条件格式下选择“新建规则”，按图 4-2-24 进行设置，规则选择“使用公式确定要设置格式的单元格”，编辑规则框中的公式含义是，行号与 2 相除的余数为 0（即行号是偶数），效果如图 4-2-25 所示。

4.2.3　对象的插入与设置

工作表中除了有准确的数据、必要的公式外，还可以插入一些其他对象以满足特殊要求。如在表格中用线条工具画斜线表头、用自选图形圈出重要数据、Smart Art 图形、嵌入产品的外形图、插入图片等，这些对象的插入和设置与在 Word 中的操作相同。

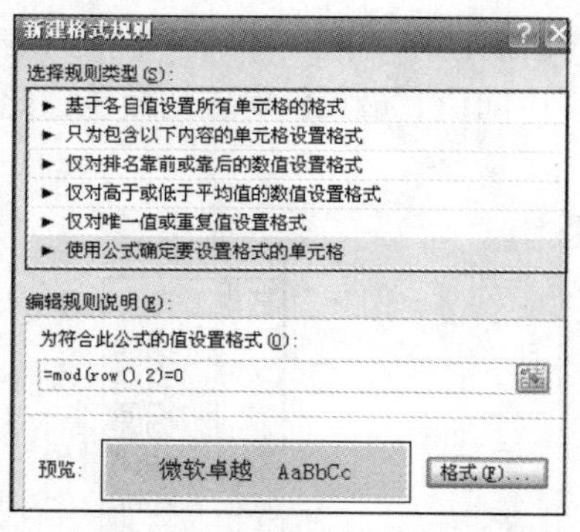

图 4-2-24　新建规则对话框

2	工号	姓名	性别	部门	工龄	基本工资	岗位工资
3	001	李华	女	原料部	12	2300	400
4	002	张成	男	配料部	23	3400	350
5	003	徐克	男	原料部	30	4500	400
6	004	周建	男	模具部	21	3000	300
7	005	黄海	男	模具部	5	1800	300
8	006	郑建设	男	成品部	10	2000	260
9	007	范璐	女	原料部	7	1900	400
10	008	李平	女	配料部	2	1000	350
11	009	何勇	男	配料部	4	1600	350
12	010	齐永亮	男	成品部	7	2100	260

图 4-2-25　双行填充颜色效果

Excel 2010 中提供的照相机功能可以将页面中的数据连同格式拍下来，作为图片粘贴到另一表格页面中，图片中的数据还可以与原表数据同步被修改。可从“文件”菜单下的“选项”窗口中，先将“照相机”功能添加到快速访问工具栏中，选定表中需要照相的区域后，单击照相机按钮，切换到另一张工作表中，单击鼠标即可将所拍内容以图片形式粘贴到工作表中。修改原表中的某一数据时，图片中的对应内容会自动更改。

【例 4-3】在例 4-1 中的表格中，标题合并居中，增大字号，表格内所有内容水平和垂直居中对齐，“基本工资”和“岗位工资”列的数字格式设置为人民币符号，为表格套用一种格式并去除行标题下的筛选按钮，将“基本工资”列中小于 2000 的单元格突出显示为红色填充，并为该列应用图标集中的四色交通灯，进行规则设置。

4.3　工作表中数据的计算

在使用工作表的过程中，会涉及大量的计算，为此，Excel 提供了输入和使用公式及套用函数的功能，并可将公式和函数复制到其他单元格中，在极短的时间内迅速完成大量的计算工作，充分体现了 Excel 的优势。

4.3.1　单元格引用

工作表中的运算都是对单元格中的数据进行处理，所以大多数公式中都包含有对其他单元格的引用，即在公式中用单元格的地址调用该单元格中的数据参与计算。被引用单元格中的数据发生改变，运算的结果也会随之改变。所以在公式中引用单元格地址进行计算是非常方便、实用的。

单元格引用有两种方式：相对引用和绝对引用。

1. 相对引用

当公式移动或复制到其他的位置时，引用的单元格地址也会做相应的改变。例如，在图 4-3-1 所示的单元格 A5 中的公式为“=A1+A2+A3+A4”，当将该单元格中的公式复制到 B5 单元格中时，公式会自动变为“=B1+B2+B3+B4”。Excel 的相对引用使得在应用同类公式进行计算时，不必在每个单元格都输入公式，只需建立一个公式，其他单元格中的公式通过用填充柄复制即可完成。

2. 绝对引用

公式中引用的单元格地址不随公式所在单元格的位置而变化。在单元格地址的列标和行号前加$符号（在英文标点符号下输入，或将光标置于单元格名称前，按 F4 键），就意味着该单元格被绝对引用。如图 4-3-1 所示的单元格 C5 中的公式是“=$C$1+$C$2+$C$3+$C$4”，复制到 D5 单元格

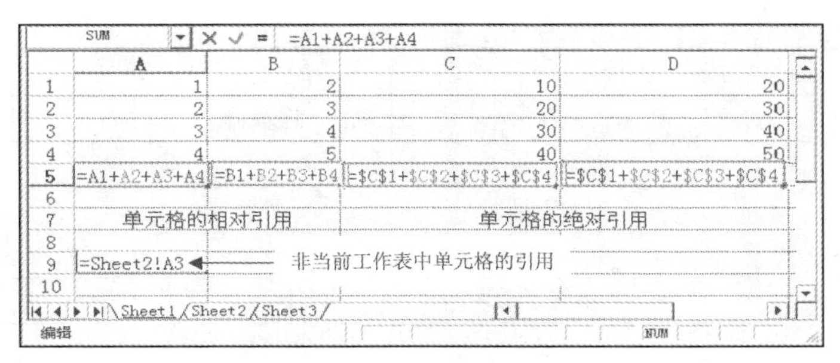

图 4-3-1　单元格引用

中时，公式仍为“=$C$1+$C$2+$C$3+$C$4”。绝对引用适用于公式中引用的某个单元格中的数据无论在什么时候都不能改变的情况。

根据实际情况，在一个公式中，相对引用和绝对引用可以混用，而且绝对引用可以只是行绝对引用，或只是列绝对引用，标号前加有$的是绝对引用，不加$的是相对引用。例如，D$5 意味着列随着公式的移动自动调整而行保持不变（即行绝对引用）；$D5 则是列绝对引用。

3. 非当前工作表中单元格的引用

如果要从其他工作表中引用单元格，其引用格式为：

工作表标签！单元格地址

图 4-3-1 中 Sheet1 的 A9 单元格中的公式要引用 Sheet2 中的 A3 单元格，则在 Sheet1 的 A9 单元格中输入公式为“= Sheet2！A3”。

4.3.2　公式的编制

公式的正确编写是完成数据计算的重要前提，就像数学计算中列代数式一样，编写公式既要符合工作表的实际情况，还要符合数学逻辑。

1. 公式的格式

Excel 的公式必须以等于号开头，然后用各种操作运算符将相关对象连在一起组成公式，即“=对象 运算符 对象 运算符…”。

2. 公式中的对象

Excel 公式中的对象可以是常量（数字和字符）、变量、单元格引用及函数，如果对象是字符型值，需要用引号将其定界（即将字符型的值放在引号中）。

3. 公式中的操作运算符

Excel 公式中的运算规则与数学中的规则相同，常用的运算符如表 4-3-1 所示，运算符的优先级如表 4-3-2 所示。

表 4-3-1　公式中常用的运算符

类　型	符　号	含　义	举　例
算术运算符	+　（加号）	加法运算	=B2+C2
	-　（减号）	减法运算	=B2-C2
	*　（星号）	乘法运算	=5*A6
	/　（斜杠）	除法运算	=9/3
	%　（百分号）	加百分号	=5%
	^　（脱字号）	乘方运算	=2^3

续表

类　型	符　号	含　义	举　例
文本运算符	&　（连字号）	连字符	=B2&C3&3
比较运算符	=　（等于号）	等于	=B4=C4
	>　（大于号）	大于	=B4>C4
	<　（小于号）	小于	=B4<C4
	<>　（不等于号）	不等于	=B4<>C4
	<=　（小于等于号）	小于等于	=B4<=4
	>=　（大于等于号）	大于等于	=B4>=2
单元格引用运算符	:　（冒号）	区域引用	= sum（B2:D5）
	,　（逗号）	联合引用	= sum（B2:C4,E3:G6,B7:E4）

表 4-3-2　　公式中运算符的优先级

运算符	说　明	运算符	说　明
:（冒号）和，（逗号）	引用运算符	* 和 /	乘和除
−	负号	+和−	加和减
%	百分号	&	文本运算符
^	幂	=、>、<、<>、<=、>=、	比较运算符

- 算术运算符：用于数值型数据的四则运算、百分数和乘方运算。
- 文本运算符：用于将不同单元格中的文本或其他内容连接起来置于同一单元格中。
- 比较运算符：对两个运算对象进行比较，并产生逻辑值 TRUE（真）或 FALSE（假）。
- 单元格引用运算符：确定公式中引用的是工作表中哪些单元格区域的数据。

4. 公式的编制

选定要输入公式的单元格，先输入等于号，再输入由运算符和对象组成的公式，单击编辑栏中的“对勾”按钮（或回车）确认公式，计算结果出现在该单元格中，而编辑栏中显示的仍是该单元格中的公式。若要修改公式，可双击单元格直接在单元格中修改，或单击单元格在编辑栏中修改。例如，职工的工龄工资为 20 元/年，计算工龄工资的公式应该是工龄*20，图 4-3-2 所示 H4 单元格公式中采用单元格引用的方式=E4*20，H5 单元格公式中直接用工龄值常量=23*20。

	A	B	C	D	E	F	G	H
1	食品公司员工基本工资表							
2	制表日期							
3	工号	姓名	性别	部门	工龄	基本工资	岗位工资	工龄工资
4	001	李华	女	原料部	12	2300	400	=E4*20
5	002	张成	男	配料部	23	3400	350	=23*20

图 4-3-2　公式的编制

5. 公式的复制

为加快计算速度，减少公式编制的重复操作，可将公式快速复制到其他单元格中。

单击公式所在的单元格，鼠标指向单元格右下角的填充柄，变为黑色“十”字形状时，按下鼠标左键拖动，即可将该单元格中的公式快速地复制到相邻的单元格（区域）中。如图 4-3-2 的 H4 中用单元格引用计算出工龄工资后，向下拖动该单元格的填充柄可迅速将公式复制下去，求出其他员工的工龄工资。

若公式所在的单元格不相邻，就只能用“复制”和“选择性粘贴”中的“公式”进行操作。

一般来说，公式中的对象是单元格引用时，复制公式才有意义；若公式中的对象全部是常量，该公式不一定适合复制给其他单元格。

4.3.3　函数的使用

函数实际上也是一种公式，只不过 Excel 将常用的公式和特殊的计算作为内置公式提供给用户。在数据处理时，只需调用函数，而不用再编制公式。Excel 内置的函数增加到了 412 个，按照功能大致分为 11 类，即数学和三角函数、数据库函数、财务函数、统计函数、逻辑函数、文本函数、查找和引用函数、信息函数、工程函数、日期和时间函数、多维数据集函数。利用它们可以解决许多公式不能解决的问题，但这需要熟练了解和掌握函数的功能、输入技巧、函数的参数设置、嵌套函数的方法等。

函数的结构形式为=函数名（参数 1，参数 2，…），其中函数名表示进行什么样的操作，一般比较短，是英文单词的缩写；参数可以是常量、单元格（区域）引用或其他函数，参数间用逗号间隔。

例如，员工的应发工资是基本工资、岗位工资和工龄工资 3 项之和，可用函数 SUM（number1,number2,...)计算，即=SUM(F4,G4,H4)，或=SUM(F4:H4)进行计算。

1．输入函数的方法

（1）使用插入函数

选定要放置计算结果的单元格，如 I4，单击“公式”选项卡中“函数库”组中的“插入函数”按钮，弹出如图 4-3-3 所示的“插入函数”对话框，从“或选择类别”下拉列表中选择类别，在“选择函数”列表框中选择要使用的函数名称，选定一个函数时，对话框下方提供对该函数的有关解释，确定后，进入如图 4-3-4 所示的“函数参数”对话框，其中显示了函数的名称、功能、参数、参数的描述、函数的当前结果等。在参数文本框中输入参数值或引用单元格（单击该文本框右侧按钮，可将对话框折叠而显示出工作表窗口），完成后确定，则 I4 单元格中显示出计算结果。

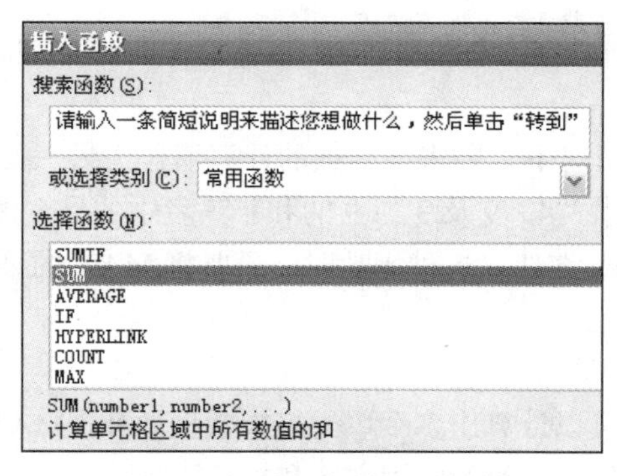

图 4-3-3　“插入函数”对话框

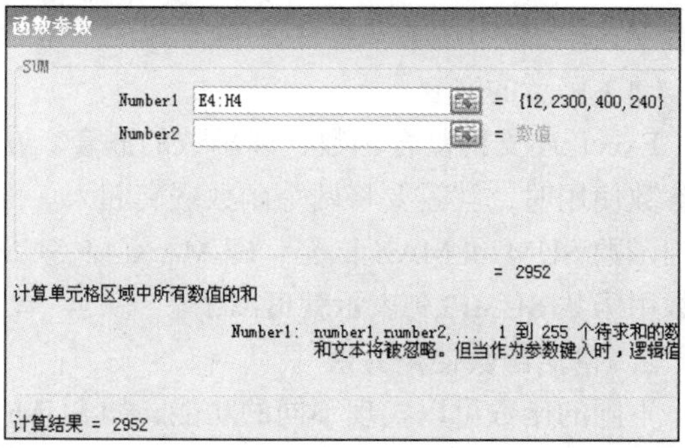

图 4-3-4　“函数参数”对话框

（2）直接在单元格中输入函数

如果对函数非常熟悉，可以像输入公式一样直接在单元格中输入函数，如选定 I5 单元格，向其中输入=SUM(F5:H5)，按回车键确认。输入函数名后系统会提示出相近的函数供选择，同时提示该函数的功能，如图 4-3-5 所示，输入左括号后，系统提示参数要求，如图 4-3-6 所示。

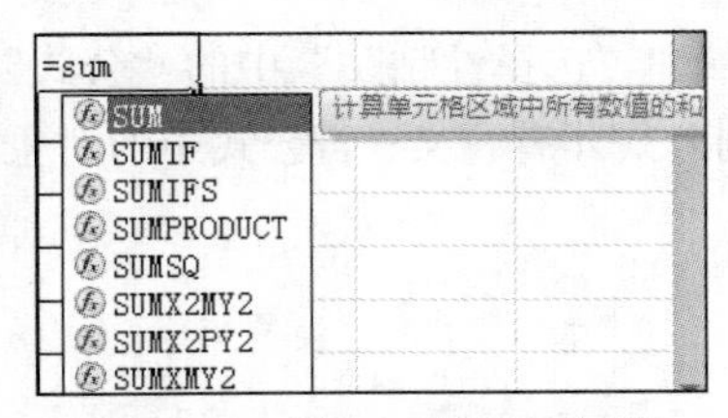

图 4-3-5 “插入函数”对话框

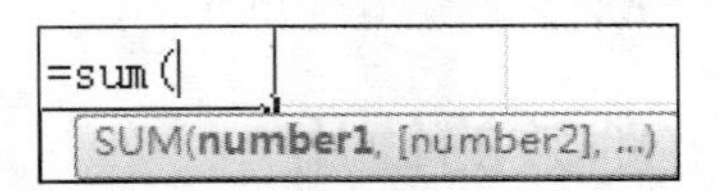

图 4-3-6 “函数参数”对话框

（3）利用功能区中的按钮

在“公式”选项卡的“函数库”组中列出了各类函数，可以直接单击函数旁的下拉按钮选择需要的函数，对于一些常规的计算，系统提供了“自动计算按钮”可以快速计算出结果。

选定要进行计算的单元格区域，如 I4:I17，单击“自动求和”按钮旁的下拉三角形，弹出如图 4-3-7 所示的下拉菜单，选择“最大值”，计算结果显示在该区域最后一个单元格。该操作相当于使用了求最大值的函数 MAX(number1,number2,…)。另外，当选定一个单元格区域后，Excel 窗口下部的状态栏右侧会出现对选定区域中数据的快速计算结果，以便观察。

=SUM(E4:H4)

司员工基本工资表

制表日期

工号			部门	工龄	基本工资	岗位工资	工龄工资	应发工资
001			原料部	12	2300	400	240	2952
002	张成	男	配料部	23	3400	350	460	4233
003	徐克	男	原料部	30	4500	400	600	5530
004	周建	男	模具部	21	3000	300	420	3741
005	黄海	男	模具部	5	1800	300	100	2205
006	郑建设	男	成品部	10	2000	260	200	2470
007	范璐	女	原料部	7	1900	400	140	2447
008	李平	女	配料部	2	1000	350	40	1392
009	何勇	男	配料部	4	1600	350	80	2034
010	齐永亮	男	成品部	9	2100	260	180	2549
合计								
平均								
人数								
最高工资								5530

求和(S)
平均值(A)
计数(C)
最大值(M)
最小值(I)
其他函数(F)...

平均值: 3189.363636 计数: 11 求和: 35083

图 4-3-7 “公式”选项卡中的函数库及自动计算按钮

（4）函数的嵌套

Excel 还支持复合函数，即函数的嵌套。在某些情况下，要将某函数的计算值作为另一函数的参数使用时，就需要将两个函数嵌套起来。例如，求“4、9 及 3 与 9 的和”三者中的最大值，可用函数 SUM 和 MAX 嵌套，即 MAX(4,9,SUM(3,9))，在建立这种函数时，只要将 MAX 的某个参数用函数 SUM(3,9)表示就可以了。

2. 常用函数使用方法

不同的函数可以实现不同的功能，如 SUM()函数可以计算出多个单元格中数据的和，MAX()函数可以计算出多个数值中的最大值。在此介绍一些常用函数的使用方法和技巧。

（1）求平均值函数——对指定数据或区域的值计算平均值

格式：=AVERAGE(number1,number2,…)

- number：可以是数值、单元格引用、数组，但必须是数值型的。

例如，计算员工“应发工资”的平均值，可在图 4-3-7 的 I15 单元格中输入函数式=AVERAGE (I4:I13)。

（2）条件函数——执行真假值判断，根据逻辑测试的真假值返回不同的结果

格式：=IF(logical_test,value_if_true,value_if_false)

- logical_test：要检查的条件的任意值或表达式，可使用任何比较运算符。
- value_if_true：当条件为真时的返回值。
- value_if_false：当条件为假时的返回值。

使用函数时，输入的真值、假值若为字符串，要用双引号括起来；引号中无任何字符时，公式确定后单元格中不显示任何内容。

【例 4-4】根据员工的工龄判断员工的工资级别，如果工龄大于等于 25 年，则为 A 级，否则为 B 级。

这是一个判断问题，需用 IF 函数解决，根据计算要求，各项参数设置如图 4-3-8 所示，计算结果返回值为 B。

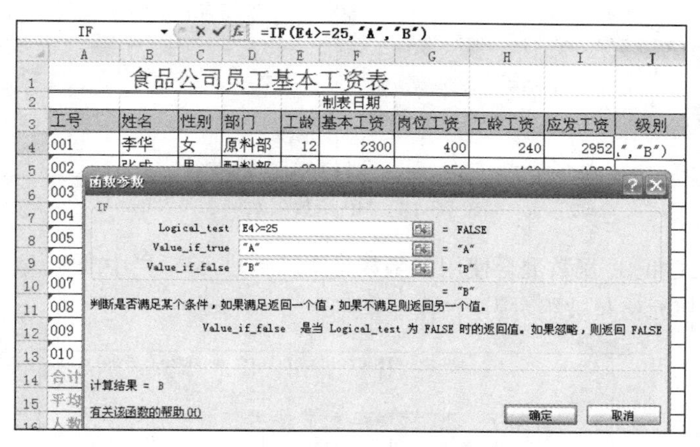

图 4-3-8　“IF 函数”举例 1

IF 函数可以自身嵌套使用，也可与其他函数嵌套。

上例中若条件改为工龄大于等于 25 年时，级别为 A，大于等于 10 年时为 B，否则为 C。满足不同条件产生不同结果，必须用 IF 函数自身嵌套。类似于图 4-3-8 中设定 test 后的条件表达式及 true 后的值，再将光标置于 Value_if_false 对应的框中，单击名称框下拉按钮，从中继续选择 IF 函数，进入如图 4-3-9 所示的对话框并按图进行设置，设置完成后不要单击“确定”按钮，而是要单击编辑栏中的外层 IF 函数名处。IF 函数最多可以嵌套 7 层。

上例中若条件改为工龄在 20 年以上且应发工资在 4 500 元以上时为“高工”，其余为“普通”，先新增一列“备注”，在其中编辑函数为

```
=IF(AND(E4>=20,I4>=4500),"高工","普通")
```

即光标在 IF 函数的条件框中时，从名称框中选择 AND 函数，进入图 4-3-10 左图所示的对话框输入条件，再单击编辑栏上的 IF 处，返回 IF 函数对话框，输入如图 4-3-10 右图所示的内容。

要同时满足多个条件，必须用 AND 函数与 IF 函数相互嵌套。

【例 4-5】计算个人应交纳的电费：耗电量在 40 度以下的电费按平价电费计算，否则按高价电费计算。

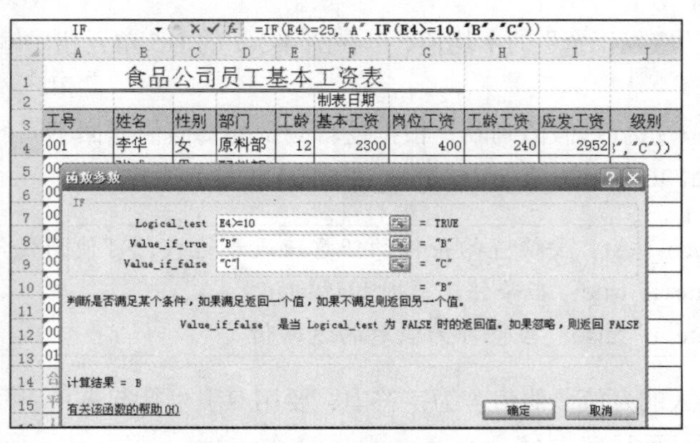

图 4-3-9 “IF 函数”举例 2

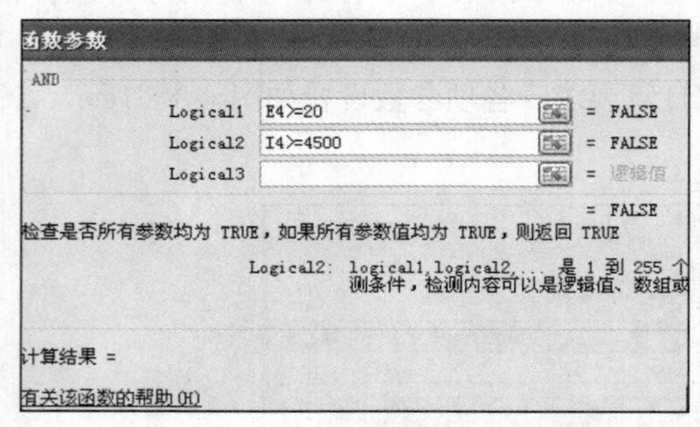

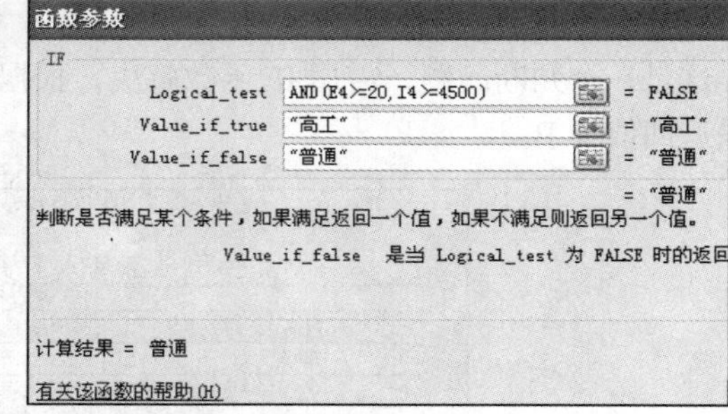

图 4-3-10 “IF 函数”举例 3

该题需要将公式和 IF 函数混合使用。函数见图 4-3-11 编辑栏中的公式，其中平价电费和高价电费金额所在的单元格是被绝对引用的。

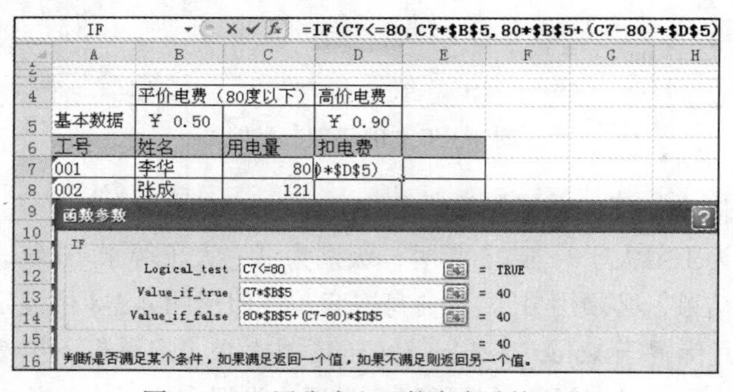

图 4-3-11 用公式和函数嵌套计算电费

（3）条件求和函数——对符合条件的区域的数据求和

格式：=SUMIF(range,criteria,sum range)

说明

- range：用于条件判断的单元格区域。
- criteria：求和的条件，其形式可以为数字、表达式或文本。例如，条件可以表示为 32、"32"、">32"、"apples"。
- sum range：需要求和的实际单元格区域。只有当 range 中的相应单元格满足条件时，才对 sum_range 中的单元格求和。如果省略 sum_range，则直接对 range 中的单元格求和。

【例 4-6】对部门是原料部的员工求应发工资总额。

需要用条件求和函数解决，条件是“原料部”，求和项是“应发工资”列。如图 4-3-12 中所示函数，是在 I14 单元格中插入 SumIF（ ）函数的设置。

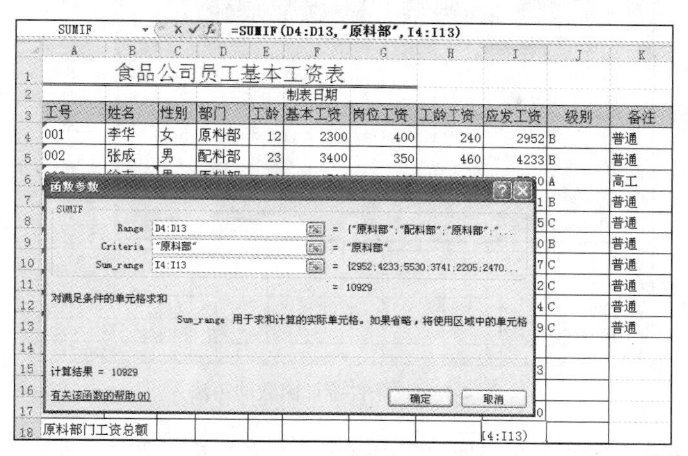

图 4-3-12　条件求和函数的用法

（4）统计函数——计算参数组中对象的个数

格式：=COUNT(value1,value2…)

=COUNTA(value1,value2…)

=COUNTBLACK(value1,value2…)

参数 value1,value2…是包含或引用各种类型数据的参数（1～255 个），可以是数值、文字、逻辑值和引用，COUNT 函数只有数字类型的数据计数，COUNTA 函数对数值及非空单元格计数，COUNTBLACK 函数对空白单元格计数。

例如，在图 4-3-13 中，要统计 A2:G2 单元格中的数字个数，H2 单元格中=COUNT(A2:G2)，结果等于 3；要统计 A2:G2 单元格中数值个数及非空单元格数目，I2 单元格中=COUNTA(A2:G2)，结果等于 6；要计算区域中空白单元格的数目，J2 单元格中=COUNTBLACK(A2:G2)，结果等于 1。

	A	B	C	D	E	F	G	H	I	J
1								数字个数	数值个数及非空单元格数目	空白单元格的数目
2	利润	3月15日		42	12.5	TRUE	#REF!	3	6	1

图 4-3-13　统计函数的用法

（5）条件统计函数——计算给定区域内满足特定条件的单元格的数目

格式：=COUNTIF (range,criteria)

- range：需要计算其中满足条件的单元格数目的单元格区域。
- criteria：单元格应满足的条件，其形式可以为数字、表达式或文本。

在如图 4-3-14 所示的例子中，用于统计应发工资在 3000 元以上的人数，结果置于 I19 单元格中。

在 J19 单元格中输入函数：=COUNTIF(J4:J13,J4)用于判断 J4:J13 区域中有几个值与 J4 中的值相同。

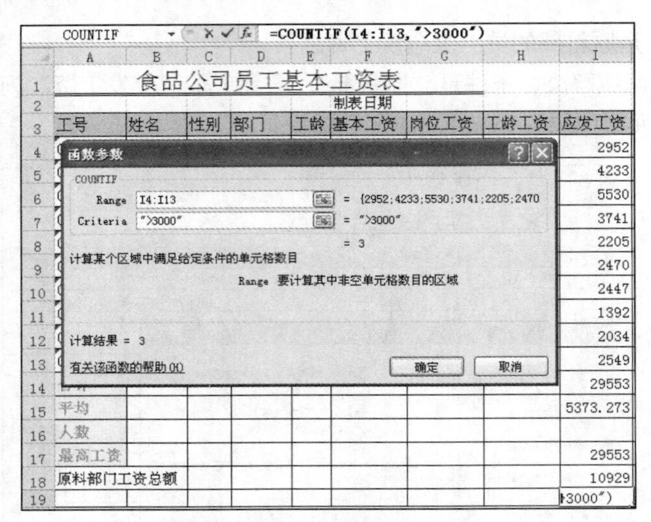

图 4-3-14　条件统计函数的用法

（6）排名函数——指定数字在一列数字中排名，有多个相同值时，返回平均值排名

格式：=RANK.AVG(number,ref,order)

- number：指定的需要排名的数字。
- ref：排名的区域。
- order：按升序或降序排位，此参数缺省或为 0 时降序，非零值时升序。

【例 4-7】要求将每个人的应发工资按降序进行排名。在 L4 单元格中输入如图 4-3-15 所示的内容，此处的 I4:I13 区域必须绝对引用。

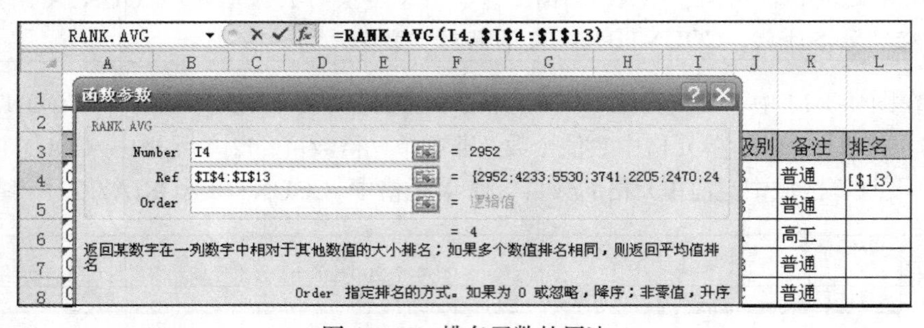

图 4-3-15　排名函数的用法

（7）日期函数——显示基于计算机系统的当前日期

格式：=TODAY()

（8）四舍五入函数——按指定位数对数值进行四舍五入

格式：=ROUND(number,num_digits)

- number：要计算的数字。
- num_digits：执行四舍五入时指定的位数。

（9）每期还款额函数——计算在固定利率下，贷款的等额分期偿还额。

格式：PMT(rate,nper,pv,fv,type)

- rate：贷款利率。
- nper：总贷款期限。
- pv：本金即总贷款额。
- fv：终值，即在最后一次付款后可获得的现金余额，忽略则为 0。
- type：用于指定付款时间是在期初还是期末，取逻辑值 0 或 1，不写时默认为 0，即在期末还款。

【例 4-8】在如图 4-3-16 所示的表格中，B5，C5，D5 单元格中用 PMT 函数计算出了结果。此处函数中没有填写终值和期初、期末两项。Excel 会自动将贷款偿还额设定为货币格式。

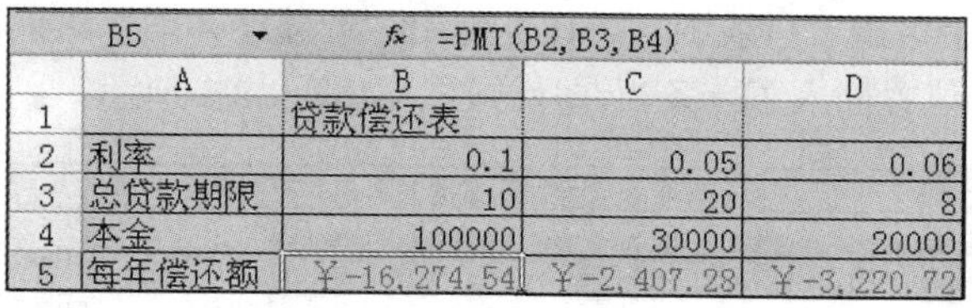

B5　　fx =PMT(B2,B3,B4)

	A	B	C	D
1		贷款偿还表		
2	利率	0.1	0.05	0.06
3	总贷款期限	10	20	8
4	本金	100000	30000	20000
5	每年偿还额	￥-16,274.54	￥-2,407.28	￥-3,220.72

图 4-3-16　等额偿还函数

在实际工作中，还会用到 Excel 中的许多其他函数，可以在具体应用中不断学习和掌握。

3. 使用公式或函数时出现的错误提示

在编辑公式或函数时如果有错误，系统会出现相应的提示。如表 4-3-3 所示，用户需根据提示进行修改。

表 4-3-3　　公式或函数中的出错提示

提示符	错误原因	修改办法
#DIV/0!	公式的除数为 0，或被空单元格除，如图 4-3-17 所示	将除数修改为非 0 或非空格值
#NAME?	公式中引用的对象名称无法识别，如图 4-3-18 所示	修改公式中引用的对象名称
#REF	公式中引用的单元格不存在，一般是由于公式中引用的单元格被删除导致	修改公式中引用的单元格名称
#VALUE	函数中参数的数据类型与要求不符，如图 4-3-19 所示	修改单元格中的数据类型
#NULL	公式中引用了不正确的区域或公式中丢失运算符，如 =SUM(F4 F5)	修改区域名称或补全运算符

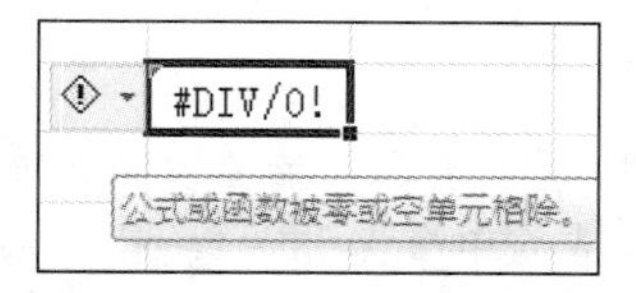

图 4-3-17　“#DIV/0!”错误提示

图 4-3-18　“#NAME?”错误提示

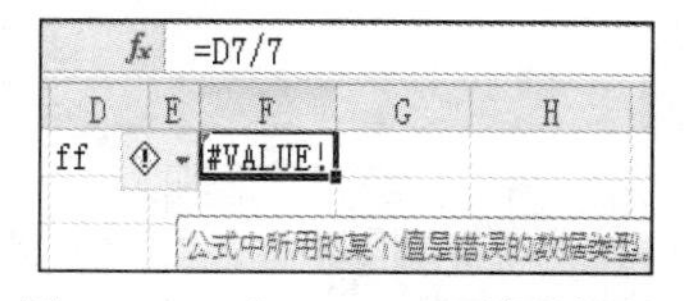

图 4-3-19　“#VALUE”错误提示

4.4　图表的使用

图表是以图形的形式表示工作表内的数据，它能直观形象地表示数据间的复杂关系，具有很强的说服力和吸引力。本节主要介绍迷你图和图表。

4.4.1 迷你图

迷你图是 Excel 2010 的新增功能，是工作表格中的一个微型图表，可提供数据的直观表示。使用迷你图可以显示一系列数值的趋势，或突出最大值、最小值，在数据旁边放置迷你图可达到最佳效果。

1. **插入迷你图**

迷你图不是 Excel 中的一个对象，只是单元格背景中的一个微型图表。迷你图的类型有 3 种：折线图、柱型图、盈亏图。

【例 4-9】为“应发工资”插入折线迷你图。选择包含数据的单元格区域 I4:I13，从“插入”选项卡的“迷你图”组中单击“折线图”按钮，弹出“创建迷你图”对话框，指定迷你图的位置 I15，确定后在表中指定位置插入了一条折线迷你图，如图 4-4-1 所示。

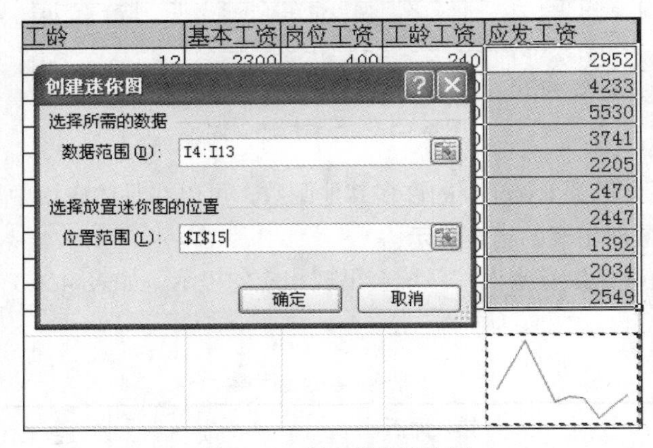

图 4-4-1 插入折线迷你图

2. **编辑迷你图**

对迷你图进行编辑前，先选定迷你图所在单元格，切换到“迷你图工具”的“设计”选项卡，如图 4-4-2 所示。

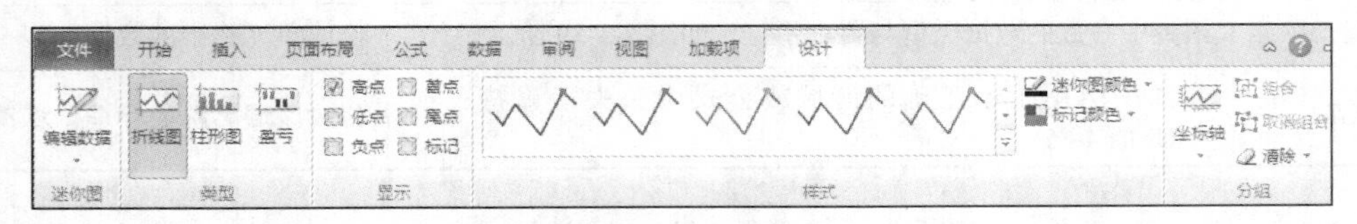

图 4-4-2 “迷你图工具”的“设计”选项卡

图 4-4-3 “编辑数据”下拉菜单

改变迷你图中的数据源或迷你图的位置。单击“编辑数据”下的按钮，可选择“编辑组位置和数据”，或“单个迷你图数据”，如图 4-4-3 所示，重新指定数据源和迷你图的位置。

更改迷你图类型。在“类型”组中重新选择一种迷你图类型。

在迷你图中可以显示 6 种特殊的数据点。在“显示”组中重新选择一种数据点，其中“高点”是指显示源数据中的最高值，“低点”是指显示源数据中的最低值，“负点”是显示源数据中小于 0 的数据点，“首点”是选择源数据中的第一个数据点，“尾点”是选择源数据中的最后一个数据点,“标记”是显示源数据中的每一个数据点。

选定迷你图后，选择“分组”组中的“清除”，可以删除选定的迷你图。

3. 美化迷你图

对于插入的迷你图可以直接套用系统提供的“样式”，选定迷你图所在单元格，切换到“迷你图工具”的“设计”选项卡，展开“样式”组列表框，从中选择合适的迷你图效果。用户也可以自定义迷你图的外观，单击“样式”组中的“迷你图颜色及粗细”、6 个数据点的“标记颜色”，将图 4-4-1 中插入的迷你图的粗细改为 3 磅、折线颜色为蓝色、显示出高点并设置为红色、显示低点并设为橙色，效果如图 4-4-4 所示。

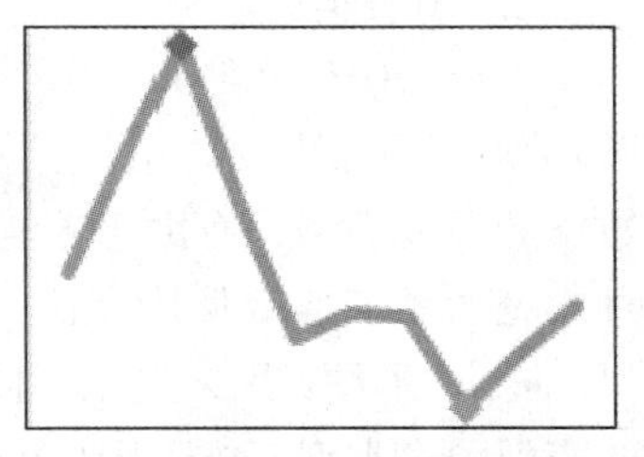

图 4-4-4　修改和美化后的迷你图

4.4.2　图表

1. 插入图表

利用 Excel 提供的“图表”选项组可以为工作表中选定的区域创建图表。

选定要创建图表的数据区域，可以是连续区域或不连续区域，如选定姓名和应发工资两个区域（B3:B13 和 I3:I13）；切换到“插入”选项卡，“图表”组中列出多种图表类型，选择其中一种类型，如选择“柱形图”→“圆柱图”→“簇状圆柱图”，即可在本工作表中插入相应的图表，如图 4-4-5 所示。

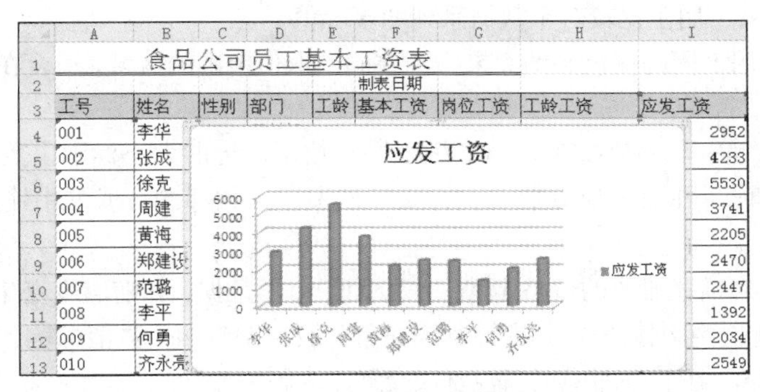

图 4-4-5　插入的簇状圆柱形图表

图表的主要组成元素如图 4-4-6 所示，包括图表区、绘图区、图表标题、数据系列、数据标记、坐标轴、图例、刻度线、网格线等。

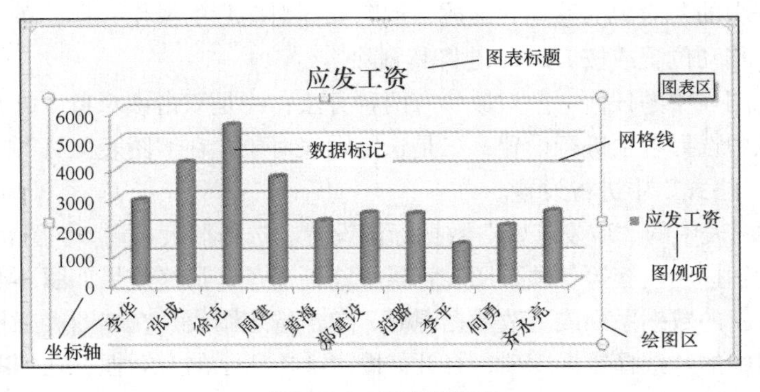

图 4-4-6　图表的组成

2. 图表类型

Excel 2010 包含 11 种图表类型，可以用不同的图表类型表示数据，如柱形图、条形图、饼图、圆环图、折线图、雷达图、股价图等，有些图表类型又有二维和三维之分。选择一个能最佳表现数据的图表类型，有助于更清楚地反映数据的差异和变化，从而更有效地反映数据。下面介绍几种常见的图表类型及其特点。

- 柱形图：用来显示不同时间内数据的变化情况，或者用于对各项数据进行比较，是最普通的商用图表类型，柱形图中的分类位于横轴，数值位于纵轴。
- 条形图：用于比较不连续的无关对象的差别情况，它淡化数值项随时间的变化，突出数值项之间的比较。条形图中的分类位于纵轴，数值位于横轴。
- 折线图：用于显示某个时期内，各项在相等时间间隔内的变化趋势，它与面积图相似，但更强调变化率，而不是变化量，折线图的分类位于横轴，数值位于纵轴。
- 饼图：用于显示数据系列中每项占该系列数值总和的比例关系，它通常只包含一个数据系列。
- 散点图：通常用来显示和比较数值，水平轴和垂直轴上都是数值数据。
- 面积图：它通过曲线（即每一个数据系列所建立的曲线）下面区域的面积来显示数据的总和，说明各部分相对于整体的变化，它强调的是变化量，而不是变化的时间和变化率。
- 圆环图：类似于饼图，也用来反映部分与整体的关系，但它能表示多个数据系列，其中一个圆环代表一个数据系列。
- 雷达图：每个分类都有自己的数值坐标轴，这些坐标轴中的点向外辐射，并由折线将同一系列的数据连接起来，用于比较若干数据系列的聚合值。
- 曲面图：使用不同的颜色和图案来指示在同一取值范围的区域，适合在寻找两组数据之间的最佳组合时使用。
- 气泡图：这是一种特殊类型的 XY 散点图，数据标记的大小标示出数据组中第三个变量的值，在组织数据时，可将 *X* 值放置于一行或一列中，在相邻的行或列中输入相关的 *Y* 值和气泡大小。
- 股价图：用来描述股票的价格走势，也可用于科学数据，如随温度变化的数据。生成股价图时必须以正确的顺序组织数据，其中计算成交量的股价图有两个数值标轴，一个代表成交量，另一个代表股票价格，在股价图中可以包含成交量。

3. 设置图表

图表创建好后，一般要根据实际情况进行编辑和修改。编辑图表包括增加、删除、改变图表的内容，缩放或移动图表，更改图表类型，格式化图表内容及图表本身等。

对图表及图表中的各对象的移动、缩放、删除如同对图片的操作一样，单击选定后，利用控制句柄改变大小、移动位置或按 Delete 键将其删除。

如果要格式化图表中的任何一个对象，有两种方法：一是双击该对象，打开关于该对象的格式设置对话框，从中选择各项进行设置；二是选定图表对象，在“图表工具”选项卡中分别进入“设计”、“布局”、“格式”中进行设置。

【例 4-10】对图表中的“应发工资”数据标记设置。选择图表布局 9、图表样式 20，显示数据标签，添加坐标轴标题内容等各项，图表背景填充渐变色，最终效果如图 4-4-7 所示。

要为图表添加新的数据系列或更改数据源时，单击选定图表，在“图表工具”的“设计”选项卡中单击数据组中的“选择数据”项，打开如图 4-4-8 所示的对话框，在“图表数据区域”框中引用要添加或更改的单元格区域，如增加基本工资所在列 F3:F13。

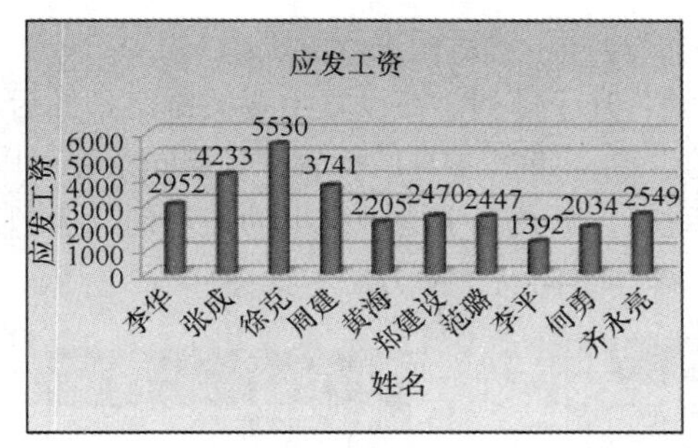

图 4-4-7 图表设置后的效果

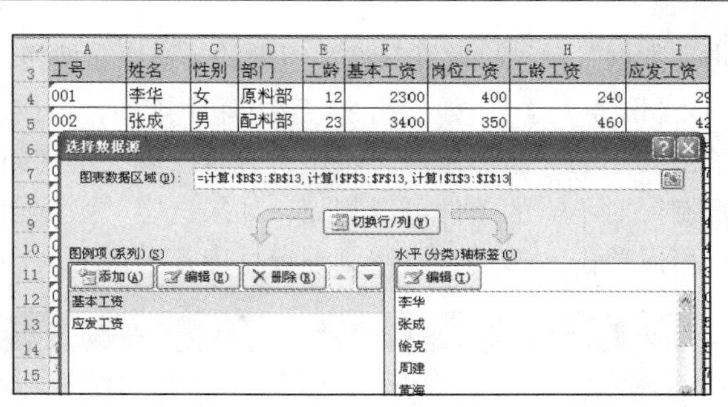

图 4-4-8 “选择数据源”对话框

可以修改图表的类型，选定图表中的数据标记后，在“图表工具”的“设计”选项卡中单击“更改图表类型”，从弹出的对话框中重新选择图表。图 4-4-9 所示为“应发工资”数据系列更改为折线图。

可以为某些图表添加趋势线，用于描述现有数据的趋势或对未来数据的预测。选定图表，在“布局”选项卡“分析”组中的“趋势线”下，选择“线性趋势线”，效果如图 4-4-10 所示。

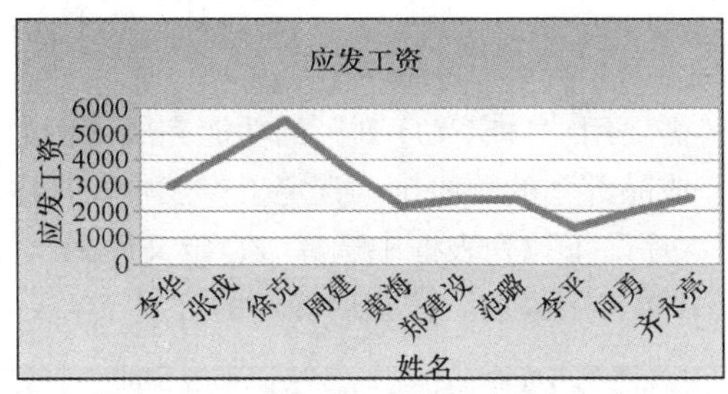

图 4-4-9 更改图表类型

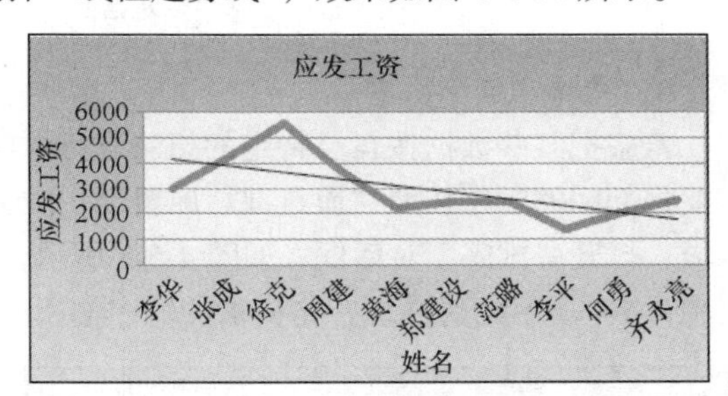

图 4-4-10 添加趋势线

当修改或删除工作表中的数据时，图表中的相应数据会自动更新。

4.5 数据的分析与管理

Excel 除了能方便地建表、对数据进行各种计算以及将数据图表化外，更强大的功能是对数据的处理，包括对数据排序、筛选、分类汇总、合并计算，生成数据透视表，进行模拟运算等多方面的管理、分析和决策。

4.5.1 数据排序

在一张工作表中，可以记录大量的数据信息，为了方便查找数据，往往需要对数据进行排序，即根据指定字段的数据的顺序或特定条件，对整个工作表或选定区域的内容进行调整。

1. 简单排序

只根据某一列字段中的数据对行数据排序，是最简单的排序方法。选定某单元格，单击“数据”→“排序和筛选”组中的“升序”按钮，以该列数字按从小到大的序列，或该列文字按首字拼音从 A 到 Z 的序列重新排序表格内容；单击“降序”按钮，顺序相反。

2. 多字段排序

当根据某一列字段名对工作表中的数据进行排序时，可能会遇到该字段中有相同数据的情况，这时还需根据其他字段对数据再进行排序，即进行多字段排序。选定工作表中要排序的区域，单击“数据”→“排序和筛选”组中的“排序”按钮，打开“排序”对话框进行设置。

【例 4-11】先按“部门”字段降序排列，再按“工龄”升序排列。在设置主要关键字条件后，单击其中的“添加条件”按钮，进行次要关键字条件的设置，如图 4-5-1 所示。对相同条件可以复制，对不需的条件可以删除，如果选定“数据包含标题”，则关键字框中列出的是每列的标题，还可以单击“选项”按钮，设置排序是否区分大小写、排序方向及排序方法，如图 4-5-2 所示。

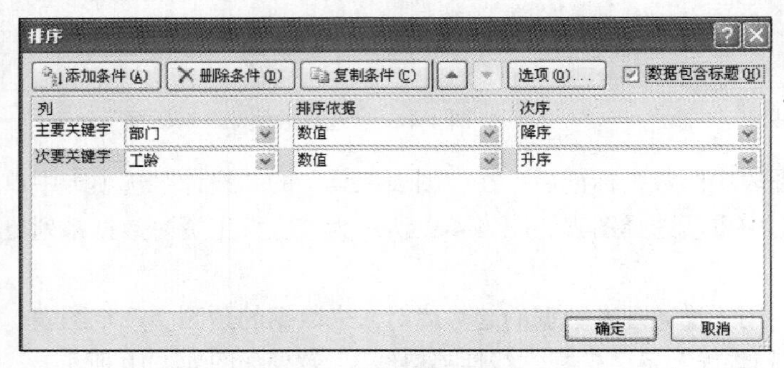

图 4-5-1 “排序”对话框

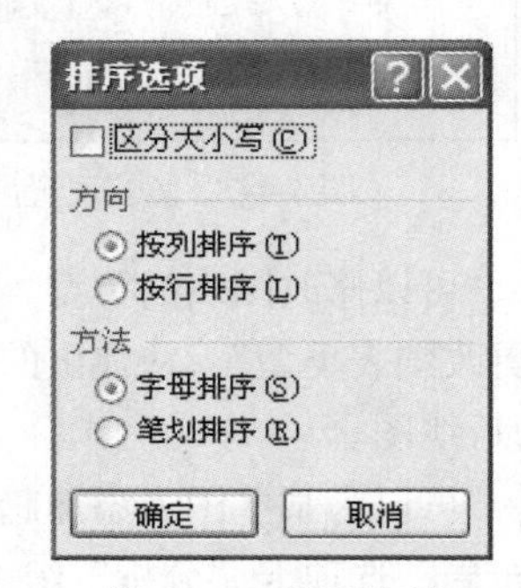

图 4-5-2 排序选项

3. 按特定顺序排序

希望把某些数据按自己特定的想法进行排序时，需要用“自定义序列”的功能完成。例如，需要将部门的顺序按照“模具部、原料部、配料部、成品部”的顺序排，选定工作表中要排序的区域，打开“排序”对话框，如图 4-5-3 所示，在“次序”下拉列表框中选择“自定义序列”，进入图 4-5-4 所示的对话框，将要求的顺序输入序列框并单击“添加”按钮后确定即可。

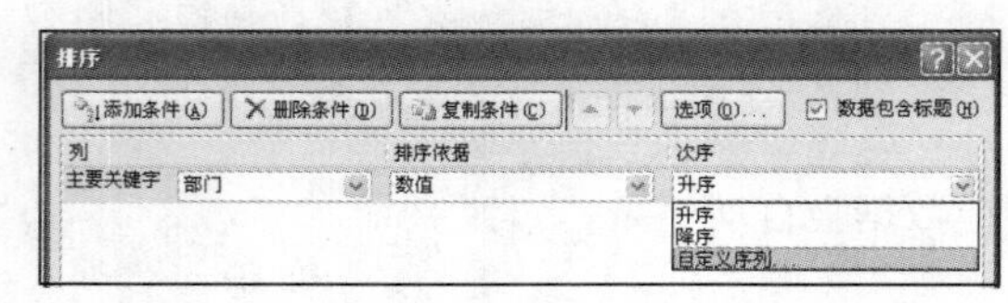

图 4-5-3 次序选择

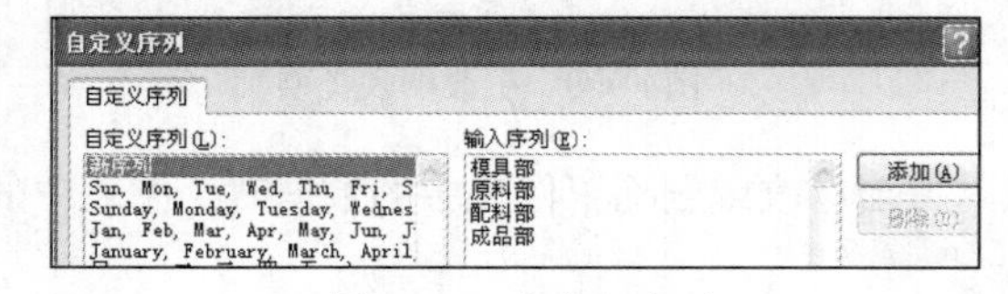

图 4-5-4 自定义序列

4. 其他排序方式

Excel 2010 中新增了按单元格颜色、字体颜色、单元格数值使用的图标进行排序的功能。

（1）按单元格颜色排序

该功能可以将某列中具有相同颜色的单元格排在列的顶端或底端。例如，先将“性别”一列中值为“男”的单元格填充为黄色（可用条件格式填充），选定工作表中排序区域，在“排序”对话框中进行如图 4-5-5 所示的设置，就可将所有黄色填充的单元格排序到列的顶端。

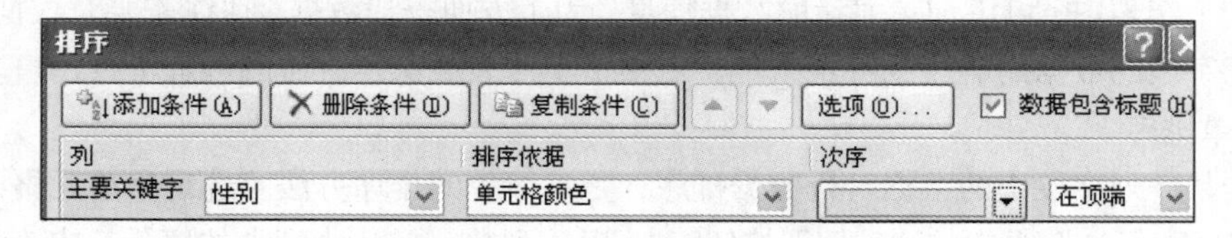

图 4-5-5 按单元格颜色排序

按字体颜色排序的操作与之类似。

（2）按单元格图标进行排序

该功能可以将某列中具有相同图标样式的单元格排在列的顶端或底端。例如，在 4.2 节中的

图 4-2-23 为“基本工资”列的数据添加了图标集，若希望将某图标排在列的顶端，选定工作表中排序区域，在“排序”对话框中进行如图 4-5-6 所示的设置，就可将所有三等级的单元格排序到列的顶端。

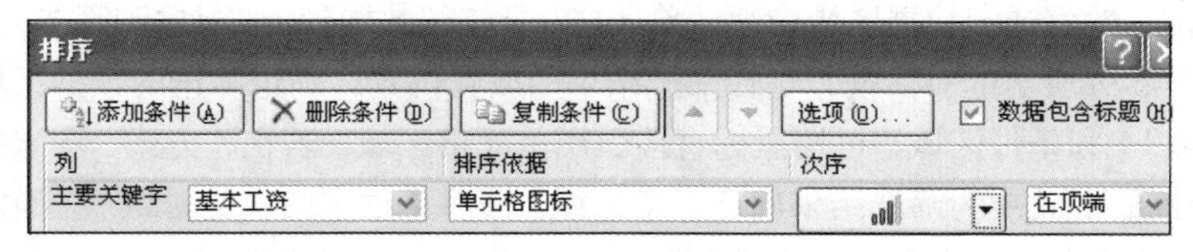

图 4-5-6 按单元格图标排序

经过这些特殊的排序后，其他未参与排序单元格的数据保持原有的相对顺序。

4.5.2 数据筛选

当希望从工作表中选择出符合一定条件的数据时，就可以对表中数据进行筛选。

1. 自动筛选

如果筛选条件比较简单，可以选择自动筛选。自动筛选时能直接选择筛选条件，或简单定义筛选条件。

【例 4-12】要求只显示出所有“原料部”的员工信息。选定数据区域，单击“数据”→“排序和筛选”→“筛选”按钮，每个字段名的右边出现一个三角形筛选按钮，单击要筛选字段“部门”右侧的筛选按钮，从下拉列表中选择一个条件，如图 4-5-7 所示，则依据该字段满足该条件的数据显示在工作表中，其他数据行被隐藏。

若下拉列表中没有所需的条件，则需要自定义筛选条件。例如，要求筛选出工龄大于等于 10 年而小于等于 30 年的员工信息，单击“工龄”字段筛选按钮，在图 4-5-8 中执行“数字筛选”→“自定义筛选”，并设定条件。如果筛选的字段是文本型，筛选条件中可以使用?或*通配符代替其他字符，如筛选出姓名列中所有姓李的员工信息。

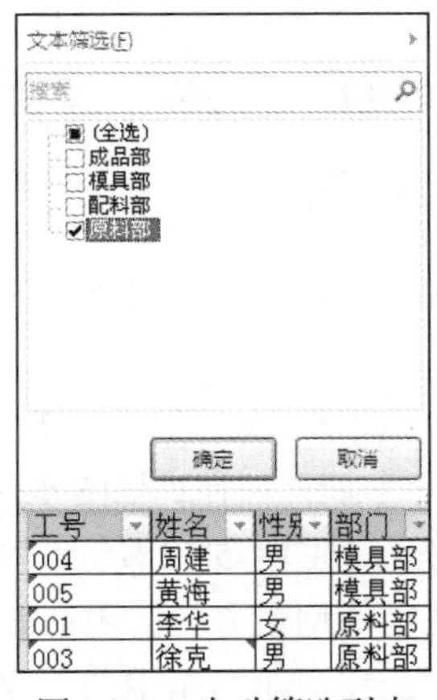

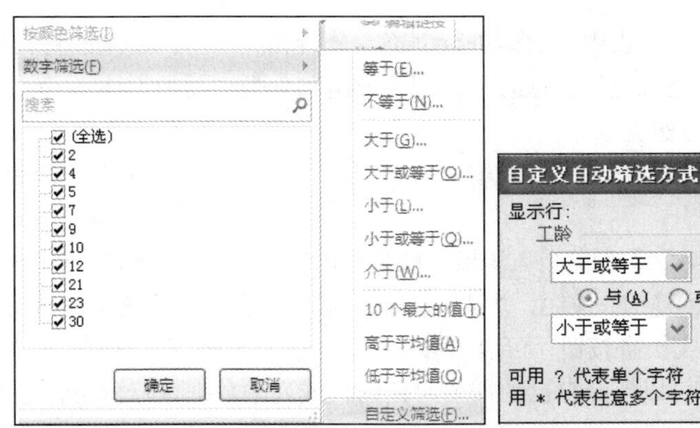

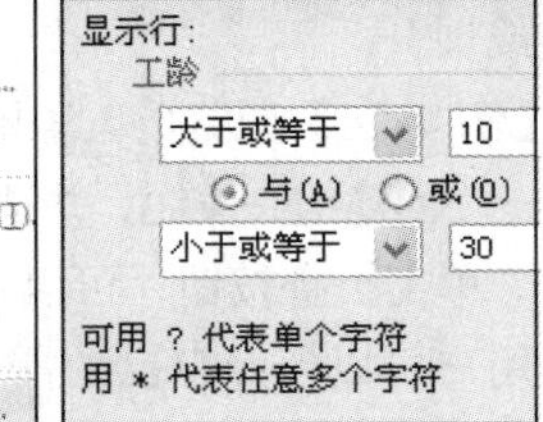

图 4-5-7 自动筛选列表　　　　图 4-5-8 自定义筛选条件

还可以按照单元格的颜色进行筛选。

2. 高级筛选

当自动筛选无法提供筛选条件或筛选条件较多、较复杂时，可选择高级筛选。

在进行高级筛选之前，必须先在工作表中建立条件区域。将含有筛选条件的字段名复制或输入空单元格中，在该字段下方的单元格中输入要匹配的条件（注意不能将字段与条件输入同一个单元格）。

【例4-13】筛选出所在“部门”是原料部并且“应发工资”大于2500元的员工信息。先按要求设定筛选条件，然后选定数据区域中某一单元格，单击“数据”→“排序和筛选”→“高级”按钮，打开如图4-5-9所示的对话框，选择筛选结果的放置位置，确定筛选的数据区域（即对话框中的“列表区域”）和条件区域，可用鼠标直接引用单元格区域，若在“方式”中选择“将筛选结果复制到其他位置”，就要为筛选结果确定一个区域（即对话框中的“复制到”），确定后筛选结果如图4-5-10所示。若多个筛选条件间为“或”的关系，则条件区域应按照图4-5-10中的②处设置。

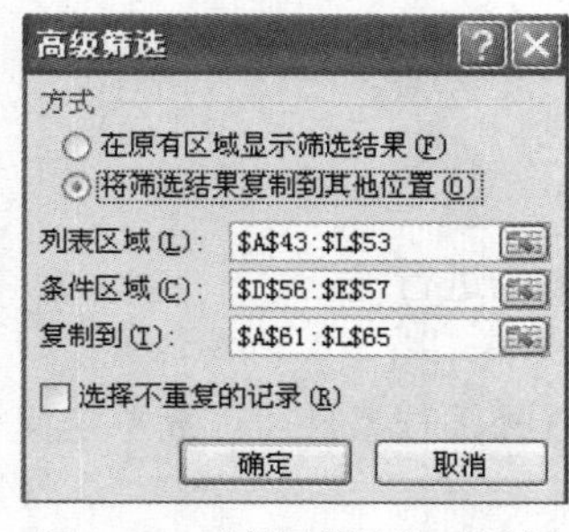

图4-5-9 “高级筛选”对话框

	A	B	C	D	E	F	G	H	I
55									
56			①	部门	应发工资			②部门	应发工资
57				原料部	>2500	条件区域		原料部	
58									>3000
59									
60									
61	工号	姓名	性别	部门	工龄	基本工资	岗位工资	工龄工资	应发工资
62	001	李华	女	原料部	12	2300	400	240	2952
63	003	徐克	男	原料部	30	4500	400	600	5530

图4-5-10 “高级筛选”结果

3. 取消筛选

有以下几种方法可取消筛选。

- 单击某字段名右侧的下拉箭头，选择其中的“从……中清除筛选”项，可取消该列的筛选而显示出全部数据。
- 单击“数据”→“排序和筛选”→“清除”按钮，可取消该列的筛选而显示出全部数据。
- 单击“数据”→“排序和筛选”→“筛选”按钮，可取消自动筛选的下拉箭头。

4.5.3 分级显示

在对工作表中的数据进行浏览、分析和决策时，希望能将具体数据折叠，或将某个字段中相同的数据进行统计，这时可以利用分组和分类汇总的方法。

1. 分组显示

分组是Excel 2010新增的功能，通过分组，可以将某个范围的单元格关联起来，从而可将其折叠或展开。

【例4-14】浏览员工工资表的汇总内容时，选定A4:I13单元格区域，单击“数据”→“分级显示”→“创建组”按钮，并选择“行”，确定后在这些行的左侧出现三层折叠/展开按钮，如图4-5-11所示。单击折叠按钮，可以将第4～13行的数据隐藏，只浏览汇总行内容，如图4-5-12所示。

用户可以按照自己的需要对任何行或列的数据进行分组，这种方法在使用时方便、灵活。

如果不需要某个分组，可以选定组所在区域后，单击“数据”→“分级显示”组中的“取消组合”按钮。

2. 分类汇总

（1）分类汇总方法

在对某字段中的数据进行统计汇总之前必须先依据该字段进行排序，将该字段中值相同者归为一类，即先进行分类操作。

	A	B	C	D	E	F
3	工号	姓名	性别	部门	工龄	基本工资
4	001	李华	女	原料部	12	2300
5	002	张成	男	配料部	23	3400
6	003	徐克	男	原料部	30	4500
7	004	周建	男	模具部	21	3000
8	005	黄海	男	模具部	5	1800
9	006	郑建设	男	成品部	10	2000
10	007	范璐	女	原料部	7	1900
11	008	李平	女	配料部	2	1000
12	009	何勇	男	配料部	4	1600
13	010	齐永亮	男	成品部	9	2100
14	合计					23600
15	平均					4290.909
16	人数	10				
17	最高工资					23600

图 4-5-11　分组显示

	A	B	C	D	E	F
3	工号	姓名	性别	部门	工龄	基本工资
14	合计					23600
15	平均					4290.909
16	人数	10				
17	最高工资					23600

图 4-5-12　折叠分组数据

【例 4-15】先按“部门”字段进行排序，将同一部门归为一类。然后选定该工作表区域 A4:I13，单击“数据”→“分级显示”→“分类汇总”按钮，打开如图 4-5-13 所示的对话框，在“分类字段”下拉列表中选择分类所依据的字段名；在“汇总方式”下拉列表中选择汇总的方式（求和、求平均值、求最大值等）；在“选定汇总项”列表框中指定要对哪些字段进行统计汇总。本例要求分别求各部门员工的基本工资、岗位工资、工龄工资、应发工资之和，结果如图 4-5-14 所示。

图 4-5-13　“分类汇总”对话框

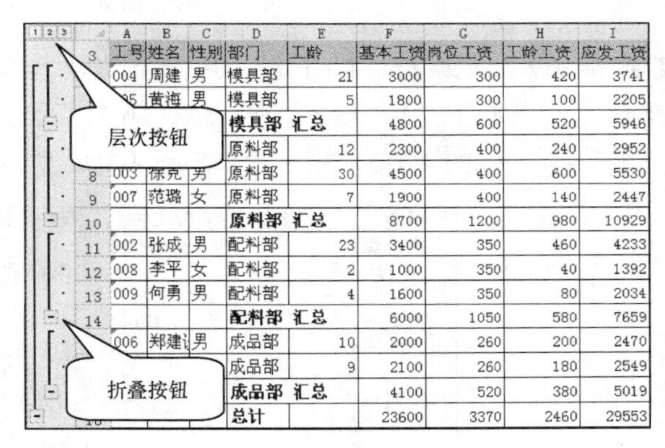

	A	B	C	D	E	F	G	H	I
3	工号	姓名	性别	部门	工龄	基本工资	岗位工资	工龄工资	应发工资
	004	周建	男	模具部	21	3000	300	420	3741
	05	黄海	男	模具部	5	1800	300	100	2205
				模具部 汇总		4800	600	520	5946
				原料部	12	2300	400	240	2952
8	003	徐克	男	原料部	30	4500	400	600	5530
9	007	范璐	女	原料部	7	1900	400	140	2447
10				原料部 汇总		8700	1200	980	10929
11	002	张成	男	配料部	23	3400	350	460	4233
12	008	李平	女	配料部	2	1000	350	40	1392
13	009	何勇	男	配料部	4	1600	350	80	2034
14				配料部 汇总		6000	1050	580	7659
	006	郑建	男	成品部	10	2000	260	200	2470
				成品部	9	2100	260	180	2549
				成品部 汇总		4100	520	380	5019
				总计		23600	3370	2460	29553

图 4-5-14　“分类汇总”结果

（2）分类汇总表的查看

经过分类汇总得到的表结构与原表有所不同，除增加了汇总结果行之外，在分类汇总表的左侧增加了层次按钮和折叠/展开按钮。

分类汇总表一般分为 3 层，第 1 层为总的汇总结果范围，单击它，只显示全部数据的汇总结果。第 2 层代表参加汇总的各个记录项，单击它，显示总的汇总结果和分类汇总结果。单击层次按钮 3，显示全部数据。而单击某个折叠或展开按钮，可以只折叠或展开该记录项的数据。单击图 4-5-13 中的“全部删除”按钮，可删除分类汇总表而返回原工作表。

4.5.4　数据透视表

数据透视表是一种对大量数据快速汇总和建立交叉列表的交互式表格。可以任意转换行和列来查看源数据的不同汇总结果，可以根据需要显示区域中的明细数据，为决策提供有力的依据。

1. 建立数据透视表

建立数据透视表，可以以不同的视角显示数据并对数据进行比较和分析。

选定数据区域中某单元格，单击“插入”→“表格”→“数据透视表”按钮，打开“创建数据透视表”对话框，选择要建立透视表的数据区域，并指定透视表的放置位置，确定后，进入数据透视表的编辑界面，同时出现“数据透视表字段列表”任务窗格，如图 4-5-15 所示。在字段列表任务窗格中，字段可以拖到 4 个区域，“报表筛选”中的字段显示在报表页面最顶端，级别最高；“列标签”中的字段作为报表中的各列；“行标签”中的字段在报表左侧；“数值”中用于放置需要统计的字段。各个区域中可插入多个字段，并有顺序区别。

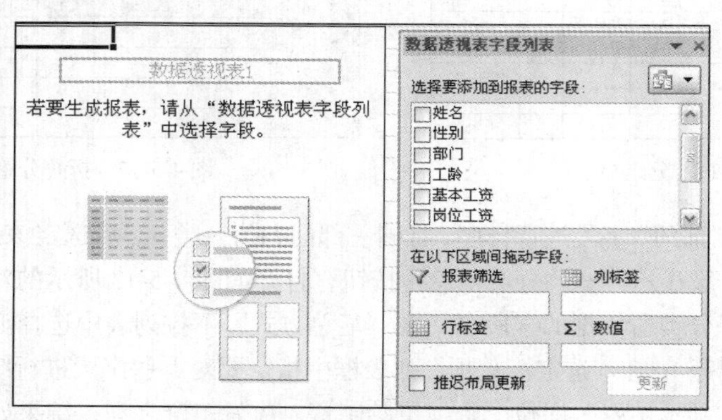

图 4-5-15　数据透视表编辑窗口

【例 4-16】要观察每个部门员工的应发工资及本部门工资汇总，在“数据透视表字段列表”任务窗格中将“部门”和“姓名”字段依次拖入“行标签”中，注意顺序，将“应发工资”字段拖入“Σ数值”中，构造好的报表结果如图 4-5-16 所示。

行标签	求和项:应发工资
⊟成品部	**5019**
齐永亮	2549
郑建设	2470
⊟模具部	**5946**
黄海	2205
周建	3741
⊟配料部	**7659**
何勇	2034
李平	1392
张成	4233
⊟原料部	**10929**
范璐	2447
李华	2952
徐克	5530
总计	**29553**

数据透视表字段列表
选择要添加到报表的字段：
工龄
基本工资
岗位工资
工龄工资
应发工资
在以下区域间拖动字段：
报表筛选　列标签
行标签　Σ 数值
部门　求和项:应...
推迟布局更新　更新

图 4-5-16　数据透视表显示方式

2. 编辑数据透视表

创建数据透视表时，功能栏中会出现“数据透视表工具”的“选项”和“设计”两个选项卡，利用其中的按钮可以对透视表进行修改和设置。

例如，将透视表中的“行标签”内容居中，空值处显示“无”，“应发工资”的汇总方式改为最大值并改为货币格式，并按部门名称升序排列。选定透视表中单元格，选择“数据透视表工具”→“选项”选项卡→“数据透视表”组→“选项”菜单，打开对话框，进行如图 4-5-17 所示的设置；选定透视表中“应发工资”列的某单元格，单击“活动字段”组→“字段设置”，打开如图 4-5-18 所示的对话框，在“计算类型”列表框中选择“最大值”，单击“数字格式”按钮，从“设置单元格格式”对话框中选择“货币”类型，还可设置小数位数等项。

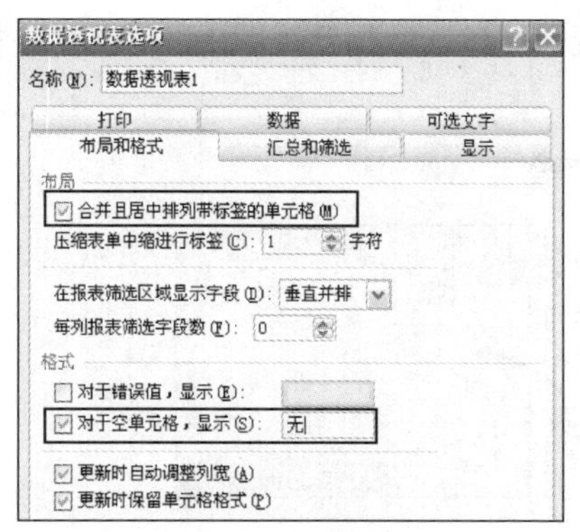

图 4-5-17　数据透视表选项

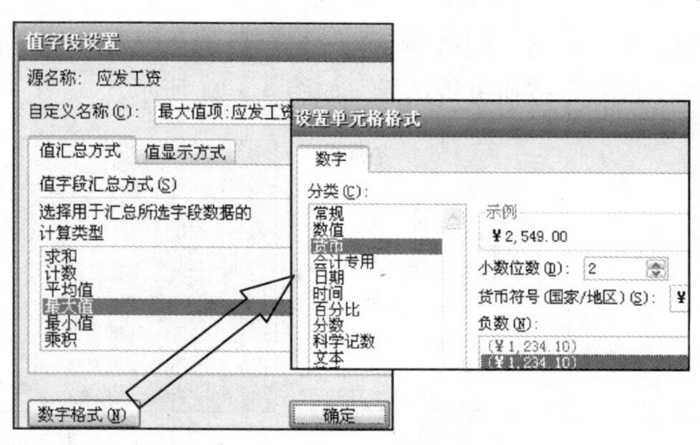

图 4-5-18　数据透视表字段设置

可以更改数据透视表的数据源，重新选择数据区域。

Excel 2010 新增的一个功能是切片器，它包含一组按钮，使用简单的筛选组件，便于用户快速筛选透视表中的数据，而无须打开下拉列表查找要筛选的项目，还可以指示当前筛选的状态。单击“排序和筛选”组→“插入切片器”，打开相应对话框。如果想按照“性别”交互筛选数据，就选择该字段，如图 4-5-19 所示，这样在窗口中出现一个切片器，如果用户想浏览女员工数据透视表，就选择“女”，效果如图 4-5-20 所示。单击“切片器”右上角的“清除筛选器”按钮，可以显示出全部数据。用户可根据需要从“切片器工具”的“选项”中设置切片器的属性、样式、大小、按钮等项，快捷菜单中有同样的命令可执行，选择快捷菜单中的“删除”命令，可删除切片器。

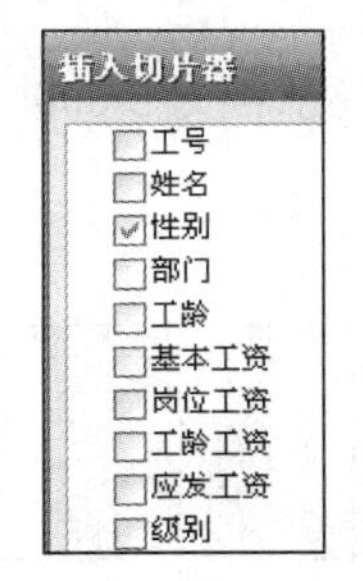

图 4-5-19　插入切片器

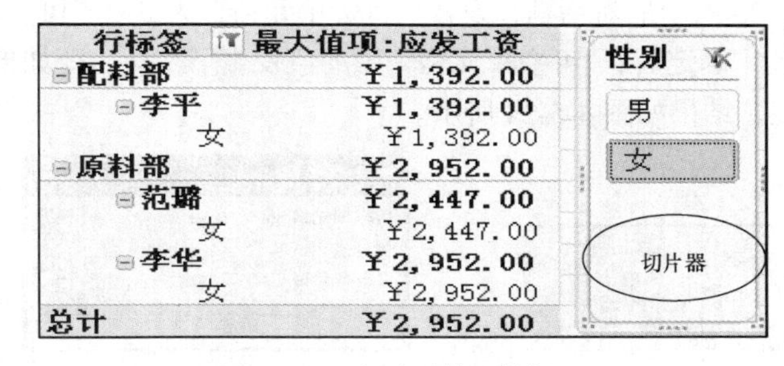

图 4-5-20　切片器筛选数据

3. 设计数据透视表布局

数据透视表的布局不同，表现的方式就有区别。在“数据透视表工具”→“设计”卡中，能对已生成的数据透视表进行如下布局。

- 分类汇总：在透视表中是否显示各分类的汇总内容，显示在什么位置。
- 总计：是否显示行或列的总计内容。
- 报表布局：可以是压缩形式、大纲形式和表格形式。
- 空行：是否在每个项目间留出空行。
- 样式选项：表的第一行、第一列显示特殊格式，或奇偶行列的格式不同，使表格更具可读性。

4. 由数据透视表生成数据透视图

选定数据透视表，选择“数据透视表工具”→“选项”→“工具”→“数据透视图”，从弹出的“插入图表”中选择一种可用的图表类型，就可生成一幅数据透视图。该图具有一般图表的特点，可以与图表一样进行操作和设置，但其中的数据可以根据用户的选择动态地显示不同内容。

例如，要显示出“配料部”的“男”员工“应发工资”情况，可单击数据透视图中的“部门”按钮和“性别”按钮进行选择，如图 4-5-21 所示。

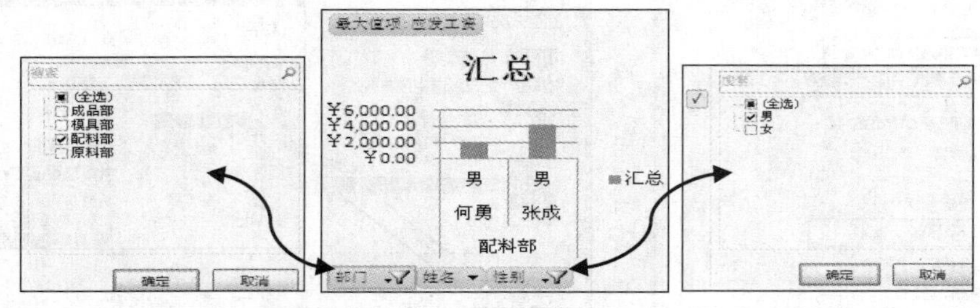

图 4-5-21　数据透视图

4.5.5　数据的其他分析工具

1. 单变量求解

如果已知公式预期的结果，而不知得到这个结果所需的输入值，就可以使用“单变量求解”功能。“单变量求解”是一组命令的组成部分，这些命令有时被称作假设分析工具。当进行单变量求解时，Excel 会不断改变特定单元格中的值，直到依赖于单元格的公式返回所需的结果为止。

【例 4-17】贷款 100 000 元购房，要求每期偿还款不能超过 3 000 元，贷款期限为 44 个月，计算还款利率是多少。在工作表中输入如图 4-5-22 所示的数据，然后定位 B4 单元格，输入公式或函数“=PMT(B3,B2,B1)”，选择“数据”→“数据工具”→“模拟分析”→“单变量求解”，打开如图 4-5-23 所示的对话框，设置“目标单元格”为 B4，“可变单元格”为 B3，在“目标值”中输入还款值，确定后，“可变单元格”中的值发生了变化，即如果每期还款额为 3 000 元，则月利率为 1.60%，结果如图 4-5-24 所示。

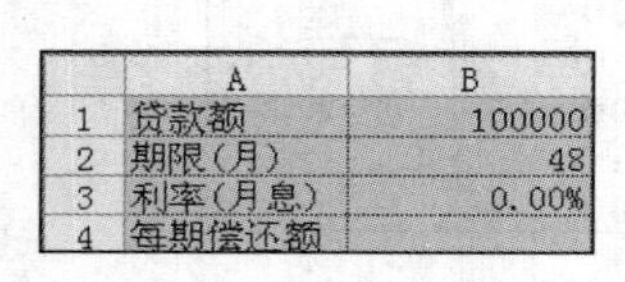

	A	B
1	贷款额	100000
2	期限(月)	48
3	利率(月息)	0.00%
4	每期偿还额	

图 4-5-22　工作表

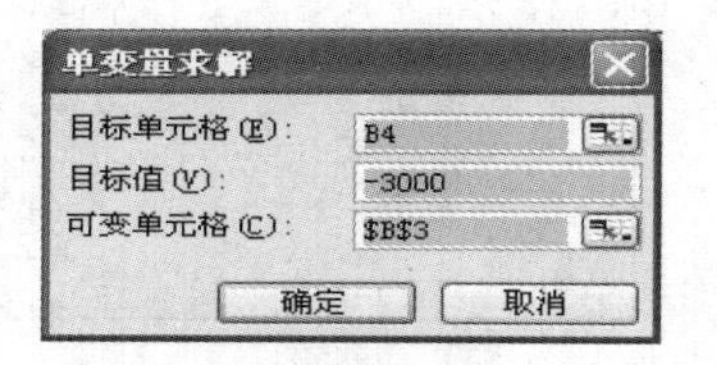

图 4-5-23　“单变量求解”对话框

	A	B
1	贷款额	100000
2	期限(月)	48
3	利率(月息)	1.60%
4	每期偿还额	￥-3,000.00

图 4-5-24　“单变量求解”结果

2. 规划求解

规划求解是 Excel 最重要的一种数据运算和分析工具，主要用于解决原数据与目标数据间的最优组合，如以最小的投资获得最大的回报，最优化的线路达到最小的运输成本等。

（1）加载规划求解工具

规划求解工具存在于 Excel 的分析工具库中，使用前需先加载。选择“文件”→“选项”→“加载项”，在右侧界面的“管理”列表框中选择“Excel 加载项”，单击“转到...”按钮，进入“加载宏”对话框，选择“规划求解加载项”，确定后，在 Excel 窗口的“数据”选项卡中出现了“分析”组，并增加了“规划求解”按钮。

（2）创建规划求解

【例 4-18】制作一份产品利润规划表，要求每台空调销售利润 700 元，每台冰箱销售利润为1000 元，每月空调和冰箱的进货量分别不能超过 60 台和 45 台，两者总数不超过 100 台，规划每月空调和冰箱各销售多少能达到最高利润。

按照要求先制作如图 4-5-25 所示的表格，要计算的是 D3（即 B3、C3）和 B5 单元格中的值。定位在 B5 单元格中，执行“数据”→“规划求解”命令，进入如图 4-5-26 所示的对话框，按图中所示进行设置，其中“遵守约束”列表框中的条件表达式都需要单击“添加”按钮进入如图 4-5-27 所示的对话框设置，分别是$B$3<=60，$B$3>=0，$C$3<=45，$C$3>=0，$D$3<=100。

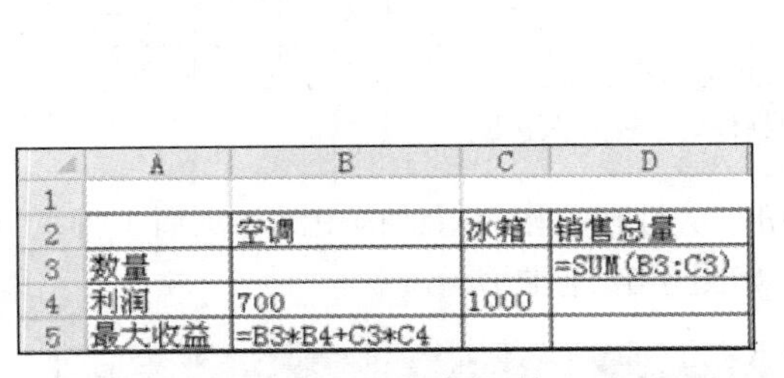

	A	B	C	D
1				
2		空调	冰箱	销售总量
3	数量			=SUM(B3:C3)
4	利润	700	1000	
5	最大收益	=B3*B4+C3*C4		

图 4-5-25　原数据表

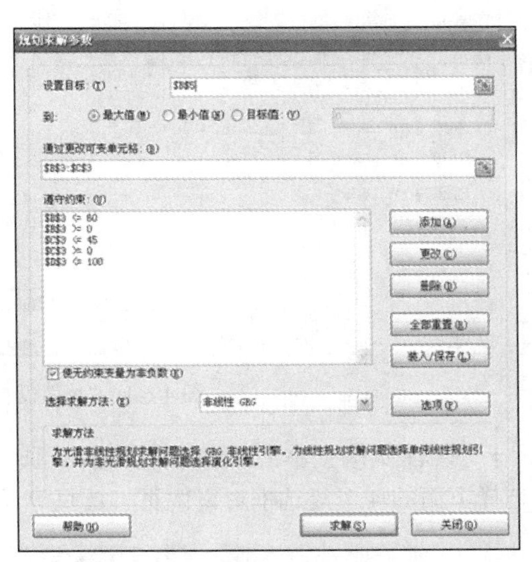

图 4-5-26　“规划求解参数”对话框

设置好后进行“求解”，结果如图 4-5-28 所示，表明每月空调销售 55 台，冰箱销售 45 台时利润为最大值 435 00 元。规划求解方案的结果有 3 种报告，即运算结果报告、敏感性报告和极限值报告，可以分别保存为一张工作表。

图 4-5-27　设置约束条件

	A	B	C	D
1				
2		空调	冰箱	销售总量
3	数量	55	45	100
4	利润	¥ 700.00	¥ 1,000.00	
5	最大收益	¥ 83,500.00		

图 4-5-28　规划求解结果

4.6　打印输出

对于创建好的工作表，一般都要打印输出，在打印之前，先要进行适当的页面设置，预览满意后方可打印。

4.6.1　页面设置

在“页面布局”→“页面设置”组中，可以选择页边距、纸张大小、纸张方向，可以将选定的区域设置为打印区域，可以在光标所在处插入分页符，可以为页面设置背景图片，或者进入“页面设置”对话框进行设置，如图 4-6-1 所示。

- 页边距：确定页边距大小和页眉页脚的位置，选中“水平”和“垂直”两个复选框，可将工作表打印在纸张中央。

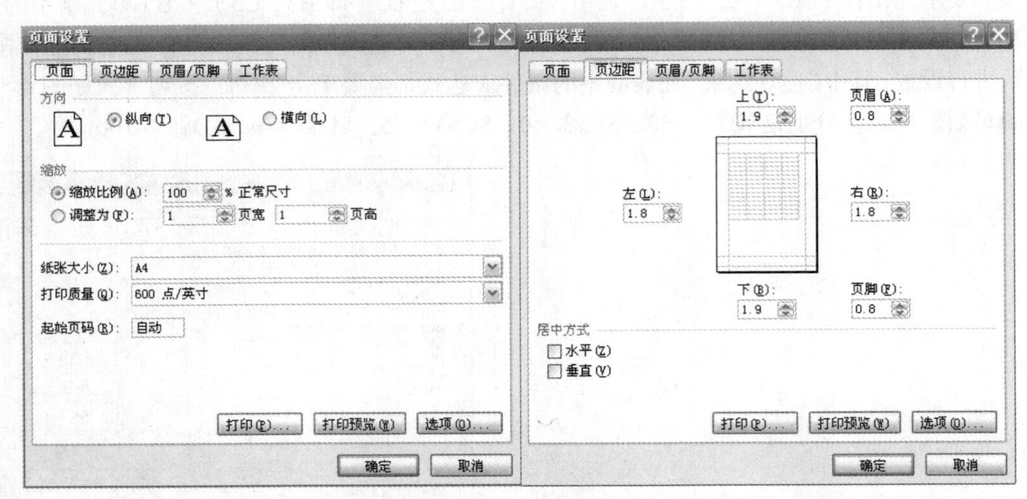

图 4-6-1 “页面设置”对话框之页面和页边距

- 页眉/页脚：单击“自定义页眉”（脚）按钮，从打开的相应对话框中添加页眉（脚）。还可选择下面的 4 个复选框对奇偶页、首页等设置，如图 4-6-2 左图所示。

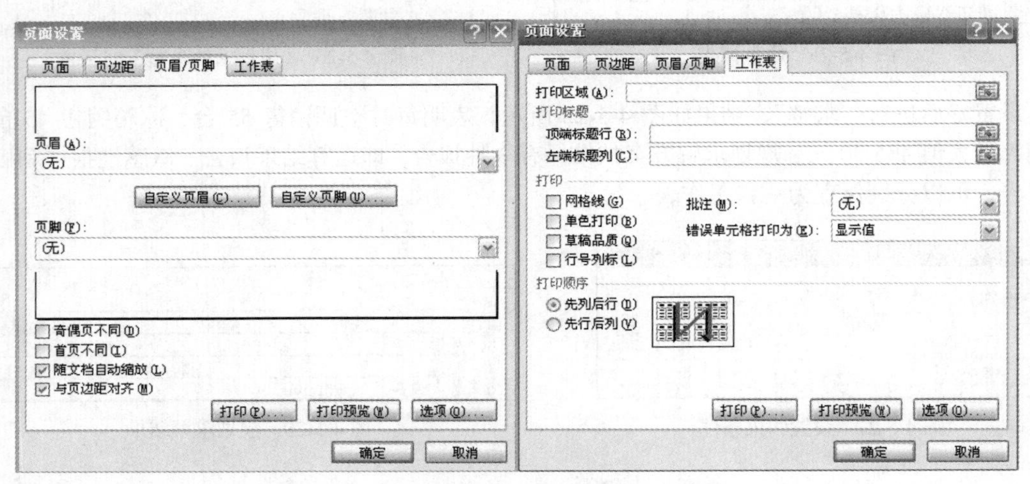

图 4-6-2 “页面设置”对话框页眉页脚和工作表

- 工作表：将要打印的单元格区域引用到“打印区域”文本框中设置打印区域。如果一张工作表要跨页打印，将表的“顶端标题行”或“左端标题列”的单元格区域引用到相应的文本框中（两者不可同时使用），它们就可以出现在每张打印页的顶端或左端。另外，还可设置工作表中的网格线、批注、行号列标等是否打印，如图 4-6-2 右图所示。

4.6.2 预览与打印

1. 分页预览

在“视图”选项的“工作簿视图”组中单击“分页预览”命令，可将窗口切换为分页预览视图方式，其中的粗线条就是分页符，可以通过拖曳分页符的位置来改变打印区域的大小。单击“普通视图”按钮可回到正常窗口。

2. 预览和打印

在打印之前可使用打印预览快速查看打印页的效果。单击“文件”下拉菜单中的“打印”项，进入打印预览界面，可以设置打印份数、选择打印机，设置打印的工作表、页数，还可以对纸张大小、方向、边距、缩放等重新设定，如图 4-6-3 所示。经过页面设置和打印预览后，对于符合要求的工作表就可以打印输出了。

可以直接从“快捷访问工具栏”中单击相应按钮执行“打印预览和打印”或“快速打印”命令。

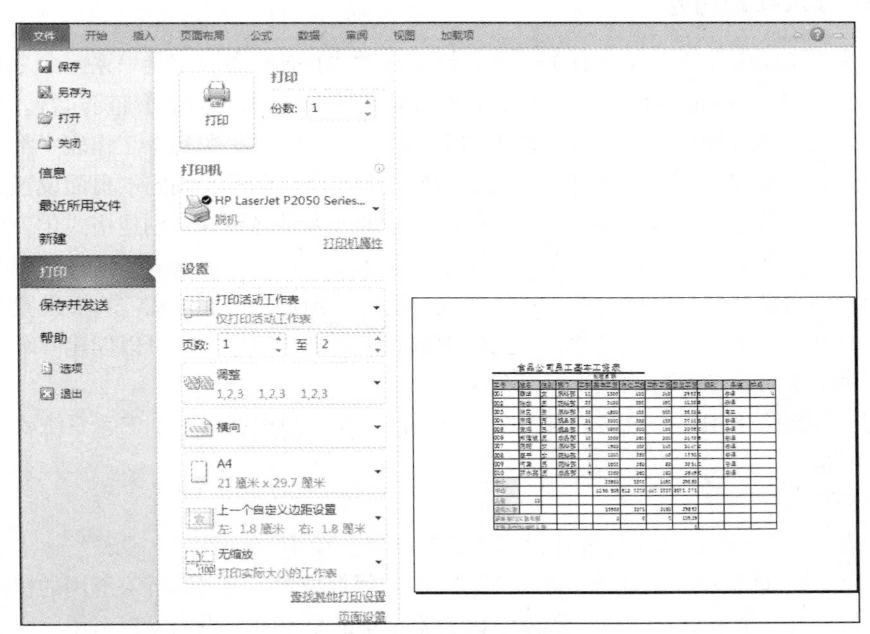

图 4-6-3 “打印预览和打印”窗口

4.7 Excel 2010 其他功能

4.7.1 Excel 的网络功能

使用 Excel 可以在 Web 页上发布工作表、图表、数据清单等内容，与其他用户共享数据，可以浏览本地 Web 或 Intranet 及 Internet 站点上的工作簿，打开以 HTML 格式保存的 Web 文件。

利用 Excel 文件的保存和发布功能，可以将工作簿的全部内容以 HTML 的文档形式保存，并送到 Web 服务器上发布，以便使具有 Web 浏览器的用户都能访问这些数据。在建立好要发布的工作表、图表或数据清单后，执行“文件”菜单下的“另存为”命令，在“保存类型”列表框中选择“网页”，并单击“发布”按钮，通过其中的“浏览”按钮选择保存在 Internet 网页上的路径，选中“在每次保存工作簿时自动重新发布”和“在浏览器中打开已发布的 Web 页”两个复选框，最后将它发布即可。

在 Excel 中要查看 HTML 文件时，执行“文件”菜单中的“打开”命令，在弹出的对话框的“查找范围”列表框中，选择将要打开的 HTML 文件的地址，如驱动器名称、文件夹、Web 文件夹、Web 服务器或 FTP 节点等，双击所需的 HTML 文件，即可打开该文件查看其中的数据。

如果要在局域网中与他人共同编制工作表，则在最初建立的工作表中，单击“审阅”选项卡→“更改”→“共享工作簿”按钮，在对话框的“编辑”页面中选定“允许多用户同时编辑，同时允许工作簿合并”复选框，确定后，工作簿名称后面将会显示“共享”字样。将该工作簿保存到一个共享文件夹中，则其他人可以在局域网中打开并编辑修改此工作簿。另外，可根据需要设置“共享工作簿”对话框中“高级”选项卡的内容。

4.7.2 Excel 的宏

如果经常在 Excel 中重复某项任务，可以用宏自动执行该任务。宏是一系列命令和函数，是一个指令集，存储于 Visual Basic 模块中，并且在需要执行该项任务时可随时运行。宏完成动作的速度比用户自己做要快得多。宏可应用于如下一些情况：设定一个每个工作表中都需要的固定形式的表头；将单元格设置成一种有自己风格的形式；每次打印都用固定的页面设置；频繁地或是重复地输入某些固定的内容，如排好格式的公司地址、人员名单等；创建格式化表格；插入工作表或工作簿等。例如，可以创建一个宏，用来在工作表的每一行上输入一组日期，并在每一单元格内居中对齐日期，然后对此行应用边框格式。还可以创建一个宏，在“页面设置”对话框中指定打印设置并打印文档。如果经常在单元格中输入长文本字符串，则可以创建一个宏来将单元格格式设置为文本可自动换行。

宏能把一些操作像用录音机一样录下来，到用的时候，只要执行这个宏，系统就会把录好的操作再执行一遍。

1. 录制宏

在录制宏时，Excel 存储用户操作过程中的步骤是：单击“视图”→“宏”→“宏”→“录制宏”，在打开的对话框中为新建的宏输入名称，确定保存位置，指定运行宏所用的快捷键，确定后原来的“录制宏”命令变为“停止录制”，因为宏记录的是对单元格的绝对引用，所以要让宏在选择单元格时不考虑活动单元格的位置，单击该菜单中的“使用相对引用”命令，然后开始正常操作，单击“停止录制”按钮停止宏的录制。

2. 运行宏

通常录制的宏总是在 Excel 中运行，打开包含宏的工作簿，选定要应用宏的单元格区域，单击“视图”→“宏”→“宏”→“查看宏”，从对话框中选择或输入要运行的宏的名称，单击“执行”按钮，则所选定的单元格区域就按照宏中录制的操作执行一次，也可直接按下要运行的宏的快捷键。

4.7.3 Excel 与其他程序联合使用

Excel 不仅自身有强大的功能，还可与 Office 中的组件协同工作。

在 Word 文档中要想插入一张工作表，可用以下两种方法。

- 打开 Word 文档，单击“插入”→“文本”→“对象”，打开对话框，选择“新建”选项卡中“新建 Excel 文件”项，就将 Excel 工作表插入文档中并打开了 Excel 窗口。若工作表已存在，就选“由文件创建”选项卡，在“文件名”框中输入已有工作表的名称，若选中“链接到文件”复选框，就在两个文件间建立了链接，同时工作表被插入了 Word 文档中。
- 要在 Word 文档中插入一个图表，单击“插入”→“插图”→“图表”按钮，这样一幅 Office 内置的图表实例就被插入到 Word 中，对应的 Excel 表被打开，可直接在此修改数据及图表各项，修改后的结果会直接体现在图表上。

习　　题

一、思考题

1. 选定不连续的单元格区域的方法是什么？
2. 当某单元格中的数字少输入了一位，需要补充时，应如何操作？
3. 要删除某单元格中数字的货币格式而保留数字内容时，应执行什么命令？
4. 单元格中输入内容后出现####符号的原因是什么？
5. 要等宽地改变多列的宽度，最好的操作方法是什么？
6. Excel 中各种运算符的输入需要什么条件？
7. 填充柄有何功能？
8. 如何自定义序列？
9. 绝对引用和相对引用有何区别？如何在两种引用间快速转换？
10. 如何只复制单元格中的公式或格式而不复制数据？
11. 如何改变分页符的位置，调整打印区域的大小？
12. 在 Excel 中按 Enter 键意味着光标移到下一单元格，如何能在同一单元格中换行？

二、操作题

按下述要求进行工资表的操作。此外，利用所学知识再进行一些其他操作练习。

1. 建立一个有“部门、姓名、籍贯、入职日期、工龄、基本工资、奖金、请假天数、扣除工资、实发工资”字段的工作表，只给表中“部门、姓名、籍贯、入职日期、请假天数”这些列输入具体内容。

2. 将标题合并居中于数据区域中部；为表格加边框；文字居中，所有薪金加货币符号，保留一位小数。

3. 用公式或函数计算工龄、扣除工资（请假超过 2 天，每天扣 20 元）、实发薪金。

4. 根据表格中的数据，按照一定的条件进行筛选，并用切片器查看数据。

5. 将每人的实发工资分别生成一个柱形图和折线图，并进行编辑。

6. 对不同部门员工的实发工资进行分类汇总求和，对汇总结果做一个三维饼图。

7. 为每位员工的实发工资数据插入一个迷你图。

第5章 PowerPoint 2010 演示文稿软件

PowerPoint 是微软公司的 Office 系列办公组件之一，它是一个多媒体集成平台，它可将文字、声音、视频和动画等多媒体有机地结合起来，制作成多张幻灯片，以表达观点、演示成果和发布信息。它是创建具有专业水准演示文稿的专用软件工具，无须编程就可以制作出和预想效果一样的幻灯片。

在 PowerPoint 2010 中，用户可以在演示文稿中插入一切能够用于演示内容的对象，也可以在放映时随意控制播放进度；使用 PowerPoint 2010 可以制作出样式精美、色彩和谐的专业级幻灯片页面。因为 PowerPoint 2010 也是 Office 2010 家族中的一员，因此，它与 Word 2010 及 Excel 2010 具有良好的信息交互性、兼容性和协作性。

5.1 PowerPoint 2010 的工作环境与基本概念

5.1.1 启动和退出 PowerPoint2010

启动 Windows 操作系统后，可以用下面几种方法启动 PowerPoint 2010。

选择“开始”→“所有程序”→“Miscrosoft Office”→“Miscrosoft Office PowerPoint 2010”命令，即可启动 PowerPoint 2010；如果桌面上设置了 PowerPoint 2010 的快捷方式图标，则双击该图标即可启动 PowerPoint 2010；选择任意 PowerPoint 文档，双击后系统将自动启动 PowerPoint 2010，同时自动加载该文档。

当用户需要退出 PowerPoint 2010 时，可使用以下任一种方法退出。

单击“文件”菜单中的“退出”命令；按 Alt+F4 组合键；单击 PowerPoint 标题栏右上角的“关闭”按钮；双击 PowerPoint 标题栏左上角的“控制菜单”图标。

5.1.2 PowerPoint 的窗口组成

启动 PowerPoint 2010 应用程序后，就进入了 PowerPoint 2010 的工作界面，如图 5-1-1 所示。该工作界面主要由大纲/幻灯片窗格、幻灯片编辑窗格、备注窗格组成。

大纲/幻灯片窗格：以大纲的形式显示每张幻灯片中的标题和正文内容（必须是应用了标题和正文版式的幻灯片）。

幻灯片编辑窗格：用于显示幻灯片的内容和外观，可在编辑区中进行输入文本、插入图片、表格及声音等操作。

备注窗格：为当前幻灯片添加演讲备注或重要信息。

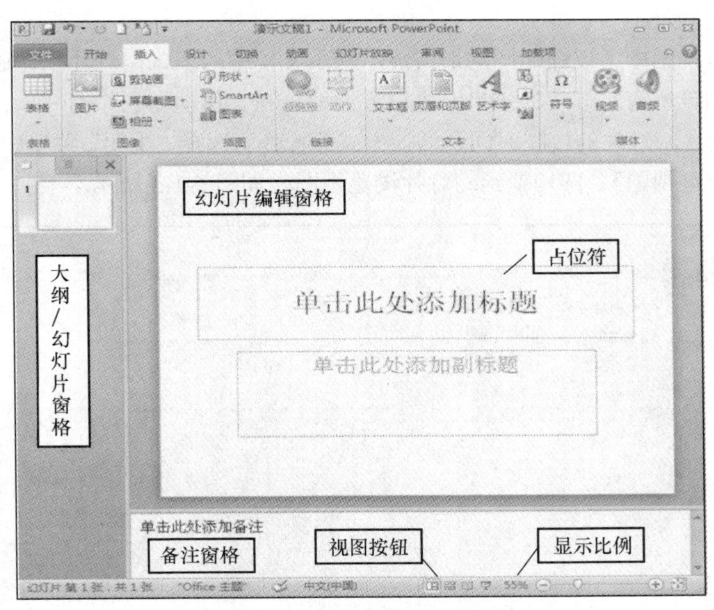

图 5-1-1　PowerPoint 2010 工作界面

5.1.3　PowerPoint 的视图方式

PowerPoint 2010 为用户提供了多种不同的视图方式，使用户在不同的工作需求条件下都能拥有一个舒适的加工演示文稿的工作环境。

1. 普通视图

普通视图是最常见的视图方式。默认情况下，启动 PowerPoint 2010 后即可打开普通视图。在普通视图中，幻灯片、大纲和备注页集成在一个视图中，这种方式的特点是能够全面掌握演示文稿中各幻灯片的名称、标题和排列顺序，可快速在不同的幻灯片之间进行切换。选择“视图”菜单中的“普通”或单击“普通视图”，即切换到普通视图，如图 5-1-2 所示。

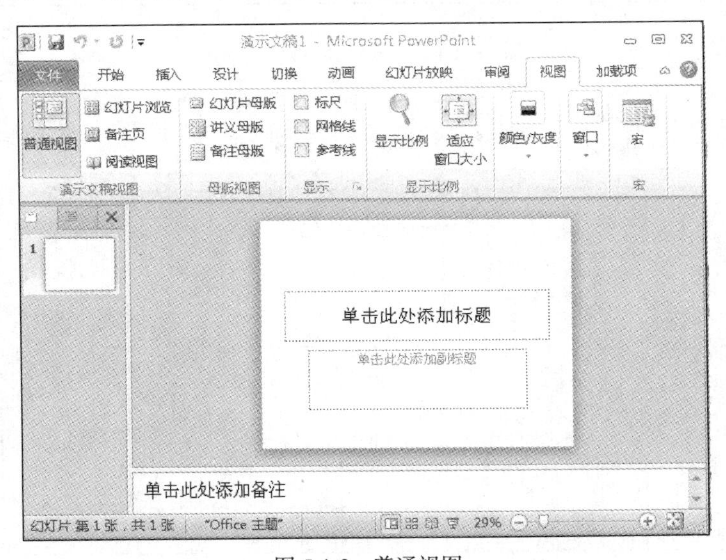

图 5-1-2　普通视图

2. 幻灯片浏览视图

在幻灯片浏览视图中，以缩略图的形式显示演示文稿中的多张幻灯片。在该视图方式下，用户可以从整体上浏览所有幻灯片的效果，可以方便地复制、移动和删除幻灯片，还可以为幻灯片添加动画效果、设置幻灯片的放映时间及切换方式等操作。选择“视图”菜单中的“幻灯片浏览”或单击“幻灯片浏览视图”，即切换到幻灯片浏览视图，如图5-1-3所示。

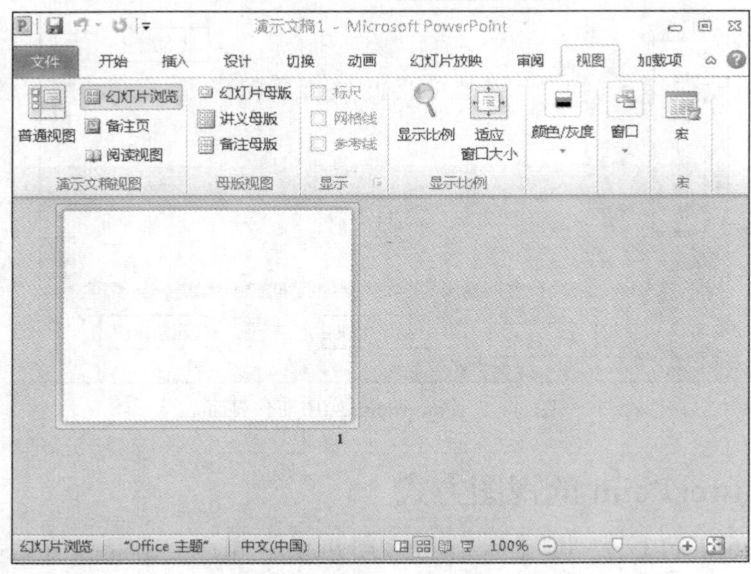

图5-1-3 幻灯片浏览视图

3. 备注页视图

在备注页视图中，用户可以在备注页文本框中很方便地为每一张幻灯片添加备注信息，还可以对添加的备注信息进行修改和修饰。选择“视图”菜单中的“备注页”命令，即可进入备注页视图，如图5-1-4所示。

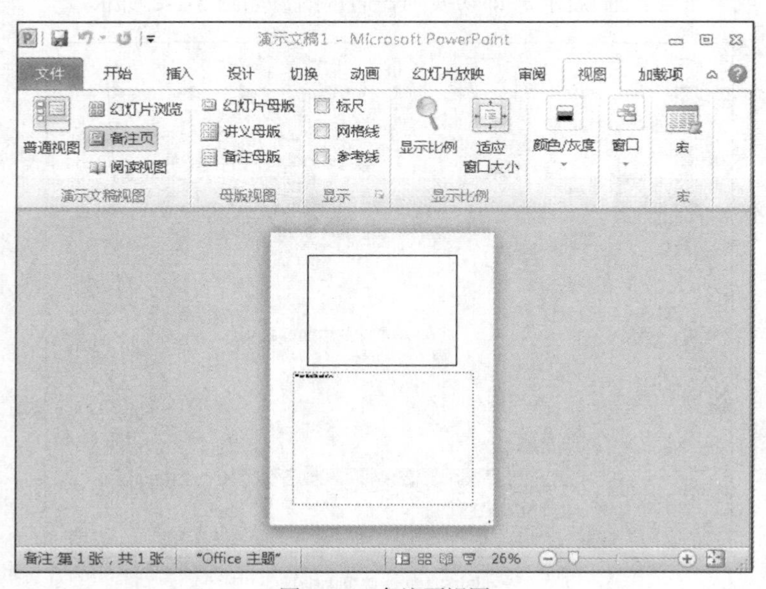

图5-1-4 备注页视图

4. 阅读视图

幻灯片放映视图用于放映幻灯片，且每张幻灯片占据整个计算机屏幕，在该视图方式下幻灯片被逐张播放。用户既可以设置自动放映幻灯片，也可以设置手动放映幻灯片，还可以使用屏幕左下角的按钮控制幻灯片的放映。在放映过程中，用户可以通过按 Esc 键随时停止播放。选择“视图”菜单中的“阅读视图”命令或单击“从当前幻灯片开始放映”按钮，即可切换到幻灯片阅读视图状态，如图 5-1-5 所示。

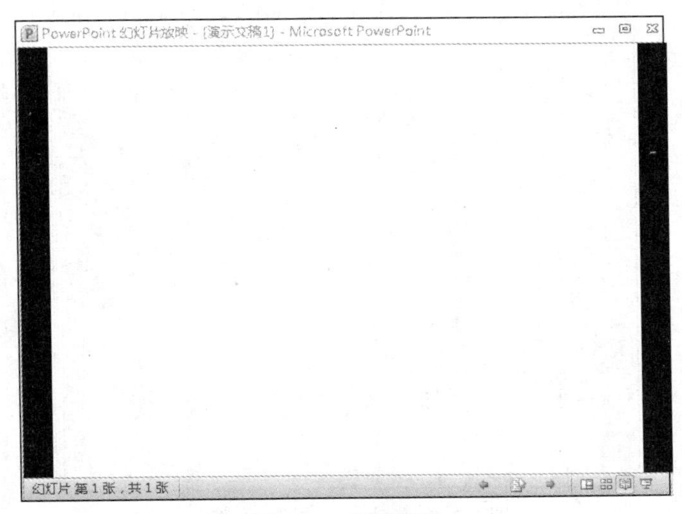

图 5-1-5　阅读视图

5.2　创建演示文稿

新建演示文稿可以单击“文件”菜单中的“新建”命令，打开如图 5-2-1 所示的“新建演示文稿”任务窗格。在该任务窗格中可以选择“空白演示文稿”、“样本模板”、“主题”、“根据现有内容新建”等项目。

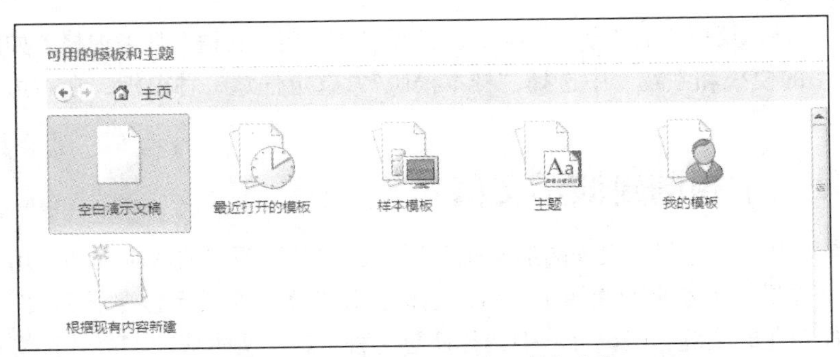

图 5-2-1　“新建演示文稿”任务窗格

5.2.1　从空白幻灯片创建演示文稿

如果想制作一个特殊的、具有与众不同外观的演示文稿，可从一个空白演示文稿开始，自建主题、背景设计、颜色和一些样式特性。创建的演示文稿不包含任何内容，用户可以根据自己的需要输入内容和设置格式。在“新建演示文稿”任务窗格中，此时将新建一个“标题幻灯片”版式的幻灯片。

创建空白演示文稿的具体操作步骤如下。

① 选择“文件”菜单中的“新建”命令，打开“新建演示文稿”任务窗格，双击“空白演示文稿”即可，如图 5-2-2 所示。

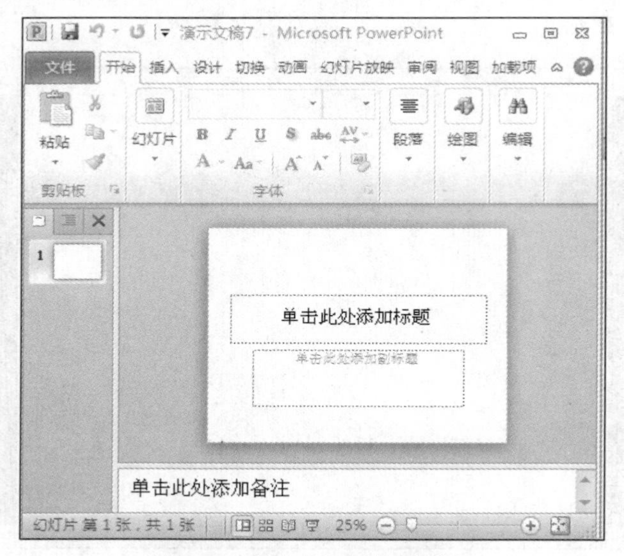

图 5-2-2 新建“空白演示文稿”

② 在“常用工具栏”任务窗格中单击“新建幻灯片”超链接，即可创建一个空白演示文稿。

5.2.2 使用样本模板创建演示文稿

用户可以根据 PowerPoint 2010 的样本模板来创建新的演示文稿。用样本模板创建的演示文稿中已经包含了示例文字，用户可以根据自己的需要来编辑内容，样本模板不仅能帮助用户完成演示文稿的相关格式的设置，而且还帮助用户预置了演示文稿的主要内容。

具体操作步骤如下。

① 选择 “文件”菜单中的“新建”命令，打开“新建演示文稿”任务窗格，如图 5-2-1 所示。

② 在“可用的模板和主题”中选择“样本模版”，选定任意一种模板，在右边的窗口上选择创建，如图 5-2-3 所示。

5.2.3 使用主题创建演示文稿

主题是指预先设计了外观、文本图形格式、标题、位置及颜色的待用文档。用户可以选择由 PowerPoint 2010 提供的主题来新建演示文稿，这样创建的演示文稿不包含示例文字。PowerPoint 2010 提供了各种专业的主题，用户可从中选择任意一种，这样所生成的幻灯片都将自动采用该主题的设计方案，从而使演示文稿中的幻灯片风格协调一致。

具体操作步骤如下。

① 选择“文件”菜单中的“新建”命令，打开“新建演示文稿”任务窗格，如图 5-2-1 所示。

② 在“可用的模板和主题”中选择“主题”，选定任意一种主题，在右边的窗口上选择创建，如图 5-2-4 所示。

图 5-2-3　使用“样本模板”创建演示文稿

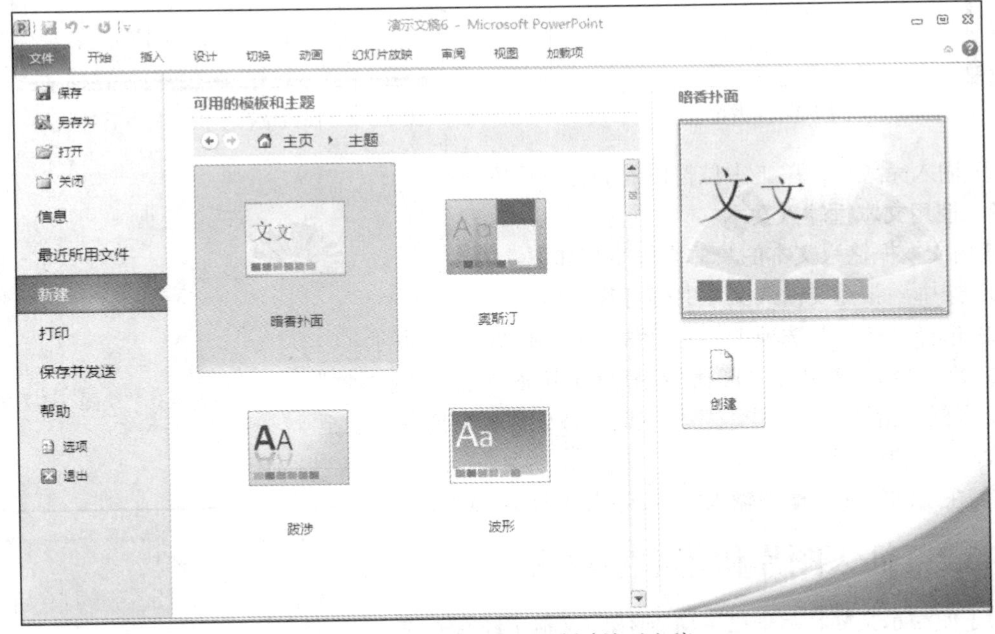

图 5-2-4　使用“主题”创建演示文稿

5.2.4　根据现有内容创建演示文稿

新建演示文稿，还可以根据现有演示文稿来创建。在“新建演示文稿”任务窗格中选择“根据现有内容创建”，将创建现有演示文稿的副本，并在此基础上进行演示文稿的设计。

5.3 演示文稿的编辑与修饰

创建好幻灯片后，即可对其进行插入、删除、复制等操作。PowerPoint 的特色之一是演示文稿的所有幻灯片都具有一致的外观。为此，就需要有一些手段来对幻灯片的外观加以控制。在 PowerPoint 2010 中，通常有 3 种最主要的控制手段，即母版、配色方案和设计模板。通过对这些功能的利用，可以有效控制幻灯片的外观，使演示文稿的风格与讲演内容更贴切，更具有吸引力。

5.3.1 在幻灯片中输入文字

在幻灯片中输入文本，包括在占位符中输入文本和在文本框中输入文本两种方式。

1. 在占位符中输入文本

幻灯片中的占位符如图 5-3-1 所示。在占位符中输入文本的具体操作步骤如下。

① 用鼠标单击要输入文本的占位符，占位符中将出现一个光标。

② 直接在占位符中输入文本，效果如图 5-3-2 所示。

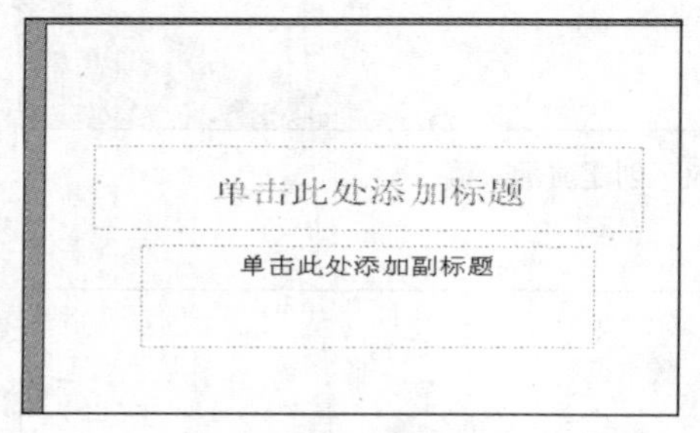

图 5-3-1 占位符

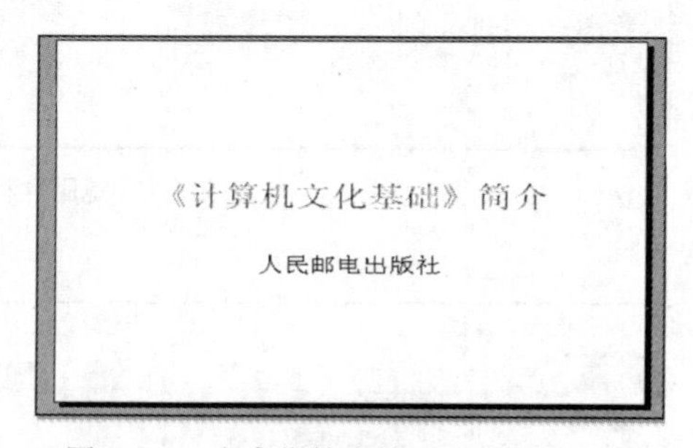

图 5-3-2 在占位符中输入文本后的效果

③ 输入完成后，单击占位符以外的任意位置即可。

2. 使用文本框输入文本

使用文本框输入文本的具体操作步骤如下。

① 选中一张需要输入文本的幻灯片。

② 选择“开始”选项卡的“绘图”组，如图 5-3-3 所示。

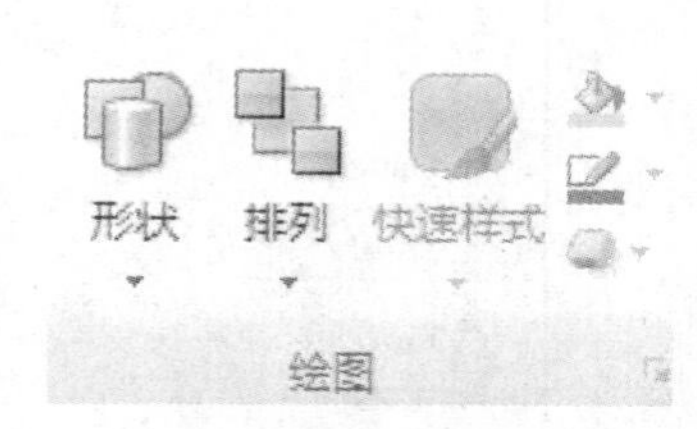

图 5-3-3 “绘图”工具栏

③ 在“绘图”组中的“形状”按钮的下拉条中选择“文本框”按钮，当鼠标指针变成“十”字形状时，按住鼠标左键并拖动至合适大小，绘制文本框。

④ 在绘制的文本框中输入文本，效果如图 5-3-4 所示。

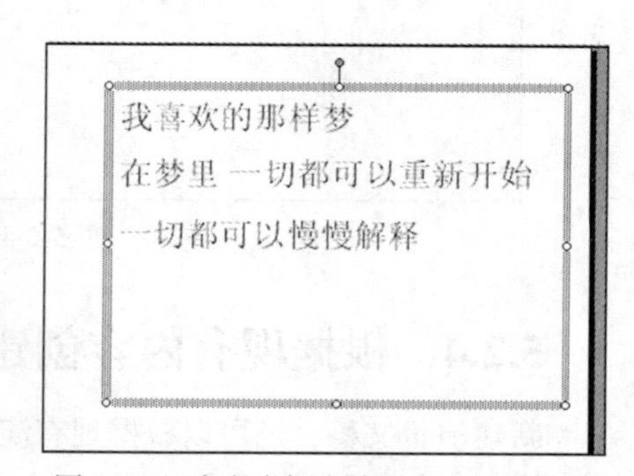

图 5-3-4 在文本框中输入文本后的效果

5.3.2 插入图片和艺术字对象

为了使演示文稿看起来更生动、形象，文稿中经常需要加入一些图形。这些图形可以是用绘图工具手工绘制的，也可以是现成的图片，如 PowerPoint 2010 中自带的剪辑库图片；还可以是从其他网上下载的图片或者屏幕截图的图片；有时还可以将幻灯片中的文字图形化，使其变成具有特殊效果的艺术字。下面主要介绍如何插入图片文件和艺术字。

1. 插入图片文件

为了让演示文稿更具吸引力和说服力，适当插入图片是有效的方法之一。

（1）从剪贴画库中插入图片

从剪贴画库中插入图片的步骤如下。

① 单击“插入”选项卡，执行“图片”组中的“剪贴画”命令，打开“剪贴画”任务窗格，如图 5-3-5 所示。

② 在搜索出的结果中选择一个类别，插入图片。

（2）从图形文件中插入图片

Power Point 2010 系统提供了从其他图形文件中插入图片的功能，以使用户的演示文稿更加生动。

从图形文件中插入图片的步骤如下。

① 单击“插入”选项卡，执行“图片”组中的“图片”命令，打开“插入图片”对话框。

② 在“插入图片”对话框选择一张图片，单击“插入”按钮。

（3）编辑图片

用户可以将磁盘里自己喜欢的图片插入到幻灯片中，具体的操作如下。

图 5-3-5 “剪贴画”任务窗格

选中要设置的图片后，单击“格式”选项卡，如图 5-3-6 所示，或右击图片，在弹出的快捷菜单中选择“设置图片格式”命令，打开如图 5-3-7 所示的“设置图片格式”对话框，用户可以对图片的格式进行设置。

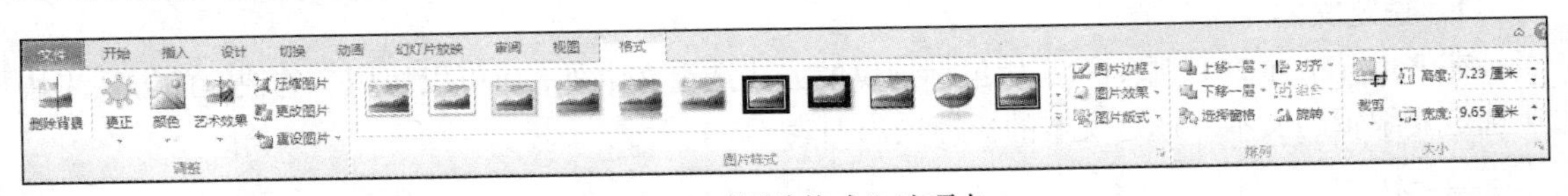

图 5-3-6 “图片格式”选项卡

2. 使用艺术字对象

在 PowerPoint 中创建艺术字体是一件轻而易举的事情。单击“插入”工具栏中的“艺术字”按钮，在其下拉条中选中某种艺术字式样后会出现“编辑”艺术字文字对话框。

在“文字”栏中输入文本内容，并在“开始”选项卡的“字体”组中对字体进行字体、字号以及其他效果的设计。

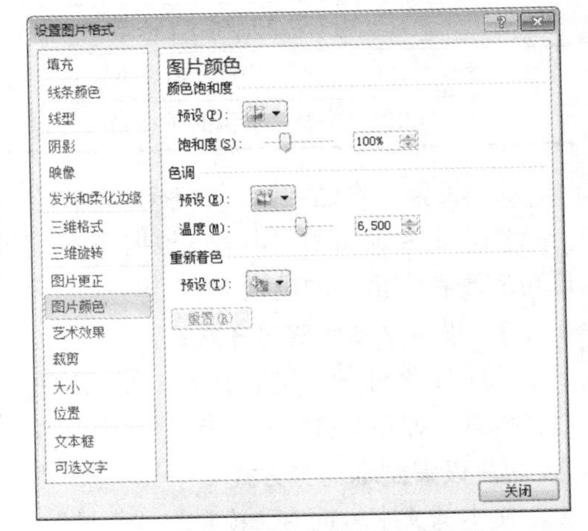

图 5-3-7 “设置图片格式”对话框

5.3.3 插入视频和音频对象

除了可以在幻灯片中插入图片和艺术字外，还可以插入多媒体文件，如视频和音频等。

1. 插入视频

在幻灯片中插入视频的具体步骤如下。

① 选择“插入”选项卡中“媒体”组中的“视频”命令，弹出“文件中的视频”、“来自网站的视频”和“剪贴画视频”3 个选项，如图 5-3-8 所示。

② 根据视频文件的 3 种不同来源选择不同的插入视频方式，选中需要插入的视频文件后单击“确定”按钮，即可将视频插入到幻灯片中。

2. 插入音频

在幻灯片中插入音频的具体步骤如下。

① 选择“插入”选项卡中“媒体”组中的“音频”命令，弹出“文件中的音频”、“剪贴画音频”和“录音音频”3 个选项，如图 5-3-9 所示。

图 5-3-8　插入视频

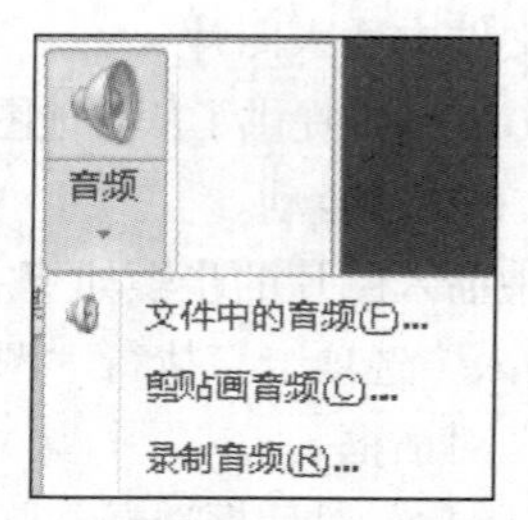

图 5-3-9　插入音频

② 根据音频文件的 3 种不同来源选择不同的插入音频方式，选中需要插入的音频文件后单击“确定”按钮，即可将音频插入到幻灯片中。

5.3.4　幻灯片中的文字设置

下面着重介绍如何实现对选定文本进行各种设置，如文本的字体、字形、字号、对齐方式等。

1. 选定文本

在 PowerPoint 2010 中，除了用鼠标拖曳的方法选定文本外，还可以使用一些快捷的方法来快速选定要编辑的文本。选定文本的快捷操作如表 5-3-1 所示。

表 5-3-1　选定文本的快捷操作

选定文本	对应操作
一个词	用鼠标双击该词
一个段落及其所有子段落	在该段落中的任何一处三击鼠标
单张幻灯片中的所有文本	单击大纲栏中该幻灯片的图标
大纲栏中整个文稿的所有文本	按 Ctrl+A 快捷键

2. 设置文本的字体、字形和字号

在选定要编辑的文本后，根据需要，使用“字体”工具栏中的字体、字形、字号等工具按钮，即可实现特定格式的设置。

3. 设置文本段落对齐方式

文本段落对齐方式是指文本在页面中水平和垂直的排列方式。在 PowerPoint 中共有 5 种文本对齐方式，即左对齐、右对齐、居中、两端对齐和分散对齐，系统默认的文本对齐方式为左对齐。

4. 设置文本对齐方式

文本的文字方向有“横排”、“竖排”、“所有文字旋转 90°”、“所有文字旋转 270°”、“堆积”5 种。文字方向为“横排”时，垂直对齐方式有“顶端对齐”、“中部对齐”、“底端对齐”、“顶部居中”、“中部居中”和“底部居中”6 种；其他 4 种文字方向时，垂直对齐方式有“右对齐”、“居中”、“左对齐”、“中部靠右”、“中部居中”和“中部靠左”6 种。

设置文本对齐方式如下。

① 选定要设置对齐方式的文本或文本段落。

② 单击“开始”→“段落”→“对齐文本”下的相应选项。

5. 调整行距

在 PowerPoint 2010 中，用户可以对系统默认的行距进行调整，这样在文本内容太多或太少时，就可以相应地减少或增加行距，以保证幻灯片的美观。操作方法如下。

① 选定需要调整行距的一段文本。

② 单击“开始”选项卡中“段落”组中的“行距”命令，弹出“行距选项”对话框。

③ 在“行距”框中选择或键入新的行距。

④ 如果需要，分别在“段前”或“段后”框中，选择或键入新的行距。

⑤ 如果对设置的效果满意，则单击“确定”按钮，否则单击“取消”按钮。

6. 使用项目符号与编号

项目符号和编号用于对一些重要条目进行标注或编号，用户可以为选定文本或占位符添加项目符号或编号，还可以使用图形项目符号。可以在 PowerPoint 2010 的大纲、幻灯片或备注页窗格将编号应用到文本。

（1）项目符号。

添加项目符号的方法是：将插入点移动到需要设置项目符号的段落中；选择“开始”选项卡中“段落”组中的“项目符号”命令，打开如图 5-3-10 所示的“项目符号”任务窗格，选择项目符号，或单击其中的“项目符号和编号”按钮，打开“项目符号和编号”对话框，如图 5-3-11 所示。

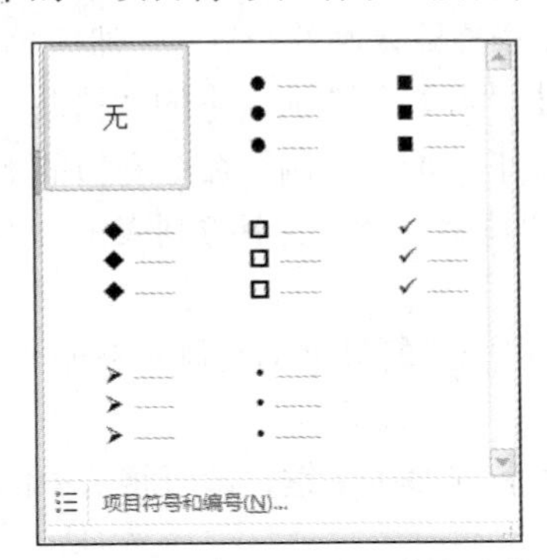

图 5-3-10 “项目符号”任务窗格

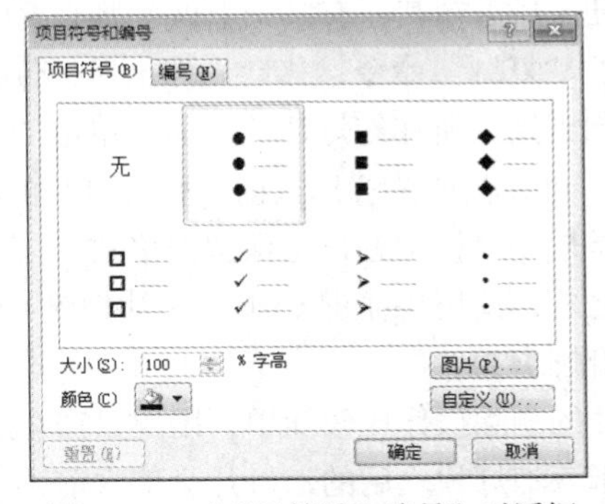

图 5-3-11 “项目符号和编号”对话框

系统提供了默认的几种项目符号项，如果用户不喜欢原有的项目符号，可以重新设置，方法如下：在“项目符号和编号”对话框中，选择一种项目符号后，单击“自定义”按钮，打开“符号”对话框，在其中选择一种符号作为项目符号。

为了达到特殊效果，用户还可以选择图片作为项目符号，方法如下：在“项目符号和编号”对话框中，单击“图片”按钮，打开“图片项目符号”对话框，选择某张图片作为项目符号。

如果用户想删除项目符号，可以采用以下两种方法。

① 将插入点移到要删除项目符号的段落最前面，按 Backspace 键。

② 将插入点移到要删除项目符号的段落上，单击“开始”选项卡上的“项目符号”按钮，在“项目符号”任务窗格中选择“无”。

（2）编号。

在 PowerPoint 2010 中向文本中添加编号的过程与在 Microsoft Word 2010 中的过程相似。要在列表中快速添加编号，选择文本或占位符，然后选择“开始”选项卡中“段落”组中的“项目编号”命令。要从列表的多种编号样式中进行选择，或者更改列表的颜色、大小或起始编号，则在“项目符号和编号”对话框中，单击“编号”选项卡。

5.3.5 幻灯片的选择、插入、复制和删除

创建好幻灯片后，即可对其进行选择、插入、复制、删除等操作。

1. 选择幻灯片

在执行编辑幻灯片命令之前，首先要选择命令作用的范围。不同的视图，选择幻灯片的方式也不尽相同。在普通视图和备注页视图中，当前显示的幻灯片即是被选中的，不必单击它。在幻灯片浏览视图中，单击幻灯片就可以选择整张幻灯片。若要选择不连续的几张幻灯片，按住 Ctrl 键，再用鼠标单击其他要选择的幻灯片；若要选择连续的几张幻灯片，可以先单击第一张幻灯片，再按住 Shift 键，单击最后一张幻灯片。

2. 插入幻灯片

在 PowerPoint 2010 的普通视图、备注页和幻灯片浏览视图中都可以创建一个新的幻灯片。在普通视图中创建的新幻灯片将排列在当前正在编辑的幻灯片的后面。在幻灯片浏览视图中增加新的幻灯片时，其位置将在当前光标或当前所选幻灯片的后面。新建幻灯片可以单击“开始”选项卡下的“新建幻灯片”命令。

3. 复制幻灯片

如果用户当前创建的幻灯片与已存在的幻灯片的风格基本一致，采用复制一张新的幻灯片的方法更方便，只需在其原有基础上做一些必要的修改。先选择要复制的幻灯片，然后单击“开始”选项卡下的“复制”命令，移动光标至目标位置，再单击“开始”选项卡下的“粘贴”命令，幻灯片将复制到光标所在幻灯片的后面。单击“开始”选项卡下的“复制”命令右边的下拉箭头选择 复制(I) ，可在当前位置插入前一张幻灯片的副本。在“粘贴”命令的下拉列表中可以选择粘贴的幻灯片是采用目标主题还是保留源格式。

除此之外，使用快捷键 Ctrl+C 和快捷键 Ctrl+V 也可以完成幻灯片的复制和粘贴操作。

4. 删除幻灯片

幻灯片的删除操作比较简单，用户只需在选中幻灯片后按 Delete 键，即可将选中的幻灯片删除，且位于该幻灯片之后的幻灯片会依次前移。

5.3.6 使用幻灯片母版

幻灯片的母版实际上就是一种特殊的幻灯片，它包括了幻灯片文本和页脚等占位符，这些占位符控制了幻灯片的字体、字号、颜色、阴影和项目符号、样式等版式要素。可以将母版看作一个用于构建幻灯片的框架，使用母版可以统一整个演示文稿的格式，如果更改了幻灯片母版，则会影响所有基于该母版的演示文稿。通常情况下，将母版分为幻灯片母版、讲义母版、备注母版 3 种形式。

1. 建立幻灯片母版

如果用户想对幻灯片母版进行设置，可按以下操作步骤进行。

① 启动 PowerPoint 2010，新建或打开一演示文稿。

② 选择“视图”选项中“母版视图”组中的“幻灯片母版”命令，进入幻灯片母版视图状态，如图 5-3-12 所示，此时“幻灯片母版视图”工具条也随之被展开。

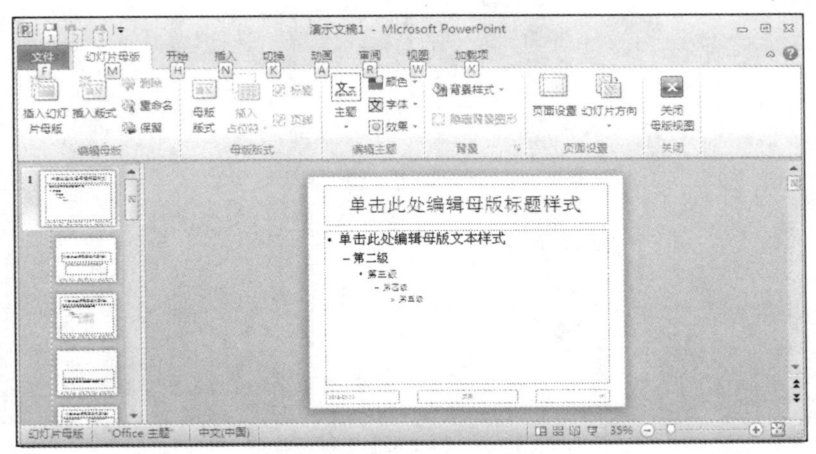

图 5-3-12 幻灯片母版视图

③ 右击“单击此处编辑母版标题样式”字符，在随后弹出的快捷菜单中设置好相应的选项。

④ 然后分别右击“单击此处编辑母版文本样式”及下面的“第二级、第三级……”字符，按照第③步的操作设置好相关格式。

⑤ 分别选中“单击此处编辑母版文本样式”、“第二级、第三级……”字符，执行 “项目符号”、“编号”命令，打开“项目符号”或“编号”对话框，设置一种项目符号样式后单击“确定”按钮退出，即可为相应的内容设置不同的项目符号样式。

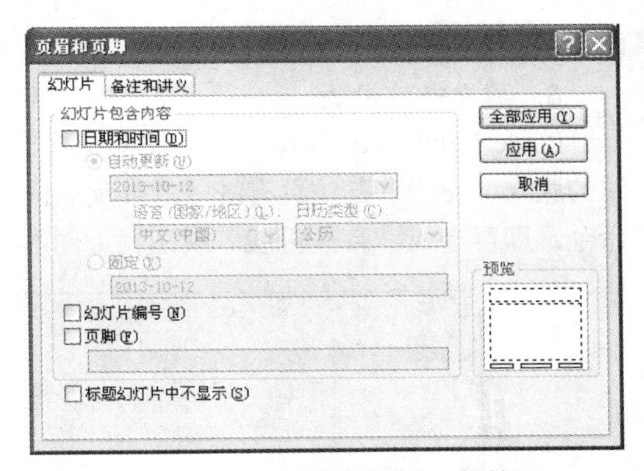

图 5-3-13 “页眉和页脚”对话框

⑥ 选择“插入”选项卡中的“页眉和页脚”命令，打开“页眉和页脚”对话框，如图 5-3-13 所示，切换到“幻灯片”标签下，即可对日期区、页脚区、数字区进行格式化设置。

⑦ 选择“插入”选项卡中“图像”组中的“图片”命令，打开“图片”对话框，定位到事先预备好的图片所在的文件夹中，选中该图片将其插入到母版中，并定位到合适的位置上。

⑧ 全部修改完后，单击“幻灯片母版视图”工具条上的“重命名版本”按钮，打开“重命名版本”对话框，输入一个名称后，单击“重命名”按钮返回。

⑨ 单击“幻灯片母版视图”工具条上的“关闭母版视图”按钮退出，“幻灯片母版”制作完成。

2. 建立讲义母版

讲义母版用于控制讲义的打印格式，用户可以在讲义母版的空白处添加图片、文字性说明等内容。讲义有 6 种可以使用的打印格式，即每页可打印 1 张、2 张、3 张、4 张、6 张和 9 张幻灯片。选择“视图”选项卡中“母版视图”组中的“讲义母版”命令，进入“讲义母版”视图状态，如图 5-3-14 所示，此时“讲义母版视图”工具条也随之被展开。

讲义母版视图中包括 4 个占位符，分别为页眉区、日期区、页脚区和数字区。这些文本占位符的设置与前面介绍的幻灯片母版的设置方法相同。在讲义母版视图中包含有多个虚线框，用于

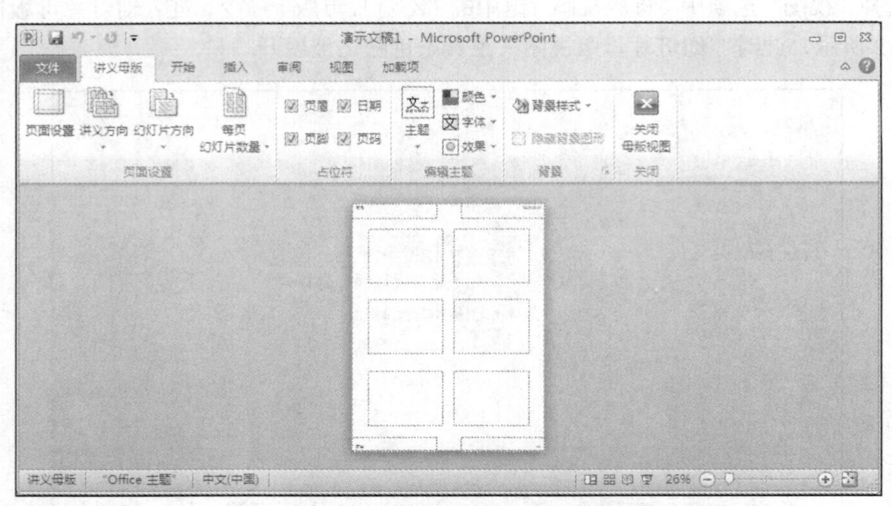

图 5-3-14 “讲义母版”视图状态

表示每页包含幻灯片的数量。用户可通过单击讲义母版工具栏中的工具按钮，设置每页中幻灯片的数量。

3. 建立备注母版

PowerPoint 2010 为每张幻灯片都设置了一个备注页，供用户添加备注。备注母版用于控制备注的版式，使所有备注页有统一的外观。选择“视图”选项卡中“母版视图”组中的“备注母版”命令，即可进入“备注母版”视图，如图 5-3-15 所示。

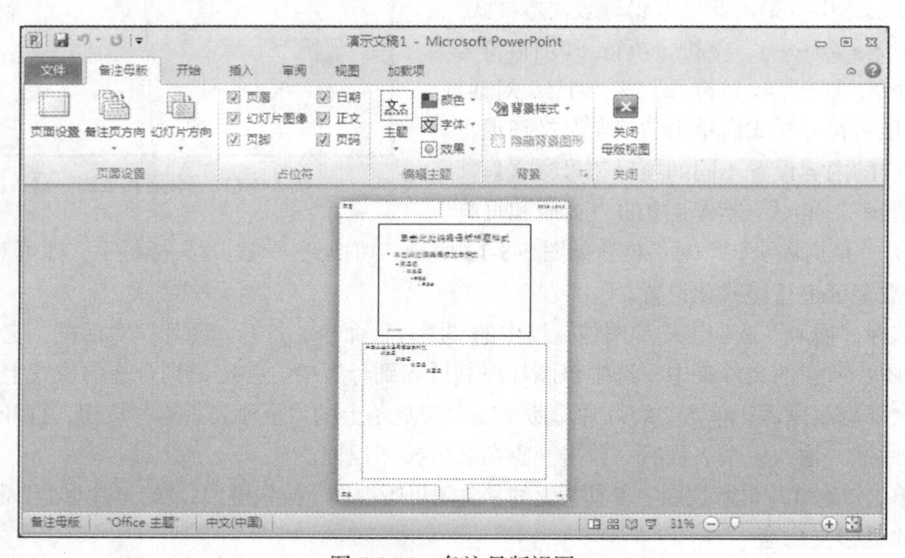

图 5-3-15 备注母版视图

备注母版的上方是幻灯片缩略图，用户可对其大小、位置、格式等进行设置；备注母版的下方是备注文本区，单击其四周的虚线框，可将其选中。用户可通过拖动其周围的控制点，改变文本框的大小，也可以将光标置于文本框内，对其中的文本格式进行相应的设置。也可以根据需要在备注页上添加图片或其他对象。设置完成后，单击备注母版工具栏上的“关闭母版视图”按钮，即可退出备注母版，返回到普通视图中。

5.3.7　设置幻灯片版式

幻灯片版式即幻灯片里面元素的排列组合方式。创建新幻灯片时，可以从预先设计好的幻灯片版式中进行选择。例如，有一个版式包含标题、文本和图表占位符，而另一个版式包含标题和剪贴画占位符。可以移动或重置其大小和格式，使之可与幻灯片母版不同，也可以在创建幻灯片之后修改其版式。应用一个新的版式时，所有的文本和对象都保留在幻灯片中，但是可能需要重新排列它们以适应新版式。

幻灯片确定一种版式后，有时还可能需要更换。更换幻灯片版式的操作方法如下。

① 单击“开始”选项卡，选择“幻灯片”组中的“幻灯片版式”命令，打开“幻灯片版式”任务窗格，如图 5-3-16 所示。

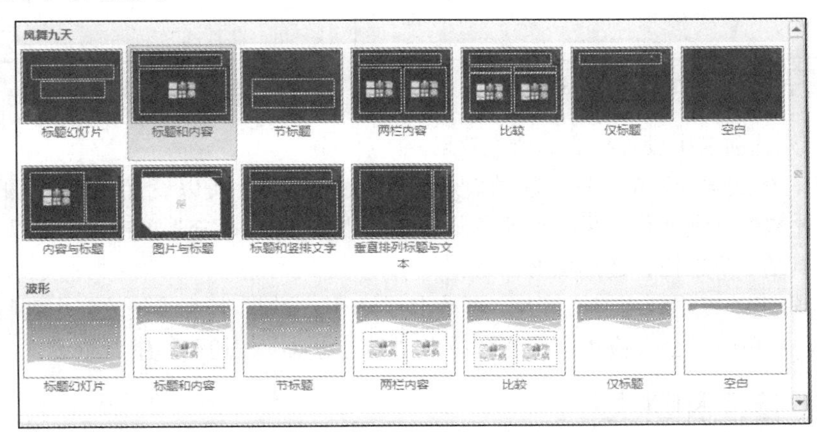

图 5-3-16　“幻灯片版式”任务窗格

② 在 PowerPoint 2010 版本中，幻灯片的版式是与主题联系在一起的，所以，图 5-3-16 所示的“幻灯片版式”窗格中，我们会看到基于两个主题的所有幻灯片版式都显示在其中。选择一种幻灯片版式后将其应用到幻灯片上。

5.3.8　更改幻灯片背景

用户可以为幻灯片设置不同的颜色、图案或者纹理等背景，不仅可以为单张幻灯片设置背景，而且可对母版设置背景，从而快速改变演示文稿中所有幻灯片的背景。

1. 改变幻灯片背景色

改变幻灯片背景色的操作方法如下。

① 若要改变单张幻灯片的背景，可以在普通视图或者幻灯片视图中显示该幻灯片。如果要改变所有幻灯片的背景，可以进入幻灯片母版中。

② 单击“设计”选项卡，选择“背景”组下的“背景样式”命令，出现如图 5-3-17 所示的“背景样式”选项框。

③ 选择相应的背景样式应用到幻灯片中。

2. 改变幻灯片的填充效果

改变幻灯片填充效果的操作方法如下。

① 若要改变单张幻灯片的背景，可以在普通视图或者幻灯片视图中选择该幻灯片。

② 在图 5-3-17 所示的“背景样式”选择框中选择“设置背景格式”命令，出现“设置背景

格式"对话框，如图5-3-18所示。

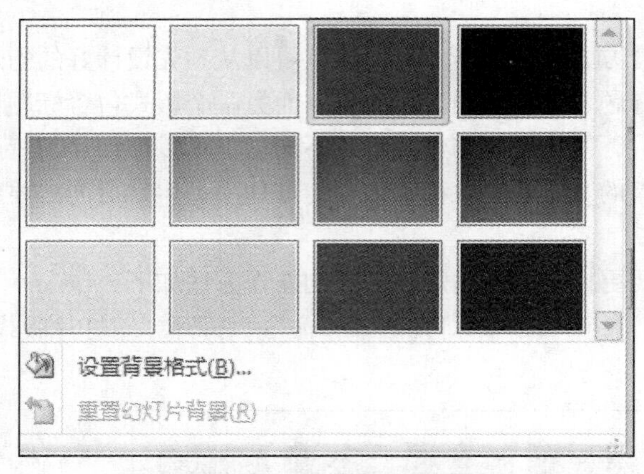

图5-3-17 "背景"选择框

图5-3-18 "设置背景格式"对话框

③ 在填充选项卡中设置相应的填充效果。

④ 单击"渐变填充"单选钮，选择填充颜色的过渡效果，可以设置一种颜色的浓淡效果，或者设置从一种颜色逐渐变化到另一种颜色。单击"图片或纹理填充"单选钮，可以选择填充纹理。单击"图案填充"单选钮，选择填充图案。

⑤ 若要将更改应用到当前幻灯片，可单击"关闭"按钮，若要将更改应用到所有的幻灯片和幻灯片母版，可单击"全部应用"按钮，单击"重置背景"按钮可撤销背景设置。

5.3.9 备注和讲义

1. 幻灯片备注

在普通视图或大纲视图这两种视图方式下，可以看到演示文稿中每张幻灯片下边都留有一部分空白区域，这是为演讲者填写该幻灯片的解释说明及一些备注内容而准备的。放映时，可以对照备注页的内容进行演讲，以防止有些内容被遗漏。而此时公众看到的只是幻灯片上的内容，看不到备注页。如果有必要，备注内容也可打印发给观众以帮助理解演讲内容。

2. 讲义

为了让观众能更好地理解演示的内容，有时需要将整个演示文稿打印出来作为讲义分发给与会者。打印时，要注意将打印对话框中"打印内容"一项改为"讲义"，并设好每页可打印的幻灯片数量。如果还有特殊的要求，可以先到幻灯片母版中添加必要的内容。

5.4 幻灯片的放映

在计算机上播放的演示文稿称为电子演示文稿，它将幻灯片直接显示在计算机的屏幕上。与实际幻灯片相比，电子演示文稿的显著特点是可以在幻灯片之间增加美妙的换页效果，以及设置幻灯片放映时的动画效果。

5.4.1 幻灯片中对象动画效果的制作

在演示文稿中添加适当的动画效果，可以更好地吸引观众的注意力。PowerPoint 2010可以为幻灯片添加非常精彩的动画效果，大大增加幻灯片的感染力。

1. 应用自定义动画效果

幻灯片放映时，可以对某些特定的对象增加动画，这些对象有幻灯片标题、幻灯片字体、文本对象、图形对象、多媒体对象等，如对含有层次小标题的对话框，可以让所有的层次小标题同时出现或逐个显示，或者在显示图片时听到鼓掌的声音。

应用自定义动画效果的操作步骤如下。

① 在普通视图中，选择要设置动画效果的幻灯片。

② 选择“动画”选项卡，出现如图 5-4-1 所示的“动画效果”任务窗格。

图 5-4-1 “动画效果”任务窗格 1

③ 选中要设置动画效果的文本或者对象，如果要设置的动画效果出现在当前任务窗格中，则选中它。如果没有出现，可单击动画窗格右侧的下拉列表，弹出如图 5-4-2 所示的“动画效果”任务窗格。从中选择某类动画效果，包括进入效果、强调效果、退出效果和动作路径，从某类动画效果中选择某个动画效果（如飞入的进入效果）。

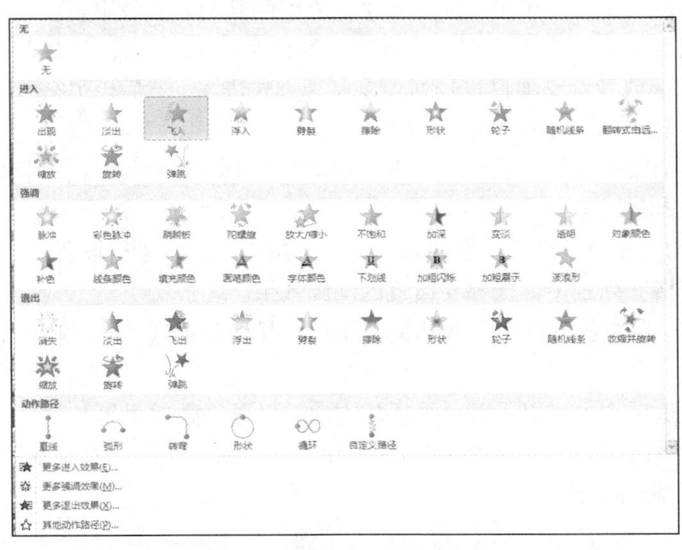

图 5-4-2 “动画效果”任务窗格 2

④ 如果弹出的菜单中没有要设置的动画效果，单击“更多其他效果”（如“彩色延伸”的强调效果），出现如图 5-4-3 所示的“更改强调效果”对话框，选择“彩色延伸”强调效果。

⑤ 还可对设置好的动画效果更改效果选项。可单击“动画效果”任务窗格右侧的“效果选项”打开如图 5-4-4 所示的“效果选项”库，选择相应的效果选项。

⑥ 在“动画”选项卡中的“计时”组中还可设置动画效果的计时效果。可以选择一种
果的开始方式，如果选择“单击时”，表示鼠标单击时播放该动画效果；如果选择“与上
时”，表示该动画效果和前一个动画效果同时播放；如果选择“上一动画之后”，表示
在前一个动画效果之后自动播放。在“持续时间”框中，可以设置动画的播放持续
时”框中可设置出现该动画之前的等待时间。

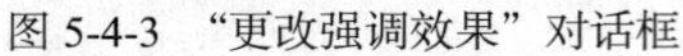

图 5-4-3 “更改强调效果”对话框

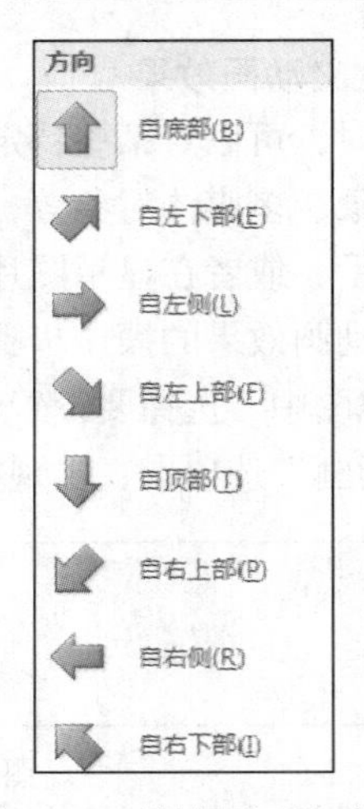

图 5-4-4 “效果选项”库

⑦ 通过以上设置，在“动画窗格”中的动画效果列表中会按次序列出设置的动画效果，同时在幻灯片窗格中的相应对象上会显示出动画效果标记。“动画窗格”的显示可通过“高级动画”组中的“动画窗格”按钮来完成。

⑧ 如要修改动画效果，可单击“动画效果”库中的其他动画效果。

⑨ 如要在已设置动画效果的对象上再添加一个动画效果。例如，希望某一对象同时具有“进入”和“退出”效果，或者希望项目符号列表以一种方式进入，然后以另一种方式强调每一要点，可单击“动画”选项卡下的“添加动画”按钮。

⑩ 如果对设置的动画效果不满意，单击“动画”库中的“无”，可以删除选定的动画效果。

2. 设置自定义动画效果

如果要对设置的动画效果进行更多的设置，可以按以下步骤进行设置。

① 在“动画窗格”列表中，选择要设置的动画效果。

② 单击列表右边的下拉按钮，在弹出的菜单中选择“效果选项”，打开如图 5-4-5 所示的相应效果选项对话框。

③ 在“效果”选项卡中可以设置动画播放方向、动画增强效果等。

④ 单击“计时”选项卡，打开如图 5-4-6 所示的“飞入”效果计时对话框，可以设置动画播放开始时间、速度和触发动作。

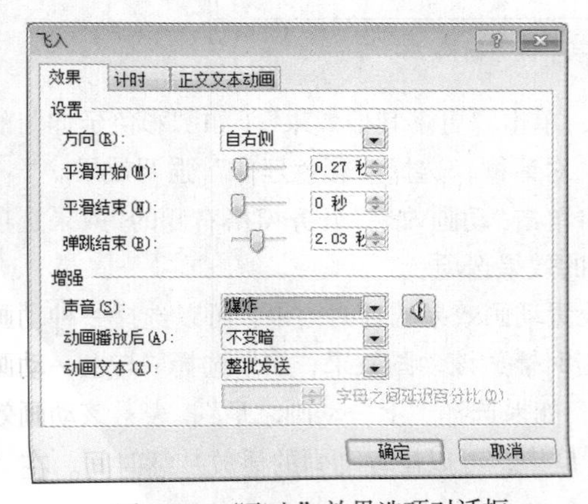

图 5-4-5 “飞入”效果选项对话框

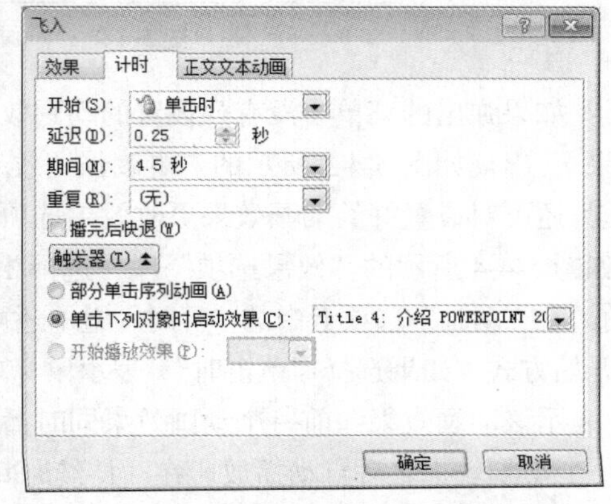

图 5-4-6 “飞入”效果计时对话框

3. 复制动画效果

在 PowerPoint 2010 中，新增了名为动画刷的工具，该工具允许用户把现成的动画效果复制到其他 PowerPoint 页面中，用户可以快速地制作 PowerPoint 动画。PowerPoint 2010 的动画刷使用起来非常简单，选择一个带有动画效果的 PowerPoint 幻灯片元素，单击 PowerPoint 功能区动画标签下的高级动画中的动画刷按钮，或直接使用动画刷的快捷键 Alt+Shift+C，这时，鼠标指针会变成带有小刷子的样式，与格式刷的指针样式差不多。找到需要复制动画效果的页面，在其中的元素上单击鼠标，则动画效果复制完成。

5.4.2　播放效果的设置

切换效果是添加在幻灯片上的一种特殊的播放效果，在演示文稿放映过程中，切换效果可以通过各种方式将幻灯片拉入屏幕中，也可以在切换的同时播放声音。设置幻灯片切换效果的具体操作步骤如下。

① 选中设置切换效果的幻灯片，选择“切换”选项卡，如图 5-4-7 所示。

图 5-4-7　“幻灯片切换”窗格

② 在“切换到此幻灯片”组中选择要应用的切换方式，如“切出”。

③ 在“效果选项”中选择幻灯片的切换方向。

④ 如果要为幻灯片切换效果设置音效，则可打开“声音”下拉列表框，在其中选择一种声音，如“风铃声”。

⑤ 在“换片方式”选项组中选择幻灯片的切换方式，如果想要手动切换，则可选中“单击鼠标时”复选框；如果要设置自动切换方式，则可选中“每隔”复选框，并在后面的微调框中输入间隔时间。

⑥ 单击“应用于所有幻灯片”按钮，将设置应用到演示文稿中所有的幻灯片上。

⑦ 单击左侧的“预览”按钮预览所设置的切换效果。

5.4.3　制作具有交互功能的演示文稿

PowerPoint 允许用户在演示文稿中创建超级链接，超级链接的对象可以是文本、图片等。创建超链接后，当用户在放映幻灯片时，将鼠标指针指向创建的超链接，鼠标指针会变成“手形”，单击它即可跳转到链接指向的目标位置。为文本添加超链接后，会在文本下方添加下画线，且文本会采用与配色方案相同的颜色。除此之外，用户还可以为超链接的对象设置动作，以丰富链接效果。在 PowerPoint 2010 中，用户可以使用两种不同的方法创建超链接。

1. 通过常用方法创建超链接

使用常用方法创建超链接的具体操作步骤如下。

① 在幻灯片中选择用于创建超链接的文本或对象。

② 选择“插入”选项卡中“链接”组中的“超链接”命令，弹出“插入超链接”对话框，如图 5-4-8 所示。

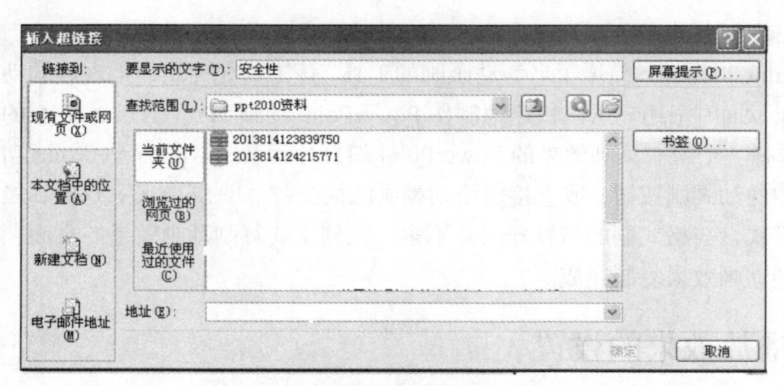

图 5-4-8 “插入超链接”对话框

③ “链接到”选择区中提供了 4 个选项，分别为原有文件或网页，本文档中的位置、新建文档和电子邮件地址。用户可通过这几个选项设置链接到的位置。

④ 设置好链接地址后，单击“确定”按钮即可。

2. 通过插入动作按钮创建超链接

通过插入动作按钮来创建超链接的具体操作步骤如下。

① 在普通视图中选中要插入动作按钮的幻灯片。

② 选择“插入”选项卡中“插图”组中的 “形状”命令，在形状类型中选择“动作按钮”，选择一种动作按钮（如“自定义”按钮），如图 5-4-9 所示。

③ 将鼠标指针移到幻灯片上欲放置动作按钮的位置，然后按住鼠标左键拖动到所需大小，释放鼠标左键后，将弹出如图 5-4-10 所示的“动作设置”对话框。

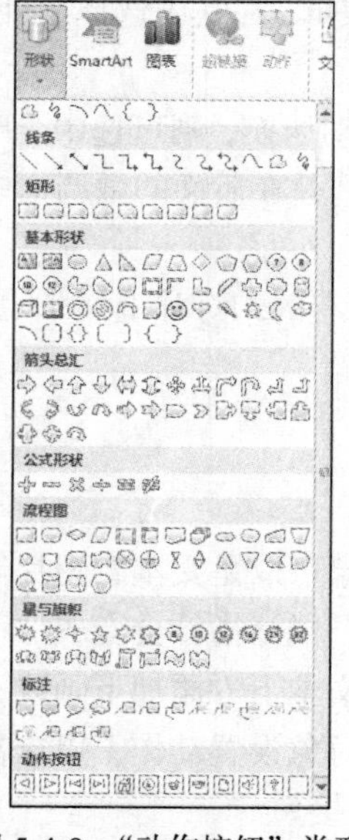

图 5-4-9 “动作按钮”类型

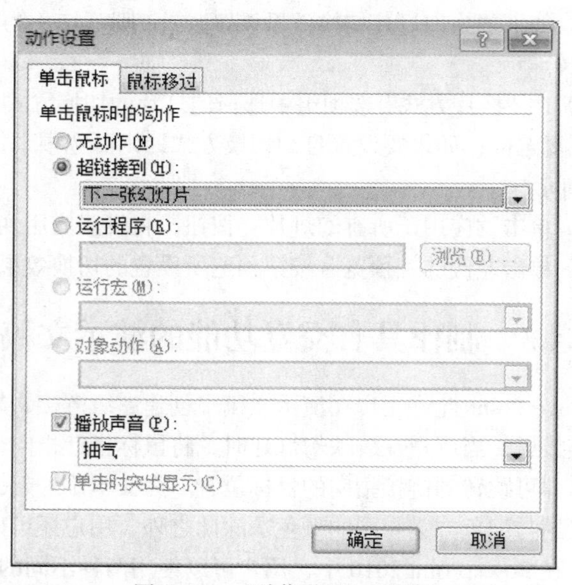

图 5-4-10 “动作设置”对话框

④ 可以设置鼠标的动作为单击或移过。选中“超链接到”单选钮，在下拉列表框中选择要跳转到的位置，如果要链接到本演示文稿中其他幻灯片，可以选择“幻灯片”命令；选择“运行程序”可以启动某个应用程序；执行该动作时产生伴随声音则选中“播放声音”复选框。

⑤ 单击“确定”按钮。

5.4.4 播放演示文稿

当所有准备工作完成后，用户就可以放映幻灯片了。根据幻灯片的用途和观众的需求，可以有多种放映方式。

1. 放映演示文稿

如果直接在 PowerPoint 2010 中放映演示文稿，主要有以下几种启动放映方法。

① 单击 PowerPoint 2010 状态栏右侧的“幻灯片放映”按钮，可以从当前幻灯片开始放映。

② 单击“幻灯片放映”选项卡下的“从头开始”命令，从头开始放映。放映时，屏幕上将显示一张幻灯片的内容。

③ 直接按 F5 键。

第一种方法将从演示文稿的当前幻灯片开始播放，而其他两种方法将从第一张幻灯片开始播放。

2. 控制幻灯片的前进

在放映幻灯片时有以下几种方法控制幻灯片的前进：按 Enter 键；按空格键；鼠标单击；右击鼠标，在弹出的快捷菜单中选择“下一张”；按 Page Down 键；按向下或向右方向键；在屏幕的左下角单击“下一页”按钮。

3. 控制幻灯片的后退

在放映幻灯片时有以下几种方法控制幻灯片的后退：右击鼠标，在弹出的快捷菜单中选择“上一张”；按 Backspace 键；按 Page Up 键；按向上或向左方向键；在屏幕的左下角单击“上一页”按钮。

4. 幻灯片的退出

在放映幻灯片时有以下几种方法退出幻灯片的放映：按 Esc 键；鼠标右击，在弹出的快捷菜单中选择“结束放映”；在屏幕的左下角单击按钮，在弹出的菜单中选择“结束放映”。

5.4.5 放映过程中的记录

在演示文稿放映过程中，用户可以在幻灯片上进行书写或绘画，以引起听众的注意。具体操作方法如下。

① 在幻灯片播放过程中右击鼠标弹出快捷菜单。

② 选择“指针选项”级联菜单中的“笔”或“荧光笔”命令，此时，鼠标变成一支相应的“笔”，可以在屏幕上随意书写或绘画。

5.4.6 排练计时和录制幻灯片演示

1. 排练计时

打开要设置放映时间的演示文稿，单击“幻灯片放映”选项卡下的“排练计时”命令，此时开始排练放映幻灯片，同时开始计时。在屏幕上除显示幻灯片外，还有一个“录制”对话框，如图 5-4-11 所示，在该对话框中显示有时钟，记录当前幻灯片的放映时间。当幻灯片放映时间到，准备放映下一张幻灯片时，单击带有箭头的换页按钮，即开始记录下一张幻灯片的放映时间。如果认为该时间不合适，可以单击“重复”按钮，对当前幻灯片重新计时。放映到最后一张幻灯片时，屏幕上会显示一个确认的消息框，如图 5-4-12 所示，询问是否保留已确定的排练时间。幻灯片的放映时间设置好以后，就可以按照设置的时间进行自动放映。

图 5-4-11 “录制”对话框

图 5-4-12 确认排练计时对话框

2. 录制幻灯片演示

在幻灯片放映功能区找到录制幻灯片演示功能，单击之后出现“录制幻灯片演示”对话框，如图 5-4-13 所示，默认是勾选“幻灯片和动画计时”与“旁白和激光笔”的，此处需要用户根据实际需要去选择。单击“开始录制”按钮，开始放映 PowerPoint 幻灯片，幻灯片录制同时开始。结束幻灯片放映时，录制结束并将录制内容自动保存在演示文稿中。当放映演示文稿时，所录制的幻灯片和动画计时及旁白和激光笔都会播放出来。如果要清除录制的计时和旁白可选择“录制幻灯片演示”下的“清除”命令来完成。如果要清除这些录制内容，可在“幻灯片放映”选项卡中“设置”组中的“录制幻灯片演示”下拉菜单中选择“清除”子菜单中的相应命令，如图 5-4-14 所示。

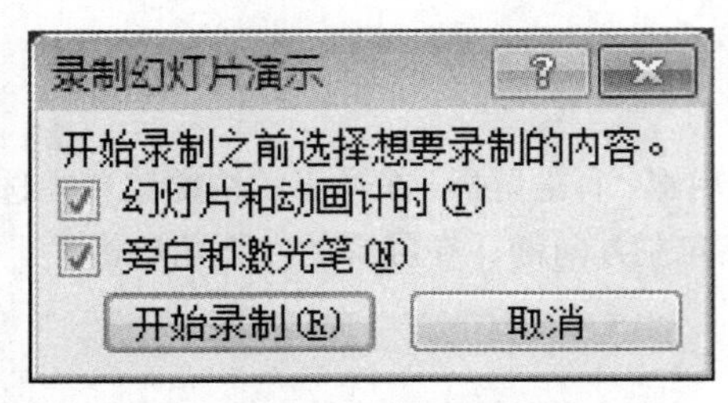

图 5-4-13 录制工具栏图

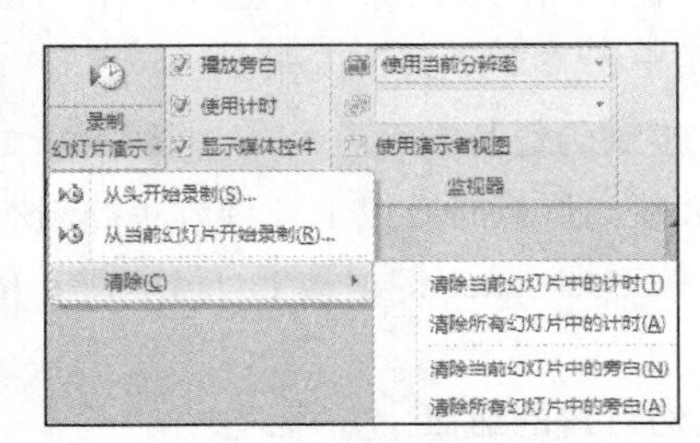

图 5-4-14 清除录制内容

5.5 演示文稿的输出与发布

PowerPoint 2010 为用户提供了多种保存和输出演示文稿的方法，用来满足不同环境及不同情况的需要。

5.5.1 打印输出演示文稿

对演示文稿进行页面设置和打印预览后，就可以打印演示文稿了。打印演示文稿的具体操作步骤为：选中要打印的演示文稿→选择“文件”菜单中的“打印”命令，即可弹出“打印”对话框，在“打印机”下拉列表中选择打印机名称，在“设置”区域中设置幻灯片的打印范围，在“颜色/灰度”下拉列表中设置打印颜色，在“打印份数”微调框中输入需要打印的份数，依次完成相关的设置，单击“确定”按钮便开始打印。

5.5.2 打包演示文稿

很多情况下，需要将制作好的演示文稿传送到其他用户的计算机中进行播放。但是，如果用户的计算机没有安装 PowerPoint 应用程序，则无法播放演示文稿。这时，用户可将 PowerPoint 应用程序及制作的演示文稿组合刻录在一张 CD 上，其他用户也可以通过该 CD 播放演示文稿，该过程被称为打包演示文稿。打包演示文稿的具体操作步骤如下。

① 打开要打包的演示文稿。

② 选择“文件”菜单中的“保存并发送”命令，选择“将演示文稿打包成 CD”，弹出“打包成 CD”对话框，如图 5-5-1 所示。

③ 在“将 CD 命名为”文本框中输入打包后演示文稿的名称。如果需要打包多个演示文稿，可单击“添加”按钮，在弹出的对话框中选择多个演示文稿，将它们添加到该 CD 中。

④ 单击“选项”按钮，弹出“选项”对话框，如图 5-5-2 所示。

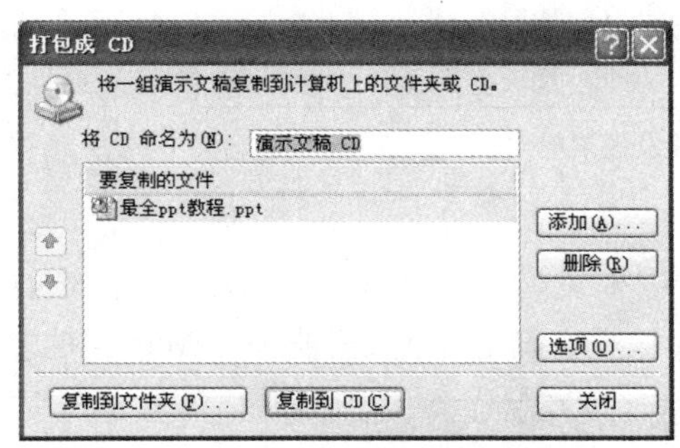

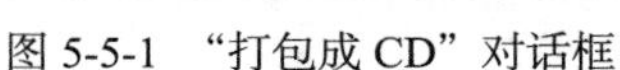
图 5-5-1 “打包成 CD”对话框

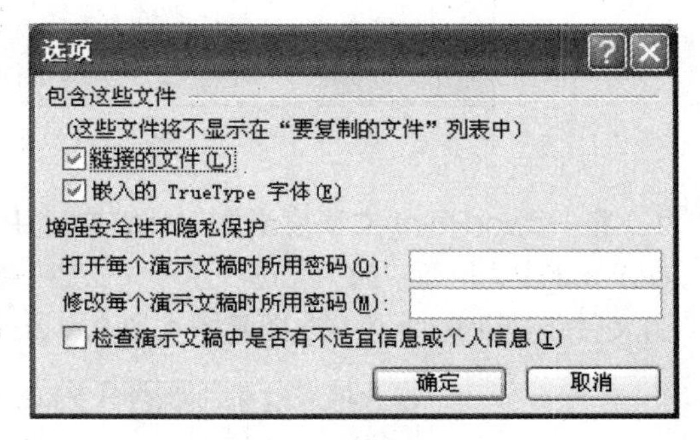

图 5-5-2 “选项”对话框

⑤ 用户可在“选项”对话框中选择 CD 中将要包含的文件。设置好相关参数后，单击“确定”按钮，可保存设置并返回到“打包成 CD”对话框。

⑥ 单击“复制到文件夹”按钮，可在弹出的“复制到文件夹”对话框（见图 5-5-3）中将当前文件复制到指定的位置；单击“复制到 CD”按钮，可弹出刻录机托盘并打开“正在将文件复制到 CD”对话框，此时，用户可将一张空白的光盘放入刻录机以进行刻录。

图 5-5-3 “复制到文件夹”对话框

⑦ 刻录完成后，单击“关闭”按钮完成整个打包过程。

5.6　PowerPoint 的其他功能

5.6.1　PowerPoint 的网上发布

打开“文件”菜单下“保存并发送”命令，从中选择一种发送方式，如图 5-6-1 所示。

例如，选择“使用电子邮件发送”，演示文稿可以作为附件、发送链接、以 PDF 形式、以 XPS 形式发送。

5.6.2　PowerPoint 与其他程序联合使用

利用 Word 与 PowerPoint 的协作功能，可以在不同程序中使用同样的内容并进行编辑。

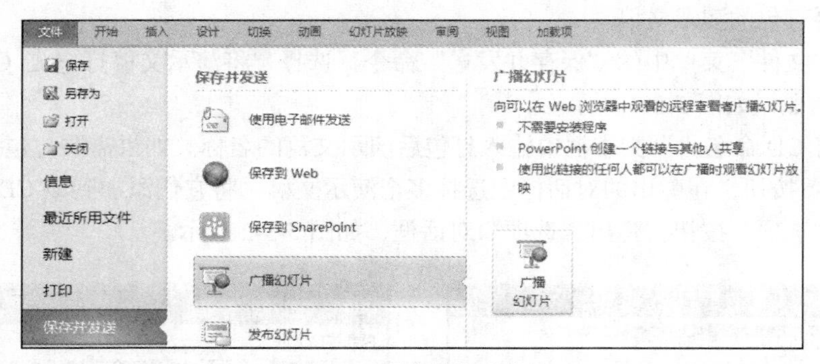

图 5-6-1　保存并发送菜单

1. 将 PowerPoint 文稿发送到 Word 文档中

在 Word 中，执行“插入”选项卡→“文本”组→“对象”命令，打开如图 5-6-2 所示的对话框，在“由文件创建”选项卡中选择要插入的 PowerPoint 文件，确定后该文稿被插入 Word 文档中。

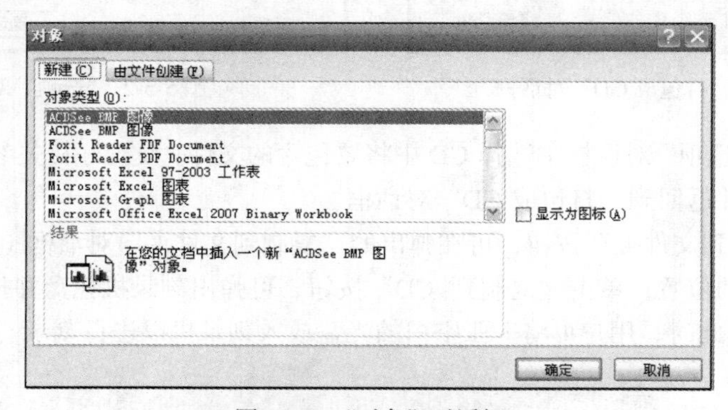

图 5-6-2　“对象”对话框

2. 使用发送命令

在 PowerPoint 文件中，执行“文件”菜单下的“选项”命令，在打开的对话框中按照如图 5-6-3 所示进行选择，将“使用 Microsoft Word 创建讲义”添加到快速访问工具栏中。单击工具栏中该按钮，打开如图 5-6-4 所示的对话框，选择备注的位置及幻灯片与 Word 文档的链接方式后确定，系统自动创建一个 Word 文档并将所有的幻灯片导入该文档中。

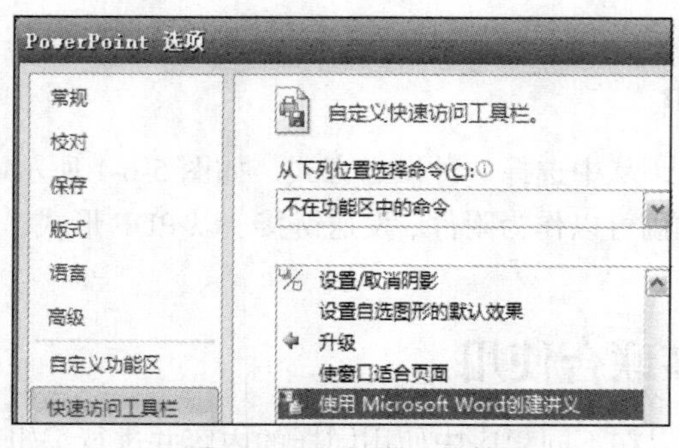

图 5-6-3　“选项”对话框

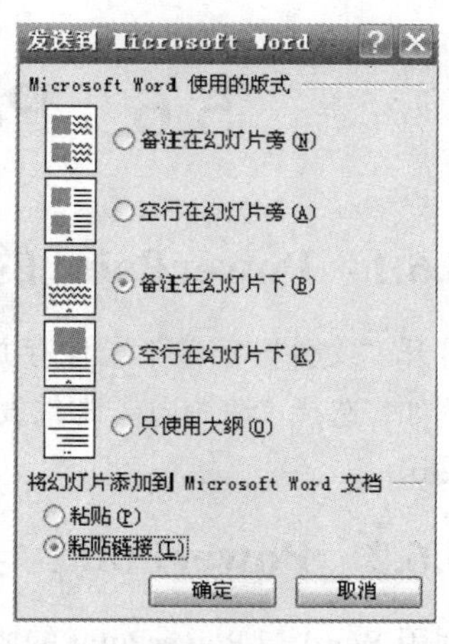

图 5-6-4　文稿发送到 Word 中的选项

5.7　PowerPoint 2010 新特点

5.7.1　处理演示文稿新工具

PowerPoint 2010 引入了一些出色的新工具，使用这些工具可以有效地创建、管理并与他人协作处理演示文稿。

1. 在新增的 Backstage 视图中管理文件

通过 Microsoft Office Backstage 视图快速访问与管理文件相关的常见任务，如查看文档属性、设置权限以及打开、保存、打印和共享演示文稿。

2. 与同事共同创作演示文稿

使用 Microsoft SharePoint Server 上的共享位置，多人可以在合适的时间和地点共同创作内容。不必轮流编辑演示文稿，只需将演示文稿的不同版本合并在一起。

3. 自动保存演示文稿的多个版本

使用 Office 自动修订功能，可以自动保存演示文稿的不同渐进版本。

4. 将幻灯片组织成节的形式

可以使用多个节来组织大型幻灯片版面，以简化其管理和导航。

5. 合并和比较演示文稿

合并和比较功能可以比较当前演示文稿和其他演示文稿，并可以立即将其合并。如果希望通过比较两个演示文稿来了解它们之间的不同之处，而不打算保存组合的（合并的）演示文稿，则此功能非常有用。

6. 在不同窗口中使用单独的 PowerPoint 演示文稿文件

可以在一台监视器上并排运行多个演示文稿。演示文稿不再受主窗口或父窗口的限制。此外，在幻灯片放映中，还可以使用新的阅读视图在单独管理的窗口中同时显示两个演示文稿，并具有完整动画效果和完整媒体支持。

7. 随时随地工作

即使没有 PowerPoint，也能处理演示文稿。将演示文稿存储在用于承载 Microsoft Office Web App 的 Web 服务器上，就可使用 PowerPoint Web App 在浏览器中打开演示文稿，查看文档并进行更改。可以通过登录 Windows Live 或访问组织中已安装 Office Web App 的 Microsoft SharePoint Foundation 2010 网站来使用 Office Web App。

5.7.2　媒体新功能丰富演示文稿

PowerPoint 2010 引入了视频和照片编辑新增功能和增强功能。此外，切换效果和动画分别具有单独的选项卡，并且比以往更为平滑和丰富。SmartArt 图形中有一些基于照片的新增功能。

1. 在演示文稿中嵌入、编辑和播放视频

插入演示文稿视频已成为演示文稿文件的一部分。在移动演示文稿时不会再出现视频文件丢失的情况。并且可以剪裁视频，在视频中添加同步的叠加文本、标牌框架、书签和淡化效果。还可对视频应用边框、阴影、反射、辉光、柔化边缘、三维旋转、棱台和其他设计器效果。当重新播放视频时，也会重新播放所有效果。

2. 链接至网站上的视频

在幻灯片中可插入来自YouTube或hulu等社交媒体网站的视频，各网站通常会提供嵌入代码，能够从演示文稿链接至视频。

3. 对图片进行各种处理

可以对图片应用不同的艺术效果，包括铅笔素描、线条图、粉笔素描、水彩海绵、马赛克气泡、玻璃、水泥、蜡笔平滑、塑封、发光边缘、影印和画图笔画；能自动删除不需要的图片部分（如背景）；提供裁剪工具进行剪裁并有效删除不需要的图片部分；可以在幻灯片之间使用新增平滑切换效果，包括真实三维空间中的动作路径和旋转。

4. SmartArt 图形图片布局

在 SmartArt 图形布局中使用图片进行阐述。如果幻灯片上有图片，可以快速将它们转换为SmartArt 图形。

5. 在两个对象（文本或形状）之间复制和粘贴动画效果

PowerPoint 2010 中提供的动画刷，可以复制动画，与使用格式刷复制文本格式类似。借助动画刷，可以复制某一对象中的动画效果，将其粘贴到其他对象。

6. 向幻灯片中添加屏幕截图

不用离开 PowerPoint 界面就可快速向演示文稿中添加屏幕截图。添加屏幕截图后，可以使用“图片工具”选项卡上的工具编辑图像和增强图像效果。

5.7.3 共享演示文稿

1. 轻松携带演示文稿以实现共享

通过将音频和视频文件直接嵌入演示文稿中，可以携带演示文稿以实现共享。嵌入式文件避免了发送多个文件的需要。另外，可以将幻灯片保存到光盘上，以便任何具有标准 DVD 或光盘播放器的人都可以观看并欣赏它。

2. 将演示文稿转换为视频

将演示文稿转换为视频是分发和传递它的一种新方法。如果希望为同事或客户提供演示文稿的高保真版本（通过电子邮件附件形式、发布到网站，或者刻录 CD 或 DVD），可将其保存为视频文件。

3. 广播幻灯片

利用 Windows Live 账户或组织提供的广播服务，直接向远程观众广播幻灯片。

4. 将鼠标变为激光笔

如果要在幻灯片上强调要点，可将鼠标指针变成激光笔。在“幻灯片放映”视图中，只需按住 Ctrl 键，单击鼠标左键，即可开始标记。

习　题

1. 简述用向导建立演示文稿的步骤。
2. 分别简述在 PowerPoint 中插入图片和艺术字的步骤。
3. 分别简述在 PowerPoint 中插入声音和影片的步骤。
4. 如何设置幻灯片的切换效果？
5. 试制作一个有动画效果的演示文稿。
6. 简述打印演示文稿的方法。

第6章 计算机网络基础

计算机网络是当今计算机科学技术发展最热门的分支之一，它是计算机技术与通信技术相结合的产物，实现了远程通信、远程信息处理、资源共享等。在过去的几十年里计算机网络得到了快速的发展，尤其是近十多年来 Internet 迅速深入到社会的各个层面，对科学、技术、经济、产业乃至人类的生活都产生了质的影响，给人们的日常生活带来了很大的便利，缩短了人际交往的距离，甚至已经有人把地球称为“地球村”。

本章主要介绍计算机网络的相关基础知识，包括认识计算机网络、局域网基础和因特网基础。

6.1 认识计算机网络

6.1.1 计算机网络的定义和发展

1. 什么是计算机网络

计算机网络，是指将地理位置不同的具有独立功能的多台计算机及其外部设备，通过通信线路连接起来，在网络操作系统、网络管理软件及网络通信协议的管理和协调下进行数据通信，实现资源共享和信息传递的计算机系统。

简单地说，计算机网络就是一些相互连接的、以共享资源为目的、自治的计算机的集合。我们可以具体的从以下几个方面来理解。

① 由多台计算机相互连接起来才能构成网络。互连的计算机具有独立功能，即自治功能，既可以联网工作，也可以脱离网络独立工作。

② 联网的计算机之间通信必须遵循共同的网络协议。所谓协议，就是指连接时彼此必须遵循所规定的约定和规则。网络协议是计算机网络工作的基础。

③ 数据通信是网络应用的基本手段，通过数据通信实现数据传输，它是计算机网络各种服务和资源共享的前提与基础。

④ 计算机网络的主要目的是实现资源共享，使用户能够共享网络中的所有硬件、软件和数据资源。资源共享是计算机网络的最基本特征。

2. 计算机网络的产生与发展

计算机网络的产生主要来源于计算机的发展。在 20 世纪 50 年代，计算机的生产数量很少，造价昂贵，而且没有操作系统及管理软件，根本形成不了规模性的计算机网络。随着计算机应用的扩展，在 20 世纪 60 年代，面向终端的计算机通信网得到了很大的发展。在专用的计算机通信网中，最著名的是美国的半自动地面防空系统 SAGE，它被誉为计算机通信发展史上的里程碑。

该系统将远距离的雷达和其他设备的信息，通过通信线路汇集到一台旋风型计算机上，第一次实现了远距离的集中控制和人机对话。从此，计算机网络开始逐步形成，并日益发展。

特别是近20年来，计算机网络得到了迅猛的发展。从单台计算机与终端之间的远程通信，到世界上成千上万台计算机互连，大致经历了4代：

- 第一代计算机网络——远程终端联机阶段；
- 第二代计算机网络——计算机网络阶段；
- 第三代计算机网络——以共享资源为主的标准化网络阶段；
- 第四代计算机网络——国际互联网与信息高速公路阶段。

（1）远程终端联机阶段（20世纪50年代）

这一阶段可以追溯到20世纪50年代。那个时候的计算机网络是以单个计算机为中心的远程联机系统。典型的例子是由一台计算机和全美范围内2000多个终端组成的飞机定票系统，那时候所谓的终端只有显示器和键盘，是没有CPU和内存的。用户通过终端进行操作。这些应用系统的建立，构成了计算机网络的雏形。其缺点是，中心计算机负荷较重，通信线路利用率低，这种结构属集中控制方式，可靠性低。

（2）计算机网络阶段（20世纪60年代）

计算机通信网络主要产生在以通信子网为中心的20世纪60～70年代，其特征是计算机网络成为以公用通信子网为中心的计算机—计算机的通信。

随着计算机终端网络的发展，一些大公司、企业事业部门和军事部分之间，通过通信线路，将多个计算机终端网络系统连接起来，就形成了以传递信息为主要目的的计算机通信网络。这是互联网的开始，其基本模型是：计算机—计算机的系统。该网络有两种结构形式：一种是主计算机通过通信线路直接互连，其中主计算机同时承担数据处理和通信工作；另一种形式是通过通信线路控制处理机间接地把各主计算机连接的结构，其中通信处理机和主计算机分工，前者负责网络上各主计算机间的通信处理和控制。

这一阶段的典型代表是ARPA网（ARPANET）。20世纪60年代后期，美国国防部高级研究计划局ARPA提供经费给美国许多大学和公司，以促进多个主计算机互联网络的研究，并最终以一个试验型的4结点网络开始运行并投入使用。

（3）以共享资源为主的标准化网络阶段（20世纪80年代）

计算机标准化网络主要产生在20世纪80年代，其特征是网络体系结构和网络协议的国际标准化。随着网络的发展，人们开始认识到第二代计算机网络的不足，经过若干年卓有成效的研究工作，人们开始采用分层方法解决网络中的各种问题。这期间，一些公司开发出自己的网络产品，如IBM的SNA（系统网络体系），DEC的DNA等。国际标准化组织（ISO）提出了开放系统互连参考模型（Open System Interconnect Reference Model，OSI/RM）。该模型定义了异种机联网应遵循的框架结构，很快得到了国际上的认可，并为许多厂商所接受。由此使计算机网络的发展进入了一个全新的阶段。

概括地说，第三代计算机网络是开放式和标准化的网络，它具有统一的网络体系结构并遵循国际标准协议。标准化使第三代计算机网络对不同的计算机都是开放的，因而使得网络中的各种资源共享的范围得到进一步扩大。

（4）国际互联网与信息高速公路阶段（20世纪90年代）

20世纪90年代，是高速化、综合化、全球化、智能化、个人化的时代。高速化是指网络具有宽频带和低时延；综合化是指将语音、数据、图像和视频等多种业务综合到网络中来；全球化是 Internet 已成为国际性计算机互联网；智能化是指智能网具有动态分配网络资源与通信业务的自应变能力；个人化是指住宅宽带网网络服务到家。

目前，计算机网络的发展正处在第四阶段。Internet 是覆盖世界范围的信息基础设施，对广大用户来说，它好像是一个庞大的广域计算机网络，用户可以利用它进行电子邮件、信息查询与浏览、远程教育、电子商务、文件传输、语音和图像通信等服务。在 Internet 飞速发展与广泛应用的同时，高速网络的发展也引起了人们越来越多的注意，并得到了长足的发展。高速网络技术发展主要表现在宽带综合业务数据网（B-ISDN）、异步传输模式（ATM）、高速局域网与虚拟网络上。

6.1.2　计算机网络的基本功能与应用

1. 计算机网络的基本功能

计算机网络最主要的基本功能是资源共享和数据通信，除此之外还有负载均衡、分布式处理和提高系统安全性与可靠性等功能。

（1）资源共享

资源共享是计算机网络的基本功能，其目的是连接到计算机网络中的任何计算机均能够使用网络上的资源，这样既方便了网络用户的使用，又提高了软件、硬件和数据的利用效率，有效避免资源重复建设。

（2）数据通信

数据通信主要实现网络中计算机系统之间的数据传输，是计算机网络应用的基础，它为网络用户提供强有力的通信手段。通过数据通信使分布在不同地理位置的网络用户之间能够相互通信、交流信息。

（3）负载均衡与分布式处理

负载均衡也称负载共享，是指对系统中的负载情况进行动态调整，以尽量消除或减少系统中各节点负载不均衡的现象。

分布式处理是指将一个大型的复杂处理任务，在控制系统的统一管理下，将任务分配给网络上的多台计算机，每个计算机各自承担同一工作任务的不同部分，进行协同工作，共同处理同一任务，从而实现由一台计算机无法完成的复杂任务。

（4）提高系统的可靠性

在网络系统中，计算机具有互为备份的特性，这样提高了系统的可靠性。当某台计算机出现问题，其工作可以由网络上的其他计算机承担，不致因单机故障而导致系统瘫痪，同时数据的安全性也得到了保障。

2. 计算机网络的基本应用

随着计算机网络技术的不断发展，计算机网络应用几乎渗透到了社会生活的各个领域，彻底改变了人们的学习、生活和工作方式，成为人们现代生活中的必备工具。

（1）科研和教育中的应用

在科学研究中，科技人员通过计算机网络查询各种文件和资料，交流学术思想和共享实验数据，开展国际研究与合作。例如，利用远程医疗诊断网络系统，医学专家在各自的办公室、实验室通过网络了解、观察病人的临床表现，分析病历及各种检查报告，进行远程会诊，共同研究治疗方案，从而提高诊断和医疗水平。

在教育教学方面，通过计算机网络，教师将教学讲义、教学视频、课程等学习资源发布到网络上，学生通过网络获取所需的学习资源，为学生自主学习创造条件。另外，还可以通过建立网络教学交流平台，学生可以随时提问和讨论，解决学习过程中受时间、地域限制的问题，为教学提供辅助教学手段，从而提高学习质量和效率。

（2）企事业单位中的应用

企事业单位通过建立单位内部计算机网络，可以解决资源和信息共享，实现网络办公自动化，方便地与分布在不同地区的企事业单位建立联系。例如，政府部门通过电子政务系统发布政务信息，进行网上办公，提高办事效率；企业可以发布产品信息，搜集市场信息，进行企业管理等。

（3）商业中的应用

随着计算机网络的广泛应用，电子数据交换已成为国际商业往来的一个重要、基本的手段，它以一种被认可的数据格式，使分布在全球各地的商务伙伴可以通过计算机传输各种业务单据，代替了传统的纸质单据，节省了大量的人力和物力，提高了效率。电子商务可实现网上购物、网上支付等商务活动。

（4）通信与娱乐中的应用

目前，计算机网络所提供的通信服务包括电子邮件、网络寻呼与聊天、BBS、网络新闻、IP 电话等，电子邮件已广泛应用。基于网络的娱乐正在对信息服务业产生着巨大的影响，网络音乐、网络视频、网络游戏等网络娱乐已成为现代生活的基本内容。

随着网络技术的发展和各种网络应用需求的增加，计算机网络应用的范围不断扩大，应用领域越来越宽，越来越深入，许多新的计算机网络应用系统不断地被开发出来，如工业自动控制、辅助决策、虚拟社区、管理信息系统、数字图书馆、信息查询、网上购物等，人类社会已经全面进入了网络时代。

6.1.3 计算机网络的分类

由于计算机网络自身的特点，其分类方法有多种。根据不同的分类原则，可以得到不同类型的计算机网络。主要的网络分类有以下几种。

1. 按覆盖范围分类

按网络所覆盖的地理范围的不同，计算机网络可分为局域网、城域网和广域网。

（1）局域网

局域网（Local Area Network，LAN）是将较小地理区域内的计算机或数据终端设备连接在一起的通信网络。局域网覆盖的地理范围比较小，一般在几十米到几千米之间。它常用于组建一个办公室、一栋楼、一个楼群、一个校园或一个企业的计算机网络。局域网主要用于实现短距离的资源共享。图 6-1-1 所示为一个由几台计算机和打印机组成的典型局域网。

局域网的特点是分布距离近、传输速率高、数据传输可靠等。

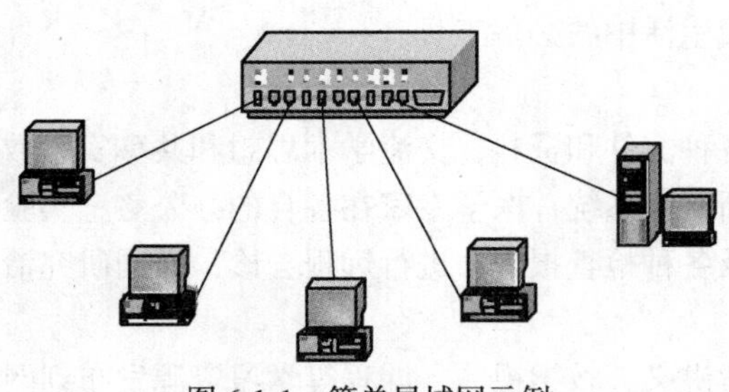

图 6-1-1 简单局域网示例

（2）城域网

城域网（Metropolitan Area Network，WAN）是一种大型的 LAN，它的覆盖范围介于局域网和广域网之间，一般为几千米至几万米。城域网的覆盖范围在一个城市内，它将位于一个城市之内不同地点的多个计算机局域网连接起来实现资源共享。城域网所使用的通信设备和网络设备的功能要求比局域网高，以便有效地覆盖整个城市的地理范围。一般在一个大型城市中，城域网可以将多个学校、企事业单位、公司和医院的局域网连接起来共享资源。

（3）广域网

广域网（Wide Area Network，WAN）是在一个广阔的地理区域内进行数据、语音、图像信息传输的计算机网络。由于远距离数据传输的带宽有限，因此广域网的数据传输速率比局域网要慢得多。广域网可以覆盖一个城市、一个国家甚至于全球。Internet（因特网）是广域网的一种，但它不是一种具体独立性的网络，它将同类或不同类的物理网络（局域网、广域网与城域网）互连，并通过高层协议实现不同类网络间的通信。

2. 按传输介质分类

根据通信介质的不同，网络可划分为以下两种。

有线网：采用同轴电缆、双绞线、光纤等物理介质来传输数据的网络。

无线网：采用卫星、微波、激光等无线介质传输数据的网络。

3. 按传输技术分类

计算机网络数据依靠各种通信技术进行传输，根据网络传输技术分类，计算机网络可分为以下 5 种类型。

普通电信网：包括普通电话线网，综合数字电话网，综合业务数字网。

数字数据网：利用数字信道提供的永久或半永久性电路以传输数据信号为主的数字传输网络。

虚拟专用网：指客户基于 DDN 智能化的特点，利用 DDN 的部分网络资源所形成的一种虚拟网络。

微波扩频通信网：是电视传播和企事业单位组建企业内部网和接入 Internet 的一种方法，在移动通信中十分重要。

卫星通信网：是近年发展起来的空中通信网络。与地面通信网络相比，卫星通信网具有许多独特的优点。

事实上，网络类型的划分在实际组网中并不重要，重要的是组建的网络系统从功能、速度、操作系统、应用软件等方面能否满足实际工作的需要；是否能在较长时间内保持相对的先进性；能否为该部门（系统）带来全新的管理理念、管理方法、社会效益、经济效益等。

6.1.4　计算机网络体系结构

计算机网络是各类终端通过通信线路连接起来的一个复杂的系统。网络体系结构是描述该系统原理和思想有效的方式。网络协议与网络体系结构是网络技术中两个最基本的概念，是认识、学习、研究和应用网络技术的关键。

1. 网络协议

在计算机网络这个复杂系统中，由于计算机型号不一、终端类型各异，并且连接方式、同步方式、通信方式及线路类型等都有可能不一样，所以网络通信会有一定的困难。要做到各设备之间有条不紊地交换数据，所有设备必须遵守共同的规则，这些规则明确地规定了数据交换时的格式和时序。这些为进行网络中数据交换而建立的规则、标准或约定称为网络协议（protocol），有时也称为通信协议。

网络协议包括 3 个要素：语法、语意和时序。语法用来规定信息格式，语义用来说明通信双方应当怎么做，时序详细说明事件的先后顺序。网络协议的实现分别由软件和硬件或软、硬件配合来完成。

2. 网络体系结构

网络协议是计算机网络系统中必不可少的组成部分，一个功能完备的计算机网络系统需要制定一整套的协议集合，这些协议按照层次组织结构模型，人们把计算机网络层次模型与各层协议的集合称为计算机网络体系结构。

网络体系结构对网络各层次的功能、协议和层次间接口进行了精确的定义，计算机网络中采用层次结构，它有以下一些特点。

① 各层之间相互独立，相邻层通过它们之间的接口交换信息，高层并不需要知道低层是如何实现的，仅需要知道该层通过层间的接口所提供的服务，这样使得两层之间保持了功能的独立性。

② 实现和应用具有灵活性，当任何一层发生变化时（例如，由于技术的进步促进实现技术的变化），只要接口保持不变，则在这层以上或以下各层均不受影响，甚至当某层提供的服务不再需要时，可将该层取消。

③ 各层都可以采用最合适的技术来实现，各层实现技术的改变不影响其他层。

④ 易于实现和维护，因为整个的系统已被分解为若干个易于处理的部分，这种结构使得一个庞大而又复杂系统的实现和维护变得容易控制。

3. 常见的网络体系结构参考模型

为统一网络体系结构标准，国际标准化组织在 1979 年正式颁布了开放系统互连基本参考模型的国际标准。常见的体系结构模型有 ISO/OSI 模型和 TCP/IP 模型。

（1）OSI 参考模型

OSI 参考模型是一个描述网络层次结构的模型，其标准保证了各类网络技术的兼容性和互操作性，描述了数据或信息在网络中的传输过程以及各层在网络中的功能和架构。OSI 参考模型将网络划分为 7 个层次，如图 6-1-2 所示。

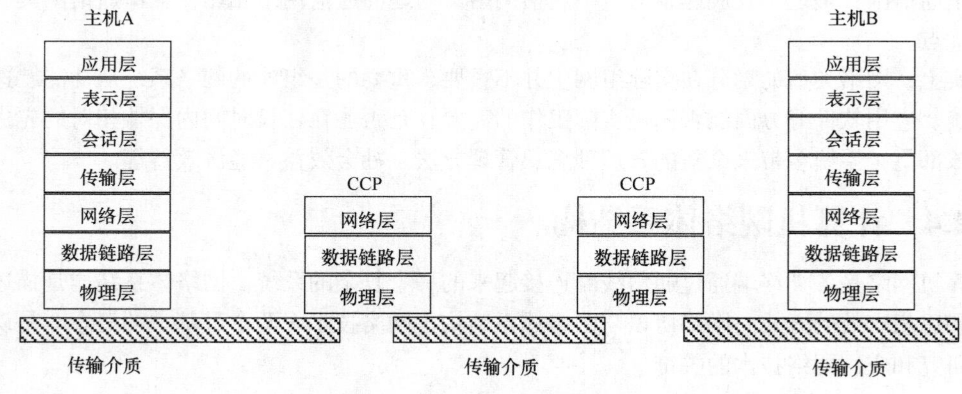

图 6-1-2　开放系统互连 OSI 参考模型

① 物理层（physical layer）：物理层是 OSI 的最低层，主要功能是利用物理传输介质为数据链路层提供连接，以透明地传输比特流。

② 数据链路层（datalink layer）：数据链路层在通信的实体间建立数据链路连接，传送以帧为单位的数据，并采用相应方法使有差错的物理线路变成无差错的数据链路。

③ 网络层（network layer）：网络层的功能是进行路由选择，阻塞控制与网络互连等。

④ 传输层（transport layer）：传输层的功能是向用户提供可靠的端到端服务，透明地传送报文，是关键的一层。

⑤ 会话层（session layer）：会话层的功能是组织两个会话进程间的通信，并管理数据的交换。

⑥ 表示层（presentation layer）：表示层主要用于处理两个通信系统中交换信息的表示方式，它包括数据格式变换、数据加密、数据压缩与恢复等功能。

⑦ 应用层（application layer）：应用层是 OSI 参考模型中的最高层，应用层确定进程之间通信的性质，以满足用户的需要，它在提供应用进程所需要的信息交换和远程操作的同时，还要作为应用进程的用户代理，来完成一些为进行信息交换所必需的功能。

（2）TCP/IP 参考模型

OSI 参考模型是希望为网络体系结构与协议的发展提供一个国际标准，但这一目标并没有达到。而 Internet 的飞速发展使 Internet 所遵循的 TCP/IP 参考模型得到了广泛的应用，成为事实上的网络体系结构标准。因此，提到网络体系结构，就不能不提到 TCP/IP 参考模型。

TCP/IP 是 Internet 所使用的基本通信协议，是事实上的工业标准。虽然从名字上看 TCP/IP 包括两个协议——传输控制协议（TCP）和网际协议（IP），但 TCP/IP 实际是一个 Internet 协议族，而不单单指 TCP 和 IP，它包括上百个各种功能的协议，如远程登录、文件传输、电子邮件等，而 TCP 和 IP 是保证数据完整传输的两个基本的重要协议，因此通常将这诸多协议统称为 TCP/IP 协议集，或 TCP/IP。

TCP/IP 的基本传输单位是数据包（datagram）。TCP 负责把数据分成若干个数据包，并给每个数据包加上包头（就像给每一封信加上信封），包头上有相应的编号，以保证数据接收端能将数据还原为原来的格式；IP 在每个包头上再加上接收端主机地址，这样数据就能被传送到要去的地方（就像信封上要写明地址一样）。如果传输过程中出现数据丢失、数据失真等情况，TCP 会自动要求数据重新传输，并重新组包。总之，IP 保证数据的传输，TCP 保证数据传输的质量。

TCP/IP 参考模型有 4 个层次：应用层、传输层、网络层和网络接口层。其中应用层与 OSI 中的应用层对应，传输层与 OSI 中的传输层对应，网络层与 OSI 中的网络层对应，网络接口层与 OSI 中的物理层和数据链路层对应。TCP/IP 中没有 OSI 中的表示层和会话层，如图 6-1-3 所示。各层的功能如下。

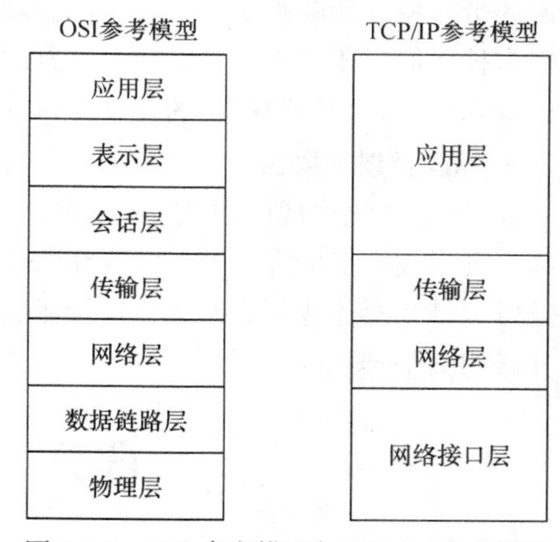

图 6-1-3　OSI 参考模型与 TCP/IP 参考模型

① 应用层：向用户提供一组常用的应用程序，如文件传输访问（FTP）、电子邮件（SMTP）、远程登录（Telnet）等。

② 传输层：提供端到端的通信，解决不同应用程序的识别问题，提供可靠传输。

③ 网络层：负责相邻计算机间的通信，处理流量控制、路径拥塞等问题。

④ 网络接口层：负责接收 IP 数据包并通过网络发送，或者从网络上接收物理帧，抽出 IP 数据包交给 IP 层。

6.1.5　计算机网络发展方向

计算机网络的发展方向是“IP 技术+光网络”。从网络的服务层面上看将是一个 IP 的世界，通信网络、计算机网络和有线电视网络将通过 IP 三网合一，从传送层面上看将是一个“光”的世界，从接入层面上看将是一个有线和无线的多元化世界。

1. 三网合一

目前广泛使用的网络有通信网络、计算机网络和有线电视网络，随着网络技术的不断发展，新兴业务不断出现，新旧业务不断融合，各类网络也不断融合，而广泛使用的三类网络正逐渐向单一、统一的 IP 网络发展，即所谓的“三网合一”。在 IP 网络中可将数据、语音、图像和视频均归结到 IP 数据包中，通过分组交换和路由技术，采用全球性寻址，使各种网络无缝连接，IP 协议将成为各种网络、各种业务的“共同语言”。可以说“三网合一”是网络发展的一个最重要的趋势。

2. 光通信技术

光通信技术的发展主要有两个大的方向：一是主干传输向高速率、大容量的光传送网发展，最终实现全光网络；二是接入向低成本、综合接入、宽带化光纤接入网发展，最终实现光纤到家庭和光纤到桌面。全光网络是指光信息流在网络中的传输及交换始终以光信号的形式实现，不再需要经过光/电、电/光变换，即信息从源节点到目的节点的传输过程中始终在光域内。

3. IPv6 协议

IPv6 是下一代 IP 协议。目前我们用的 IP 协议的版本为 IPv4，随着互联网应用的日益广泛和网络技术的不断发展，IPv4 的问题逐渐显露出来，主要有地址资源枯竭、路由表急剧膨胀、对网络安全和多媒体应用的支持不够等。

IPv6 采用 128 位地址长度，几乎可以不受限制地提供地址，理论上约有 3.4×10^{38} 个 IP 地址。IPv6 不仅解决了地址短缺问题，同时也解决 IPv4 中存在的其他缺陷，其主要功能有端到端 IP 连接、服务质量、安全性、多播、移动件、即插即用等。

4. 宽带接入技术

计算机网络必须要有宽带接入技术的支持，各种宽带服务与应用才有可能开展。因为只有接入网的带宽瓶颈问题被解决，骨干网和城域网的容量潜力才能真正发挥。尽管当前宽带接入技术有很多种，但只要是不和光纤或光结合的技术，就很难在下一代网络中应用。目前光纤到家的成本已下降至可以为用户接受的程度。

5. 3G 及以上网络

3G 通信系统比现用的 2G 和 2.5G 通信系统传输容量更大，灵活性更高，它以多媒体业务为基础，已形成很多标准，并将引入新的商业模式。3G 以上包括后 3G、4G 乃至 5G 系统，它们将更是以宽带多媒体业务为基础，使用更高更宽的频带，传输容量会更上一层楼，是构成下一代移动互联网的基础设施。

6.2 局域网基础

6.2.1 局域网的定义

局域网是一种在有限区域内使用的网络，其传送距离一般在几千米之内，因此适用于一个部门或一个单位组建的网络。例如，办公室网络，企业与学校的主干局域网，机关和工厂等有限范围内的计算机网络等都是典型的局域网。

局域网具有如下特点。

① 地理范围有限，用户个数有限。通常局域网仅为一个单位服务，只在一个相对独立的局部范围内连网，如一座楼或集中的建筑群内。

② 传输速率高，误码率低。因近距离传输，所以误码率很低，时延较低，一般低于 10^{-9}，能

支持计算机之间的高速通信。

③ 具有广播式通信功能。从一个主机可以很方便地访问局域网上连接的所有可共享的各种硬件和软件资源。

④ 具有相对简单和规范的拓扑结构，如总线型、星型、环型等。

6.2.2 局域网的拓扑结构

拓扑（topology）是从图论演变而来的，是一种研究与大小形状无关的点、线、面特点的方法。在计算机网络中抛开网络中的具体设备，把工作站、服务器等网络单元抽象为“点”，把网络中的电缆等通信介质抽象为“线”，这样计算机网络结构就抽象为点和线组成的几何图形，称为网络的拓扑结构。

网络拓扑结构对整个网络的设计、功能、可靠性、费用等方面有着重要的影响。常见的拓扑结构有总线型（BUS）、环型（RING）和星型（STAR）结构。

1. 总线型拓扑结构

总线结构是使用同一媒体或电缆连接所有端用户的一种方式，也就是说，连接端用户的物理媒体由所有设备共享，如图 6-2-1 所示。使用这种结构必须解决的一个问题是确保端用户使用媒体发送数据时不能出现冲突。在点到点链路配置时，这是相当简单的。如果这条链路是半双工操作，只需使用很简单的机制便可保证两个端用户轮流工作。在一点到多点方式中，对线路的访问依靠控制端的探询来确定。然而，在 LAN 环境下，由于所有数据站都是平等的，不能采取上述机制。对此，研究了一种在总线共享型网络使用的媒体访问方法：带有碰撞检测的载波侦听多路访问（CSMA/CD）。这种结构具有费用低、数据端用户入网灵活、站点或某个端用户失效不影响其他站点或端用户通信的优点。缺点是一次仅能一个端用户发送数据，其他端用户必须等待到获得发送权。媒体访问获取机制较复杂，尽管有上述一些缺点，但由于布线要求简单，扩充容易，端用户失效、增删不影响全网工作，所以是 LAN 技术中使用最普遍的一种。

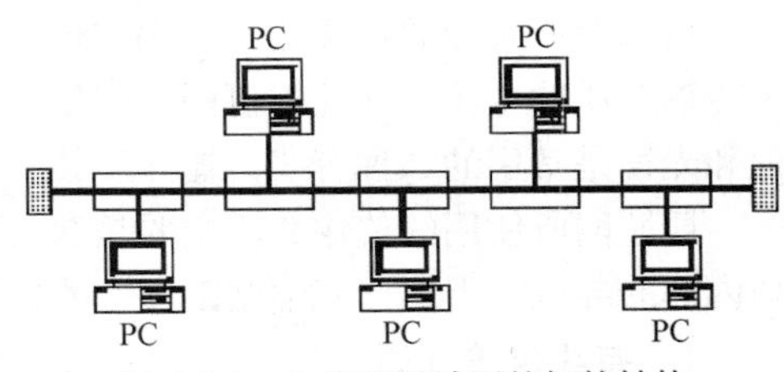

图 6-2-1 总线型局域网的拓扑结构

2. 环型拓扑结构

环型结构在 LAN 中使用较多。这种结构中的传输媒体从一个端用户到另一个端用户，直到将所有端用户连成环型，如图 6-2-2 所示。这种结构显而易见消除了端用户通信时对中心系统的依赖性。环行结构的特点是，每个端用户都与两个相临的端用户相连，因而存在着点到点链路，但总是以单向方式操作。于是，便有上游端用户和下游端用户之称，如用户 N 是用户 N+1 的上游端用户，N+1 是 N 的下游端用户。如果 N+1 端需将数据发送到 N 端，则几乎要绕环一周才能到达 N 端。

3. 星型拓扑结构

星型结构是最古老的一种连接方式，目前使用最普遍的以太网星型结构如图 6-2-3 所示。处于中心位置的网络设备称为集线器（Hub）。这种结构便于集中控制，因为端用户之间的通信必须经过中心站。由于这一特点，也带来了易于维护和安全等优点。端用户设备因为故障而停机时也不会影响其他端用户间的通信，但这种结构非常不利的一点是，中心系统必须具有极高的可靠性，因为中心系统一旦损坏，整个系统便趋于瘫痪。对此中心系统通常采用双机热备份，以提高系统的可靠性。

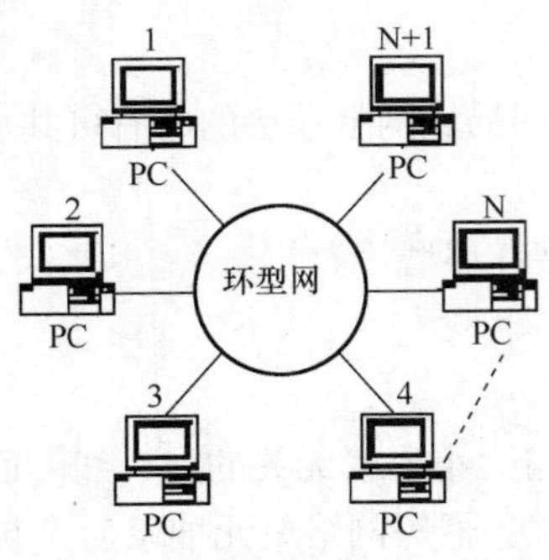

图 6-2-2　环型局域网的拓扑结构

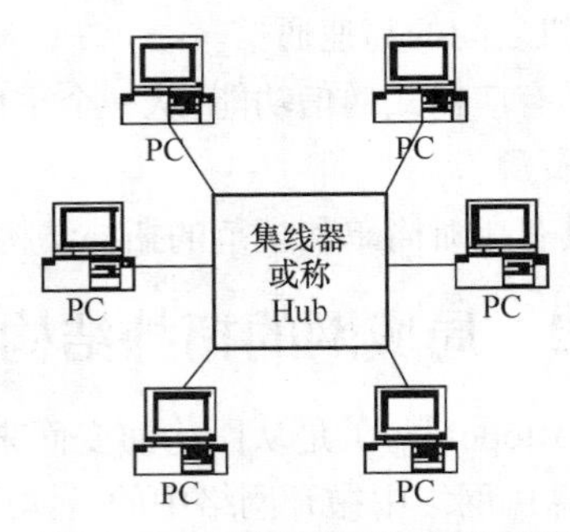

图 6-2-3　星型局域网的拓扑结构

以上分别讨论了 3 种结构的局域网，而在实际应用中，一个局域网可能是任何几种结构的扩展与组合，但是无论何种组合都必须符合 3 种拓扑结构的工作原理和要求。

6.2.3　局域网的传输介质

传输介质是指数据传输系统中发送者和接收者之间的物理路径。数据传输的特性和质量取决于传输介质的性质。在计算机网络中使用的传输介质可分为有线和无线两大类。双绞线、同轴电缆和光缆是常用的 3 种有线传输介质，卫星、无线电、红外线、激光以及微波属于无线传输介质。

局域网所使用的传输介质主要是双绞线、同轴电缆和光缆。双绞线和同轴电缆一般作为建筑物内部的局域网干线；光缆则因其性能优良、价格较高，常作为建筑物之间的连接干线。

1．有线传输介质

（1）同轴电缆

同轴电缆（coaxial cable）外部由中空的圆柱状导体包裹着一根实心金属线导体组成，其结构如图 6-2-4 所示。同轴电缆的内芯为铜导体，其外围是一层绝缘材料，再外层为金属屏蔽线组成的网状导体，最外层为塑料保护绝缘层。由于铜芯与网状外部导体同轴，故称同轴电缆。同轴电缆的这种结构使它具有高带宽和高抗干扰性，在数据传输速率和传输距离上都优于双绞线。由于技术成熟，同轴电缆是局域网中使用最普遍的物理传输介质，如以太网多使用的是同轴电缆。但电缆硬、折曲困难、质量重，使同轴电缆不适合于楼宇内的结构化布线，因此目前已逐步为高性能的双绞线所替代。

同轴电缆可分为两种基本类型：基带同轴电缆（特征阻抗为 50Ω）和宽带同轴电缆（特征阻抗为 75Ω）。50Ω的基带同轴电缆又可分为粗同轴电缆与细同轴电缆。

（2）双绞线

双绞线（twisted pair）是综合布线工程中最常使用的有线物理传输介质。它因是由 4 对 8 根绝缘的铜线两两互绞在一起而得名，其结构如图 6-2-5 所示。将导线绞在一起的目的是减少来自其他导线中的信号干扰。相对于其他有线物理传输介质（同轴电缆和光缆）来说，双绞线价格便宜，也易于安装使用，但在传输距离、信道宽度和数据传输速率等方面均受到一定限制。

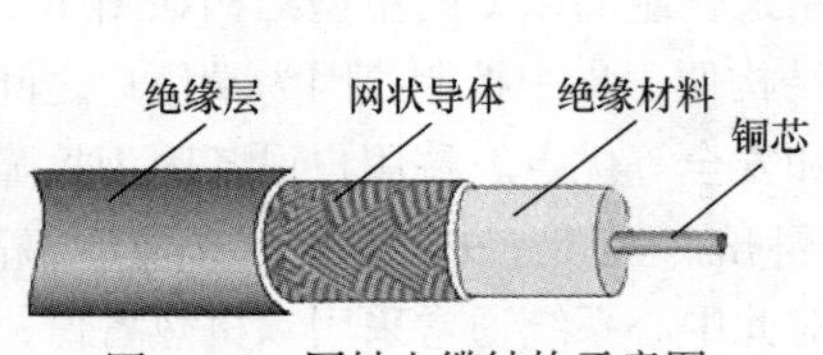

图 6-2-4　同轴电缆结构示意图

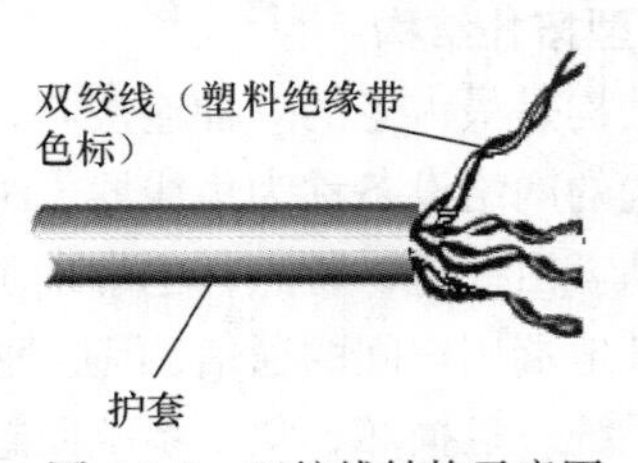

图 6-2-5　双绞线结构示意图

双绞线分为非屏蔽双绞线（unshielded twisted pair，UTP）和屏蔽双绞线（shielded twisted pair，STP）两类。目前局域网使用的双绞线主要是 3 类线、4 类线、5 类线和超 5 类线，其中 3 类线主要用于 10Mbit/s 网络的连接，而 100Mbit/s、1Gbit/s 网络需要使用 5 类线和超 5 类线。

（3）光缆

光缆由封装在隔开鞘中的两根光纤组成，其结构如图 6-2-6 所示。光纤是一根很细的可传导光线的纤维媒体，其半径仅几微米至一二百微米。制造光纤的材料可以是超纯硅和合成玻璃或塑料。相对于双绞线和同轴电缆等金属传输介质，光缆有轻便、低衰减、大容量、电磁隔离等优点。目前光缆主要在大型局域网中用作主干线路的传输介质。

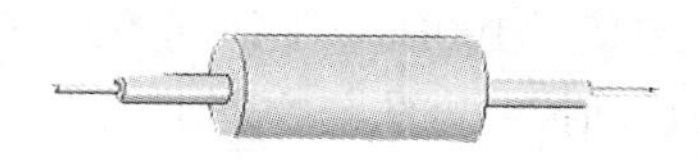

图 6-2-6　光缆示意图

光纤主要分单模光纤（single mode fiber）和多模光纤（multi mode fiber）两大类。单模光纤的纤芯直径很小，传输频带宽，传输容量大，性能好，可以覆盖更远的地域范围。与单模光纤相比，多模光纤的传输性能较差。

2. 无线传输

如果通信线路要越洋过海，翻山越岭，那么靠有线传输介质是很难实现的，无线通信是解决问题的唯一方法。通常，对无线传输的发送与接收是靠天线发射、接收电磁波来实现的。目前比较成熟的无线传输方式有以下几种。

（1）微波通信

微波通信通常是指利用高频（2～40GHz）范围内的电磁波（微波）来进行通信。微波通信是无线局域网中主要的传输方式，其频率高、带宽宽、传输速率也高，主要用于长途电信服务、语音和电视转播。它的一个重要特性是沿直线传播，而不是向各个方面扩散。通过抛物状天线可以将能量集中于一小束上，以获得很高的信噪比，并传输很长的距离。微波通信成本较低，但保密性差。

（2）卫星通信

卫星通信可以看成是一种特殊的微波通信，它使用地球同步卫星作为中继站来转发微波信号，并且通信成本与距离无关。卫星通信容量大、传输距离远、可靠性高，但通信延迟时间长，误码率不稳定，易受气候的影响。

（3）激光通信

激光通信是利用在空间传播的激光束将传输数据调制成光脉冲的通信方式。激光通信不受电磁干扰，也不怕窃听，方向也比微波好。激光束的频率比微波高，因此可以获得更高的带宽。但激光在空气中传播衰减得很快，特别是雨天、雾天，能见度差时更为严重，甚至会导致通信中断。

6.2.4　局域网介质访问控制方法

1. 局域网体系结构

1980 年 2 月，IEEE（美国电气和电子工程师协会）成立了局域网标准委员会，简称 IEEE 802 委员会。IEEE 802 委员会专门从事局域网标准化工作，对局域网体系结构进行了定义，称为 IEEE 802 参考模型，如图 6-2-7 所示。IEEE 802 参考模型只对应 OSI 参考模型的物理层和数据链路层，它将数据链路层划分为逻辑链路控制（logical link control，LLC）子层与介质访问控制（media access control，MAC）子层。IEEE 802 标准主要包括以

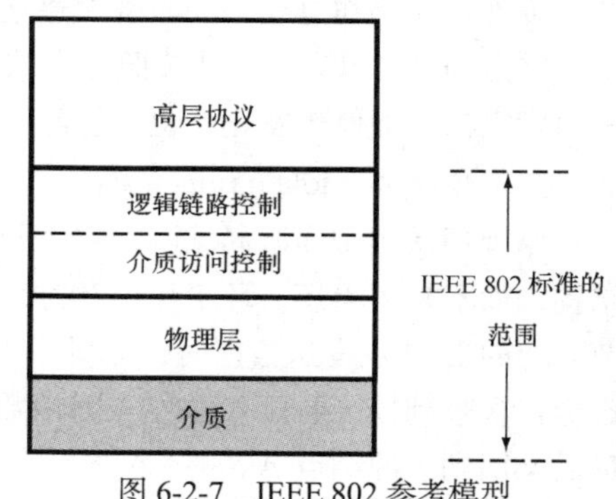

图 6-2-7　IEEE 802 参考模型

下几种。

① IEEE 802.1 标准：定义了局域网体系结构、网络互连、网络管理以及性能测试。

② IEEE 802.2 标准：定义了逻辑链路控制 LLC 子层功能与服务。

③ IEEE 802.3 标准：定义了 CSMA/CD 总线介质访问控制子层与物理层规范。IEEE 802.3u 定义了 100Base-T 访问控制方法与物理层规范。IEEE 802.3z 定义了 1000Base-SX 和 1000Base-LX 访问控制方法与物理层规范。

④ IEEE 802.4 标准：定义了令牌总线（token bus）介质访问控制子层与物理层规范。

⑤ IEEE 802.5 标准：定义了令牌环（token ring）介质访问控制子层与物理层规范。

⑥ IEEE 802.6 标准：定义了城域网（MAN）介质访问控制子层与物理层规范。

⑦ IEEE 802.7 标准：定义了宽带网络技术。

⑧ IEEE 802.8 标准：定义了光纤传输技术。

⑨ IEEE 802.9 标准：定义了综合语音与数据局域网（IVD LAN）技术。

⑩ IEEE 802.10 标准：定义了可互操作的局域网安全性规范。

⑪ IEEE 802.11 标准：定义了无线局域网技术。

2. 局域网介质访问控制方法

传统的局域网是“共享”式局域网，在“共享”式局域网中，传输介质是共享的。网中的任何一个节点可用“广播”方式把数据通过共享介质发送出去，传输介质上所有节点都能收听到这个数据信号。由于所有节点都可以通过共享介质发送和接收数据，就有可能出现两个或多个节点同时发送数据、相互干扰的情况，从而不可避免的产生“冲突”现象，这就需要用介质访问控制方法控制多个节点利用公共传输介质发送和接收数据。这是所有共享介质局域网都必须解决的问题。介质访问控制方法应解决以下几个问题。

① 应该由哪个节点发送数据。

② 在发送数据时会不会产生冲突。

③ 如果产生冲突应该怎么办。

目前被普遍采用并形成国际标准的介质访问控制方法主要有以下 3 种。

（1）带有冲突检测的载波侦听多路访问（CSMA/CD）方法

CSMA/CD 适合于总线型局域网，它的工作原理是“先听后发，边听边发，冲突停止，随机延迟后重发”。CSMA/CD 的缺点是发送的延时不确定，当网络负载很重时，冲突会增多，降低网络效率。目前，应用最广的一类总线型局域网是以太网，它采用的就是 CSMA/CD。

（2）令牌总线（token bus）方法

令牌总线是在总线型局域网中建立一个逻辑环，环中的每个结点都有上一结点地址（PS）与下一结点地址（NS）。令牌按照环中结点的位置依次循环传递。每一结点必须在它的最大持有时间内发完帧，即使未发完，也只能等待下次持有令牌时再发送。

（3）令牌环（token ring）方法

令牌环适用于环型局域网，它不同于令牌总线的是令牌环网中的结点连接成的是一个物理环结构，而不是逻辑环。环工作正常时，令牌总是沿着物理环中结点的排列顺序依次传递的。当 A 节点要向 D 结点发送数据时，必须等待空闲令牌的到来，A 持有令牌后传送数据。B、C、D 结点都会依次收到帧，但只有 D 结点对该数据帧进行复制，同时将此数据帧转发给下一个结点，直到最后又回到了源结点 A。

3．交换式局域网的工作原理

在传统共享介质局域网中，所有节点共享一条公共通信传输介质。随着局域网规模的扩大与网中节点数的不断增加，每个节点平均能分到的带宽很少。当网络通信负荷加重时，冲突与重发将会大量发生，使网络效率大大降低。为了解决网络规模与网络性能之间的矛盾，提出将共享介质方式改为交换方式，这就导致并促进了交换式局域网的发展。

交换式局域网的核心设备是局域网交换机。局域网交换机可以在多个端口之间建立多个并发连接，实现多节点之间数据的并发传输，增加网络带宽，改善局域网的性能与服务质量。

6.2.5　局域网的分类

按照网络的通信方式，局域网可以分为专用服务器局域网、客户机/服务器局域网和对等式局域网 3 种。

1．专用服务器局域网

专用服务器局域网又称为“工作站/文件服务器”局域网，它是由若干台微机工作站与一台或多台文件服务器通过通信线路连接起来组成的，工作站存取服务器文件，共享存储设备。文件服务器以共享磁盘文件为主要目的，对于一般的数据传递来说已经够用了，但是当数据库系统和其他复杂而被不断增加的用户使用的应用系统到来的时候，服务器已经不能承担这样的任务了，因为随着用户的增多，为每个用户服务的程序也增多，每个程序都是独立运行的大文件，给用户感觉极慢，因此产生了客户机/服务器局域网。

2．客户机/服务器局域网

客户机/服务器（C/S）局域网采用一台或几台高性能的计算机集中进行共享数据库的管理和存取，称为服务器，而将其他的应用处理工作分散到网络中其他微机上去做，构成分布式的处理系统。服务器控制管理数据的能力已由文件管理方式上升为数据库管理方式，因此，C/S 服务器也称为数据库服务器，注重于数据定义及存取安全后备及还原，并发控制及事务管理，执行如选择检索和索引排序等数据库管理功能。它有足够的能力做到把通过其处理后用户所需的那一部分数据而不是整个文件通过网络传送到客户机去，减轻了网络的传输负荷。C/S 结构是数据库技术的发展和普遍应用与局域网技术发展相结合的结果。

3．对等式局域网

对等式局域网不需要专用服务器，每一个计算机既可以起客户机的作用也可以起服务器的作用，它们的地位都是平等的，不同的计算机之间可以实现互访和资源共享。对等网络一般是较为单一的星型结构或总线型结构。对等网的组建和维护简单，不需要专门的服务器和网络操作系统，只需要使用人们熟悉的操作系统（如 Windows 9x/XP 等）就可以建立。在对等网中，一台计算机的故障不会影响其他计算机的工作，但在安全性和资源管理方面存在较大局限性。对等网一般只适用于办公室、家庭等较小型的局域网。

6.3　Internet 基础知识

6.3.1　Internet 概述

1．Internet 的概念

Internet 是指多个不同的网络通过网络互连设备连接而成的大型网络，其中文译名为“因特网”，它是全球性的最具影响力的计算机互连网络，为广大用户提供了庞大的信息资源。用户可以利用它实现全球范围的电子邮件、文件传输、WWW 信息查询、浏览服务等功能。目前，Internet 已经成为覆盖全球的信息基础设施之一，它对推动世界科学、文化、经济和社会发展有着不可估量的作用。

“联合网络委员会”（FNC）曾经于 1995 年对 Internet 下了一个较严格的定义：Internet 是一个全球性的信息系统；该系统中的计算机由通过全球性的唯一地址逻辑链接而成，该地址是建立在 IP 或其他协议的基础之上的；而这些计算机之间采用 TCP/IP 协议进行通信，并且 Internet 可以为各种用户，包括公共用户和个人用户提供不同的高质量的信息服务。

2. Internet 的发展

从历史上看，Internet 是在美国较早的军用计算机网 ARPANET 的基础上经过不断发展变化而形成的。ARPANET 于 1969 年投入使用，并于 1983 年将 TCP/IP 作为 ARPANET 的网络标准协议，其后 TCP/IP 协议集经过研究、完善，逐步成为一种使用方便、高效率的协议集。

关键性的发展是在 1985 年，美国国家科学基金会（NSF）把分布在全国的 5 个超级计算机中心通过通信线路联结起来，组成用于支持科研和教育的全国性规模的计算机网络 NSFNET。NSFNET 的主干线路联结全美 13 个中心结点，与每个中心结点相连的是区域性的广域网，而这些地区网络再与分布于各研究机构和大学的局域网联结。

此后，越来越多的网络和计算机连入了 NSFNET，使其得到了迅猛的发展，并且逐步扩展到了欧洲和世界其他国家和地区，至此形成了一个由网络实体相互联结而构成的超级网络，并开始把这一网络形态称为 Internet。

3. Internet 在中国的发展

我国从 1994 年正式接入 Internet，并在同年开始建立和运行自己的域名体系，并在全国范围内建立了包括中国科技网（CSTNET）、中国公用计算机互联网（CHINANET）、中国教育和科研计算机网（CERNET）、中国金桥信息网（CHINAGBN）等 10 个大型的互连网络，它们共同组成了我国的 Internet 主干网。近年来，Internet 在中国得到了迅速地发展，根据中国互联网信息（CNNIC）于 2008 年 7 月份发布的《中国互联网络发展状况统计报告》显示，截至 2008 年 6 月底，中国家庭上网计算机数量为 8470 万台，中国网民数量达到 2.53 亿，网民规模跃居世界第一位。我国的域名注册总量为 1485 万个，中国 CN 域名数量为 1190 万个，中国互联网国际出口带宽数达到 493 729Mbit/s，目前人均拥有水平为 20Mbit/s 万网民，比 2007 年 12 月增长了 2Mbit/s，中国互联网国际出口连接能力不断增强。

目前，我国的大部分高等院校都已接入了中国教育和科研计算机网（CERNET）。CERNET 是由国家投资建设，教育部负责管理，清华大学等高等学校承担建设和管理运行的全国性学术计算机互联网络。它主要面向教育和科研单位，是全国最大的公益性互联网络，已基本具备了连接全国大多数高等学校的联网能力，并完成了 CERNET 八大地区主干网的升级扩容，建成了一个大型的中国教育信息搜索系统，并将建设国外著名大学学科信息镜像系统、高等教育和重点学科信息全文检索系统。2008 年 9 月 25 日，中国下一代互联网示范工程 CNGI 示范网络高校驻地网建设项目顺利通过验收。在已经建成的 CNGI-CERNET2 主干网基础上，建成了分布在全国 34 个城市的 100 个具有一定用户规模的 IPv6 驻地网，促进了各高校的下一代互联网发展。CERNET 的建设，加强了我国信息基础建设，缩小了与国外先进国家在信息领域的差距，也为我国计算机信息网络建设起到了积极的示范作用。

6.3.2　Internet 的协议和地址

1. TCP/IP

为了确保不同类型的计算机能在一起工作，程序员用标准“协议”编写它们的程序。协议是一套用技术术语描述某些事应如何做的规则。例如，有一个协议，它精确地讲述邮件信息应当用什么格式。当用户准备一个投递的邮件时，都必须遵守这个协议。

TCP/IP 是上百个用来连接计算机和网络协议组合起来的共有名字，TCP/IP 的实际名字是来自最重要的两个协议：传输控制协议（Transfer Control Protocol，TCP）和互联网协议（Internet Protocol，IP）。

在 Internet 内部，信息不是一个恒定的流，从主机传送到主机，是把数据分解成小包，即数据包。例如，一用户欲将一个很长的数据信息传送给在其他地区的朋友，TCP 就把这个信息分成若干个数据包，每一个数据包都用一个序号和一个接收地址来标定。此外，TCP 还插入一些纠错信息。

接下来就是 IP 的工作，它是通过网络的传输传送数据包，即把它们传送给远程主机。在另一端，TCP 接收到数据包并核查错误。如果有错误发生，TCP 可以要求重发这个特定的数据包。只要所有的数据包都被正确地接收到，TCP 将用序号来重构原始信息。换句话说，IP 的工作是把原来的数据（数据包）从一地传送到另一地；TCP 的工作是管理这种流动数据并确保其数据是正确的。

综上所述，TCP/IP 是把计算机和通信设备组织成网络的协议集，其中两个最重要的协议是 TCP 和 IP。IP 负责将数据从一地传输到另一地，而 TCP 保证它们都正确地工作。

目前 IP 协议的版本号是 4（简称为 IPv4），它的下一个版本是 IPv6。

2. IP 地址（IPv4）

（1）IP 地址的概念

接入 Internet 的计算机与接入电话网的电话相似，每台计算机或路由器都有一个由授权机构分配的号码，这个号码称为 IP 地址。例如，某人所在的实验室电话号码为 0000000，实验室所在的地区号为 0731，我国的国际电话区号为 086，则完整地表述这个实验室的电话号码应为 086-0731-0000000。这个电话号码在全世界唯一，是一种很典型的分层结构的电话号码定义方法。

IP 地址采用的也是分层结构。IP 地址由两部分组成：网络号与主机号。其中，网络号用来标识一个逻辑网络；主机号用来标识网络中的一台主机。每台 Internet 主机至少有一个 IP 地址，并且这个 IP 地址是全网唯一的。如果一台 Internet 主机有两个或多个 IP 地址，则该主机属于两个或多个逻辑网络。

（2）IP 地址的分类

IP 地址长度为 32 位，为了方便用户理解与记忆，通常采用 *x.x.x.x.*的格式来表示，每个 *x* 为 8 位。例如，202.113.29.119，每个 *x* 的值为 0～255。这种格式的地址称为点分十进制地址。

根据不同的取值范围，IP 地址可以分为 5 类，常用的有 3 类，如图 6-3-1 所示。IP 地址的前 5 位用来标识 IP 地址的类别，A 类地址的第一位为“0”，B 类地址的前两位为“10”，C 类地址的前三位为“110”，D 类地址的前四位为“1110”，E 类地址的前五位为“11110”。其中，A 类、B 类与 C 类地址为基本的 IP 地址。由于 IP 地址的长度限定于 32 位，类标识符的长度越长，则可用的地址空间越小。

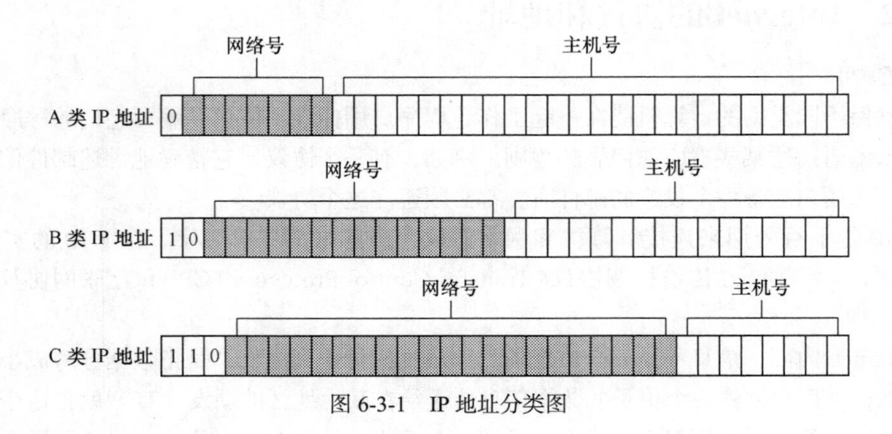

图 6-3-1　IP 地址分类图

3. IPv6

（1）IPv6 介绍

IPv6（Internet Protocol Version 6）也被称作下一代互联网协议，它是由 IETF 设计的用来替代现行的 IPv4 的一种新的 IP 协议。IPv6 的提出最初是因为随着互联网的迅速发展，IPv4 定义的有限地址空间将被耗尽，而地址空间的不足必将妨碍互联网的进一步发展。为了扩大地址空间，拟通过 IPv6 以重新定义地址空间。IPv4 采用 32 位地址长度，只有大约 43 亿个地址，即将被分配完毕，而 IPv6 采用 128 位地址长度，几乎可以不受限制地提供地址。按保守方法估算 IPv6 实际可分配的地址，整个地球的每平方米面积上仍可分配 1000 多个地址。在 IPv6 的设计过程中除解决了地址短缺问题以外，还考虑了在 IPv4 中解决不好的其他一些问题，主要有端到端 IP 连接、服务质量（QoS）、安全性、多播、移动性、即插即用等。

与 IPv4 相比，IPv6 主要有如下一些优势。

第一，明显地扩大了地址空间。IPv6 采用 128 位地址长度，几乎可以不受限制地提供 IP 地址，从而确保了端到端连接的可能性。

第二，提高了网络的整体吞吐量。由于 IPv6 的数据包可以远远超过 64KB，应用程序可以利用最大传输单元（MTU）获得更快、更可靠的数据传输，同时在设计上改进了选路结构，采用简化的报头定长结构和更合理的分段方法，使路由器加快数据包处理速度，提高了转发效率，从而提高网络的整体吞吐量。

第三，使得整个服务质量得到很大改善。报头中的业务级别和流标记通过路由器的配置可以实现优先级控制和 QoS 保障，从而极大地改善了 IPv6 的服务质量。

第四，安全性有了更好的保证。采用 IPSec 可以为上层协议和应用提供有效的端到端安全保证，能提高在路由器水平上的安全性。

第五，支持即插即用和移动性。设备接入网络时通过自动配置可自动获取 IP 地址和必要的参数，实现即插即用，简化了网络管理，易于支持移动节点。而且 IPv6 不仅从 IPv4 中借鉴了许多概念和术语，它还定义了许多移动 IPv6 所需的新功能。

第六，更好地实现了多播功能。在 IPv6 的多播功能中增加了“范围”和“标志”，限定了路由范围和可以区分永久性与临时性地址，更有利于多播功能的实现。

目前，随着互联网的飞速发展和互联网用户对服务水平要求的不断提高，IPv6 在全球将会越来越受到重视。

（2）IPv6 地址表示

IPv6 地址为 128 位长，但通常写作 8 组，每组为 4 个十六进制数的形式。例如：FE80:0000:0000:0000:AAAA:0000:00C2:0002 是一个合法的 IPv6 地址。这个地址看起来还是太长，这里还有一种办法来缩减其长度，叫做零压缩法。如果几个连续段位的值都是 0，那么这些 0 就可以简单的以::来表示，上述地址就可以写成 FE80::AAAA:0000:00C2:0002。这里要注意的是只能简化连续的段位的 0，其前后的 0 都要保留，如 FE80 的最后的这个 0，不能被简化。另外，这个方法只能用一次，在上例中 AAAA 后面的 0000 就不能再次简化。当然，也可以在 AAAA 后面使用::，这样的话前面的 12 个 0 就不能压缩了。这个限制的目的是为了能准确还原被压缩的 0，不然就无法确定每个::代表了多少个 0。

2001:0DB8:0000:0000:0000:0000:1428:0000

2001:0DB8:0000:0000:0000::1428:0000

2001:0DB8:0:0:0:0:1428:0000

2001:0DB8:0::0:0:1428:0000

2001:0DB8::1428:0000 都是合法的地址，并且它们是等价的。

2001:0DB8::1428::是非法的。（因为这样会使得搞不清楚每个压缩中有几个全零的分组）

同时前导的零可以省略，因此：

2001:0DB8:02de::0e13 等价于 2001:DB8:2de::e13。

4．域名地址

IP 地址为 Internet 提供统一的编址方式，直接用 IP 地址就可以访问 Internet 主机。通常，用户很难记住由一串数字组成的 IP 地址（如“202.113.19.122”），于是，研究人员提出了域名的概念。

域名解决了 IP 地址难以记忆的问题。例如，如果告诉你南开大学 WWW 服务器的域名为 www.nankai.edu.cn，每个字符都代表着一定的意义，并且在书写上也有一定的规律，这样用户就比较容易理解与记忆。每个域名与一个 IP 地址是相互对应的。Internet 中的路由器并不能识别域名，只能通过 IP 地址来实现数据包的转发，因此首先要完成域名到 IP 地址的转换。如果要通过域名访问某台 Internet 主机，首先要通过域名服务器（Domain Name Server，DNS），将这个域名转换为对应的 IP 地址。

Internet 域名结构由 TCP/IP 协议集的域名系统定义。域名系统也与 IP 地址的结构一样，采用的是典型的层次结构。域名系统将整个 Internet 划分为多个顶级域，并为每个顶级域规定了通用的顶级域名。表 6-3-1 所示为机构性最高域名，表 6-3-2 所示为部分地理性域名。由于美国是 Internet 的发源地，因此美国的顶级域名是以组织模式划分的。例如，com 代表商业组织，edu 代表教育机构，gov 代表政府机构。其他国家的顶级域名是以地理模式划分的，每个国家都可以作为一个顶级域出现。例如，cn 代表中国，fr 代表法国，au 代表澳大利亚，uk 代表英国。

表 6-3-1　　机构性域名及含义

机构域名	适用对象	机构域名	适用对象
com	商业机构	mil	军事机构
edu	教育机构	net	网络机构
gov	政府机构	org	非营利性组织
int	国际机构		

表 6-3-2　　部分地理性域名及含义

地理域名	含　义	地理域名	含　义
us	美国	fr	法国
ca	加拿大	jp	日本
de	德国	kr	韩国
cn	中国	it	意大利
gb	英国	au	澳大利亚

网络信息中心（NIC）将顶级域的管理权授予指定的管理机构，各个管理机构再为它们管理的域分配二级域名，并将二级域名的管理授予下属的管理机构。如此层层细分，就形成了 Internet 层次状的域名机构。这种层次结构的优点是：各个组织在它们的内部可以自由选择域名，只要保证组织内的唯一性，而不用担心与其他组织内的域名冲突。

5. 我国的域名结构

中国互联网信息中心（CNNIC）负责管理我国的顶级域，它将 cn 域划分为多个二级域。表 6-3-3 所示为我国的二级域分配方法。我国二级域的划分采用了两种划分模式：组织模式与地理模式。其中，前 7 个域对应于组织模式，如 com 表示商业组织，edu 表示教育结构，gov 表示政府部门。行政区代码对应于地理模式，如 bj 代表北京市，sh 表示上海市，tj 代表天津市，he 代表河北省，nm 代表内蒙古自治区，hk 代表香港特别行政区。

表 6-3-3　　我国的二级域分配方法

二级域名	含　义	二级域名	含　义
ac	科研机构	int	国际组织
com	商业组织	net	网络支持中心
edu	教育机构	org	各种非营利性组织
gov	政府部门	行政区代码	我国的各个行政区

CNNIC 将我国教育机构的二级域（edu 域）的管理权授予中国教育科研网（CERNET）网络中心。CERNET 网络中心将 edu 域划分为多个三级域，将三级域名分配给各个大学与教育机构(例如 nankai 代表南开大学），并将 nankai 域的管理权授予南开大学网络中心。南开大学网络中心又将 nankai 域划分为多个四级域，将四级域名分配给下属部门或主机（如 cs 代表计算机系）。

主机域名的排列原则是将低层域名排在前面，而将它们所属的高层域名紧跟在后面。这样，主机域名格式为：四级域名.三级域名.二级域名.顶级域名。例如，“cs.nankai.edu.cn”域名的每个单词依次表示计算机系、南开大学、教育机构与中国，完整表示的就是中国南开大学计算机系的主机。

6.3.3　连接到 Internet

连接到 Internet 的方法很多，用户采用的接入方式取决于使用 Internet 的方式。但不管使用哪种方式连接到 Internet，都要连接到 ISP 的主机。用户通过某种通信线路连接到 ISP，再通过 ISP 的连接通道连接到 Internet。

如果仅打算在需要时才连接到 Internet，可以通过调制解调器使用拨号连接到 Internet。拨号入网主要适用于传输量较小的单位和个人，通过公用电话网与 ISP 相连接，再通过 ISP 的连接通道接入 Internet，如图 6-3-2 所示。

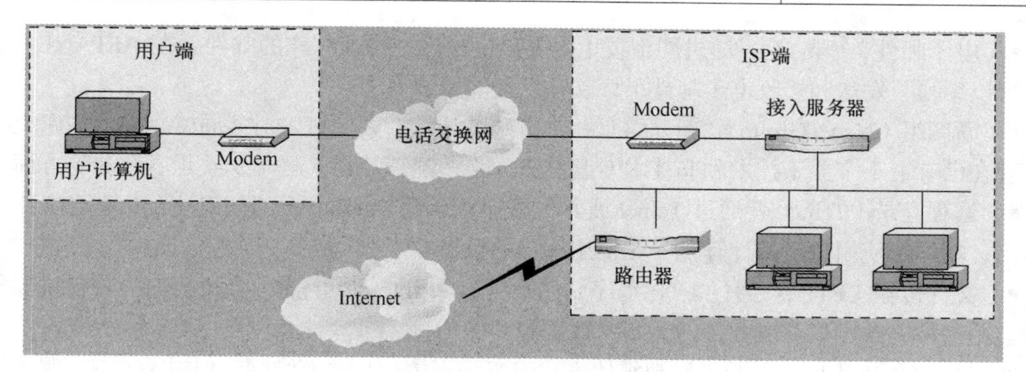

图 6-3-2　接入 Internet 结构图

此类接入方式的连入设备比较简单，只需一台调制解调器（或一块调制解调卡）和一根电话线。此类连接费用较低，但传输速率较低，通常为 14.4～56kbit/s。

如果需要比调制解调器更高的上网速度，可申请一个拨号 ISDN（综合服务数字网）账户。ISDN 允许通过普通电话线进行高速连接，能够提供双向 128kbit/s 的速度，它是目前大部分拨号入网的用户采用的方式。

用电话线实现宽带接入的主要方法是各种数字用户环路 XDSL。许多新建住宅小区的家庭用户只要采用不对称的数字用户环路 ADSL，它可提供下行最高 8Mbit/s、上行最高 1Mbit/s 的不对称宽带接入。

如果需要随时接入 Internet，就需要一条专线连接，专线入网以专用线路为基础，线路传输量比较大，需要专用设备，如路由器、交换机、中继器、网桥等。这种方式也就是通过局域网接入 Internet，用户局域网使用路由器，通过数据通信网与 ISP 相连接，再通过 ISP 的连接通道接入 Internet，如图 6-3-3 所示。此类连接费用昂贵，主要适用于需要传递大量信息的企业和团体，如企业网或校园网。

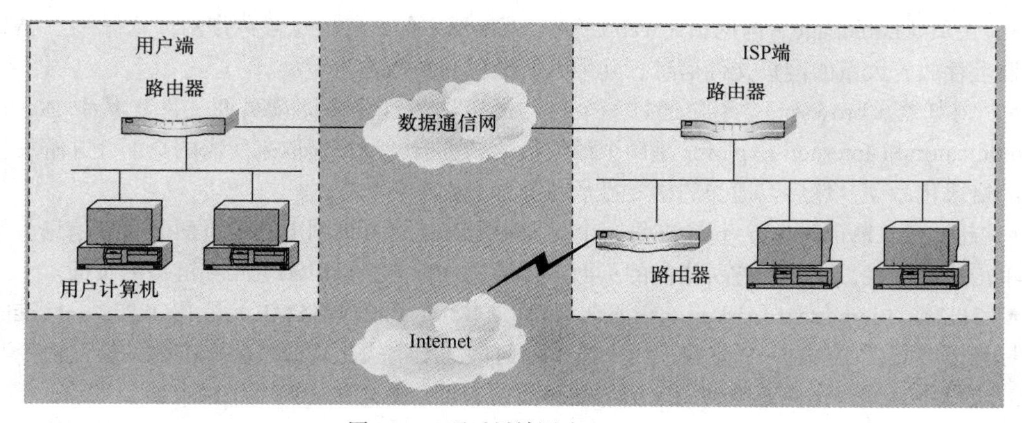

图 6-3-3　通过局域网连入 Internet

6.4　Internet 的信息服务

计算机联网的目的是共享资源，资源共享方式的不同也就代表不同的网络信息服务。传统的 Internet 的信息服务有以下 4 种。

• 电子邮件（E-mail）：通过网络技术收发以电子文件格式写作的邮件。在 ARPANET 的早期就可以编写、发送和接收电子邮件了，现在已经非常普及了。

• 新闻组（News Group）：新闻组是一个特殊的论坛，人们可以对共同感兴趣的主题交换信息。现在已有上千个关于技术和非技术专题的新闻组，涵盖社会、科学、娱乐、政治等方面。

• 远程登录（Telnet）：通过 Telnet 或其他程序登录到 Internet 上的任何一台具有合法账号的机器上，然后像使用自己的计算机一样使用远程的机器。

• 文件传输（FTP）：通过 FTP 程序，用户可以从 Internet 上的一台机器向另一台机器复制文件。用这种方式可以获取大量的文章、数据和其他信息。

20 世纪 90 年代后，兴起了以超媒体方式组织多媒体信息的万维网（WWW）信息服务，并且迅速成为 Internet 上的主要应用。

6.4.1 WWW 信息资源

万维网（World Wide Web，WWW）应用是欧洲粒子物理研究所（CERN）的 Timonthy Berners Lee 发明的，它使得 Internet 上的信息的浏览变得更加容易。利用由美国国家超级计算应用中心编写的 Mosaic 浏览器，只需通过鼠标的单击，就可以浏览一个图文并茂的网页（Web page），并且每一个网页之间都有链接，通过单击链接，用户就可以切换到该链接指向的网页。在 Mosaic 浏览器推出的第一年里，WWW 服务器的数量从 100 个增长到 7000 个。

下面介绍一些与万维网应用相关的名词术语。

• WWW 服务器：万维网信息服务是采用客户机/服务器模式进行的，这是 Internet 上很多网络服务所采用的工作模式。在进行 Web 网页浏览时，作为客户机的本地机首先与远程的一台 WWW 服务器建立连接，并向该服务器发出申请，请求发送过来一个网页。

WWW 服务器负责存放和管理大量的网页文件信息，并负责监听和查看是否由从客户端过来的连接。一旦建立连接，当客户机发出一个请求，服务器就发回一个应答，然后断开连接。

• 主页（homepage）与网页（webpage）：万维网中的文件信息被称作网页。每一个 WWW 服务器上存放着大量的网页文件信息，其中默认的封面文件称为主页。

• 浏览器（browser）：用户通过一个称作浏览器的程序来阅读页面文件，其中 Netscape Communicator 和 Internet Explorer 是两个最流行的浏览器。浏览器取来所需的页面，并解释它所包含的格式化命令，然后以适当的格式显示在屏幕上。

• 超链接（hyperlink）：包含在每一个页面中能够连到万维网上其他页面的链接信息。用户可以单击这个链接，跳转到它所指向的页面上。通过这种方法可以浏览相互链接的页面。

• HTML（hypertext markup language）：超文本标记语言（HTML）是 ISO8879 一标准的通用型标记语言 SGML 的一个应用，用来描述如何将文本格式化。通过将标准化的标记命令写在 HTML 文件中，使得任何万维网浏览器都能够阅读和重新格式化任何万维网页面。

• HTTP（hypertext transmission protocol）：超文本传输协议（HTTP）是标准的万维网传输协议，是用于定义合法请求和应答的协议。

• URL（uniform resource locator）：统一资源定位器（URL）作为页面的世界性名称，必须解决 3 个问题，即如何访问网页？网页在哪里？网页文件叫什么？

当人们通过 URL 发出请求时，浏览器在域名服务器的帮助下，获取该远程服务器主机的 IP 地址，然后建立一条到该主机的连接。在此连接上，远程服务器使用指定的协议发送网页文件，最后，指定页面信息出现在本地机浏览器窗口中。

这种 URL 机制不仅仅在包含 HTTP 的意义上是开放的，实际上还定义了用于其他各种不同的常见协议的 URL，并且许多浏览器都能理解这些 URL，例如：

超文本 URL	http://www.cernet.edu.cn
文件传输（FTP）URL	ftp://ftp.pku.edu.cn
本地文件 URL	user/liming/homework/word.doc
新闻组（news）URL	news:comp.os.minox
Gopher UPL	gopher//gopher.tc.unm.edu/11/Libraries
发送电子邮件 URL	mailto:liming@263.net
远程登录（Telnet）URL	telnet://bbs.tsinghua.edu.cn

6.4.2　信息搜索

如果已获得某个网页网址，就可以直接将该网址输入到浏览器的地址栏中，即可浏览该网页信息。但大多数情况下却不知道所需信息的网址，这时，面对的就是一个浩如烟海的互联网信息。所以，有人说会搜索才叫会上网，可见搜索引擎在日常信息生活中的地位。

搜索引擎（search engine）是随着 Web 信息的迅速增加而逐渐发展起来的技术，它是一种浏览和检索数据集的工具。通常“搜索引擎”是这样一些 Internet 上的站点，它们有自己的数据库，保存了 Internet 上的很多网页的检索信息，并且还在不断更新。当用户查找某个关键词的网页都将作为搜索结果被搜出来，在经过复杂的算法进行排序后，这些结果将按照与搜索关键词的相关度高低依次排列，呈现在结果网页中。结果网页是罗列了指向一些相关网页地址的超链接的网页，这些网页可能包含要查找的内容，从而起到信息导航的目的。由于互联网上的信息泛滥，人们通常是利用搜索引擎找到自己需要的信息的，搜索引擎能让用户发现从未去过的网站，并找到更多信息。如果把网络化比作信息高速公路，那搜索引擎就是正确找到目的地的导航图。

目前，Internet 上的搜索引擎大致可以分为以下 3 类。

1. 一般搜索引擎

利用网络蜘蛛对 Internet 资源进行检索，通常无须人工干预。所谓网络蜘蛛是一个程序，它通过自动读取一篇文档遍历其中的超链接结构，从而递归获得被引用的所有文档。不同的搜索引擎搜索的内容不尽相同，有的着重站点搜索，而有的搜索范围甚至包括 Groper、新闻组、E-mail 等。一般搜索引擎的性能主要取决于索引数据库的容量、存放内容、更新速度、用户界面的友好程度、是否易用等。

2. 元搜索引擎

接收一个搜索请求，然后将该请求转交给其他若干个搜索引擎同时处理，最后对多个引擎的搜索结果进行整合处理后返回给查询者。整合处理包括诸如消除重复、对来自多个引擎的结果进行排序等。

3. 专用引擎

专用引擎如任务搜索、旅行路线搜索、产品搜索等，这些搜索都依赖于具体的数据库。

搜索引擎的其他分类方法还有：按照自动化程度分为人工引擎与自动引擎；按照是否有智能分为智能引擎与非智能引擎；按照搜索内容分为文本搜索引擎、语音搜索引擎、图形搜索引擎、视频搜索引擎等。

信息查找方法一般有两类：按关键字查找和按内容分类逐级检索。

关键词搜索实际上是网页的完全索引。它很像白页电话号簿，在电话号簿的索引中不会查到一个人具体居住地之类的信息，但是可以很容易查到某一个名字的人的列表。

分类目录是由人工编辑整理的网站的链接。分类目录就像是黄页电话号簿。许多分类目录对于所链接的网址都以或繁或简的描述文字，通过这些文字可以让用户决定是否要进一步点击。

一般而言，如果需要查找非常具体或者特殊的问题，用关键词搜索引擎，Google 比较合适；如果希望浏览某方面的信息或者专题，类似 Yahoo 的分类目录可能会更合适。如果需要查找的是某些确定的信息，如 MP3、地图等，就最好使用专门的搜索引擎。

每一个搜索引擎在使用上都有细微的差别，所以在使用前应先查阅相关的帮助信息，它们的链接通常就在关键字输入框的旁边。表 6-4-1 所示为常用的中文搜索引擎。

表 6-4-1　　常用的中文搜索引擎

名　称	网　址
Google	www.google.com
百度	www.baidu.com
雅虎中文	Cn.yahoo.com
雅虎一搜	www.yisou.com
搜狐	www.sohu.com

互联网虽然只有一个，但各搜索引擎的能力和偏好不同，所抓取的网页各不相同，排序算法也各不相同。使用不同的搜索引擎的重要原因，就是因为它们能分别搜索到不同的内容。然而，即使最大的搜索引擎建立超过 20 亿网页的搜索数据库，也只能占到互联网上普通网页的不足 30%，不同搜索引擎之间的网页数据重叠率一般在 70%以下。因此，互联网上仍由大量的内容是搜索引擎无法抓取索引的，也是我们无法用搜索引擎搜索到的。

6.4.3　文件传送

文件是计算机系统中的信息存储、处理和传输的主要形式，几乎所有的计算机系统都非常重视文件操作，计算机网络系统更不例外。可以说，网络文件访问是网络系统必备的基本功能，也是一般用户对网络系统的基本要求。

对网络文件访问的需求来自 4 个方面。

- 数据或信息的共享。例如，用户可以从服务器上取出自己所要的数据，甚至可以从服务器上下载开放软件。
- 利用文件服务器上大磁盘空间存储后备文件。例如，用户可以将 PC 上的重要文件传送到文件服务器上加以保存，当需要时再取回来。
- 以文件形式在网络中进行数据交换。
- 无盘工作站对于文件服务器的依赖，或外存资源不足的 PC 利用服务器上的部分空间作为补充。

在这方面的网络应用中，文件服务器扮演了一个核心角色。顾名思义，文件服务器是向多个用户提供文件服务的。随着局域网的复杂性和需求的增长，文件服务器的职能也在不断增加。由于网络操作系统驻留于文件服务器上，因此文件服务器可以提供操作系统中文件管理的各种功能：它支持文件级的操作，诸如文件的生成、删除、打开，以及读和写等；它也提供树形目录结构、文件保护机制和用户访问权限的管理。由于文件服务器通常是一个多用户的系统，所以任何访问文件服务器的用户都有一个登录核实密码的过程。

网络文件的访问有两种截然不同的方式：文件传输和文件访问。

1. 文件传输

文件传输提供的用户服务相对简单一些。用户可直接将远程文件复制到本地系统（下载，download），或将本地文件复制到远程系统（上载，upload）。远程文件一旦复制到本地系统，便属于本地文件，与远程系统无关，用户可以对该文件进行读写等操作。

FTP 是基于客户机/服务器模型而设计的，客户机和服务器之间利用 TCP 建立连接，如图 6-4-1 所示。

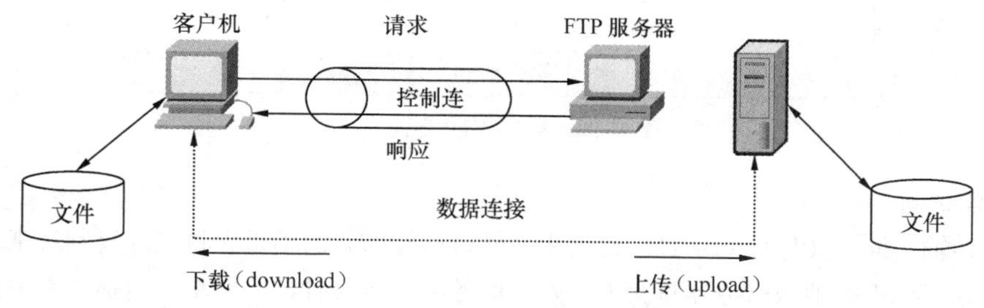

图 6-4-1　客户机与服务器之间建立双重连接

与其他客户机/服务器模型不同的是，FTP 客户机与服务器之间要建立双重连接：一个是控制连接，另一个是数据连接。建立双重连接的原因在于 FTP 是一个交互式会话系统，当用户每次调用 FTP 时，便与服务器建立一个会话，会话以控制连接来维持，直至退出 FTP。控制连接负责传送控制信息，如文件传送命令等。客户机可以利用控制命令反复向服务器提出请求，而客户机每提出一个请求，服务器便再与客户机建立一个数据连接，进行实际的数据传输。一旦数据传输结束，数据连接随之撤销，但控制连接依然存在。

在 Internet 上有很多匿名（anonymous）FTP 服务器，这些服务器向所有用户开放。任何人在登录时，使用 anonymous 作为用户名，用自己的 E-mail 地址作为口令，就可以访问这些服务器。一般来说，以匿名方式登录的用户对所访问的 FTP 服务器的使用权限也是最低的，通常只能获得从 FTP 服务器上下载文件的权限，不能进行上传文件的操作。

在实现文件传输时，需要使用 FTP 程序。目前常用的 FTP 程序有 3 种类型：FTP 命令行、浏览器以及图形界面的 FTP 工具。

（1）通过命令行使用 FTP

进入 MS-DOS 窗口，在 DOS 提示符下键入 FTP 命令：

```
C: \windows>ftp<回车>
```

回车后就可以在屏幕上看到 FTP 命令行提示符：

```
ftp>
```

这个命令行提示符意味着 FTP 命令行程序正在运行，等待输入命令（FTP 专用的命令）。

（2）在浏览器中使用 FTP 程序

直接在浏览器的地址栏中输入“ftp：//ftp 服务器域名或地址”（见图 6-4-2），浏览器将自动调用 FTP 程序完成连接，当连接成功后，浏览器窗口中现实出该服务器上的文件夹或文件名列表。

（3）使用图形界面的 FTP 工具

图形界面的 FTP 工具窗口通常由两个窗格组成，一个窗格代表 FTP 服务器，另一个窗口代表客户机，文件传送就如同在文件管理器的两个目录窗口之间进行，两边目录指定、被传送文件的选择会更加方便、直观。

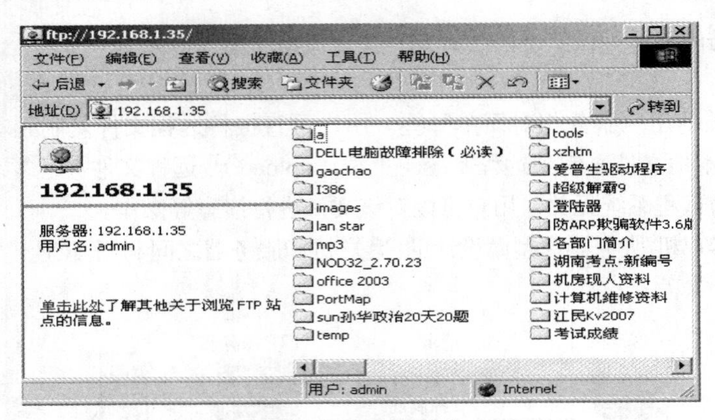

图 6-4-2　FTP 界面

2. **文件访问**

与文件传输不同，文件访问是直接对远程文件进行操作，而不是先将文件复制过来。在文件访问过程中，客户机不断地跟服务器打交道，要求服务器响应各种访问请求，包括频繁的读、写、关闭、删除、创建等文件操作。也正因为如此，文件访问比文件传输的网络开销要大得多。文件访问可以隐藏远程文件与本地文件的区别，使用户可以像访问本地文件一样访问文件服务器上的文件。

SUN 公司开发的 NFS（Network File System，网络文件系统）协议，其目的就在于解决网络环境下远地文件的透明访问。在 NFS 支持下，用户以完全相同的方式访问本地文件和远地文件。例如，有一台 PC（客户机）和一台 SUN 服务器联网，SUN 工作站上安装的是 UNIX 操作系统，而 PC 上是 DOS（或 Windows）环境。大家知道，UNIX 的所有文件及目录被组织在一棵树中，整个文件系统只有一个根目录。而在 DOS 环境中，外存是划分为逻辑盘的，如 C 盘、D 盘等。

6.4.4　电子邮件

电子邮件（Electronic Mail）简称 E-mail，是利用计算机网络的通信功能来实现比普通信件传输快很多的一种新技术，在 Internet 提供的基本信息服务中，电子邮件使用得最为广泛。每天全世界有几千万人次在发送电子邮件，绝大多数 Internet 的用户对国际互联网的认识都是从收发电子邮件开始的。电子邮件和通过邮局收发的信件，从功能上讲没什么不同，它们都是一种信息载体，是用来帮助人们进行沟通的工具，只是实现方式有所不同。电子邮件是在计算机上编写，并通过 Internet 发送的信件。与普通信件相比，电子邮件的信息传递速度快，发送和接收方便，操作起来非常简单，而且可靠性高。多媒体电子邮件不仅可以传送文本信息，而且可以传送声音、视频等多种类型的文件。

使用电子邮件的首要条件是要拥有一个电子邮箱，它是由提供电子邮政服务的机构建立的。实际上电子邮箱就是指 Internet 上某台计算机为用户分配的专用于存放往来信件的磁盘存储区域，但这个区域是由电子邮件系统软件负责管理和存取。

目前电子邮件系统都具有以下几种功能：

- 邮件制作与编辑；
- 邮件发送（可发送给一个用户或同时发送给多个用户）；
- 收信通知（随时提示用户有信件）；
- 信件阅读与检索（可按发信人、收信时间或信件标题检索已受到的信件，并可反复阅读来信）；

- 信件回复与转发；
- 信件管理（对收到的信件可以转存、分类或删除）。

1. 认识电子邮件地址

由于 E-mail 是直接寻址到用户的，而不是仅仅到计算机，所以个人的名字或有关说明也要编入 E-mail 地址中。Internet 的电子邮箱地址组成如下：

用户名@电子邮件服务器名

它表示以用户名命名的信箱是建立在符号“@”后面说明的电子邮件服务器上，该服务器就是向用户提供电子邮政服务的“邮局”机。一个具体的例子如下：

liming@126.com

2. 电子邮件服务器

在 Internet 上有很多处理电子邮件的计算机，它们就像是一个个邮局，采用存储—转发方式为用户传递电子邮件。从计算机发出的邮件要经过多个这样的“邮局”中转，才能到达最终的目的地。这些 Internet 的“邮局”称为电子邮件服务器。

和用户最直接相关的电子邮件服务器有两种类型：发送邮件服务器（SMTP 服务器）和接收邮件服务器（POP3 服务器）。发送邮件服务器遵循的是 SMTP（Simple Message Transfer Protocol，邮件传输协议）其作用是将用户编写的电子邮件转交到收件人手中。接收邮件服务器遵循的是 POP3（Post Office Protocol，邮局协议），它将邮件取到本地机上阅读。E－mail 地址中“@”后跟的电子邮件服务器就是一个 POP3 服务器名称。

通常，同一台电子邮件服务器既完成发送邮件的任务，又能让用户从它那里接收邮件，这时 SMTP 服务器和 POP3 服务器的名称是相同的。但从根本上看，这两个服务器没有什么对应关系，可以在使用中设置成不同的。

3. 电子邮件基础

电子邮件与普通的信件邮寄方式类似，发送普通信件是在写好信件的基础上填写收信人姓名和地址，将信件投递到邮局，由当地邮局的投递员把信件送给收信人。而电子邮件的一切工作是通过计算机网络完成的，如图 6-4-3 所示。

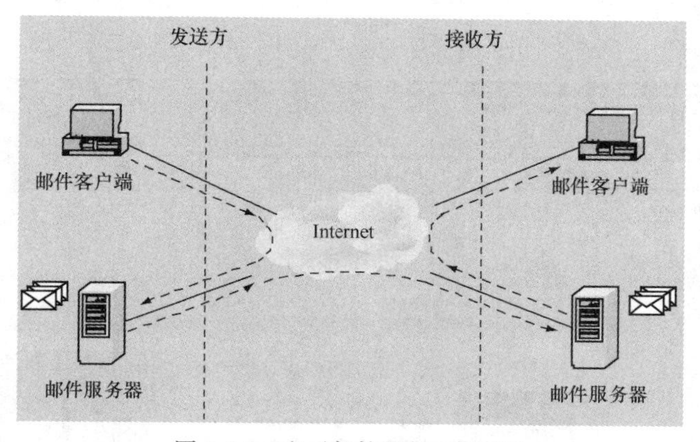

图 6-4-3　电子邮件服务工作原理

发信人先把信件写好，填写将要发送的地址，信件到达信件服务器后会根据发送人指定的地址把信件发送给收件人的“信箱”中，收件人打开自己的“信箱”就可以取信了。

计算机网络通过电子邮件系统来传送和管理电子邮件，不管是局域网、城域网还是广域网都有自己的电子邮件系统。

要想通过 Internet 收发邮件，必须先要向 ISP 机构申请一个属于自己的个人邮箱，通过该 ISP 网上邮局收发邮件。有许多站点都提供了免费电子信箱服务。不管用哪个 ISP 的主机，只要能访问这些服务器就可以在那里免费设立自己的电子信箱。

ISP 提供的信箱有两种：一种是免费信箱，提供的服务较少，部分 ISP 不提供客户端程序收发邮件，因此收发邮件须登录其网站打开自己的信箱，发送的附件也较小；另一种是收费邮箱，容量较大，提供的服务较多，支持客户端程序，发送的附件也较大。下面以网易提供的免费 E-mail 为例，介绍如何申请免费邮箱。

用 IE 打开网易主页，可以看到页面的左边显示有“126 免费邮”几个字，如图 6-4-4 所示。

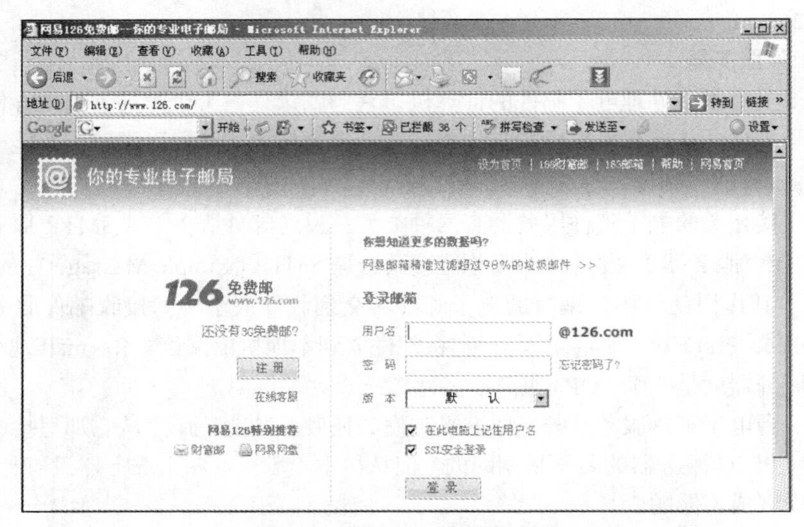

图 6-4-4　网易 126 免费邮主页

单击“注册”按钮打开另一页面，在“用户名”文本框中输入用户想要设定的邮箱名，单击“下一步”按钮进入设置密码的页面。如果邮箱名已经被申请过，则会提示重新输入一个可用的邮箱名。

免费 E-mail 申请成功后，就可以利用客户端软件收发邮件，也可以直接用账号登录进入邮箱，如图 6-4-5 所示。

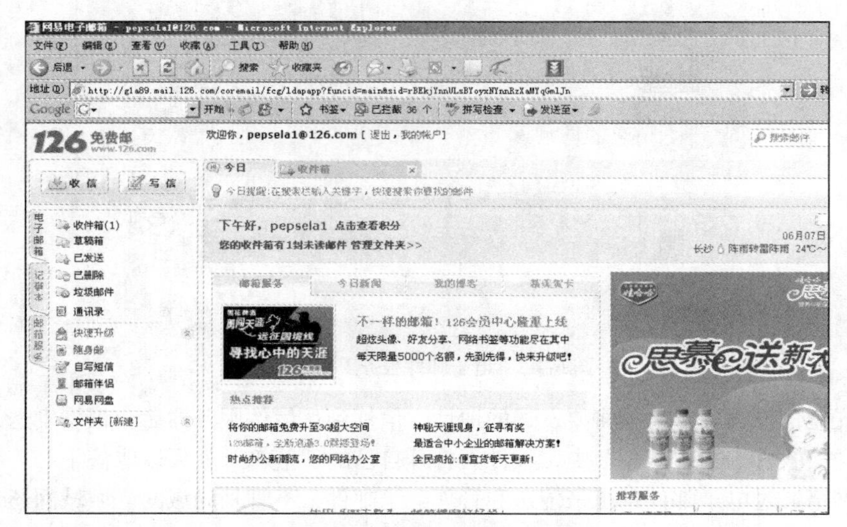

图 6-4-5　网易 126 免费邮系统

习　　题

一、选择题

1. 计算机网络是计算机技术和通信技术相结合的产物，这种结合开始于（　　）。

A. 20 世纪 50 年代　　B. 20 世纪 60 年代初期

C. 20 世纪 60 年代中期　　D. 20 世纪 70 年代

2. 第二代计算机网络的主要特点是（　　）。

A. 计算机—计算机网络　　B. 以单机为中心的联机系统

C. 国际网络体系结构标准化　　D. 各计算机制造厂商网络结构标准化

3. 计算机网络中可以共享的资源包括（　　）。

A. 硬件、软件、数据　　B. 主机、外设、软件

C. 硬件、程序、数据　　D. 主机、程序、数据

4. 计算机网络在逻辑上可以分为（　　）。

A. 通信子网与共享子网　　B. 通信子网与资源子网

C. 主从网络与对等网络　　D. 数据网络与多媒体网络

5. 下列设备中不属于通信子网的是（　　）。

A. 通信控制处理机　　B. 通信线路

C. 终端控制器　　D. 信号变换设备

6. 一座大楼内的一个计算机网络系统，属于（　　）。

A. PAN　　B. LAN　　C. MAN　　D. WAN

7. 下列网络中，传输速度最慢的是（　　）。

A. 局域网　　B. 城域网　　C. 广域网　　D. 三者速率差不多

8. 计算机网络拓扑是通过网络中结点与通信线路之间的几何关系表示网络中各实体间的（　　）。

A. 联机关系　　B. 结构关系　　C. 主次关系　　D. 层次关系

9. 局域网具有的几种典型的拓扑结构中，一般不包含（　　）。

A. 星型　　B. 环型　　C. 总线型　　D. 全连接网型

10. 若网络形状是由站点和连接站点的链路组成的一个闭合环，则称这种拓扑结构为（　　）。

A. 星型拓扑　　B. 总线拓扑　　C. 环型拓扑　　D. 树型拓扑

11. 在计算机网络中，所有的计算机均连接到一条通信传输线路上，在线路两端连有防止信号反射的装置，这种连接结构被称为（　　）。

A. 总线结构　　B. 环型结构　　C. 星型结构　　D. 网状结构

12. 在下列网络拓扑结构中，中心结点的故障可能造成全网瘫痪的是（　　）。

A. 星型拓扑结构　　B. 环型拓扑结构

C. 树型拓扑结构　　D. 网状拓扑结构

13. 下列属于星型拓扑的优点的是（　　）。

A. 易于扩展　　B. 电缆长度短　　C. 无需接线盒　　D. 简单的访问协议

14. 在拓扑结构上，快速交换以太网采用（　　）。

A. 总线型拓扑结构　　B. 环型拓扑结构
C. 星型拓扑结构　　D. 树型拓扑结构

15. 目前，人们一直关注“三网融合”问题。这里的“三网”是指（　　）。
A. GSM，GPS，GPRS　　B. 电信网，计算机网，有线电视网
C. 宽带网，万维网，局域网　　D. 无线通信网，ADSL，光纤网

16. 下面域名的写法正常的是（　　）。
A. wwww.15844.com　　B. www.zswcyy.com
C. www.yahucom　　D. http://www.2877777.com

二、填空题

1. 计算机网络的发展和演变可概括为__________、__________和__________ 3 个阶段。

2. 计算机网络的功能有数据通信、__________、实现分布式的信息处理和提高计算机系统的可靠性和可用性。

3. 计算机网络是由负责信息处理并向全网提供可用资源的__________和负责信息传输的通信子网组成。

4. 按照覆盖范围的地理范围，计算机网络可以分为__________、__________、__________。

5. 按照传输介质分类，计算机网络可以分为__________、__________。

6. 三网是指电信网、有线电视网和计算机网，“三网合一”的基础是__________。

三、简答题

1. 什么是计算机网络？计算机网络由哪些部分组成？
2. 计算机网络分成哪几种类型？试比较不同类型网络的特点。
3. 什么是网络的拓扑结构？常见的拓扑结构有哪几种？
4. 在开放系统互连（OSI）参考模型中，各层的作用是什么？
5. WWW 的含义是什么？万维网的信息是以什么方式传送的？
6. 简要写出“统一资源定位规范”的基本层次格式。
7. IE 浏览器可以访问 FTP 服务器吗？这种服务使用的协议和 WWW 相同吗？
8. 将经常访问的网址保存到收藏夹内，并创建不同的文件夹对它们进行分类。
9. 简述用 E-mail 收发邮件的过程。
10. 收发邮件的服务器是同一个吗？

第 7 章 多媒体基础知识

多媒体技术是指以数字化为基础，能够对多种媒体信息进行采集、加工处理、存储和传递，并能使各种媒体信息之间建立起有机的逻辑联系，集成为一个具有良好交互性的系统技术。多媒体技术使音像技术、计算机技术和通信技术三大信息处理技术紧密地结合起来，为信息处理技术发展奠定了新的基石。多媒体技术的发展和应用，正在对信息社会及人们的工作、学习和生活产生着重大影响。

本章主要针对计算机的基本操作和基本应用，概要介绍多媒体技术的基本知识。掌握多媒体技术的基本知识，对多媒体计算机系统的全面了解、熟练操作和实际应用都是十分重要和非常必要的。

7.1 多媒体概述

7.1.1 多媒体的概念

1. 媒体

在人类社会中，信息的表现形式是多种多样的，这些表现形式叫作媒体（media）。通常遇到的文字、声音、图形、图像、动画、视频等都是表现信息、传播信息的媒体，所以说媒体就是承载信息的载体。

媒体就是人与人之间实现信息交流的中介，简单地说，就是信息的载体，也称为媒介。在计算机领域中，媒体有两种含义：存储信息的实体和表现信息的载体。纸张、磁盘、磁带、光盘等都是存储信息的实体，而诸如文本或文字、声音、图形、图像、动画、视频等则是用来表现信息的载体。

2. 多媒体与多媒体技术

什么是多媒体？声音、图像、图形、文字等被理解为承载信息的媒体，而将其称为多媒体其实并不准确，因为这容易跟那些承载信息进行传输、存储的物质媒体（也有人称为介质），如电磁波、光、空气波、电流、磁介质等相混淆。但是，现在多媒体这个名词或术语几乎已经成为文字、图形、图像和声音的同义词，也就是说，一般人都认为，多媒体就是声音、图像与图形等的组合，所以在一般的文章中也就一直沿用这个不太准确的词。目前流行的多媒体的概念，主要仍是指文字、图形、图像、声音等人的器官能直接感受和理解的多种信息类型，这已经成为一种较狭义的多媒体的理解。在计算机和通信领域，我们所指的信息的正文、图形、声音、图像、动画，都可以称为媒体。从计算机和通信设备处理信息的角度来看，我们可以将自然界和人类社会原始信息存在的形式——数据、文字、有声的语言、音响、绘画、动画、图像（静态的照片和动态的电影、电视和录像）等，归结为 3 种最基本的媒体：声、图、文。传统的计算机只能够处理单媒体——“文”，电视能够传播声、图、文集成信息，但它不是多媒体系统。通过电视，我们只能单向被动地接收信息，不能双向地、主动地处理信息，没有所谓的交互性。可视电话虽然有交互性，但我们仅仅能够听到声音，见到谈话人的形象，也不是多媒体。所谓多媒体，是指能够同时采集、处理、编辑、存储和展示两个或以上不同类型信息媒体的技术，这些信息媒体包括文字、声音、图形、图像、动画和活动影像等。

多媒体技术是指以数字化为基础，能够对多种媒体信息进行采集、加工处理、存储和传递，并能使各种媒体信息之间建立起有机的逻辑联系，集成为一个具有良好交互性的系统技术。

3. 超文本与超媒体

（1）超文本的概念

1965 年 TedNelson 在计算机上处理文本文件时想了一种把文本中遇到的相关文本组织在一起的方法，让计算机能够响应人的思维以及能够方便地获取所需要的信息。他为这种方法杜撰了一个词，称为“超文本”（hypertext）。实际上，这个词的真正含义是“链接”的意思，用来描述计算机中的文件的组织方法，后来人们把用这种方法组织的文本称为“超文本”。

超文本是一种文本，它和书本上的文本是一样的。与传统的文本文件相比，它们之间的主要差别是，传统文本是以线性方式组织的，而超文本是以非线性方式组织的。这里的“非线性”是指文本中遇到的一些相关内容通过链接组织在一起，用户可以很方便地浏览这些相关内容。这种文本的组织方式与人们的思维方式和工作方式比较接近。

超链接（hyperlink）是指文本中的词、短语、符号、图像、声音剪辑或影视剪辑之间的链接，或者与其他的文件、超文本文件之间的链接，也称为“热链接”（hotlink），或者称为“超文本链接”（hypertextlink）。词、短语、符号、图像、声音剪辑、影视剪辑和其他文件通常被称为对象或者称为文档元素（element），因此超链接是对象之间或者文档元素之间的链接。建立互相链接的这些对象不受空间位置的限制，它们可以在同一个文件内也可以在不同的文件之间，也可以通过网络与世界上的任何一台联网计算机上的文件建立链接关系。

（2）超媒体的概念

在 20 世纪 70 年代，用户语言接口方面的先驱者 AndriesVanDam 创造了一个新词“电子图书”（ElectronicBook）。电子图书中自然包含有许多静态图片和图形，它的含义是可以在计算机上去创作作品和联想式地阅读文件，它保存了用纸作为存储媒体的最好的特性，而同时又加入了丰富的非线性链接，这就促使在 20 世纪 80 年代产生了超媒体（hypermedia）技术。

超媒体不仅可以包含文字而且还可以包含图形、图像、动画、声音和电视片断，这些媒体之间也是用超级链接组织的，而且它们之间的链接也是错综复杂的。

超媒体与超文本之间的不同之处是，超文本主要是以文字的形式表示信息，建立的链接关系主要是文句之间的链接关系。超媒体除了使用文本外，还使用图形、图像、声音、动画或影视片断等多种媒体来表示信息，建立的链接关系是文本、图形、图像、声音、动画、影视片断等媒体之间的链接关系。

当我们使用 Web 浏览器浏览 Internet 时，在显示屏幕上看到的页面称为网页（webpage），它是 Web 站点上的的文档。而进入该站点时在屏幕上显示的第一个综合界面称为起始页（homepage）或者称为主页，它有一点像一本书的封面或者是书的目录表。在万维网网页上，为了区分有链接关系和没有链接关系的文档元素，对有链接关系的文档元素通常用不同颜色或者下画线来表示。目前，在网页上担当链接使命的主要是超文本标记语言（HTML），它是从标准通用标记语言

（SGML）导出的。

4. 多媒体的基本特性

多媒体技术除信息载体的多样化以外，还具有以下的关键特性。

- 集成性：采用了数字信号，可以综合处理文字、声音、图形、动画、图像、视频等多种信息，并将这些不同类型的信息有机地结合在一起。
- 交互性：信息以超媒体结构进行组织，可以方便地实现人机交互。换言之，人可以按照自己的思维习惯，按照自己的意愿主动地选择和接收信息，拟定观看内容的路径。
- 智能性：提供了易于操作、十分友好的界面，使计算机更直观、更方便、更亲切、更人性化。
- 易扩展性：可方便地与各种外部设备挂接，实现数据交换、监视控制等多种功能。此外，采用数字化信息有效地解决了数据在处理传输过程中的失真问题。

7.1.2　多媒体技术的产生和发展

在计算机发展的初期，信息的表现形式只有数字和文字。从 20 世纪 80 年代后期开始，人们致力于研究将声音、图形和图像作为新的信息媒体输入/输出计算机。

1. 音频技术

音频技术发展较早，几年前一些技术已经成熟并产品化，甚至进入了家庭，如数字音响。音频技术主要包括 4 个方面：音频数字化、语音处理、语音合成及语音识别。

音频数字化目前是较为成熟的技术，多媒体声卡就是采用此技术而设计的，数字音响也是采用了此技术取代传统的模拟方式而达到了理想的音响效果。音频采样包括两个重要的参数即采样频率和采样数据位数。采样频率即对声音每秒钟采样的次数，人耳听觉上限在 20kHz 左右，目前常用的采样频率为 11kHz、22kHz、44kHz 几种。采样频率越高音质越好，存储数据量越大。CD 唱片采样频率为 44.1kHz，达到了目前最好的听觉效果。采样数据位数即每个采样点的数据表示范围，目前常用的有 8 位、12 位和 16 位 3 种。不同的采样数据位数决定了不同的音质，采样位数越高，存储数据量越大，音质也越好。CD 唱片采用了双声道 16 位采样，采样频率为 44.1kHz，因而达到了专业级水平。

音频处理包括范围较广，但主要方面集中在音频压缩上，目前最新的 MPEG 语音压缩算法可将声音压缩 6 倍。语音合成是指将正文合成为语言播放，目前国外几种主要语音的合成水平均已到实用阶段，汉语合成几年来也有突飞猛进的发展，实验系统正在运行。在音频技术中难度最大最吸引人的技术当属语音识别，虽然目前只是处于实验研究阶段，但是广阔的应用前景使之一直成为研究关注的热点之一。

2. 视频技术

虽然视频技术发展的时间较短，但是产品应用范围已经很大，与 MPEG 压缩技术结合的产品已开始进入家庭。视频技术包括视频数字化和视频编码技术两个方面。

视频数字化是将模拟视频信号经模数转换和彩色空间变换转为计算机可处理的数字信号，使得计算机可以显示和处理视频信号。目前采样格式有两种，即 Y:U:V4:1:1 和 Y:U:V4:2:2，前者是早期产品采用的主要格式，Y:U:V4:2:2 格式使得色度信号采样增加了一倍，视频数字化后的色彩、清晰度及稳定性有了明显的改善，是下一代产品的发展方向。

视频编码技术是将数字化的视频信号经过编码成为电视信号，从而可以录制到录像带中或在电视上播放。对于不同的应用环境有不同的技术可以采用。从低档的游戏机到电视台广播级的编码技术都已成熟。

3. 图像压缩技术

图像压缩一直是技术热点之一，它的潜在价值相当大，是计算机处理图像和视频以及网络传输的重要基础。目前ISO制定了两个压缩标准，即JPEG和MPEG。JPEG是静态图像的压缩标准，适用于连续色调彩色或灰度图像。它包括两部分：一是基于DPCM（空间线性预测）技术的无失真编码，二是基于DCT（离散余弦变换）和哈夫曼编码的有失真算法。前者图像压缩无失真，但是压缩比很小，目前主要应用的是后一种算法，图像有损失但压缩比很大，压缩20倍左右时基本看不出失真。

MJPEG是指MotionJPEG，即安照25f/s的速度使用JPEG算法压缩视频信号，完成动态视频的压缩。

MPEG算法是适用于动态视频的压缩算法，它除了对单幅图像进行编码以外还利用图像序列中的相关原则，将帧间的冗余去掉，这样大大提高了图像的压缩比例，通常保持较高的图像质量而压缩比高达100倍。MPEG算法的缺点是压缩算法复杂，实现很困难。

7.1.3 多媒体技术的应用

多媒体技术应用是当今信息技术领域发展最快、最活跃的技术，是新一代电子技术发展和竞争的焦点。多媒体技术融计算机、声音、文本、图像、动画、视频、通信等多种功能于一体。多媒体技术的应用几乎覆盖了计算机应用的绝大多数领域，而且还开拓了涉及人类工作、学习、生活、娱乐等方面的新领域。

多媒体技术的开发和应用，使人类社会工作和生活的方方面面都沐浴着它所带来的阳光，新技术所带来的新感觉、新体验是以往任何时候都无法想象的。

1. 数据压缩和图像处理的应用

多媒体计算机技术是面向三维图形、环绕立体声和彩色全屏幕运动画面的处理技术。而数字计算机面临的是数值、文字、语言、音乐、图形、动画、图像、视频等多种媒体的问题，它承载着由模拟量转化成数字量信息的吞吐、存储和传输。数字化了的视频和音频信号的数量之大是非常惊人的，它给存储器的存储容量、通信干线的信道传输率以及计算机的速度都增加了极大的压力，解决这一问题，单纯用扩大存储器容量、增加通信干线的传输率的办法是不现实的。数据压缩技术为图像、视频和音频信号的压缩，文件存储和分布式利用，提高通信干线的传输效率等应用提供了一个行之有效的方法，同时使计算机实时处理音频、视频信息，以保证播放出高质量的视频、音频节目成为可能。国际标准化协会、国际电子学委员会、国际电信协会等国际组织，于20世纪90年代领导制定了3个重要的有关视频图像压缩编码的国际标准，即JPEG标准、H.261标准、MPEG标准。

（1）JPEG

JPEG 是国际上彩色、灰度、静止图像的第一个国际标准，它不仅适于静态图像的压缩，电视图像序列的帧内图像的压缩编码，也常采用JPEG压缩标准。

（2）H.261

H.261 是视频图像压缩编码国际标准，主要用于视频电话和电视会议，可以以较好的质量来传输更复杂的图像。

（3）MPEG

MPEG 视频压缩技术是针对运动图像的数据压缩技术，目前又分为 MPEG-I、MPEG-Ⅱ、MPEG-Ⅳ、MPEG-7和MPEG-21。

MPEG-I 最初用于数字存储上活动图像及伴音的编码，数码率为 1.5Mbit/s，图像采用 SIF 格式，两路立体声伴音的质量接近 CD 音质。现在 MPEG-I 压缩技术的应用已经相当成熟，广泛地应用在 VCD 制作，图像监控领域。

MPEG-Ⅱ是 MPEG-I 的扩充、丰富和完善。MPEG-Ⅱ的视频数据速率为 4～5Mit/s，能提供 720 像素 × 480 像素（NTSC）或 720 像素 × 576 像素（PAL）分辨率的广播级质量的视像，适用于包括宽屏幕和高清晰度电视（HDTV）在内的高质量电视和广播。

随着网络、有线/无线通信系统的迅猛发展，交互式计算机和交互性电视技术的普遍应用，以及视频、音频数据综合服务等应用的发展趋势，对计算机多媒体数据压缩编码、解码技术及其遵循的标准提出更多更高的要求，有许多要求 MPEG-I 和 MPEG-Ⅱ标准是难以支持的，因此 MPEG-Ⅳ应运而生，它正是为解决这些高需求而推出的。

根据 MPEG-Ⅳ开发的不同的压缩编码，可以分为如下几类。

- 基于内容的多媒体数据访问工具：应用于从在线的程序库和传送信息的数据库中进行基于内容的信息检索。
- 基于内容的处理和比特流编辑：应用于交互式家庭购物、影视的制作和编辑、数字特技。
- 混合自然和人工数据编码：应用于动画和音响的自然组合，在游戏节目中观众可以移动和传送覆盖在要查看的视频之上的图形，从不同的观察点描绘图形和声音。
- 改进的时间随机访问：应用于音像数据的远程终端随机访问。
- 改进的编码效率：应用于低带宽信道上的有效音像数据存储和传送。
- 多重并行数据流的编码：多媒体表演，如虚拟现实游戏，3 维动画，训练和飞行模拟，多媒体演示和教育。

如今，越来越多的声像信息以数字形式存储和传输，这为人们更灵活地使用这些信息提供了可能性。但随之而来的问题是，随着网络上信息爆炸性的增长，获取到我们感兴趣的信息的难度却越来越大。传统的基于关键字或文件名的检索方法显然不适于数据量庞大、又不具有天然结构特征的声像数据，因此近些年来多媒体研究的一个热点是声像数据的基于内容的检索，如“从这段新闻片中找出有首相、总统的镜头”这种形式的检索。实现这种基于内容检索的一个关键性的步骤是要定义一种描述声像信息内容的格式，而这与声像信息的存储形式（编码）又是密切相关的。国际标准化组织运动图像专家组注意到了这方面的需求和潜在的应用市场，在推出影响极大的 MPEG-1、MPEG-2 之后，尚未完成 MPEG-4 的最后定稿，便开始着手制定专门支持多媒体信息基于内容检索的编码方案：MPEG-7。

MPEG-7 作为 MPEG 家族中的一个新成员，正式名称叫作“多媒体内容描述接口”，它将为各种类型的多媒体信息规定一种标准化的描述，这种描述与多媒体信息的内容本身一起，支持用户对其感兴趣的各种“资料”的快速、有效地检索。

以下一些应用领域将从 MPEG-7 标准的制定中获益：

- 数字化图书馆（图像分类目录，音乐字典，……）；
- 媒体目录服务；
- 广播式媒体选择（收音机频道，电视频道，……）；
- 多媒体编辑（个人电子新闻服务，媒体著作）。

还有一些潜在的应用领域：

- 教育；
- 旅游信息；

- 娱乐（如寻找游戏、卡拉 OK 节目）；
- 购物（如寻找你喜欢的衣服）。

MPEG-21 的范围可以描述成是一个决定性（关键）技术的集成，这些技术可以通过访问全球网络和设备实现对多媒体资源的透明和增强的使用。其功能包括：内容创建、内容产品、内容发布、内容消耗和使用、内容表示、知识产权管理和保护、内容识别与描述、财政管理、用户的隐私权、终端和网络资源抽取、事件报告等。

2. 音频信息处理的应用

在多媒体技术中，存储声音信息的文件格式主要有：WAV 文件、VOC 文件、MIDI 文件、AIF 文件、SON 文件及 RMI 文件等。

把音乐和语音加到多媒体应用中，是研究音频处理技术的目的，常用的音频信息录制编辑软件有 WaveEdit 工具的 REC 命令；Sound Blaster 卡的 VEdit2 软件；Microsoft SoundSystem 卡的 Quick Recorder 软件；Cooledit 软件；Wave Edit 工具；Creative WaveStudio。

3. 语音识别

语音识别长久以来一直是人们的美好梦想，让计算机听懂人说话是发展人机语音通信和新一代智能计算机的主要目标。随着计算机的普及，越来越多的人在使用计算机，如何给不熟悉计算机的人提供一个友好的人机交互手段，是人们感兴趣的问题，而语音识别技术就是其中最自然的一种交流手段。

自从 20 世纪 80 年代中期以来，新技术的不断出现使语音识别有了实质性的进展。特别是隐马尔可夫模型（HMM）的研究和广泛应用，推动了语音识别的迅速发展，陆续出现了许多基于 HMM 模型的语音识别软件系统。

当前，语音识别领域的研究正方兴未艾。在这方面的新算法、新思想和新的应用系统不断涌现。同时，语音识别领域也正处在一个非常关键的时期，世界各国的研究人员正在向语音识别的最高层次应用——非特定人、大词汇量、连续语音的听写机系统的研究和实用化系统进行冲刺，可以乐观地说，人们所期望的语音识别技术实用化的梦想很快就会变成现实。

4. 文语转换

世界上已研制出汉、英、日、法、德等语种的文语转换系统，并在许多领域得到了广泛应用。

- DEC Talk 文语转换系统：这是 DEC 公司在 MIT 的 KLATT 教授研制的语音合成器的基础上开发的语音生成系统，用于英语文语转换。
- AT&T Bell 文语转换系统：这是美国 AT&T 贝尔实验室研制的文语转换系统，它最初用于英语的文语转换，现在正扩展到其他语种。
- Sonic 文语转换系统：这是清华大学计算机系基于波形编辑的汉语文语转换系统。该系统利用汉语词库进行分词，并且根据语音学研究的成果建立了语音规则，对汉语中的某些常见语音现象进行了处理。系统采用 PSOLA 算法修改超音段语音特征，提高了言语输出的质量。
- 数据库和基于内容检索的应用：多媒体信息检索技术的应用使多媒体信息检索系统、多媒体数据库、可视信息系统、多媒体信息自动获取和索引系统等应用逐渐变为现实。基于内容的图像检索、文本检索系统已成为近年来多媒体信息检索领域中最为活跃的研究课题，基于内容的图像检索是根据其可视特征，包括颜色、纹理、形状、位置、运动、大小等，从图像库中检索出与查询描述的图像内容相似的图像，利用图像可视特征索引，可以大大提高图像系统的检索能力。

随着多媒体技术的迅速普及，Web 上将大量出现多媒体信息，如在遥感、医疗、安全、商业等部门中每天都不断产生大量的图像信息。这些信息的有效组织管理和检索中都依赖基于图像内容的检索。目前，这方面的研究已引起了广泛的重视，并已有一些提供图像检索功能的多媒体检索系统软件问世。例如，由 IBM 公司开发的 QBIC 是最有代表性的系统，它通过友好的图形界面为用户提供了颜色、纹理、草图、形状等多种检索方法；美国加州大学伯克利分校与加州水资源部合作进行了 Chabot 计划，以便对水资源部的大量图像提供基于内容的有效检索手段。此外，还有麻省理工学院的 Photobook，可以利用 Face、Shape、Texture、Photobook 分别对人脸图像、工具和纹理进行基于内容的检索，在 Virage 系统中又进一步发展了将多种检索特征相融合的手段。澳大利亚的 New South Wales 大学已开发了 NUTTAB 系统，用于食品成分数据库的检索。

清华大学计算机系结合国家 863 高技术研究发展项目“Web 上基于内容的图像检索”的研究，于 1997 年研制了一个 Intemet 上的静态图像的基于内容检索的原型系统。该项目的研究目标是开发能在 Internet/Intranet 环境下，通过友好的人机界面，以颜色、纹理等图像特征或样本图像检索图像的方法和工具。

5. 著作工具的应用

多媒体创作工具是电子出版物、多媒体应用系统的软件开发工具，它提供组织和编辑电子出版物和多媒体应用系统各种成分所需要的重要框架，包括图形、动画、声音和视频的剪辑。制作工具的用途是建立具有交互式的用户界面，在屏幕上演示电子出版物及制作好的多媒体应用系统以及将各种多媒体成分集成为一个完整而有内在联系的系统。

多媒体著作创作工具可以分成：基于时间的创作工具；基于图符（Icon）或流线（Line）的创作工具；基于卡片（Card）和页面（Page）的创作工具；以传统程序语言为基础的创作工具。它们的代表软件是 Action、Autherware、IconAuther、ToolBook、Hypercard、北大方正开发的方正奥斯和清华大学开发的 Ark 创作系统。

在多媒体著作创作中，还必须借助一些用于文本、音/视频及图像处理软件系统。对于不同的媒体素材，采用的软件也不同。

用多媒体创作工具可以制作各种电子出版物及各种教材、参考书、导游图和地图、医药卫生、商业手册及游戏娱乐节目，主要包括多媒体应用系统；演示系统或信息查询系统；培训和教育系统；娱乐、视频动画及广告；专用多媒体应用系统；领导决策辅助系统；饭店信息查询系统；导游系统；歌舞厅点歌结算系统；商店导购系统；生产商业实时监测系统以及证券交易实时查询系统等。

6. 通信及分布式多媒体技术的应用

人类社会逐渐进入信息化时代，社会分工越来越细，人际交往越来越频繁，群体性、交互性、分布性和协同性将成为人们生活方式和劳动方式的基本特征，其间大多数工作都需要群体的努力才能完成。但在现实生活中影响和阻碍上述工作方式的因素太多，如打电话时对方却不在。即使电话交流也只能通过声音，而很难看见一些重要的图纸资料，要面对面的交流讨论，又需要费时的长途旅行和昂贵的差旅费用，这种方式造成了效率低、费时长、开销大的缺点。今天，随着多媒体计算机技术和通信技术的发展，两者相结合形成的多媒体通信和分布式多媒体信息系统较好地解决上述问题。

多媒体通信和分布式多媒体技术涉及计算机支持的协同工作（CSCW）、视频会议、视频点播（VOD）等。

CSCW 系统具有非常广泛的应用领域，它可以应用到远程医疗诊断系统、远程教育系统、远程协同编著系统、远程协同设计制造系统以及军事应用中的指挥和协同训练系统等。

7. 多媒体会议系统

多媒体会议系统是一种实时的分布式多媒体软件应用的实例，它参与实时音频和视频这种现场感的连续媒体，可以点对点通信，也可以多点对多点通信，而且还充分利用其他媒体信息，如图形标注、静态图像、文本等计算数据信息进行交流，对数字化的视频、音频及文本、数据等多媒体进行实时传输，利用计算机系统提供的良好的交互功能和管理功能，实现人与人之间的“面对面”的虚拟会议环境，它集计算机交互性、通信的分布性已及电视的真实性为一体，具有明显的优越性，是一种快速高效、日益增长、广泛应用的新的通信业务。

VOD和交互电视（ITV）系统是根据用户要求播放节目的视频点播系统，具有提供给单个用户对大范围的影片、视频节目、游戏、信息等进行几乎同时访问的能力。对于用户而言，只需配备相应的多媒体计算机终端或一台电视机和机顶盒，一个视频点播遥控器，“想看什么就看什么，想什么时候看就什么时候看”，用户和被访问的资料之间高度的交互性使它区别于传统的视频节目的接收方式。它是多媒体数据压缩解压技术，综合了计算机技术、通信技术和电视技术的一门综合技术。

在这些VOD应用技术的支持和推动下，网络在线视频、在线音乐、网上直播为主要项目的网上休闲娱乐、新闻传播等服务得到了迅猛发展，各大电视台、广播媒体和娱乐业公司纷纷推出其网上节目，虽然目前由于网络带宽的限制，视频传输的效果还远不能达到人们所预期的满意程度，还是受到了越来越多的用户的青睐。

VOD和ITV系统的应用，在某种意义上讲是视频信息技术领域的一场革命，具有巨大的潜在市场，具体应用在电影点播、远程购物、游戏、卡拉OK服务、点播新闻、远程教学、家庭银行服务等方面。

8. CAI及远程教育系统

根据一定的教学目标，在计算机上编制一系列的程序，设计和控制学习者的学习过程，使学习者通过使用该程序，完成学习任务。这一系列计算机程序称为教育多媒体软件或称为计算机辅助教学（Computer Assist Instruction，CAI）。

网络远程教育模式依靠现代通信技术及多媒体技术的发展，大幅度地提高了教育传播的范围和时效，使教育传播不受时间、地点、国界和气候的影响。CAI的应用，使学生真正打破了明显的校园界限，改变了传统的“课堂教学”的概念，突破时空的限制，接收到来自不同国家、教师的指导，可获得除文本以外更丰富、直观的多媒体教学信息，共享教学资源，它可以按学习者的思维方式来组织教学内容，也可以由学习者自行控制和检测，使传统的教学由单向转向双向，实现了远程教学中师生之间、学生与学生之间的双向交流。

9. 地理信息系统

地理信息系统（GIS）获取、处理、操作、应用地理空间信息，主要应用在测绘、资源环境的领域。与语音图像处理技术比较，地理信息系统技术的成熟相对较晚，软件应用的专业程度相对也较高，随着计算机技术的发展，地理信息技术逐步形成为一门新兴产业。

除了大型GIS平台之外，设施管理、土地管理、城市规划、地籍测量的专业应用多媒体技术也层出不穷。

10. 多媒体监控技术

图像处理、声音处理、检索查询等多媒体技术综合应用到实时报警系统中，改善了原有的模拟报警系统，使监控系统更广泛地应用到工业生产、交通安全、银行保安、酒店管理等领域中。它能够及时发现异常情况，迅速报警，同时将报警信息存储到数据库中以备查询，并交互地综合图、文、声、动画多种媒体信息，使报警的表现形式更为生动、直观，人机界面更为友好。

7.1.4　多媒体技术的网络化发展趋势

总的来看，多媒体技术正向两个方面发展：一是网络化发展趋势，与宽带网络通信等技术相互结合，使多媒体技术进入科研设计、企业管理、办公自动化、远程教育、远程医疗、检索咨询，文化娱乐、自动测控等领域；二是多媒体终端的部件化、智能化和嵌入化，提高计算机系统本身的多媒体性能，开发智能化家电。

多媒体技术的发展使多媒体计算机将形成更完善的计算机支撑的协同工作环境，消除了空间距离的障碍，也消除了时间距离的障碍，为人类提供更完善的信息服务。

交互的、动态的多媒体技术能够在网络环境创建出更加生动逼真的二维与三维场景，人们还可以借助摄像等设备，把办公室和娱乐工具集合在终端多媒体计算机上，可在世界任一角落与千里之外的同行在实时视频会议上进行市场讨论、产品设计，欣赏高质量的图像画面。新一代用户界面（UI）与智能人工（intelligent agent）等网络化、人性化、个性化的多媒体软件的应用还可使不同国籍、不同文化背景和不同文化程度的人们通过“人机对话”，消除他们之间的隔阂，自由地沟通与了解。

世界正迈进数字化、网络化、全球一体化的信息时代。信息技术将渗透到人类社会的方方面面，其中网络技术和多媒体技术是促进信息社会全面实现的关键技术。MPEG 曾成功地发起并制定了 MPEG-1、MPEG-2 标准，已完成了 MPEG-4 标准的 1、2、3、4 版本的标准，2001 年 9 月完成 MPEG-7 标准的制定工作，同时在 2001 年 12 月完成 MPEG-21 的制定工作。

多媒体交互技术的发展，使多媒体技术在模式识别、全息图像、自然语言理解（语音识别与合成）和新的传感技术（手写输入、数据手套、电子气味合成器）等基础上，利用人的多种感觉通道和动作通道（如语音、书写、表情、姿势、视线、动作和嗅觉等），通过数据手套和跟踪手语信息，提取特定人的面部特征，合成面部动作和表情，以并行和非精确方式与计算机系统进行交互。可以提高人机交互的自然性和高效性，实现以三维的逼真输出为标志的虚拟现实。

蓝牙技术的开发应用，使多媒体网络技术无线化。数字信息家电，个人区域网络，无线宽带局域网，新一代无线、互联网通信协议与标准，对等网络与新一代互联网络的多媒体软件开发，综合原有的各种多媒体业务，将会使计算机无线网络异军突起，掀起网络时代的新浪潮，使得计算无所不在，各种信息随手可得。

多媒体终端的部件化、智能化和嵌入化发展趋势。目前多媒体计算机硬件体系结构，多媒体计算机的视频/音频接口软件不断改进，尤其是采用了硬件体系结构设计和软件、算法相结合的方案，使多媒体计算机的性能指标进一步提高，但要满足多媒体网络化环境的要求，还需对软件作进一步的开发和研究，使多媒体终端设备具有更高的部件化和智能化，对多媒体终端增加如文字的识别和输入、汉语语音的识别和输入、自然语言理解和机器翻译、图形的识别和理解、机器人视觉和计算机视觉等智能。

多媒体终端主要用于数学运算及数值处理，随着多媒体技术和网络通信技术的发展，需要 CPU 芯片本身具有更高的综合处理声、文、图信息及通信的功能，因此可以将媒体信息实时处理和压缩编码算法做到 CPU 芯片中。

从目前的发展趋势看可以把这种芯片分成两类：一类是以多媒体和通信功能为主，融合 CPU 芯片原有的计算功能，它的设计目标是用在多媒体专用设备、家电及宽带通信设备，可以取代这些设备中的 CPU 及大量 ASIC 和其他芯片；另一类是以通用 CPU 计算功能为主，融合多媒体和通信功能，它们的设计目标是与现有的计算机系列兼容，同时具有多媒体和通信功能，主要用在多媒体计算机中。

随着多媒体技术的发展，电视与 PC 技术的竞争与融合越来越引人注目，传统的电视主要用在娱乐，而 PC 重在获取信息。随着电视技术的发展，电视浏览收看功能、交互式节目指南、电视上网等功能应运而生。而 PC 技术在媒体节目处理方面也有了很大的突破，视/音频流功能的加强，搜索引擎，网上看电视等技术相应出现，相比较来看，收发 E-mail、聊天和视频会议终端功能更是 PC 与电视技术的溶合点，而数字机顶盒技术适应了电视与 PC 溶合的发展趋势，延伸出“信息家电平台”的概念，使多媒体终端集家庭购物、家庭办公、家庭医疗、交互教学、交互游戏、视频邮件、视频点播等全方位应用为一身，代表了当今嵌入式多媒体终端的发展方向。

嵌入式多媒体系统可应用在人们生活与工作的各个方面，在工业控制和商业管理领域，如智能工控设备、POS/ATM 机、IC 卡等；在家庭领域，如数字机顶盒、数字式电视、WebTV、网络冰箱、网络空调等消费类电子产品。此外，嵌入式多媒体系统还在医疗类电子设备、多媒体手机、掌上电脑、车载导航器、娱乐等领域有着巨大的应用前景。

7.2 多媒体信息和文件

7.2.1 文本信息

文字是记录语言的书写符号，其作用在于表意达情，具有存储量小、信息量大的特点，是多媒体不可或缺的要素。

文本信息就是指依附于原始文献的信息源，文献信息是对文本信息关于原始文献进行加工、组合、整序而成，以及出版物的形象在社会公众心目中的反映。

文本信息可采用不同的字处理软件来制作，如 WPS、Word、记事本等，随之也产生了与之相对应的多种文件格式，如 WPS、DOC、TXT 等。有些图像处理软件（如 Photoshop）也提供“输入文本”的功能，并能制作精美的艺术字。

向计算机输入文本信息主要靠键盘输入，也可以使用扫描仪输入已打印的文本，利用光学字符识别器/阅读器（Optical Character Recognition/Reader，OCR），还可以输入手写的字符。

7.2.2 声音信息

声音包括音乐与语音，具有烘托气氛的效果。现实世界中的各种声音必须由模拟信号通过采样、量化和编码转化成数字信号，计算机才能接收和处理，其质量取决于采样频率与量化精度。这种数字化的声音信息以文件形式保存，即通常所说的音频文件或声音文件。

多媒体计算机中的声音文件一般分为两类：WAV 文件和 MIDI 文件。前者是通过外部音响设备输入到计算机的数字化声音，后者是完全通过计算机合成产生的，它们的采集、表示、播放以及使用的软件都各不相同。

1. WAV 文件

WAV 文件也叫作波形文件，是 Microsoft 公司开发的一种声音文件格式，可以由 Microsoft 公司的“录音机”程序来录制和播放。WAV 格式文件的数据是直接来源于对声音模拟波形的采样。用不同的采样频率对声音的模拟波形进行采样可以得到一系列离散的采样点，以不同的量化位数把这些采样点的值转换成二进制数，然后存入磁盘，这就产生了声音的 WAV 文件。WAV 文件所需要的存储容量很大，如果对声音质量要求不高的话，可以通过降低采样频率、采用较低的量化位数或利用单声道来录制 WAV 文件，此时的 WAV 文件大小可以大大减小。

WAV 文件数据没有经过压缩，数据量大，但音质最好。大多数压缩格式的声音都是在它的基础上经过数据的重新编码来实现的，这些压缩格式的声音信号在压缩前和回放时都要使用 WAV 格式。

2. MIDI 文件

乐器数字接口（Musical Instrument Digital Interface，MIDI）是在音乐合成器、乐器和计算机之间交换音乐信息的一种标准协议。MIDI 文件就是一种能够发出音乐指令的数字代码。与 WAV 文件不同，它记录的不是各种乐器的声音，而是 MIDI 合成器发音的音调、音量、音长等信息，所以 MIDI 总是和音乐联系在一起，它是一种数字式乐器。

利用具有乐器数字化接口的 MIDI 乐器（如 MIDI 电子键盘、合成器等）或具有 MIDI 创作能力的计算机软件可以制作或编辑 MIDI 音乐。

由于 MIDI 文件存储的是命令，而不是声音波形，所以生成的文件较小，只是同样长度的 WAV 音乐的几百分之一。

3. 常见声音文件格式

- WAV 格式

WAV 格式是 Microsoft 公司开发的一种声音文件格式，用于保存 Windows 平台的音频信息资源，被 Windows 平台及其应用程序所广泛支持。文件尺寸较大，多用于存储简短的声音片断。

- MP1/MP2/MP3 格式

MPEG 是运动图像专家组（Moving Picture Experts Group）的英文缩写，代表 MPEG 运动图像压缩标准，这里的音频文件格式指的是 MPEG 标准中的音频部分，即 MPEG 音频层（MPEG Audio Layer）。MPEG 音频文件的压缩是一种有损压缩，根据压缩质量和编码复杂程度的不同可分为 3 层（MPEG Audio Layer 1/2/3），分别对应 MP1、MP2 和 MP3 这 3 种声音文件。MPEG 音频编码具有很高的压缩率，MP1 和 MP2 的压缩率分别为 4：1 和 6：1～8：1，而 MP3 的压缩率则高达 10：1～12：1，也就是说 1min CD 音质的音乐，未经压缩需要 10MB 存储空间，而经过 MP3 压缩编码后只有 1MB 左右，同时其音质基本保持不失真，因此，目前使用最多的是 MP3 文件格式。

- RA/RM/RAM 格式

RealAudio 文件是 RealNetworks 公司开发的一种新型流式音频（Streaming Audio）文件格式，它包含在 RealNetworks 公司所制定的音频、视频压缩规范 RealMedia 中，主要用于在低速率的广域网上实时传输音频信息。网络连接速率不同，客户端所获得的声音质量也不尽相同：对于 14.4kbit/s 的网络连接，可获得调幅（AM）质量的音质；对于 28.8kbit/s 的连接，可以达到广播级的声音质量；如果拥有 ISDN 或更快的线路连接，则可获得 CD 音质的声音。

- MID 格式

MIDI 即（Musical Instrument Digital Interface）乐器数字接口，是数字音乐/电子合成乐器的统一国际标准，它定义了计算机音乐程序、合成器及其他电子设备交换音乐信号的方式，还规定了不同厂家的电子乐器与计算机连接的电缆和硬件及设备间数据传输的协议，可用于为不同乐器创建数字声音，可以模拟大提琴、小提琴、钢琴等常见乐器。相对于保存真实采样数据的声音文件，MIDI 文件显得更加紧凑，其文件尺寸通常比声音文件小得多。

7.2.3　图形与图像信息

1. 图形信息

图形是指由外部轮廓线条构成的矢量图，即由计算机绘制的直线、圆、矩形、曲线、图表等。

图形又叫矢量图，基本元素是图元，采用矢量图形方法来绘制图形。图形用一组指令集合来描述图形的内容，如描述构成该图的各种图元位置维数、形状等。描述对象可任意缩放不会失真。使用专门软件将描述图形的指令转换成屏幕上的形状和颜色。描述轮廓不很复杂，色彩不是很丰富的对象，如几何图形、工程图纸、CAD、3D 造型软件等。图形通常用 Draw 程序编辑，产生矢量图形，可对矢量图形及图元独立进行移动、缩放、旋转、扭曲等变换。主要参数是描述图元的位置、维数和形状的指令和参数。矢量图形方法不直接描述画面的每一个点，而是描述产生这些点的过程及方法，即用一组指令描述构成画面的直线、矩形、椭圆、圆弧、曲线等的属性和参数（长度、大小、形状、位置、颜色等）。由于不用对画面上的每一个点进行量化保存，所以图形需要的存储量很少，但显示画面的计算时间较长，显示图形时往往可以看到画图过程。

矢量图形方法通常用于工程制图、广告设计、装潢图案设计、地图绘制等领域。

图形文件的类型有 WMF、CDR、FHX、AI 等，一般是直接用软件程序制作的。

- CDR 格式

CDR 格式是著名绘图软件 CorelDRAW 的专用图形文件格式。由于 CorelDRAW 是矢量图形绘制软件，所以 CDR 可以记录文件的属性、位置、分页等；但它在兼容度上比较差，所有 CorelDraw 应用程序中均能够使用，但其他图像编辑软件打不开此类文件。

- WMF 格式

WMF（Windows Metafile Format）是 Windows 中常见的一种图元文件格式，属于矢量文件格式。它具有文件短小、图案造型化的特点，整个图形常由各个独立的组成部分拼接而成，其图形往往较粗糙。

2. 图像信息

图像是由扫描仪、摄像机等输入设备捕捉实际的画面产生的数字图像，是由像素点阵构成的位图。图像是位图的概念，基本元素是像素，采用点位图的方法绘制图像。用数字任意描述像素点、强度和颜色，描述信息文件存储量较大，所描述对象在缩放过程中会损失细节或产生锯齿。图像信息是将对象以一定的分辨率分辨以后将每个点的信息以数字化方式呈现，可直接快速在屏幕上显示，表现含有大量细节（如明暗变化、场景复杂、轮廓色彩丰富）的对象，如照片、绘图等，通过图像软件可进行复杂图像的处理以得到更清晰的图像或产生特殊效果。用图像处理软件（Paint、Brush、Photoshop 等）对输入的图像进行编辑处理，主要是对位图文件及相应的调色板文件进行常规性的加工和编辑，但不能对某一部分控制变换。由于位图占用存储空间较大，一般要进行数据压缩。

图像可通过扫描仪输入计算机，或者用数码照相机拍摄后输入计算机。打开一个已制作完成的图像文件，即可在相应的环境中显示出与之对应的图像。

常见的图像格式有 BMP、GIF、JPEG、PNG、TIFF、PCX 等。

- BMP 格式

BMP 是一种位图（Bit Map）文件格式，它是一组点（像素）组成的图像，Windows 系统下的标准位图格式，使用很普遍。BMP 结构简单，未经过压缩，一般图像文件会比较大。它最大的好处就是能被大多数软件“接受”，可称为通用格式。

- GIF 格式

图形交换格式（Graphics Interchage Format，GIF）支持 256 色，分为静态 GIF 和动画 GIF 两种，支持透明背景图像，适用于多种操作系统，“体型”很小，网上很多小动画都是 GIF 格式。其实 GIF 是将多幅图像保存为一个图像文件，从而形成动画，所以归根到底 GIF 仍然是图像文件格式。

- JPEG 格式

JPEG 是应用最广泛的图片格式之一，它采用一种特殊的有损压缩算法，将不易被人眼察觉的图像颜色删除，从而达到较大的压缩比（可达到 2∶1 甚至 40∶1），所以“身材娇小，容貌姣好”，特别受网络青睐。

- PSD 格式

PSD 是图像处理软件 Photoshop 的专用图像格式，图像文件一般较大。

- PNG 格式

PNG 与 JPEG 格式类似，网页中有很多图片都是这种格式，压缩比高于 GIF，支持图像透明，可以利用 Alpha 通道调节图像的透明度。

7.2.4 动画与视频信息

1. 动画信息

人眼有一种称为“视觉暂留”的生理现象，凡是观察过的物体映像，都能在视网膜上保留一段短暂的时间。利用这一现象，让一系列计算机生成的可供实时演播的连续画面以足够多的画面连续出现，人眼就可以感觉到画面上的物体在连续运动，这样就形成了动画。动画要求的速率为 25～30f/s。

动画的画面可以逐帧绘制，也可以根据设定的场景，用计算机和图形加速卡等硬件实时地“计算”出下一帧的画面。前者的工作量大，后者计算量大，但大部分工作可以用工具软件来完成。

今天，动画广泛应用于电视广告、网页和其他多媒体演示软件。

- GIF 格式

GIF（Graphics Interchange Format）即图形交换格式，是由 CompuServe 公司于 20 世纪 80 年代推出的一种高压缩比的彩色图像文件格式。目前 Internet 上大量采用的彩色动画文件多为 GIF 格式文件，在 Flash 中可以将设计输出为 GIF 格式。

- SWF 格式

利用 Flash 可以制作出一种后缀名为 SWF（Shockwave Format）的动画，这种格式的动画图像能够用比较小的体积来表现丰富的多媒体形式。在图像的传输方面，不必等到文件全部下载才能观看，而是可以边下载边看，因此特别适合网络传输，特别是在传输速率不佳的情况下，也能取得较好的效果。SWF 如今已被大量应用于 Web 网页进行多媒体演示与交互性设计。此外，SWF 动画是基于矢量技术制作的，因此不管将画面放大多少倍，画面不会因此而有任何损害。综上所述，SWF 格式作品以其高清晰度的画质和小巧的体积，受到了越来越多网页设计者的青睐，也越来越成为网页动画和网页图片设计制作的主流，目前已成为网上动画的事实标准。

2. 视频信息

视频信息同样是利用人眼“视觉暂留”的生理现象，当每一幅图像为实时获取的真实的自然景物和情景时，就把这种动态图像称为动态视频信息，简称视频。

在实际的电影、电视和录像节目中，动态视频并不单独出现，常常是在录制动态视频的同期录制声音，或在后期配音。多媒体应用软件中的视频与音频也常常是同步实时播放的。我们把这种动态视频与音频制作在一起的可以音、像同步实时播放的信息，称为影视信息。因为动态视频信息往往和音频信息共存于同一个影视信息之中，所以人们把影视信息也称作视频信息（简称为视频）。模拟的影视信息经过采集（数字化）、编辑、压缩等步骤，存储（刻录或压制）在光盘上，就成为各种规格的多媒体应用光盘。

常用的视频文件主要有 AVI、MPEG、FLV 等格式。

- AVI 格式

AVI（Audio Video Interleaved，音频视频交错）格式是一种可以将视频和音频交织在一起进行同步播放的数字视频文件格式。AVI 格式由 Microsoft 公司于 1992 年推出，随 Windows 3.1 一起被人们所认识和熟知。它采用的压缩算法没有统一的标准，除 Microsoft 公司之外，其他公司也推出了自己的压缩算法，只要把该算法的驱动加到 Windows 系统中，就可以播放该算法压缩的 AVI 文件。AVI 格式的优点是图像质量好，可以跨多个平台使用，但是其缺点是体积过于庞大，其文件扩展名为.avi。

- MOV 格式

MOV 格式是美国 Apple 公司开发的一种视频格式，默认的播放器是 Apple 公司的 QuickTime Player。MOV 格式不仅能支持 MacOS，同样也能支持 Windows 系列计算机操作系统，有较高的压缩比率和较完美的视频清晰度。MOV 格式定义了存储数字媒体内容的标准方法，使用这种文件格式不仅可以存储单个的媒体内容，如视频帧或音频采样数据，而且还能保存对该媒体作品的完整描述。因为这种文件格式能用来描述几乎所有的媒体结构，所以它是不同系统的应用程序间交换数据的理想格式。这种数字视频格式的文件扩展名包括.qt、.mov 等。

- MPEG 格式

MPEG（Moving Picture Expert Group）即运动图像专家组格式，一般常看的 VCD、SVCD、DVD 就是这种格式。目前，MPEG 格式主要有 3 个压缩标准，即 MPEG-1、MPEG-2 和 MPEG-4。

MPEG-1：这种视频格式的文件扩展名包括.mpg、.mlv、.mpe、.mpeg 及 VCD 光盘中的.dat 文件等。

MPEG-2：这种视频格式的文件扩展名包括.mpg、.mpe、.mpeg、.m2v 及 DVD 光盘上的.vob 文件等。

MPEG-4：这种视频格式的文件扩展名包括.asf、.mov、DivX AVI 等。

- RM 格式

Real Networks 公司所制定的音频视频压缩规范称为 Real Media。用户可以使用 RealPlayer、RealOne Player 播放器，对符合 Real Media 技术规范的网络音频/视频资源进行实况转播；并且 Real Media 可以根据不同的网络传输速率制定出不同的压缩比率，从而实现在低速率的网络上进行影像数据实时传送和播放。

- WMV 格式

WMV（Windows Media Video）格式是 Microsoft 公司将其名下的 ASF（Advanced Stream Format）格式升级延伸而来的一种流媒体格式。WMV 格式的主要优点包括：本地或网络回放、可扩充的媒体类型、可伸缩的媒体类型、多语言支持、环境独立性、丰富的流间关系以及扩展性等。WMV 格式的文件扩展名为.wmv。

- FLV 格式

FLV（Flash Video）格式是随着 Flash MX 的推出发展而来的流媒体视频格式。它的出现有效地解决了视频文件导入 Flash 后，使导出的 SWF 文件体积庞大，不能在网络上很好地使用等缺点。FLV 文件体积极小，1min 清晰的 FLV 视频大小在 1MB 左右，加上 CPU 占用率低，视频质量良好等特点使其在网络上极为盛行。目前，网上多数视频网站使用的都是这种格式的视频。FLV 格式的文件扩展名为.flv。

- 3GP 格式

3GP 是一种 3G 流媒体的视频编码格式，主要是为了配合 3G 网络的高传输速度而开发的一种媒体格式，具有很高的压缩比，特别适合手机上观看电影。3GP 格式的视频文件体积小，移动性强，适合在手机、PSP 等移动设备使用；缺点是在 PC 上兼容性差，支持软件少，且播放质量差，帧数低，较 AVI 等格式相差很多。3GP 格式的文件扩展名为.3gp。

- F4V 格式

F4V 是 Adobe 公司为了迎接高清时代而推出继 FLV 格式后的支持 H.264 的 F4V 流媒体格式。它和 FLV 主要的区别在于，FLV 格式采用的是 H.263 编码，而 F4V 则支持 H.264 编码的高清晰视频，码率最高可达 50Mbit/s。使用最新的 Adobe Media Encoder CS4 软件即可编码 F4V 格式的视频文件。

7.2.5　多媒体文件

存储多媒体信息的文件称为多媒体文件。多媒体文件表示媒体的各种编码数据在计算机中都是以文件的形式存储的，是二进制数据的集合。文件的命名遵循特定的规则，一般由主名和扩展名两部分组成，主名与扩展名之间用“.”隔开，扩展名用于表示文件的格式类型。多媒体文件具有以下特点。

（1）具有不同的格式

在计算机中，多媒体信息均可用数据文件来存储。有些文件只有一种媒体类型，如 TXT、WAV 等，也有些文件可包含多种媒体类型，如 AVI 可包含音频文件和视频文件。文件的格式不仅随所描述的媒体不同而有区别，也随着使用它的公司或软件不同而不同。图像和图形文件拥有的格式最多，仅在 Windows 环境中可能用到的格式就有 20 余种。

（2）占用空间巨大

多媒体的数据量非常大，如 1min、44.1kHz 采样频率、16 位量化精度的立体声（CD 音质）数据约为 10MB，一幅分辨率为 1 024 像素 × 768 像素的 BMP 图像的数据量约为 2.25MB，而且，对声音和图像的质量要求越高，所需的存储空间也越大。

（3）不同的多媒体文件应使用不同的工具来制作

各种多媒体文件都有其相应的制作工具，没有任何一种工具可以功能强大到制作和处理每一种多媒体文件。

7.3　流媒体

7.3.1　流媒体

流媒体（streaming media）是指将一连串的媒体数据压缩后，经过网络分段传送数据，在网络上实时传输影音以供观赏的一种技术与过程，此技术使得数据分组得以像流水一样发送。如果不使用此技术，就必须在使用前下载整个媒体文件。

流媒体的文件格式是支持采用流式传输及播放的媒体格式。流式传输方式是将视频和音频等多媒体文件经过特殊的压缩方式分成一个个压缩包，由服务器向用户计算机连续、实时传送。在采用流式传输方式的系统中，用户不必像非流式播放那样等到整个文件全部下载完毕后才能看到当中的内容，而是只需要经过几秒钟或几十秒的启动延时即可在用户计算机上利用相应的播放器对压缩的视频或音频等流式媒体文件进行播放，剩余的部分将继续进行下载，直至播放完毕。

这个过程的一系列相关的包称为“流”。流媒体实际指的是一种新的媒体传送方式，而非一种新的媒体。流媒体技术全面应用后，人们在网上聊天可直接语音输入；如果想彼此看见对方的容貌、表情，只要双方各有一个摄像头就可以了；在网上看到感兴趣的商品，点击以后，讲解员和商品的影像就会跳出来；更有真实感的影像新闻也会出现。

流媒体技术发端于美国。在美国目前流媒体的应用已很普遍，例如，惠普公司的产品发布和销售人员培训都用网络视频进行。

7.3.2 媒体技术

1. 流式传输的基础

流媒体指在 Internet/Intranet 中使用流式传输技术的连续时基媒体，如音频、视频或多媒体文件。流式媒体在播放前并不下载整个文件，只将开始部分内容存入内存，流式媒体的数据流随时传送随时播放，只是在开始时有一些延迟。流媒体实现的关键技术就是流式传输。

流式传输定义很广泛，现在主要指通过网络传送媒体（如视频、音频）的技术总称。其特定含义为通过 Internet 将影视节目传送到 PC。实现流式传输有两种方法：实时流式传输（realtime streaming）和顺序流式传输（progressive streaming）。一般来说，如视频为实时广播，或使用流式传输媒体服务器，或应用如 RTSP 的实时协议，即为实时流式传输；如使用 HTTP 服务器，文件即通过顺序流发送。当然，流式文件也支持在播放前完全下载到硬盘。

（1）顺序流式传输

顺序流式传输是顺序下载，在下载文件的同时用户可观看在线媒体，在给定时刻，用户只能观看已下载的那部分，而不能跳到还未下载的前头部分，顺序流式传输不像实时流式传输在传输期间根据用户连接的速度做调整。由于标准的 HTTP 服务器可发送这种形式的文件，也不需要其他特殊协议，它经常被称作 HTTP 流式传输。顺序流式传输比较适合高质量的短片段，如片头、片尾和广告，由于该文件在播放前观看的部分是无损下载的，这种方法保证电影播放的最终质量。这意味着用户在观看前，必须经历延迟，对较慢的连接尤其如此。对通过调制解调器发布短片段，顺序流式传输显得很实用，它允许用比调制解调器更高的数据速率创建视频片段。尽管有延迟，毕竟可发布较高质量的视频片段。顺序流式文件是放在标准 HTTP 或 FTP 服务器上，易于管理，基本上与防火墙无关。顺序流式传输不适合长片段和有随机访问要求的视频，如讲座、演说与演示。它也不支持现场广播，严格说来，它是一种点播技术。

（2）实时流式传输

实时流式传输指保证媒体信号带宽与网络连接匹配，使媒体可被实时观看到。实时流与 HTTP 流式传输不同，它需要专用的流媒体服务器与传输协议。实时流式传输总是实时传送，特别适合现场事件，也支持随机访问，用户可快进或后退以观看前面或后面的内容。理论上，实时流一经播放就可不停止，但实际上，可能发生周期暂停。实时流式传输必须配匹连接带宽，这意味着在以调制解调器速度连接时图质量较差。而且，由于出错丢失的信息被忽略掉，网络拥挤或出现问题时，视频质量很差。如欲保证视频质量，顺序流式传输也许更好。实时流式传输需要特定服务器，如 QuickTime Streaming Server、RealServer 与 Windows Media Server。这些服务器允许对媒体发送进行更多级别的控制，因而系统设置、管理比标准 HTTP 服务器更复杂。实时流式传输还需要特殊网络协议，如 RTSP（Realtime Streaming Protocol）或 MMS（Microsoft Media Server）。这些协议在有防火墙时有时会出现问题，导致用户不能看到一些地点的实时内容。

2. 流媒体技术原理

流式传输的实现需要缓存。因为 Internet 以包传输为基础进行断续的异步传输，对一个实时

A/V 源或存储的 A/V 文件，在传输中它们要被分解为许多包，由于网络是动态变化的，各个包选择的路由可能不尽相同，故到达客户端的时间延迟也就不等，甚至先发的数据包还有可能后到。为此，使用缓存系统来弥补延迟和抖动的影响，并保证数据包的顺序正确，从而使媒体数据能连续输出，而不会因为网络暂时拥塞使播放出现停顿。通常高速缓存所需容量并不大，因为高速缓存使用环形链表结构来存储数据：通过丢弃已经播放的内容，流可以重新利用空出的高速缓存空间来缓存后续尚未播放的内容。

流式传输的实现需要合适的传输协议。由于 TCP 需要较多的开销，故不太适合传输实时数据。在流式传输的实现方案中，一般采用 HTTP/TCP 来传输控制信息，而用 RTP/UDP 来传输实时声音数据。流式传输的过程一般是这样的：用户选择某一流媒体服务后，Web 浏览器与 Web 服务器之间使用 HTTP/TCP 交换控制信息，以便把需要传输的实时数据从原始信息中检索出来；然后客户机上的 Web 浏览器启动 A/VHelper 程序，使用 HTTP 从 Web 服务器检索相关参数对 Helper 程序初始化。这些参数可能包括目录信息、A/V 数据的编码类型或与 A/V 检索相关的服务器地址。

A/VHelper 程序及 A/V 服务器运行实时流控制协议（RTSP），以交换 A/V 传输所需的控制信息。与 CD 播放机或 VCRs 所提供的功能相似，RTSP 提供了操纵播放、快进、快倒、暂停及录制等命令的方法。A/V 服务器使用 RTP/UDP 协议将 A/V 数据传输给 A/V 客户程序（一般可认为客户程序等同于 Helper 程序），一旦 A/V 数据抵达客户端，A/V 客户程序即可播放输出。

需要说明的是，在流式传输中，使用 RTP/UDP 和 RTSP/TCP 两种不同的通信协议与 A/V 服务器建立联系，是为了能够把服务器的输出重定向到一个不同于运行 A/VHelper 程序所在客户机的目的地址。实现流式传输一般都需要专用服务器和播放器，其基本原理如图所示。

3. 智能流技术（SureStream）

今天，28.8kbit/s 调制解调器是 Internet 连接的基本速率，cable modem、ADSL、DSS、ISDN 等发展快，内容提供商不得不要么限制发布媒体质量，要么限制连接人数。根据 Real Network 站点统计，对 28.8kbit/s 调制解调器，实际流量为 10bit/s～26kbit/s，呈钟形分布，高峰在 20kbit/s。这意味着若内容提供商选择 20kbit/s 固定速率，将有大量用户得不到好质量信号，并可能停止媒体流而引起客户端再次缓冲，直到接收足够数据。一种解决方法是服务器减少发送给客户端的数据而阻止再缓冲，在 RealSystem 5.0 中，这种方法称为“视频流瘦化”。这种方法的限制是 RealVideo 文件为一种数据速率设计，结果可通过抽取内部帧扩展到更低速率，导致质量较低。离原始数据速率越远，质量越差。另一种解决方法是根据不同连接速率创建多个文件，根据用户连接，服务器发送相应文件，这种方法带来制作和管理上的困难，而且，用户连接是动态变化的，服务器也无法实时协调。智能流技术通过两种途径克服带宽协调和流瘦化。首先，确立一个编码框架，允许不同速率的多个流同时编码，合并到同一个文件中；其次，采用一种复杂客户/服务器机制探测带宽变化。

针对软件、设备和数据传输速度上的差别，用户以不同带宽浏览音视频内容。为满足客户要求，Progressive Networks 公司编码、记录不同速率下媒体数据，并保存在单一文件中，此文件称为智能流文件，即创建可扩展流式文件。当客户端发出请求，它将其带宽容量传给服务器，媒体服务器根据客户带宽将智能流文件相应部分传送给用户。以此方式，用户可看到最可能的优质传输，制作人员只需要压缩一次，管理员也只需要维护单一文件，而媒体服务器根据所得带宽自动切换。智能流通过描述现实世界 Internet 上变化的带宽特点来发送高质量媒体并保证可靠性，并对混合连接环境的内容授权提供了解决方法。流媒体实现方式如下：对所有连接速率环境创建一个文件在混合环境下以不同速率传送媒体；根据网络变化，无缝切换到其他速率；关键帧优先，音频比部分帧数据重要；向后兼容老版本 RealPlayer。

在 Real System G2 中是对所谓自适应流管理（ASM）API 的实现，ASM 描述流式数据的类型，辅助智能决策，确定发送哪种类型数据包。文件格式和广播插件定义了 ASM 规则。用最简单的形式分配预定义属性和平均带宽给数据包组。对高级形式，ASM 规则允许插件根据网络条件变化改变数据包发送。每个 ASM 规则可有一定义条件的演示式，如演示式定义客户带宽是 5 000～15 000kbit/s，包损失小于 2.5%。如此条件描述了客户当前网络连接，客户就订阅此规则。定义在规则中的属性有助于 RealServer 有效传送数据包，如网络条件变化，客户就订阅一个不同规则。

7.3.3 流媒体技术应用

互联网的迅猛发展和普及为流媒体业务发展提供了强大市场动力，流媒体业务正变得日益流行。流媒体技术广泛用于多媒体新闻发布、在线直播、网络广告、电子商务、视频点播、远程教育、远程医疗、网络电台、实时视频会议等互联网信息服务的方方面面。流媒体技术的应用将为网络信息交流带来革命性的变化，对人们的工作和生活将产生深远的影响。一个完整的流媒体解决方案应是相关软硬件的完美集成，它大致包括下面几个方面的内容：内容采集、视/音频捕获和压缩编码、内容编辑、内容存储和播放、应用服务器内容管理发布及用户管理等。

流媒体技术和声音信息经过压缩处理后放上网站服务器，让用户一边下载一边观看、收听，而不要等整个压缩文件下载到自己的计算机上才可以观看的网络传输技术。该技术先在使用者端的计算机上创建一个缓冲区，在播放前预先下一段数据作为缓冲，在网路实际连线速度小于播放所耗的速度时，播放程序就会取用一小段缓冲区内的数据，这样可以避免播放的中断，也使得播放品质得以保证。

1. 传输流程

在流式传输的实现方案中，一般采用 HTTP/TCP 来传输控制信息，而用 RTP/UDP 来传输实时声音数据。具体的传输流程如下。

① Web 浏览器与 Web 服务器之间使用 HTTP/TCP 交换控制信息，以便把需要传输的实时数据从原始信息中检索出来。

② 用 HTTP 从 Web 服务器检索相关数据，由 A/V 播放器进行初始化。

③ 从 Web 服务器检索出来的相关服务器的地址定位 A/V 服务器。

④ A/V 播放器与 A/V 服务器之间交换 A/V 传输所需要的实时控制协议。

⑤ 一旦 A/V 数据抵达客户端，A/V 播放器就可播放。

2. 技术方式

目前主流的流媒体技术有 3 种，分别是 Real Networks 公司的 Real Media、Microsoft 公司的 Windows Media Technology 和 Apple 公司的 QuickTime。这 3 家的技术都有自己的专利算法、专利文件格式甚至专利传输控制协议。

（1）Apple 公司的 QuickTime

QuickTime 是一个非常老牌的媒体技术集成，是数字媒体领域事实上的工业标准。之所以说集成这个词是因为 QuickTime 实际上是一个开放式的架构，包含了各种各样的流式或者非流式的媒体技术。QuickTime 是最早的视频工业标准，1999 年发布的 QuickTime4.0 版本开始支持真正的流式播放。由于 QuickTime 本身也存在着平台的便利（MacOS），因此也拥有不少的用户。QuickTime 在视频压缩上采用的是 Sorenson Video 技术，音频部分则采用 QDesign Music 技术。QuickTime 最大的特点是其本身所具有的包容性，使得它是一个完整的多媒体平台，因此基于 QuickTime 可以使用多种媒体技术来共同制作媒体内容。同时，它在交互性方面是三者之中最好的。例如，在一个 QuickTime 文件中可同时包含 midi、动画 gif、flash、smil 等格式的文件，配合 QuickTime 的 WiredSprites 互动格式，可设计出各种互动界面和动画。QuickTime 流媒体技术的实现基础是需要 3 个软件的支持，即 QuickTime 播放器、QuickTime 编辑制作、QuickTime Streaming 服务器。

（2）Real Networks 公司的 Real Media

Real Media 发展的时间比较长，因此具有很多先进的设计，如 Scalable Video Technology 可伸缩视频技术可以根据用户计算机的速度和连接质量而自动调整媒体的播放质素。Two-Pass Encoding 两次编码技术可通过对媒体内容进行预扫描，再根据扫描的结果来编码从而提高编码质量。特别是 SureStream 自适应流技术，可通过一个编码流提供自动适合不同带宽用户的流播放。Real Media 音频部分采用的是 Real Audio，该编码在低带宽环境下的传输性能非常突出。Real Media 通过基于 smil 并结合自己的 Real Pix 和 Real Text 技术来达到一定的交互能力和媒体控制能力。Real 流媒体技术需要 3 个软件的支持，即 RealPlayer 播放器、Real Producer 编辑制作、Real Server 服务器。

（3）Microsoft 公司的 Windows Media

Windows Media 是三家之中最后进入这个市场的，但凭借其操作系统的便利很快便取得了较大的市场份额。Windows Media Video 采用的是 MPEG-4 视频压缩技术，音频方面采用的是 Windows Media Audio 技术。Windows Media 的关键核心是 MMS 协议和 ASF 数据格式，MMS 用于网络传输控制，ASF 则用于媒体内容和编码方案的打包。目前，Windows Media 在交互能力方面是三者之中最弱的，自己的 ASF 格式交互能力不强，除了通过 IE 支持 smil 之外就没有什么其他的交互能力了。Windows Media 流媒体技术的实现需要 3 个软件的支持，即 Windows Media 播放器、Windows Media 工具和 Windows Media 服务器。总的来说，如果使用 Windows 服务器平台，Windows Media 的费用最少。虽然在现阶段其功能并不是最好，用户也不是最多。

7.3.4 常用格式

流媒体包括声音流、视频流、文本流、图像流、动画流，其常用格式如下。

RA：实时声音。

RM：实时视频或音频的实时媒体。

RT：实时文本。

RP：实时图像。

SMIL：同步的多重数据类型综合设计文件。

SWF：micromedia 的 real flash 和 shockwave flash 动画文件。

RPM：HTML 文件的插件。

RAM：流媒体的元文件，是包含 RA、RM、SMIL 文件地址（URL 地址）的文本文件。

CSF：一种类似媒体容器的文件格式，可以将非常多的媒体格式包含在其中，而不仅仅限于音、视频。它可以把 PPT 和教师讲课的视频完美结合， 很多大学和大型企业使用这套软件进行教学录像和远程教育。

7.4 多媒体关键技术

多媒体技术涉及计算机、通信、电视和现代音像处理等多种技术，包括视频压缩技术、多媒体专用芯片技术、大容量信息存储技术、多媒体输入与输出技术、多媒体软件技术、多媒体通信技术。本文重点介绍多媒体软件技术及视频压缩技术。

7.4.1 多媒体软件技术

多媒体软件技术主要包括：多媒体操作系统、多媒体素材采集与制作技术、多媒体数据编辑与创作工具、多媒体数据库技术、超文本/超媒体技术、多媒体应用开发技术6个方面的内容。

（1）多媒体操作系统

多媒体操作系统是多媒体软件的核心。它负责多媒体环境下多任务的调度，保证音频、视频同步控制以及信息处理的实时性，提供多媒体信息的各种基本操作和管理；具有对设备的相对独立性与可扩展性。Windows、OS/2和Macintosh操作系统都提供了对多媒体的支持。

（2）多媒体素材采集与制作技术

多媒体素材采集与制作技术主要包括采集并编辑多种媒体数据，如声音信号的录制编辑和播放；图像扫描及预处理；全动态视频采集及编辑；动画生成编辑；音/视频信号的混合和同步等。

（3）多媒体编辑与创作工具

多媒体编辑与创作工具又称多媒体创作工具，是多媒体专业人员在多媒体操作系统之上开发的，供特定应用领域的专业人员组织编排多媒体数据，并把它们连接成完整的多媒体应用系统的工具。高档的创作工具用于影视系统的动画制作及特技效果，中档的用于培训、教育和娱乐节目制作，低档的用于商业简介、家庭学习材料的编辑。

（4）多媒体数据库技术

多媒体信息是结构型的，致使传统的关系数据库已不适用于多媒体的信息管理，需要从下面4个方面研究数据库。

① 多媒体数据模型。

② 媒体数据压缩和解压缩的模式。

③ 多媒体数据管理及存取方法。

④ 用户界面。

（5）超文本/超媒体技术

超文本是一种新颖的文本信息管理技术，它提供的方法是建立各种媒体信息之间的网状链接结构，这种结构由节点组成。对超文本进行管理使用的系统称为超文本系统，即浏览器，或称为导航图。若超文本中的节点的数据不仅是文本，还包括图像、动画、音频、视频，则称为超媒体。

（6）多媒体应用开发技术

多媒体应用的开发会使一些采用不同问题解决方法的人集中到一起，包括计算机开发人员、音乐创作人员，图像艺术家等，他们的工作方法以及思考问题的方法都将是完全不同的。对于项目管理者来说，研究和推出一个多媒体应用开发方法学将是极为重要的。

7.4.2 数字视频压缩技术

数字视频技术的最初成功是在后期制作应用中，虽然成本较之模拟系统高很多，但由此带来的无限制的层次和效果能力依然非常值得。何况初期的数字视频都是线性地存储在与模拟视频信号通用的录像磁带上，存储的成本完全可以接受。可是随着信息技术与电视技术大规模的融合，数字视频的存储必然要由录像磁带逐步转为磁盘或半导体存储介质。我们必须考虑全带宽的270Mbit/s的串行传输码流给数据传输和存储带来的巨大压力和高昂成本。只有降低存储和带宽要求，才能在电视节目的采、编、播、存等各个环节使用数字视频技术，而降低这些要求也正是压缩的目的。

1．视频压缩的原理

早在模拟时代，压缩技术就已经有了很多应用。例如，隔行扫描就使视频带宽以 2：1 的比例降低；用色差信号代替 RGB 信号则是另一种有效降低色度信号带宽的压缩形式。在数字视频时代，视频、音频压缩技术获得了极大的发展，全新的压缩技术主要基于这个看似并不复杂的理论：在所有实际的节目内容中有两种信号分量，一种是异常而无法预见的，另一种是可以预见的。异常分量叫作熵（Entropy，热力学函数），它是信号中的真实信息。余下的部分叫作冗余，因为它不是必须的。冗余可能是空间性的，它位于画面的大片单色区域中，相邻的像素几乎具有相同值。冗余也可能是时间性的，它是连续画面间相似部分使用的地方。所有压缩系统的工作方式都是在编码器中将熵从冗余中分离出来。只有熵被录制或传输，而解码器则计算传输信号中的冗余。去掉视频信号中冗余信息的基本思想就是通过帧内压缩编码（Intra-coding）去除空间冗余（spatial redundancy），通过帧间压缩编码（Inter-coding）去除时间冗余（temporal redundancy）。

2．帧内压缩

帧内压缩（又称为空间性编码 spatial coding）依赖于典型图像帧中的两个特点。首先，并非所有的空间频率会同时出现。其次，空间频率越高则幅度可能越低。帧内压缩需要对图像中的空间频率进行分析。该分析是用 DCT（离散余弦变换）这样的变换产生描述每个空间频率大小的系数。一般来说，许多系数均为零，或接近于零。这些系数可以被省略，从而使数据率降低。下面分析帧内压缩的几个主要过程。

（1）离散余弦变换

空间性编码的第一步是用变换方法对空间频率进行分析。变换是表达不同域的波形（在这里是指频域）的一种简单方法。变换的输出是描述一给定频率出现多少的一整套系数。逆向变换则重现原始波形。由于离散余弦变换具有很强的“能量集中”特性：大多数的自然信号（包括声音和图像）的能量都集中在离散余弦变换后的低频部分，而且当信号具有接近马尔科夫过程（Markov processes）的统计特性时，离散余弦变换的去相关性接近于 K-L 变换（Karhunen-Loève 变换具有最优的去相关性）的性能。

从形式上来看，离散余弦变换是一个线性的可逆函数 F：$Rn \rightarrow Rn$（其中 R 是实数集，或者等价的说是一个 $n \times n$ 的矩阵）。n 通常取值为 8，那么一个 8×8 的像素块经变换后成为了 8×8 的矩阵。DCT 不会导致任何压缩，然而 DCT 可以将源像素转变为更容易压缩的形式。

图 7-4-1 所示演示了逆向 DCT 变换的结果，可以看出，在亮度信号中，左上方的系数是整块的平均亮度或直流分量。在顶行上移动时（向右），水平空间频率会增加。在左列上移动时（向下）、垂直空间频率会增加。在实际画面中，不同的垂直和水平空间频率会同时出现，块中一些点的系数将代表所有可能的水平频率和垂直频率的组合。图 7-4-1 也显示了一维水平波形方式的系数。将这些波形与不同的幅度结合起来，无论水平和垂直方向都能重现 8 像素的组合。所以二维 DCT 的 64 系数的组合将产生原先的 8×8 像素块。很显然，对彩色画面而言，色差取样也需要处理。Y、Cr 和 Cb 分量数据被组合成分离的 8×8 排列，并各自独立变换。在真实的节目内容中，许多系数都是零值或接近零值，所以不会被传送，这就产生了实际无损耗的压缩。如果需要更高的压缩系数，那么非零系数的字长必须缩短。这样会导致这些系数精度下降，并将在处理中产生损耗。

（2）加权

人类对画面中噪声的感觉并不是一致的，而是空间频率的函数。在高空间频率的情况下，可以容忍更多的噪声。同时，在画面细节清楚的地方视频噪声能有效地遮蔽掉，而在大块色区域中

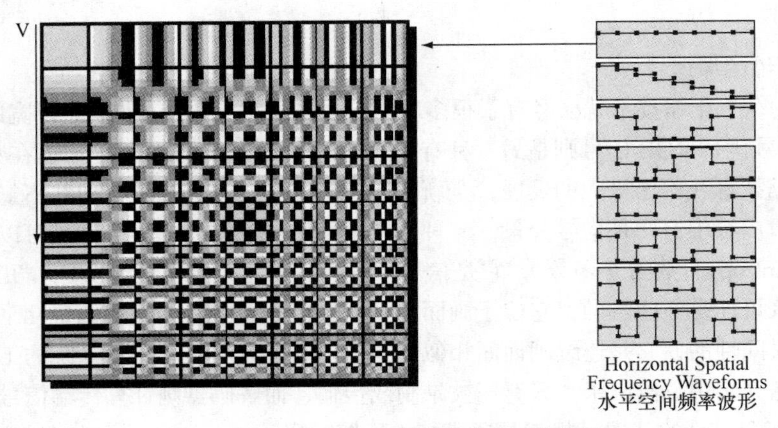

图 7-4-1　8 × 8 DCT 系数逆向变换后的结果

则很容易看到。正如 DCT 将信号分割到不同频率上那样，我们也可以控制噪声频谱。通过加权处理，有效地提高比高频率系数精确得多的低频率系数精度。

如图 7-4-2 所示，在加权处理过程中，DCT 的系数除以作为二维频率函数的常数。低频率系数将除以小数字，而高频率系数将除以大数字。完成除法之后，最没有意义的数位被忽略和截除。截除是再次量化的一种形式。在没有加权的情况下，再次量化将达到两倍于量化步长大小的效果，而在有加权的情况下，步长大小则根据所除的系数增加。结果，代表低空间频率的系数用相对较小的步长进行再次量化，并伴有稍稍增加的噪声。代表高空间频率的系数用相对较大的步长进行再次量化，并伴有较大的噪声。然而，较小的步长意味着需要较少的数位来辨别步长和获得压缩。

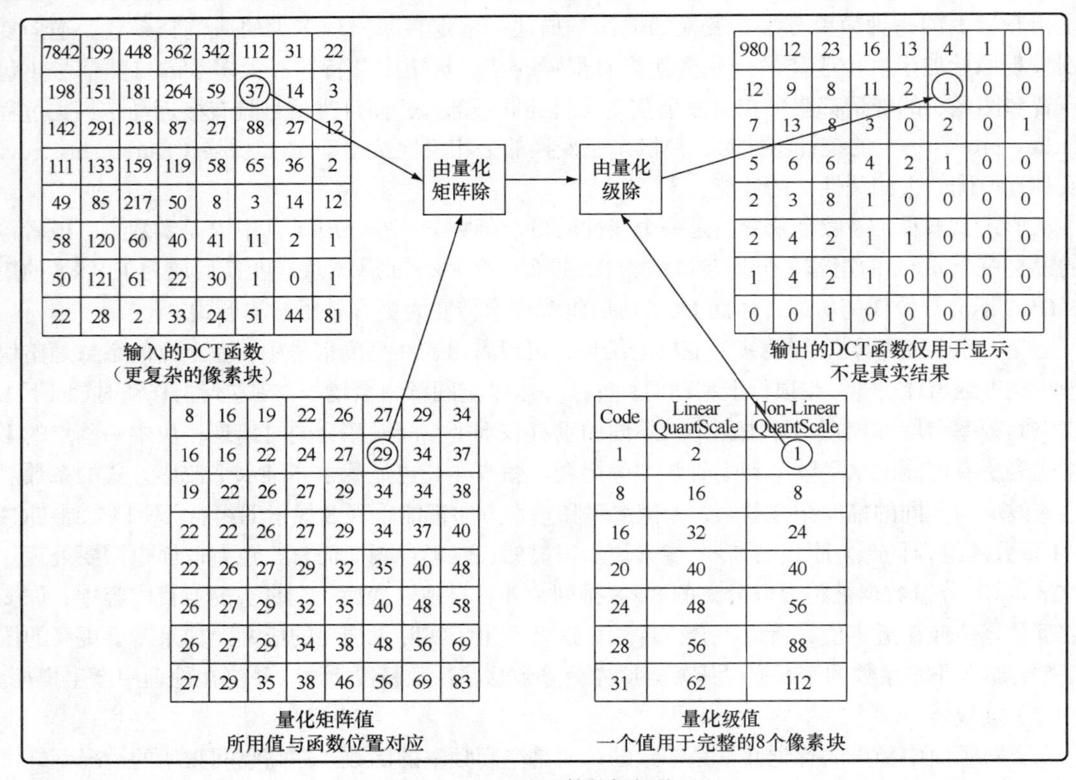

7842	199	448	362	342	112	31	22
198	151	181	264	59	37	14	3
142	291	218	87	27	88	27	12
111	133	159	119	58	65	36	2
49	85	217	50	8	3	14	12
58	120	60	40	41	11	2	1
50	121	61	22	30	1	0	1
22	28	2	33	24	51	44	81

980	12	23	16	13	4	1	0
12	9	8	11	2	1	0	0
7	13	8	3	0	2	0	1
5	6	6	4	2	1	0	0
2	3	8	1	0	0	0	0
2	4	2	1	1	0	0	0
1	4	2	1	0	0	0	0
0	0	1	0	0	0	0	0

8	16	19	22	26	27	29	34
16	16	22	24	27	29	34	37
19	22	26	27	29	34	34	38
22	22	26	27	29	34	37	40
22	26	27	29	32	35	40	48
26	27	29	32	35	40	48	58
26	27	29	34	38	48	56	69
27	29	35	38	46	56	69	83

Code	Linear QuantScale	Non-Linear QuantScale
1	2	1
8	16	8
16	32	24
20	40	40
24	48	56
28	56	88
31	62	112

图 7-4-2　DCT 函数的加权处理

（3）熵编码

在实际的视频信号中并非所有空间频率都同时出现，所以 DCT 系数矩阵中将存在零值。运行长度编码（RLC）能够让这些系数得到更有效的处理。当重复数值出现时，如有一连串零，那么运行长度编码将只传送零值的数量，而不是传送每个单独比特。

在实际视频信号中特定系数值出现的可能性是可以研究的。在实际应用中，有些数值经常出现，而有些数值不常出现。这些统计信息可以帮助我们用可变长度编码（VLC）实现进一步的压缩。经常出现的数值被变换成短码字，而不常出现的数值被变换成长码字。为了帮助不连续的情况，任何码字均不是另一个码字的字头。上述两种编码技术，是实现熵编码的核心。图 7-4-3 所示为帧内空间性编码的流程。

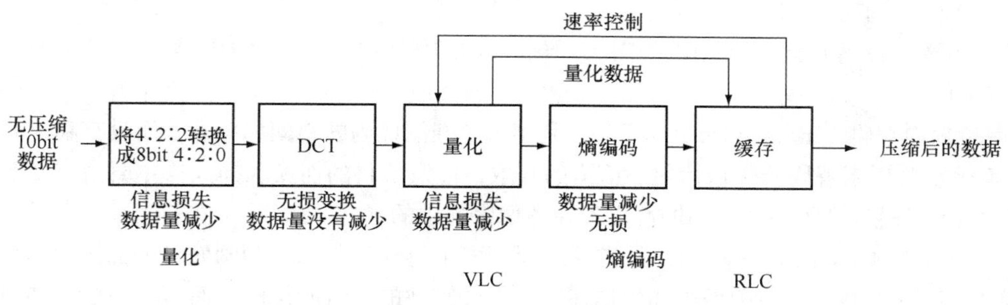

图 7-4-3 帧内空间性编码的流程

3. 帧间压缩

帧间压缩则依赖于找到连续视频帧之间的相似之处。如果解码器中有了一个画面，那么下一个画面可以通过仅仅发送画面差异来创建。当物体移动时，画面差异会增加，但由于移动物体在画面之间一般不大改变其外形，所以画面差异的大小可以通过运动补偿（motion compensation）来抵消，如果运动可以被度量，那么可以通过将前面画面中的部分内容移动到新位置上的方法来创建当前画面中的近似值。这个移动处理过程由通过传送到解码器中的运动矢量（motion vector）来控制。运动矢量传送比发送画面差异数据所需的数据要小得多。运动补偿降低但并未消除连续画面间的差异，运动补偿只是简单地降低了差异图像中的数据数量。运动补偿的原理如图 7-4-4 所示。步骤：①计算运动矢量；②以图像 N 中的数据为基础，用矢量去预测 $N+1$；③将实际图像与预测图像相比较；④发送矢量和预测错误。

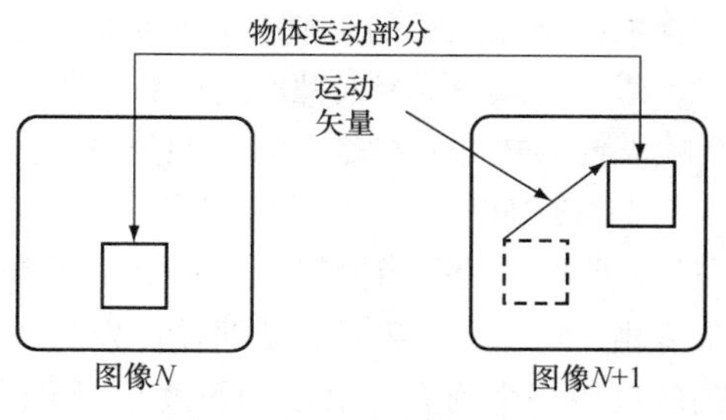

图 7-4-4 运动补偿的原理

一个矢量控制着宏块（macroblock）的整个画面区域的移动。宏块的大小由 DCT 编码和色彩亚取样结构来决定。在 4∶2∶0 系统中，彩色取样的垂直和水平空间正好是亮度空间的两倍。单个的 8×8 DCT 彩色取样块在同一区域上延伸为 4 个 8×8 亮度块，所以这是矢量能够移动的最小画面区域。一个 4∶2∶0 的宏块包含 4 个亮度块、一个 Cr 块和一个 Cb 块。

运动矢量与宏块有关，而与图像中的实际物体无关。但有时宏块的一部分移动，而另一部分不移动，在这种情况下就不可能实现正确补偿。如果移动部分的运动通过发送一个矢量得到补偿的话，那么固定的部分就会被不正确地移动，也就需要差异数据予以校正。如果不发送矢量的话，固定部分将保持正确，也就需要差异数据来校正移动的部分。实际使用的压缩器可能会同时尝试两种方法，并选择其中需要差异数据最少的一种。

物体移动时，它的前部边缘会遮盖掉背景，而尾部边缘会再现背景。再现的背景就需要传送新的数据，因为该背景区域前面被遮盖了，从前幅画面上就得不到任何信息。类似的问题在摄像机摇拍时常会发生：新的区域出现时，我们在此之前根本无法知道。通过使用双向编码（bidirectional coding）可以帮助我们克服这一问题，它允许从当前画面以前或以后的画面中获取信息。如果背景被遮盖时，它仍会在以后的画面中出现。我们可以及时向后移动获取信息，从而创建较早的画面。

在单个宏块的基础上，双向编码画面可以从前面画面、后面画面，以至于前面或后面数据的平均值上获取运动补偿数据。双向编码通过提高预见可能性的程度大大降低了所需的差异数据量。

4. IP 和 B 画面

我们需要 3 种不同类型的画面来支持差异和双向编码，以减少误码的传递。分别被称为 I 帧、P 帧和 B 帧。

I 是指帧内编码（Intra-coded）画面，只利用了单帧图像内的空间相关性，而没有利用时间相关性。I 帧主要用于解码器的初始化和信道的获取，以及节目的切换和插入，主要由变换系数组成，不含运动矢量。I 帧图像是周期性出现在图像序列中的。

P 是指预测（Predicted）画面，是指从前面画面中得到的前向预测画面，前面画面可以是 I 帧面或 P 帧。P 帧数据由在前面画面中描述的从每个宏块的矢量所组成，而不是由描述必须加到宏块上的校正或差异数据的变换系数所组成。由于 P 帧图像同时利用了空间和时间上的相关性，P 帧需要的数据大约只是 I 帧的一半。B 是指双向预测（Bidirectional predicted）画面，它以当前图像帧之前或之后的 I 帧或 P 帧画面的信息为基础，用双向预测的办法获得当前图像帧的矢量信息，进一步减少了当前帧所携带的信息量。由于双向预测非常有效，所以 B 帧的数据量是最小的，B 帧需要的数据大约是 I 帧的四分之一。

5. GOP

3 种不同的图像帧组合成一个序列（sequence）就成为图像组（Group OfPictures，GOP）。图像组由 I 帧开头，然后 P 帧间隔排列，余下的画面是 B 帧。一个 GOP 的结束被定义为下一个 I 帧前的最后一个画面。GOP 的长度是很灵活的，但普通的值是 12 或 15 幅画面。很显然，如果 B 帧的数据要从将来的画面中提取的话，这些数据就必须是在解码器中已经有的。因此，双向编码需要不按顺序地发送画面数据和暂时存储画面数据。因此，图像帧的传输顺序和显示顺序是不同的。

图 7-4-5 中显示了 P 帧数据在 B 帧数据之前发送。需要注意的是，GOP 中最后的 B 帧在下一个 GOP 的 I 帧出现之前不能被发送，这是因为需要该数据进行双向解码。为了使画面返回到其正确的顺序，每个画面均包含一个时间性参考值。

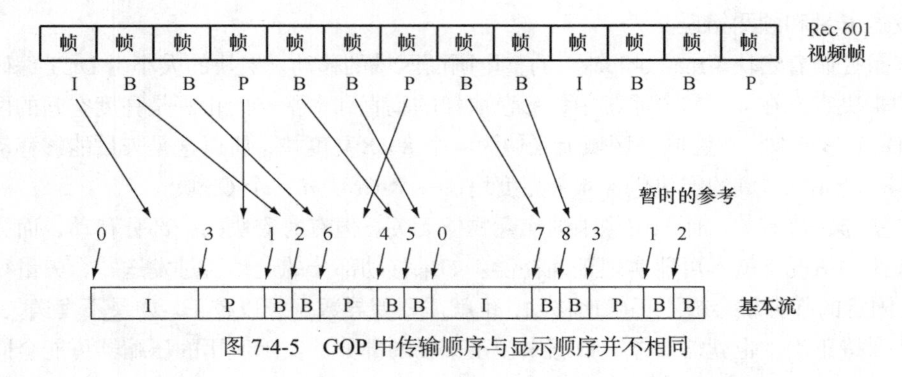

图 7-4-5　GOP 中传输顺序与显示顺序并不相同

7.5　计算机网络中的多媒体技术

在 Internet 上运行的万维网是全球性分布式信息系统。由于它支持多媒体数据类型，而且使用超文本、超链接技术把全球范围内的多媒体信息链接在一起，所以实现了世界范围内的信息共享。随着多媒体网络技术的逐渐发展、相关工具软件的普及和多媒体信息的日益丰富，万维网已经吸引了越来越多的用户。由于万维网上的多媒体具有超链接特性，所以人们接受和使用这种新的全球性的媒体比任何一种通信媒体都迅速、方便、随意、自主，因此万维网受到了人们的普遍欢迎。现在，万维网已经聚集了巨大的信息资源。人们的工作、学习和日常生活越来越离不开网络，可以说，网络和多媒体是 21 世纪人们生存的重要基础。

7.5.1　Internet 中的多媒体

Internet 上已经开发了很多应用，归纳起来大致可分成两类：一类是以文本为主的数据通信，包括文件传输、电子邮件、远程登录、网络新闻、Web 等；另一类是以声音和电视图像为主的通信。通常把任何一种声音通信和图像通信的网络应用称为多媒体网络应用（multimedia networking application）。网络上的多媒体通信应用和数据通信应用有比较大的差别。多媒体应用要求在客户端播放声音和图像时要流畅，声音和图像要同步，因此对网络的时延和带宽要求很高；而数据通信应用则把可靠性放在第一位，对网络的时延和带宽的要求不那么苛刻。

1. 多媒体网络应用

下面是 Internet 上现在已经存在并且是很重要的几类应用。

① 现场声音和电视广播或者预录制内容的广播。这种应用类似于普通的无线电广播和电视广播，不同的是在 Internet 上广播，用户可以接收世界上任何一个角落里发出的声音和电视广播。这种广播可使用单目标广播传输，也可使用更有效的多目标广播传输。

② 声音点播。在这一类应用中，客户请求传送经过压缩并存放在服务器上的声音文件，这些文件可以包含任何类型的声音内容。例如，教师的讲课、摇滚乐、交响乐、著名的无线电广播档案文件和历史档案记录。客户在任何时间和任何地方都可以从声音点播服务器中读取声音文件。使用 Internet 点播软件时，在用户启动播放器几秒钟之后就开始播放，一边播放一边从服务机上接收文件，而不是在整个文件下载之后开始播放。边接收文件边播放的特性叫作流放。许多这样的产品也为用户提供交互功能。例如，暂停/重新开始播放、跳转等功能。

③ 影视点播，也称交互电视。这种应用与声音点播应用完全类似。存放在服务器上的压缩的影视文件可以是教师的讲课、整部电影、预先录制的电视片、（文献）纪录片、历史事件档案片、卡通片、音乐电视片等。存储和播放影视文件比声音文件需要大得多的存储空间和传输带宽。

④ Internet 电话。这种应用使人们在 Internet 上进行通话，就像人们在传统的线路交换电话网络上相互通信一样，可以近距离通信，也可以长途通信，而费用却非常低。

⑤ 分组实时电视会议。这类多媒体应用产品与 Internet 电话类似，但可允许许多人参加。在会议期间，可为用户所想看到的人打开一个窗口。

2. 多媒体信息传输对网络性能的要求

（1）网络传输能力

网络传输能力是指网络传输二进制信息的速率，又称为传输速率或比特率。在网络中，不同类型的应用服务需要网络提供满足需求的传输能力。数字视频的传输对网络传输能力的要求是最高的。

（2）传输延时

网络的传输延时定义为从信源发出一组数据到达信宿被接收之间的时间差，它包含信号在物理介质中的传播延时、数据在信源或信宿中的处理延时以及数据在网络中的转发延时，也称为用户端到用户端的延时。

（3）信号失真

如果网络传送数据时，传输延时变化不定，就可能引起信号失真，也称为“延时抖动”。产生信号失真的因素主要包括：传输系统引起的抖动，噪声相互干扰，共享传输介质的局域网介质访问时间的变化；广域网中的流量控制节点拥塞而产生的排队延时变化等。一般来讲，人耳对声音抖动比较敏感，人眼对视频抖动并不很敏感。

（4）传输错误率

传输错误率即误码率，指从信源到信宿的传输过程中出错的信号数占传送的所有信号数的比例。

3. 流媒体技术

随着 Internet 的发展，流媒体越来越普及。流媒体是通过网络传输的音频、视频或多媒体文件。流媒体在播放前不需要下载整个文件，流媒体的数据流随时传送随时播放，只是在开始时有一些延迟。当流式媒体文件传输到客户方的计算机时，在播放之前该文件的部分内容已存入内存。流媒体简单来说就是应用流媒体技术在网络上传输的多媒体文件。

流放技术就是把连续的视频和声音等多媒体信息经过压缩处理后放置在特定的服务器上，让用户一边下载一边观看、收听，而不需要等整个压缩文件下载到自己机器后才可以观看的网络传输技术。该技术首先在用户端的计算机上创造一个缓冲区，播放前预先下载一段资料作为缓冲，当网路实际连线速度小于播放所耗用资料的速度时，播放程序就会取用这一小段缓冲区内的资料，避免播放的中断，也使得播放品质得以维持。目前在这个领域上，竞争的公司主要有 Microsoft 公司、Real Networks 公司、Apple 公司，而相应的产品是 Windows Media、Real Media、Quicktime。

网络环境中，利用流放技术传播多媒体文件有如下优点。

① 实时传输和实时播放。流放多媒体使得用户可以立即播放音频和视频信号，无需等待文件传输结束，这对获取存储在服务器上的流化音频、视频文件和现场回访音频和视频流都具有十分重要的意义。

② 节省存储空间。采用流媒体技术，可以节省客户端的大量存储空间，使用预先构造的流文件或用实时编码器对现场信息进行编码。

③ 信息数据量较小。现场流都比原始信息的数据量要小，并且用户不必将所有下载的数据都同时存储在本地存储器上，可以边下载边回放，从而节省了大量的磁盘空间。

7.5.2 多媒体网络应用类型

按照用户使用时交互的频繁程度来划分，多媒体网络应用可分为现场交互应用、交互应用、非实时交互应用 3 种类型。

① 现场交互应用。Internet 上的 IP 电话和远程会议是现场交互的应用例子。在现场交互时，参与交互的各方的声音或者动作都是随机发生的。多媒体信息数据包从一方传输到另一方的时延

必须在几百毫秒以内才能为用户所接受，不然将会出现明显的声音断续和图像抖动的现象。

② 交互应用。音乐/歌曲点播、电影/电视点播就是交互应用的例子。交互应用时，用户只是要求开始播放、暂停、步进、快进、快退、从头开始播放或者是跳转等，从用户按照自己的意愿单击鼠标开始到在客户机上开始播放之间的时延在 1～5s 就可以接受。对防止数据包时延抖动的要求不像 IP 电话和远程会议那样高。

③ 非实时交互应用。声音广播和电视广播是非实时交互应用的例子。在这些应用场合下，发送端连续发出声音和电视数据，而用户只是简单地调用播放器播放，如同普通的无线电广播或者电视广播。从源端发出声音或者电视信号到接受端播放之间的时延在 10s 或者更多一些都可以为用户所接受。对信号的抖动要求也比交互应用的要求低。

习　　题

一、填空题

1. 多媒体计算机技术是指运用计算机综合处理____________的技术，包括将多种信息建立____________，进而集成一个具有____________性的系统。
2. 在播放 CD 唱盘时，将数字化信息转化为模拟信号的部件是________。
3. 一张 DVD 光盘片的存储容量大约是________。
4. 多媒体技术和超文本技术的结合，即形成了________技术。
5. 扩展名 ovl、gif、bat 中，代表图像文件的扩展名是________。
6. 数据压缩算法可分无损压缩和________压缩两种。
7. 在 Windows 中，波形文件的扩展名是________。
8. 使得计算机有“听懂”语音的能力，属于语音识别技术；使得计算机有“讲话”的能力，属于________。
9. ________又称为静态图像专家组，制定了一个面向连续色调，多级灰度，彩色和单色静止图像的压缩编码标准。
10. MP3 采用的压缩技术是有损与无损两类压缩技术中的________技术。
11. 通用的动态图像压缩标准是________。
12. 计算机用________设备把波形声音的模拟信号转换成数字信号再存储。
13. MPC 是指________。
14. 在当今数码系统中主流采集卡的采样频率一般为________。
15. Windows 中的 WAV 文件，声音质量高，但________。

二、简答题

1. 什么是多媒体计算机？
2. 多媒体数据压缩编码方法可分为哪两大类？
3. 要把一台普通的计算机变成多媒体计算机需要解决哪些关键技术？
4. 什么是 MIDI？
5. 多媒体技术促进了通信、娱乐和计算机的融合，主要体现在哪几个方面？

第8章 常用工具软件

目前，计算机应用已深入到了社会生活的各个角落，但是很多用户还停留在对计算机的简单操作上，对许多应用软件和工具软件还不甚了解。计算机常用工具软件大都功能单一，使用简单、方便，倘若能够正确熟练地使用它们，便可以给工作、学习、娱乐带来很多方便，大大提高工作效率。工具软件种类很多、数量很大，本章将介绍其中几种常用的、必备的且具代表性特点的几种工具软件。

8.1 音频文件处理工具

8.1.1 录音机

使用 Windows 系统自带的“录音机”程序可以简单、快速地实现录音。

1. 录制麦克风声音

用“录音机”程序录制麦克风声音的操作步骤如下。

① 将麦克连接好。

② 单击“开始”→“所有程序”→“附件”，选择“录音机”，打开该程序，如图 8-1-1 所示。

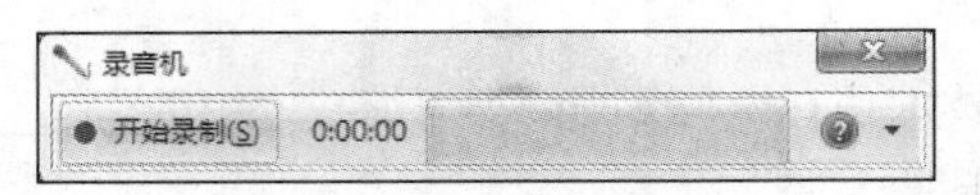

图 8-1-1 “录音机”程序

③ 单击“开始录制”按钮，此时已经开始录音，只需要将声源对着麦克风就可以来记录声音。

④ 录制完毕后单击“停止录制”按钮，弹出“另存为”对话框，如图 8-1-2 所示，保存文件。

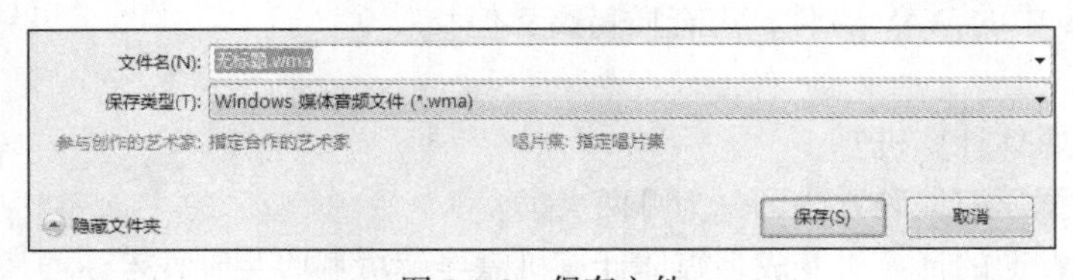

图 8-1-2 保存文件

2. 内录声音

所谓内录，就是把计算机上播放出的歌曲、游戏音效、动漫对话、电影台词等声音不通过麦克风而是简单地在计算机内部用“录音机”录制下来。操作步骤如下。

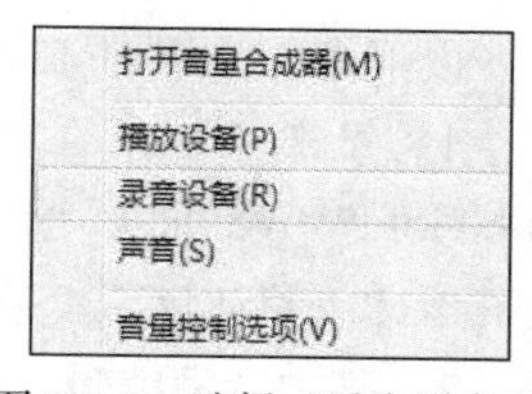

图 8-1-3　选择“录音设备”

① 用鼠标右键单击系统右下角的“小喇叭”图标，在弹出的菜单中选择“录音设备”，如图 8-1-3 所示，打开如图 8-1-4 所示的对话框。

② 在此选项卡的任意空白处单击鼠标右键，选择“显示禁用的设备”命令，“录制”对话框变为如图 8-1-5 所示。

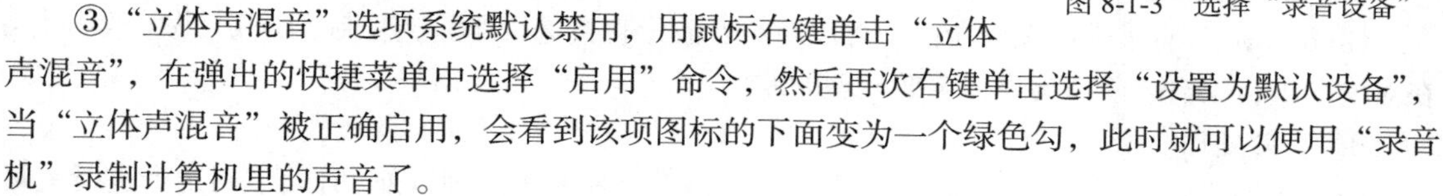

③“立体声混音”选项系统默认禁用，用鼠标右键单击“立体声混音”，在弹出的快捷菜单中选择“启用”命令，然后再次右键单击选择“设置为默认设备”，当“立体声混音”被正确启用，会看到该项图标的下面变为一个绿色勾，此时就可以使用“录音机”录制计算机里的声音了。

图 8-1-4　“声音录制”对话框

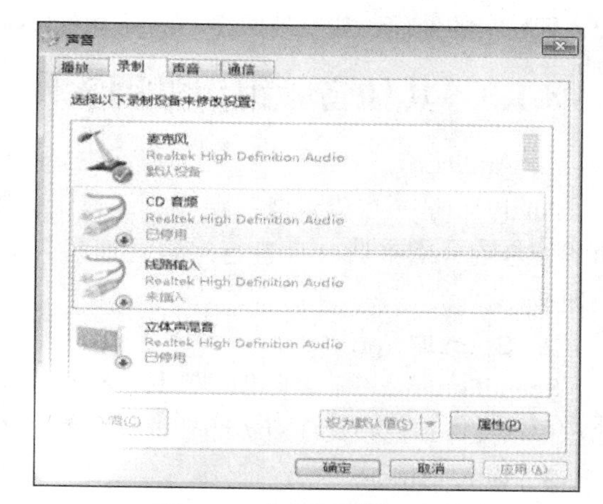

图 8-1-5　“声音录制”对话框

8.1.2　音频编辑处理软件 GoldWave

GoldWave 是一个集音频播放、录制、编辑、转换多功能于一体的音频制作处理软件。使用 GoldWave 可以录制音频文件，可以对音频文件进行剪切、复制、粘贴、合并等操作，可以对音频文件进行调整音量、调整音调、降低噪音、静音过滤等操作，提供回声、倒转、镶边、混响等多种特效，可以在多种音频文件格式之间进行转换。GoldWave 主窗口如图 8-1-6 所示。

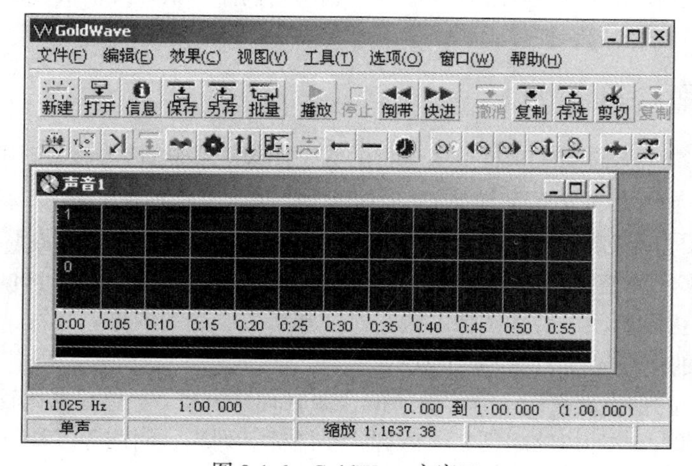

图 8-1-6　GoldWave 主窗口

以下简要介绍 GoldWave 的录音、基本音频编辑和特效处理这 3 种功能。

1. 录音

Gold Wave 可以录制麦克风输入的语音、其他设备从声卡 Line in 接口输入的声音，也可以录制其他播放器通过声卡播放的音乐。

2. 基本音频编辑

GoldWave 具有很强的编辑功能，可以对声音波形直接进行删除、复制、剪切、裁剪等操作。在对波形进行编辑之前需要先选定要处理的波形。

3. 特效处理

GoldWave 除了可以对声音做复制、删除、裁减等一些基本处理以外，还可以对声音进行更复杂、更精密的处理，如增加回声、声音渐强渐弱、降噪等。

8.1.3 其他音频编辑处理软件

1. Audition

Audition 是一个集录音、混音、编辑于一体的多轨数字音频编辑软件，其操作界面简单，功能较全面，对音频文件进行编辑处理时，支持多种声音文件格式，可以进行多种声音素材处理。

2. SoundForge

SoundForge 是专业音频创作工具，具有较好的专业声音编辑与效果创立功能，能方便、直观地对音频文件和视频文件声音部分进行处理。这主要针对 Flash 用户来说的。

3. WaveStudio

WaveStudio 使用简单、方便，可以用来制作 MIDI 的声音素材。

8.2 图形图像处理工具

在日常工作和学习中，人们经常接触和使用图像，有时需要保留视频中的某一场景，有时需要对相关的图像进行技术处理，有时需要对大量的图像进行管理等，这就得借助于图像处理工具。常用的图像处理工具有美图秀秀、ACDSee、豪杰大眼睛、HyperSnap、SnagIt、光影魔术手、轻松换背景、大头贴制作系统、Crystal Button 等，利用它们能够很方便地实现图像的捕捉、图像的编辑、图像的浏览、图像的管理等。

8.2.1 图像管理工具

ACDSee 和“豪杰大眼睛”是目前最流行的数字图像处理软件，广泛应用于图片的获取、管理、浏览、优化及与他人的分享等方面。

使用 ACDSee 可以从数码相机和扫描仪高效获取图片，并进行便捷的查找、组织和预览。它支持 50 多种常用多媒体格式文件，可以利用它播放精彩的幻灯片，处理 mpeg 之类常用的视频文件，还可以用它的去除红眼、剪切图像、锐化、浮雕特效、曝光调整、旋转、镜像等功能处理数码影像。ACDSee 的用户界面如图 8-2-1 所示。

“豪杰大眼睛”的主界面采用了非常熟悉的资源管理器风格，操作起来比较得心应手。对目标文件夹里的图像文件，它能以缩略图、大图标、小图标、列表、明细等多种方式进行浏览，用户能够方便地查找出自己所需要的图形资料来，如图 8-2-2 所示。

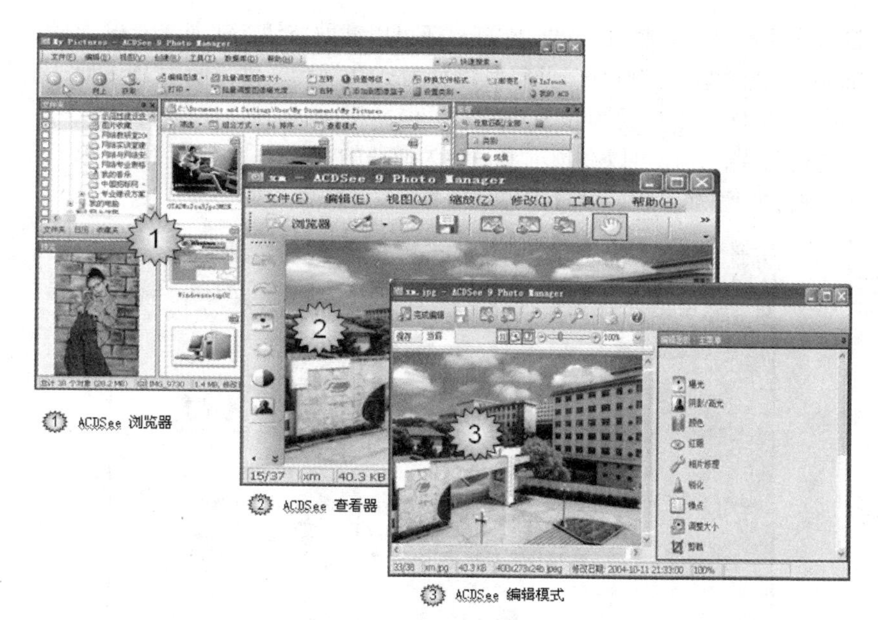

图 8-2-1　ACDSee 的用户界面

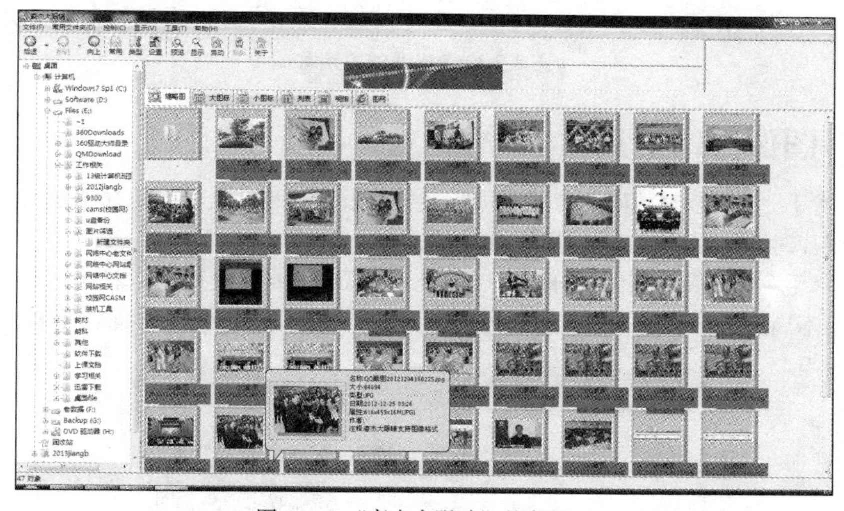

图 8-2-2　“豪杰大眼睛”的主界面

8.2.2　屏幕截取工具

如果多媒体作品中需要使用计算机屏幕上的某些内容，可以通过屏幕截取来获得对应图像。屏幕截取可以使用键盘上的 Print Screen 键，也可使用截图软件。

使用 Print Screen 键能够截取整个桌面或当前窗口图像，并将其存放在系统剪贴板中，将剪贴板中的图片粘贴到 Windows 画图工具中就能够保存下来。这种方法功能有限，如截图时不能截取鼠标、光标，不能滚动截屏，截取的图像内容修改比较麻烦等；但它简单、方便，无需另外安装软件。

要更好地完成截图任务，可以选择专业截图软件，如 SnagIt、Hyper-snap 等。

SnagIt 是一个非常著名的屏幕、文本和视频捕获、编辑与转换软件，其主界面如图 8-2-3 所示。SnagIt 截图软件不仅可以截取窗口、屏幕，还可以截取按钮、工具条、输入栏、不规则区域等。另外，SnagIt 还能截取动态画面，并将其保存为 AVI 视频文件。使用 DirectX 应用程序接口，SnagIt 还可以截取 VCD、DVD 视频和 3D 游戏画面。

SnagIt 在捕获图片后，还可以在预览窗口中为捕获的图片添加特殊边缘效果、设置聚光和放大、设置透视和修剪、添加水印、设置边界和字幕。

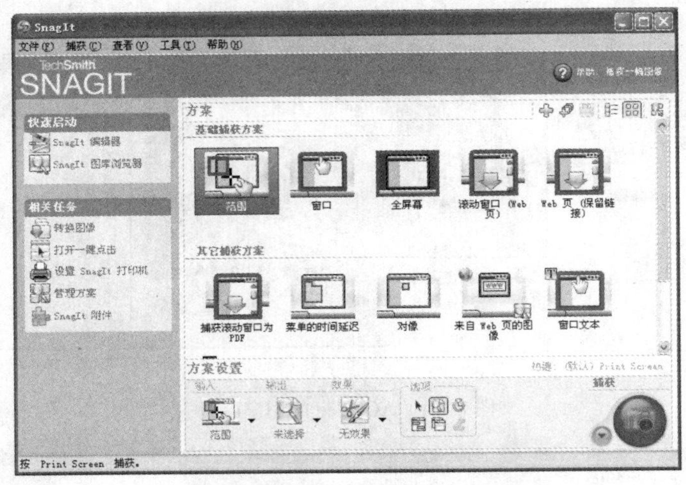

图 8-2-3　SnagIt 的主界面

8.2.3　图像修饰工具

“光影魔术手”是一款对数码照片画质进行改善及效果处理的大众型照片编辑软件。它在处理数码图像及照片时的特点是高速、实用、易上手。

“光影魔术手”能够满足绝大部分照片后期处理的需要，批量处理功能非常强大。它无需改写注册表，如果不满意，可以随时恢复以往的使用习惯。光影魔术手的主界面如图 8-2-4 所示。

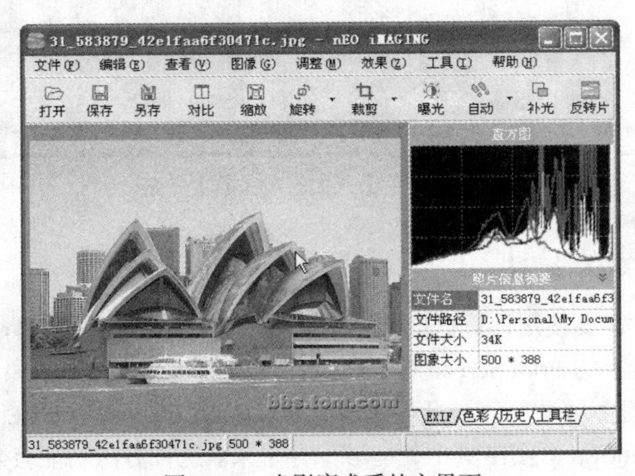

图 8-2-4　光影魔术手的主界面

1. 抠图

抠图，就是将一张照片中除主体以外的所有背景全部去掉，而它的最主要用途就是为照片人物更换背景。用“光影魔术手”抠图的操作步骤如下。

① 在系统任务栏上执行“开始”→“程序”→“光影魔术手”命令，或双击桌面上的“光影魔术手”图标，启动“光影魔术手”，并打开需处理的图片。

② 在主菜单中选择“图像”→“裁切/抠图”或按 Ctrl+T 组合键，进入“裁剪”对话框。

③ 选择右边套索工具，单击鼠标左键后选择所要的画面。

④ 选择“裁剪”面板上的“去背景”工具，如图 8-2-5 所示。

⑤ 设置好“去背景的方法”、“边缘柔化参数”、“填充的颜色”后，单击“预览”按钮进行预览。

⑥ 感觉效果满意后，单击“确定”按钮完成任务，效果如图 8-2-6 所示。

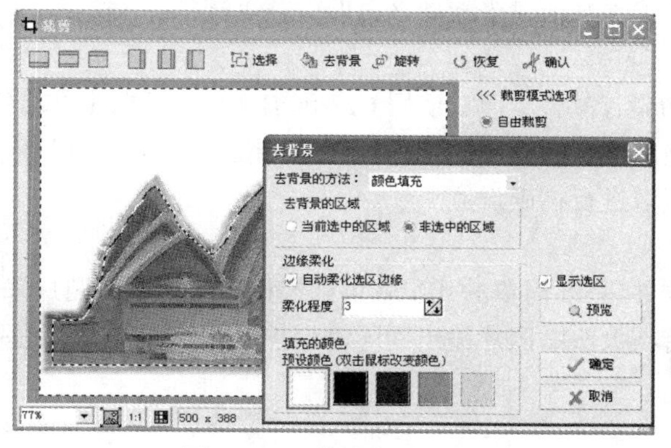

图 8-2-5　“裁剪”对话框

图 8-2-6　抠图后的效果图

2. 制作水彩画

用“光影魔术手”制作水彩画的操作步骤如下。

① 打开一张比较适合水彩画风格的风景或者人物照片，先缩小到 1024 像素×768 像素以下。

② 选择菜单中的“效果”→“降噪”→“颗粒降噪”功能，如图 8-2-7 所示。该功能有两个参数：第一个“阈值”参数设置为 255，这样，全图都会变得模糊；第二个“数量”参数可以是 3～5。

③ 如果觉得太模糊，利用“编辑”菜单中的“效果消褪”功能，如图 8-2-8 所示，对刚才的处理进行消褪处理。

④ 给照片加点底纹。选择菜单中的“效果”→“风格化”→“纹理化”命令，把“纹理类型”设置为“画布”，其他参数不用调整。利用工具栏上的“曝光”按钮让它自动调整明暗。

⑤ 再利用“花样边框”为其加一个如同油画一样的边框，完成后效果如图 8-2-9 所示。

图 8-2-7　“颗粒降噪”对话框

图 8-2-8　“效果消褪”对话框

图 8-2-9　效果图

8.2.4 其他图像处理工具

1．轻松换背景

图像合成最困难和最费时的操作是抠图，“轻松换背景”就是针对这一应用瓶颈而开发的。该软件提供单色幕（蓝幕）法和内外轮廓法两种高级自动/半自动抠图办法，在技术手段的帮助下，不但普通用户通过快速训练即可掌握图像合成工作，而且抠图速度和质量都大大提高。该软件不但可以处理普通物体轮廓，还支持半透明轮廓和阴影的抠图，特别是复杂的毛发边缘抠图。“轻松换背景”还提供了图像合成所需的完整环境，无需其他昂贵软件平台即可独立运行。

2．Crystal Button

Crystal Button 是一款绝对好用的网页按钮设计软件，通过使用 Crystal Button，可以制作出各种三维玻璃质、金属质、塑料质以及 XP 风格的网页上使用的按钮，甚至导航条、动态按钮等，包括颜色、文字、边界等在内的各种细节都可以进行精确设置。

3．大头贴制作系统

大头贴制作系统是一套制作贴纸照片的软件，只要简单的几步就可以轻松制作出贴纸照片来。该软件不但能够打印出标准的大头贴，还支持将大头贴照片输出到屏幕保护程序以及将大头贴保存到硬盘。

4．美图秀秀

美图秀秀（又称为美图大师）是新一代的非主流图片处理软件，它可以在短时间内制作出非主流图片、非主流闪图、QQ 头像、QQ 空间图片。该软件的操作和程序相对于专业图片处理软件如光影魔术手、Photoshop 等来说更简单。它最大的功能是能一键式打造各种影楼、Lomo 等艺术照，手工人像美容，具有个性边框场景设计、非主流炫酷、个性照随意处理等功能。

5．Adobe 系列

在图片处理上，Adobe 系列软件几乎涵盖了目前所能想到的图片处理的各种效果，但由于其定位的专业性，Adobe 系列软件在具有功能强大的特点的同时，也非常难操作。专业用户可以通过自己的专业技能实现各种复杂的效果，但其实现过程相当不易；而非专业用户能够使用到的只是软件最基本的功能，达到的效果也是极其简单的。

8.3 视频文件处理工具

视频处理软件是集视频剪辑、特技应用、场景切换、字幕叠加、配音配乐等功能于一身，并能够从 VCD、CD、录像机、数码摄像机等设备中捕捉视频、音频信息，进行特效处理，生成多媒体视频文件及视频影音光盘刻录的工具。视频处理软件具有许多高档视频系统才具备的特性，其非线性编辑可随意对视频、音频片断以及文字等素材进行加工，满足日常生活对视频信息的需要。

8.3.1 Windows Live 影音制作

Windows Live 影音制作是 Microsoft 公司最新发布的 Windows Live 组件里的一个重要部件，通过添加照片、音乐和视频剪辑以及一些简单的设置即可制作出漂亮的相册视频，甚至刻录成 DVD。

（1）下载和安装 Windows Live 影音制作

可以到 Microsoft 官方网站免费下载该软件，下载时有在线安装和完全下载两种方式，如果不想安装 Windows Live 的其他组件，可以在安装的时候不选择。

（2）Windows Live 影音制作的界面

执行“开始”→“所有程序”→“Windows Live”→“Windows Live 影音制作”命令，可打开如图 8-3-1 所示的 Windows Live 影音制作主界面。

（3）制作影视作品

建议在制作相册视频前使用光影魔术手、美图秀秀、Photoshop 等软件先处理好图片，以避免在相册视频制作的过程中出现黑边，同时通过 DV 等设备录制好视频，通过其他软件录制好声音。

① 导入素材文件。Windows Live 影音制作支持音频、视频及静态图像等多种素材文件格式，如.avi、.mpg、.wav、.mp3、.bmp、.jpg 等，具体导入方法如下。

- 单击“添加视频和照片”按钮，导入所需的视频和照片素材。
- 单击“添加音乐”按钮，导入所需的声音素材。
- 单击“在当前添加音乐”按钮，在视频的当前位置导入所需的声音素材。
- 系统弹出一个“制作剪辑”对话框，提示当前导入的进度。

导入完成后，所有导入的素材文件按照顺序排列在设计窗口右侧的工作区中。

使用“查看”选项卡，可以更改素材的查看方式，有多种不同大小的缩略图供选择，同时可使用鼠标拖动来改变素材的排列顺序。

② 添加过渡和效果。

- 添加过渡。使用“动画”选项卡，可以更改每项素材的出现方式，即两个素材之间的过渡。方法是在工作区中选择素材，鼠标放在预置的过渡上预览，选择合适的动画效果后单击鼠标确定，动画即应用于相应的素材上，如图 8-3-2 所示。

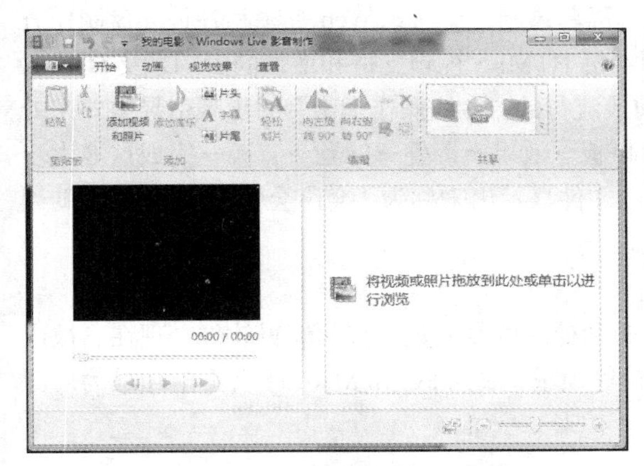

图 8-3-1　Windows Live 影音制作主界面

图 8-3-2　添加过渡

- 添加效果。使用“视觉效果”选项卡，可以为每项素材添加显示效果。方法是在工作区中选择素材，鼠标放在预置的视觉效果上预览，选择合适的视觉效果后单击鼠标确定，视觉效果即应用于相应的素材上。

③ 添加字幕。方法是单击鼠标选中素材，单击“开始”选项卡中的字幕即可添加字幕。写好字幕后，可以选择字幕切换和出现的动画效果，同时弹出的“格式”选项卡可用来设置字体格式。

④ 添加片头和片尾。使用 Windows Live 影音制作可以把下载好的或者制作好的片头、片尾插进去，也可以使用 Windows Live 影音制作添加片头和片尾。方法是在“开始”选项卡中单击“片头”或“片尾”按钮，添加的时候可以选择字幕的动画效果以及片头、片尾的颜色。

⑤ 预览视频项目。编辑好电影项目后，可以在设计窗口左边的监视器窗口中单击“播放”按钮，对制作好的视频文件在窗口模式下进行播放测试。

⑥ 保存和输出。单击窗口左上角的工具栏中的“保存项目”按钮，可以将当前编辑的项目保存在一个扩展名为.wlmp 的项目文件中。项目文件包含有关当前项目的信息，如已经添加到工作区中的素材，及这些素材的编辑状态等。保存项目后，可以随时打开它并重新编辑其内容，包括添加、删除或重新安排素材顺序等。

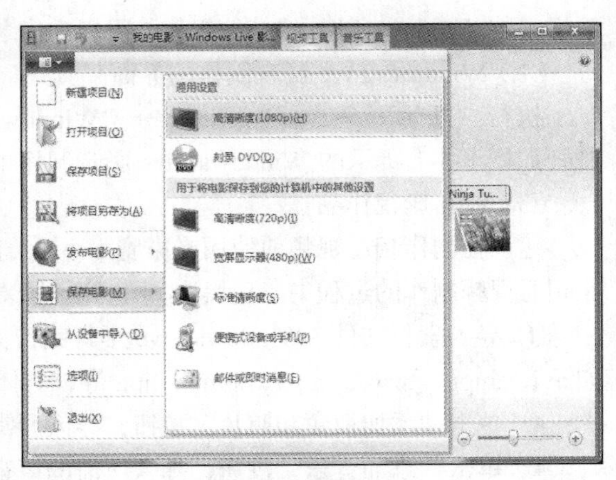

图 8-3-3　保存电影

保存项目后，单击窗口左上角的“影音制作”按钮，选择“保存电影”命令，如图 8-3-3 所示。选择合适的电影保存到计算机中的其他设置后打开“保存电影”对话框，输入该电影的名称（Windows Live 影音制作的电影文件是扩展名为.wmv 的 Windows 媒体视频文件），最后单击“保存”按钮。这样一个漂亮的相册视频就完成了。

8.3.2　其他视频编辑软件

1. 会声会影

会声会影是一款操作简单、功能强大的 DV、HDV 影片剪辑软件，提供了多种可支持最新视频编辑技术的高级功能，集创新编辑、高级效果、屏幕录制、交互式 Web 视频和各种光盘制作方法于一身。用户可以轻松的自制家庭影片，利用本机 HTML5 视频支持和增强的 DVD 及 Blu-ray 制作，随时随地实现共享。“会声会影”采用目前最流行的“在线操作指南”的步骤引导方式来处理各项视频、图像素材，共分为开始→捕获→故事板→效果→覆叠→标题→音频→完成这 8 大步骤，并将操作方法与相关的配合注意事项，以帮助文件显示出来称为“会声会影指南”，以帮助用户快速地学习每一个流程的操作方法。

2. Adobe Premiere

Adobe Premiere 是可对视频文件进行多种编辑和处理的专业数字视频编辑软件。现在它被广泛地应用于电视台视频剪辑、广告制作、电影剪辑等领域，成为 PC 和 MAC 平台上应用最为广泛的视频编辑软件。

3. Sony Vegas Movie Studio

Sony Vegas Movie Studio 是索尼公司推出的 Vegas 系列最新的专业视频编辑工具的简化版本，是一款不错的入门级视频编辑软件。

8.4　多媒体文件格式转换工具

多媒体技术的飞速发展，使得现实生活中的声、形、画能通过计算机得以真实再现。人们在享受现代计算机科技的同时，面对纷繁的多媒体文件格式却是一头雾水。多媒体文件的格式不同，使得相应的操作也完全不同，这必定会造成操作上的不方便。不同格式的多媒体文件间的相互转换，成为应用中的常见操作。

"格式工厂"是一款免费的多媒体文件格式转换工具，可以使用它来进行视频格式转换、音频格式转换和图片格式转换。它支持的格式非常多，常见的文件格式它都支持，另外它还具有视频和音频文件合并的功能。

"格式工厂"提供以下功能：

- 所有类型图片转到 JPG/BMP/PNG/TIF/ICO/GIF/TGA；
- 所有类型视频转到 MP4/3GP/MPG/AVI/WMV/FLV/SWF；
- 所有类型音频转到 MP3/WMA/AMR/OGG/AAC/WAV；
- 抓取 DVD 到视频文件，抓取音乐 CD 到音频文件；
- MP4 文件支持 iPod/iPhone/PSP/黑莓等指定格式；
- 支持 RMVB、水印、音视频混流。

"格式工厂"的特点如下：

- 支持几乎所有类型多媒体格式到常用的几种格式；
- 转换过程中可以修复某些损坏的视频文件；
- 多媒体文件减肥；
- 支持 iPhone/iPod/PSP 等多媒体指定格式；
- 转换图片文件支持缩放、旋转、水印等功能；
- DVD 视频抓取功能，轻松备份 DVD 到本地硬盘；
- 支持 50 种国家语言。

1. 主界面介绍

"格式工厂"主界面如图 8-4-1 所示，中文版主页为：http://www.pcfreetime.com/CN/index.html。

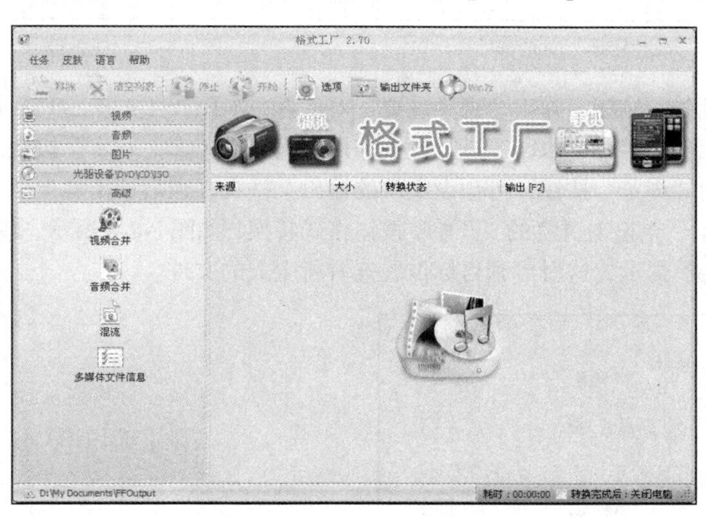

图 8-4-1　格式工厂的主界面

"格式工厂"在主界面中提供了 5 项功能列表。例如，想要执行音频转换任务，只要单击左侧功能列表中的"音频"栏，弹出下拉列表，在其中选择"所有转到 MP3"即可。

主界面中的工具栏有 7 个按钮，它们的作用分别是移除所选任务、清空列表、开始/暂停和停止任务、选项设置、查看输出文件夹和启动 Win7z 压缩软件。

2. 视频格式转换

"格式工厂"对视频文件进行转换的操作步骤如下：单击"视频"功能列表，单击"所有转到

MP4”选项，弹出如图 8-4-2 所示的对话框；单击“添加文件”按钮，弹出“打开”对话框，从中选中需转换格式的文件后单击“打开”按钮，或单击“添加文件夹”按钮，将所选文件夹中的所有视频文件自动添加到文件列表中；在文件列表中选中相应的文件，可对其进行移除、清空列表、播放和查看多媒体文件信息等操作。

如果想对所选视频文件进行截取，可单击“选项”按钮，弹出“视频截取”对话框，如图 8-4-3 所示，使用播放窗口下方的操作按钮对视频进行播放控制，在合适的起始位置单击截取片断区域中的“开始时间”按钮，开始的时间随即被记录到文本框中，在结束位置单击“结束时间”按钮，结束的时间被记录到文本框中，然后进行截取画面大小的调整，勾选“画面裁剪”复选框，在播放窗口中拖红色边框到适合的大小，在源音频频道处选择声道，默认值为立体声，设置完毕单击“确定”按钮完成视频截取。

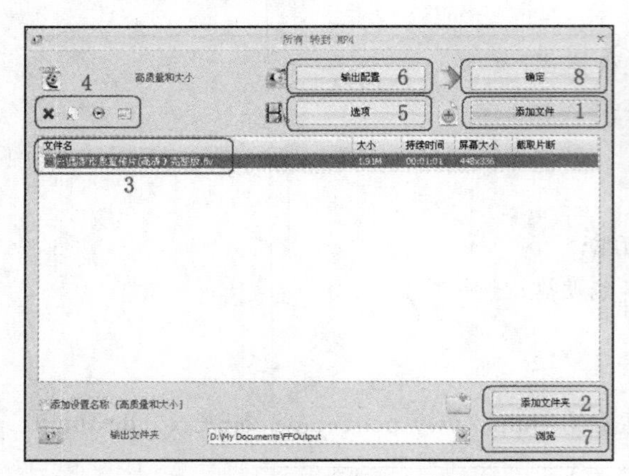

图 8-4-2 “视频转换”对话框

图 8-4-3 “视频截取”对话框

单击“输出设置”按钮，弹出“视频设置”对话框，如图 8-4-4 所示，对输出的画面大小、视频流、音频流、附加字幕、水印等进行设置，设置完成后单击“确定”按钮。

单击右下角的“浏览”按钮，可预设文件的输出文件夹，最后单击右上角“确定”按钮返回“格式工厂”主界面，单击工具栏的“开始”按钮格式转换，如图 8-4-5 所示。转换进度条到 100%时转换完毕，并给予提示，这时可到目标位置查看所生成的文件。

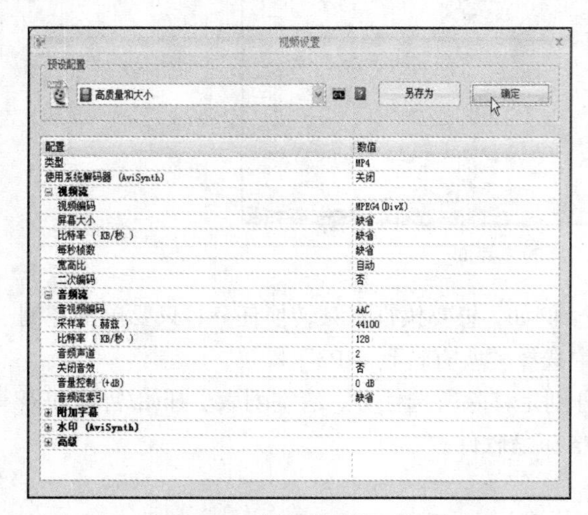

图 8-4-4 “视频设置”对话框

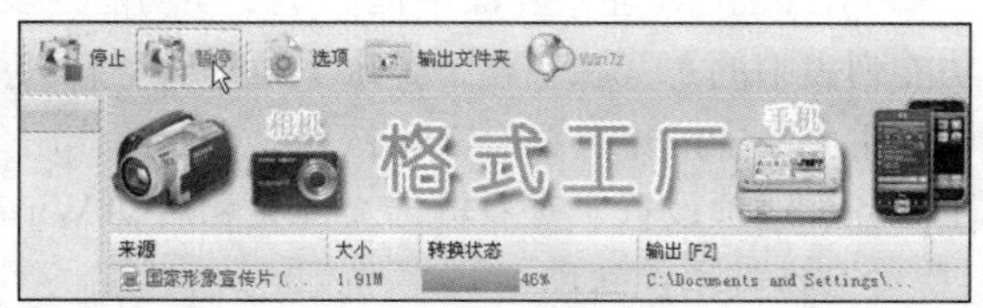

图 8-4-5 格式进行转换

3. 音频格式转换

“格式工厂”对音频文件进行转换的操作与视频格式转换类似，其步骤如下：单击“音频”功能列表，选择“所有转到 MP3”，在弹出的窗口中，添加一个或多个音频文件，对选中文件进行截取处理和输出配置；调整输出的位置后单击“确定”按钮，返回主界面任务窗口，单击工具栏的“开始”按钮进行格式转换即可。

4. 图片格式转换

“格式工厂”对图片进行转换的操作步骤如下：单击“图片”功能列表，选择“所有转到 JPG”，添加一张或多张图片，单击“输出配置”按钮，弹出如图 8-4-6 所示的对话框；可以对图片的大小、大小限制、旋转和插入标记字符串等进行设置，设置完毕单击“确定”按钮，返回主界面任务窗口，单击工具栏的“开始”按钮进行格式转换即可。

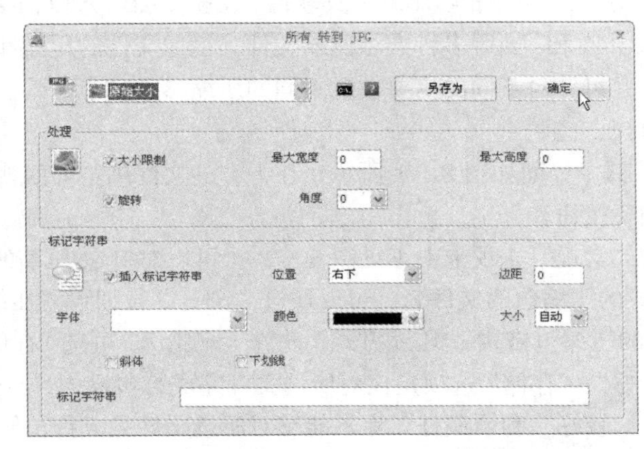

图 8-4-6 “输出配置”对话框

5. 视频合并

“格式工厂”可以对视频文件进行合并，步骤如下：单击“高级”功能列表，选择“视频合并”，自动弹出“视频合并”对话框，如图 8-4-7 所示；单击“添加文件”按钮添加一个文件，单击“添加文件夹”按钮，将文件夹内的全部视频文件全部采用；选中需要进行处理的文件后利用工具按钮可对其进行移除、清空列表、播放、查看文件信息、裁剪视频文件和调整上下次序（合并时上面的在前面，下面的在后面）等操作；选择输出格式后设定输出分辨率和大小；单击“确定”按钮返回主界面任务窗口，单击工具栏的“开始”按钮进行视频合并。

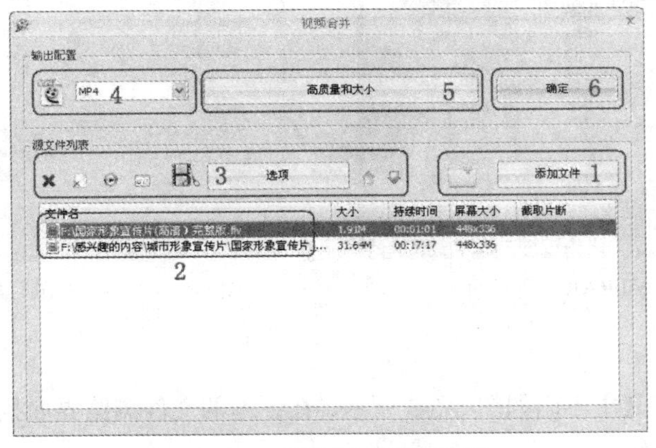

图 8-4-7 “视频合并”对话框

8.5 文件压缩与解压缩工具

压缩/解压缩工具可用于数据备份、减小文件体积、对文件进行打包等操作，还可用于对已经打包或压缩的文件进行解压缩的操作。“打包”操作可以将多个文件和文件夹合成为一个文件，“压缩”操作除了可以将多个文件和文件夹合成为一个文件之外，还可以适当地减小打包文件的体积。本节以“WinRAR”软件为例，来说明压缩/解压缩工具的功能和使用方法。

8.5.1 WinRAR 简介

WinRAR 是一款应用广泛的压缩/解压缩工具软件，支持 CAB、ARJ、LZH、TAR、GZ、ACE、UUE、BZ2、JAR、ISO、Z 和 7z 等多种类型压缩文件、镜像文件的压缩和解压缩，软件运行时占用的硬件资源较少，并可针对不同的需要设置不同的压缩参数。

1. 文件打包/压缩

运行“WinRAR”，其主界面如图 8-5-1 所示，在下方的文件浏览界面找到需要打包或压缩的文件，然后单击“添加”按钮。

在弹出的新窗口的“常规”选项卡中（见图 8-5-2），可以对打包/压缩的相关参数进行设置。“压缩文件名”设置生成的压缩包的文件名，可以通过“浏览”按钮设置压缩包的保存位置。“压缩文件格式”设置生成的压缩包格式。“压缩方式”设置压缩比例，可选“存储”、“最快”、“较快”、“标准”、“较好”和“最好”。“存储”选项是仅对所选文件完成打包操作，不会减小文件体积。“最快”、“较快”、“标准”、“较好”和“最好”除了能够对所选文件完成打包操作，还可以对文件进行压缩，减小文件体积。“最快”选项压缩率最低，打包速度最快，新生成的压缩包体积相对较大；“最好”选项压缩率最高，打包速度最慢，新生成的压缩包体积相对较小。“压缩为分卷，大小”可将生成的压缩包分成多个文件，每个分卷的大小是在该选项中设置的值。对分卷压缩包的解压缩，必须将所有分卷全部放在同一个目录下，才能够完成解压缩。

图 8-5-1 “WinRAR”主界面

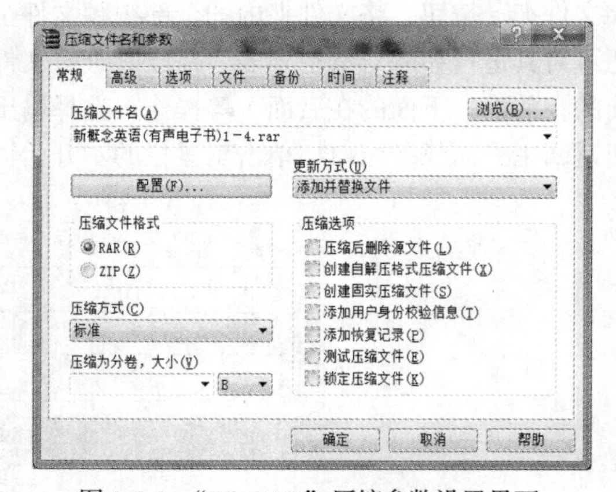

图 8-5-2 “WinRAR”压缩参数设置界面

2. 文件解压缩

运行“WinRAR”，其主界面如图 8-5-3 所示，在下方的文件浏览界面找到需要解压缩的文件，然后单击“解压到”按钮。

在弹出的新窗口的“常规”选项卡中（见图 8-5-4），可以对解压缩的相关参数进行设置。解压后的文件的保存位置可以在“目标路径”中设置，也可以在右侧的树形文件结构中选择。

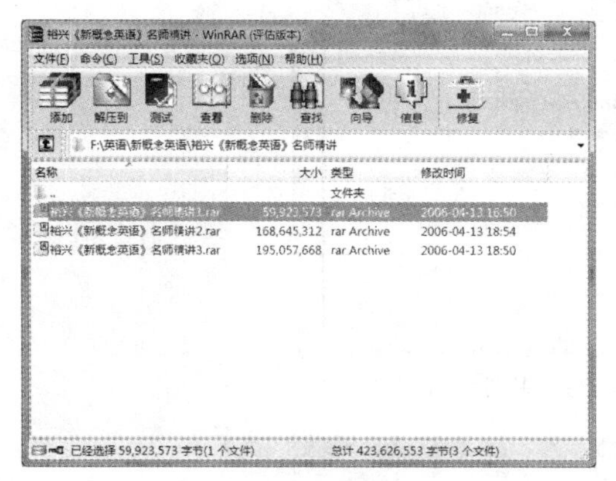

图 8-5-3　“WinRAR”主界面

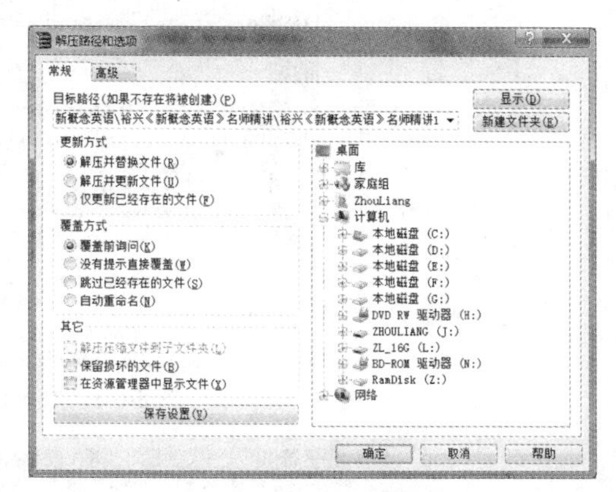

图 8-5-4　“WinRAR”解压缩参数设置界面

8.5.2　其他系统备份还原工具

1．7-Zip

7-Zip 是免费开源的压缩/解压缩工具，支持多种操作系统，包括 Windows、Linux、Mac OS、FreeBSD、Solaris 等，支持多种压缩格式，压缩效率较高。

2．2345 好压

2345 好压是国产免费的压缩/解压缩工具，具有多核引擎、智能极速、兼容性好和个性化扩展等特点。

8.6　阅读翻译工具

8.6.1　阅读工具

常见的电子文档有 PDF、CAJ、PDG 等格式，阅读这些格式的电子文档需要使用专门的阅读工具。

1．PDF 文档

PDF（Portable Document Format）文件格式是 Adobe 公司开发的电子文件格式。这种文件格式与操作系统平台无关，这一特点使它成为在 Internet 上进行电子文档发行和数字化信息传播的理想文档格式。越来越多的电子图书、产品说明、公司文告、网络资料、电子邮件都开始使用 PDF 格式文件，PDF 格式文件目前已成为数字化信息事实上的一个工业标准。常用的 PDF 阅读工具“Foxit Reader”界面如图 8-6-1 所示，“Foxit Reader”软件安装完成后会自动将其设为默认的 PDF 文件打开工具，需要阅读某个 PDF 文档时，只需双击相应的 PDF 文件即可。

2．CAJ 文档

CAJ（Chinese Academic Journal）是清华同方公司推出的文件格式，中国期刊网提供这种文件格式的期刊全文下载，可以使用 CAJ Viewer 在本机阅读和打印通过“全文数据库”获得的 CAJ 文件。图 8-6-2 所示为“CAJ Viewer”软件界面，该软件支持阅读中国期刊网的 CAJ、NH 和 KDH 格式的文件。

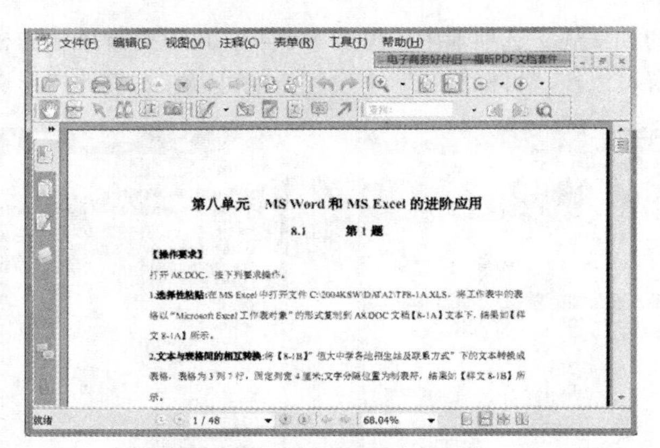
图 8-6-1 “Foxit Reader”软件界面

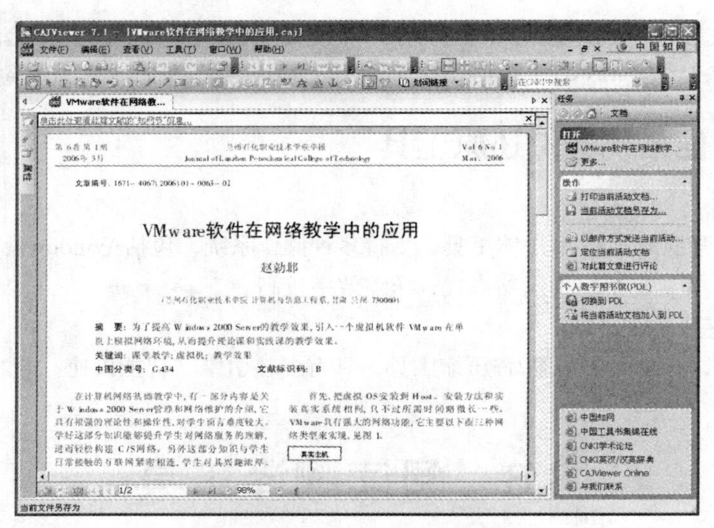
图 8-6-2 “CAJ Viewer”软件界面

3. PDG 文档

PDG（图文资料数字化）格式是超星公司推出的一种图像存储格式，具有多层 TIFF 格式的优点，由于采用了独有的小波变换算法，图像压缩比很高。超星公司将 PDG 格式作为其数字图书馆浏览器的专有格式。超星公司推出的“SSReader”软件是 PDG 格式文档的专用阅读工具。图 8-6-3 所示为“SSReader”软件界面。

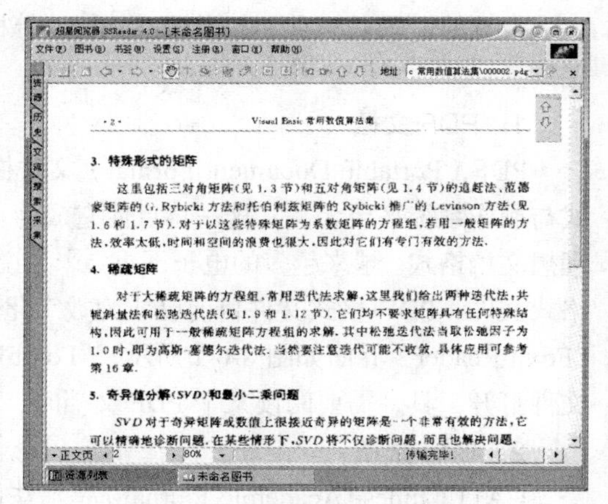
图 8-6-3 “SSReader”软件界面

8.6.2 翻译工具

翻译工具能够进行多种语言的词句查询和翻译。下面以“有道词典”软件为例，来说明翻译工具的功能和使用方法。

1. “有道词典”简介

“有道词典”是网易公司推出的多平台翻译工具。“有道词典”收录了《21 世纪大英汉词典》

及《新汉英大辞典》，本地词库覆盖范围广；提供标准英文语音朗读示范；提供手写输入，轻松实现中、日、韩、英 4 种语言的输入查询；收录《现代汉语大词典》，实现汉语成语、生僻字的直观释义。图 8-6-4 所示为“有道词典”翻译工具主界面。

“有道词典”支持汉英、汉法、汉日、汉韩互译，默认进行汉英互译，在软件主界面的查询输入框中输入需要查询的词句，即可完成查询操作，查询之后可查看相应词句的释义、例句和百科资料。

2. 取词查询

“有道词典”支持鼠标悬停取词查询。首先在图 8-6-4 所示的界面中勾选“取词”选项，然后如图 8-6-5 所示，将鼠标指针悬停在需要查询的内容上，“有道词典”会自动识别单词，并出现单词的释义，“取词查询”功能只能进行单词查询。

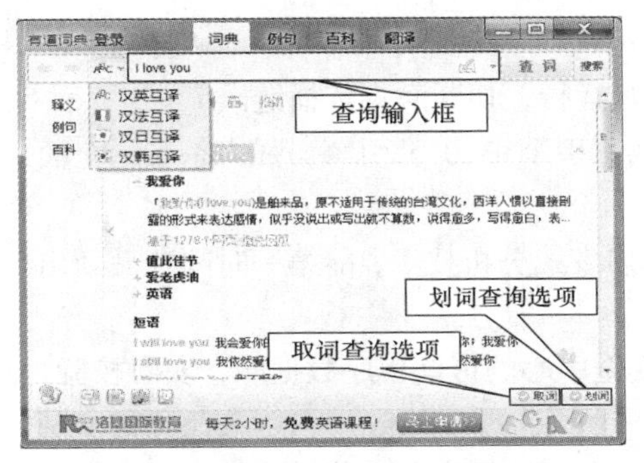

图 8-6-4　“有道词典”软件界面

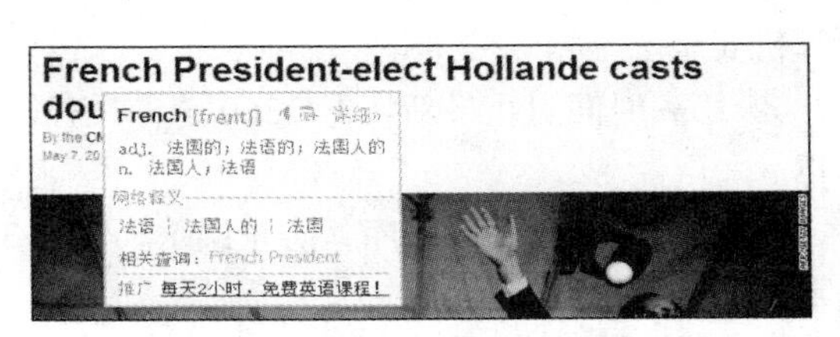

图 8-6-5　“有道词典”取词查询

3. 划词查询

“有道词典”支持鼠标划词查询，可以进行多词查询。首先在图 8-6-4 所示的界面中勾选“划词”选项，然后如图 8-6-6 所示，用鼠标选中需要查询的内容，选中后会在被选中内容的旁边出现有道词典的图标，将鼠标指针移动到有道词典图标上，就会出现选中内容的释义。

4. 段落翻译

“有道词典”支持段落翻译。首先在图 8-6-4 所示的界面中选中“翻译”选项卡，然后如图 8-6-7 所示，在界面上半部分的输入框中输入需要翻译的段落，单击“翻译”按钮，就会在下半部分的显示框中出现段落的翻译内容。

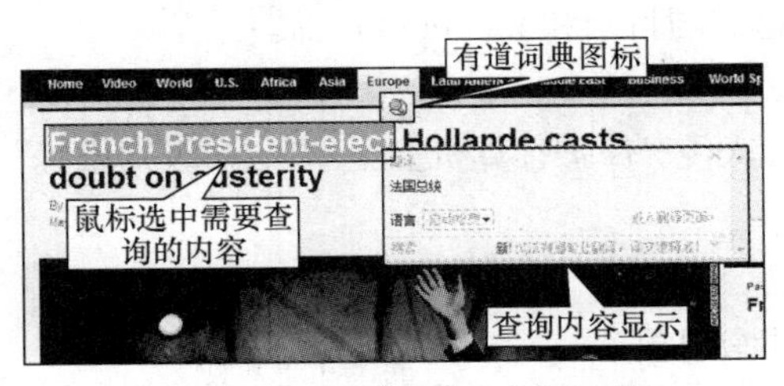

图 8-6-6　“有道词典”划词查询

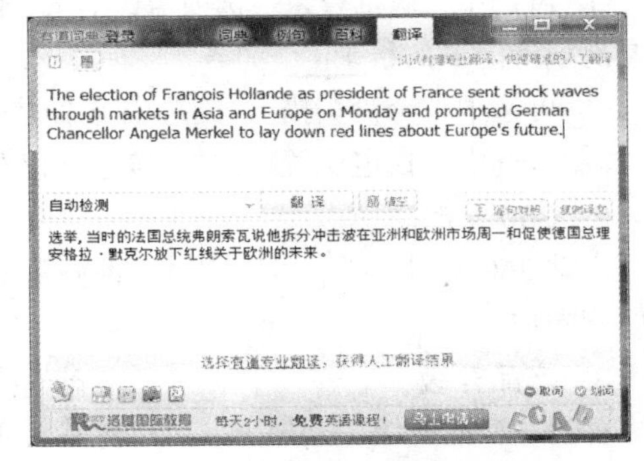

图 8-6-7　“有道词典”段落翻译

5. 其他翻译工具

（1）微软必应词典

微软必应词典是由微软公司推出的在线词典软件，它依托必应搜索引擎，能够及时发现并收录网络新兴词汇，提供近音词搜索、近义词比较、拼音搜索、搭配建议等功能。

（2）灵格斯词霸

灵格斯词霸拥有丰富的专业词库，支持24种语言的全文翻译和80种语言的互查、互译，通过创新的划词技术，将屏幕取词、词典查询和智能翻译融为一体。

8.7 杀毒软件的使用

8.7.1 360杀毒及360安全卫士简介

360杀毒软件具有以下特点。

① 全面防御U盘病毒。第一时间阻止病毒从U盘运行，切断病毒传播链。

② 领先双引擎，强力杀毒。国际领先的常规反病毒引擎+360 云引擎，强力杀毒，全面保护计算机安全。

③ 第一时间阻止最新病毒。360杀毒具有领先的启发式分析技术，能第一时间拦截新出现的病毒。

④ 独有可信程序数据库，防止误杀。依托360安全中心的可信程序数据库，实时校验，360杀毒的误杀率极低。

⑤ 快速升级，及时获得最新防护能力。每日多次升级，让用户及时获得最新病毒库及病毒防护能力。

⑥ 完全免费。再也不用为收费烦恼，完全摆脱激活码的束缚。

8.7.2 360杀毒软件的基本操作

启动360杀毒软件，主界面中包括“病毒查杀”、“实时防护”、“产品升级”等内容。

1. 病毒查杀

病毒查杀能提供快速扫描、全盘扫描以及指定位置扫描方式。

操作步骤如下。

① 可选中“病毒查杀”选项卡，单击“快速扫描”选项，该选项仅扫描计算机的关键目录和极易有病毒隐藏的目录。

② 可选中“全盘扫描”，该选项查杀所有分区上的病毒。

③ 可选中“指定位置扫描”，该选项仅对用户指定的目录和文件进行扫描。

2. 360实时防护

启动360实时保护，可以实时监控病毒、木马的入侵，保护计算机安全。“防护级别设置”选择中度防护。

3. 产品升级

单击“产品升级”选项卡，可以免费对360杀毒软件升级。

8.7.3 360安全卫士的基本操作

360安全卫士在启动后，界面上有8个按钮，分别是电脑体检、木马查杀、系统修复、电脑清理、优化加速、电脑救援、手机助手、软件管家，如图8-7-1所示。

1. 电脑体检

“电脑体检”按钮对应 5 个步骤，分别是故障检测、垃圾检测、速度检测、安全检测、系统强化，如图 8-7-2 所示。

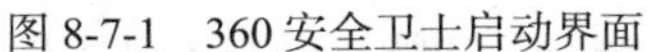

图 8-7-1　360 安全卫士启动界面

图 8-7-2　360 安全卫士“电脑体检”界面

① 360 电脑体检可以对电脑系统进行快速一键扫描，对木马病毒、系统漏洞、恶评插件等问题进行修复，并全面解决潜在的安全风险，提高电脑的运行速度。

② 木马查杀可以对系统的木马进行快速查杀。

③ 系统修复可以自动检测系统异常以及应用软件的漏洞，并从网上下载对应的补丁让电脑时刻保持健康。

④ 电脑清理可以清理使用者的使用痕迹也可以定期清理系统中无用的垃圾。

⑤ 优化加速可以分析你的系统，帮助优化开机启动的项目。

⑥ 电脑救援可以修复上网异常、电脑卡慢、视频声音、软件问题等。

⑦ 360 手机助手是 Android 智能手机的资源获取平台，提供海量的游戏、软件、音乐、小说、视频、图片，可以通过它轻松下载、安装、管理手机资源。

⑧ 软件管家里提供了多种实用工具，如图 8-7-3 所示。

图 8-7-3　360 安全卫士“软件管家”界面

2. 木马防火墙

进入“木马防火墙”页面，提供有系统防护、应用防护、设置、信任列表、阻止列表、查看历史 6 个选项卡功能。

3. 杀毒

进入“杀毒”页面，可进行“病毒查杀”、“实时防护”、“产品升级”等操作。

4. 网盾

单击“网盾”按钮启动网盾，包括上网保护、浏览器修复、下载安全、聊天保护、广告过滤、清理网址、拦截历史这 7 个功能。

5. 防盗号

防盗号需要安装 360 保险箱，单击“防盗号”按钮，启动防盗号，下载并安装 360 保险箱。

6. 软件管家

360 软件管家共有 7 个按钮，包括软件大全、软件升级、软件卸载、软件体检、应用宝库、手机必备、游戏中心。

8.7.4 其他常用杀毒软件

1. 金山毒霸杀毒软件

金山毒霸杀毒软件是金山公司推出的计算机安全产品，占用系统资源较少。其软件的组合版功能强大（金山毒霸 2013、金山网盾、金山卫士），集杀毒、监控、防木马、防漏洞为一体，是一款具有市场竞争力的杀毒软件。

2. 瑞星杀毒软件

瑞星杀毒软件的监控能力是十分强大的，但同时占用系统资源较大。瑞星拥有后台查杀、断点续杀、异步杀毒处理、空闲时段查杀、嵌入式查杀、开机查杀等功能；具有木马入侵拦截和木马行为防御，基于病毒行为的防护，可以阻止未知病毒的破坏；还可以对计算机进行体检，帮助用户发现安全隐患；具有工作模式的选择，家庭模式为用户自动处理安全问题，专业模式下用户拥有对安全事件的处理权。

3. 江民杀毒软件

江民杀毒软件是一款老牌的杀毒软件。它具有良好的监控系统，独特的主动防御使不少病毒望而却步。

8.8 系统软件的使用

8.8.1 驱动精灵

驱动精灵是一种万能驱动程序，它可以完成任何驱动程序的安装与升级。

1. 基本状态

利用先进的硬件检测技术，配合驱动之家近十年的驱动数据库积累，驱动精灵能够智能识别计算机硬件，匹配相应驱动程序并提供快速的下载与安装。图 8-8-1 所示为打开驱动精灵检测时的界面。

图 8-8-1 “基本状态”界面

2. 驱动程序

对于很难在网上找到驱动程序的设备，不提供驱动光盘的“品牌电脑”，驱动精灵的驱动备份技术可完美实现驱动程序备份过程。硬件驱动可被备份为独立的文件、Zip 压缩包、自解压程序或自动安装程序，系统重装不再发愁。还可以通过驱动精灵的驱动还原管理界面进行驱动程序还原。“驱动程序”界面如图 8-8-2 所示。

3. 系统补丁

驱动精灵不仅可以找到驱动程序，还提供流行系统所需的常用补丁包，如 DirectX、IE 9、Framework 等应用程序，也可以通过驱动精灵快速找到下载。系统重装之后可以迅捷完成这些补丁与功能模块的安装，快速重返工作或游戏战场。“系统补丁”界面如图 8-8-3 所示。

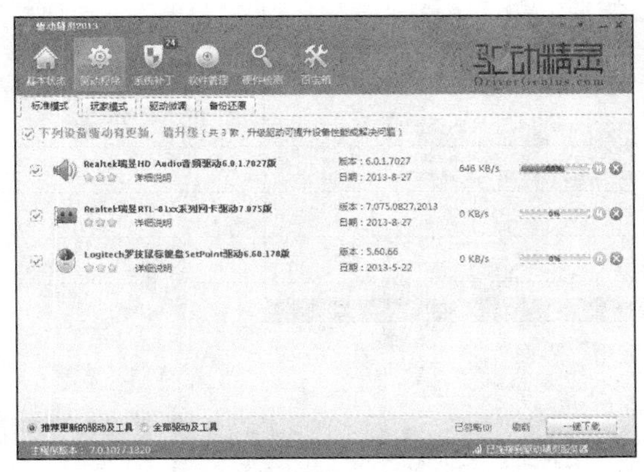

图 8-8-2 “驱动程序”界面

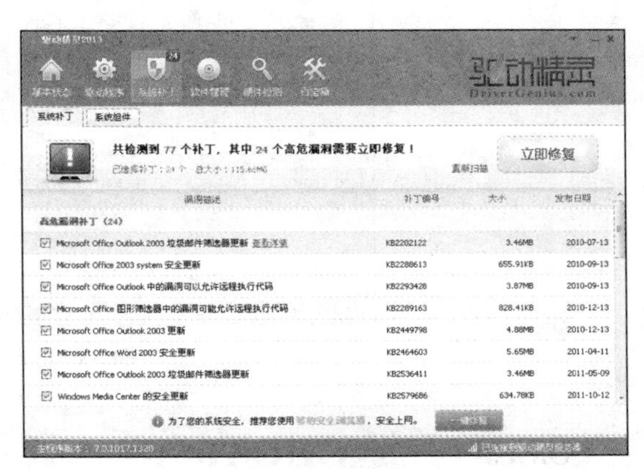

图 8-8-3 “系统补丁”界面

4. 软件管理

软件管理包括了用户常用的多类软件，用户可以通过此功能快速下载和安装各类应用，也可以对已安装的软件进行快速管理。“软件管理”界面如图 8-8-4 所示。

5. 硬件检测

硬件的侦测功能、配置一目了然。“硬件检测”界面如图 8-8-5 所示。

图 8-8-4 “软件管理”界面

图 8-8-5 “硬件检测”界面

6. 百宝箱

百宝箱功能更加强大，包括网卡驱动、驱动微调、驱动备份、浏览器设置、数据恢复、网络加速等一系列非常实用的功能。“百宝箱”界面如图 8-8-6 所示。

驱动精灵是一款集驱动管理和硬件检测于一体的、专业级的驱动管理和维护工具。驱动精灵为用户提供驱动备份、恢复、安装、删除、在线更新等实用功能，是一款非常实用而且方便的系统软件。类似于驱动精灵的软件还有鲁大师以及 Windows 优化大师等。

图 8-8-6 “百宝箱”界面

8.8.2 一键 GHOST

一键 GHOST 是“DOS 之家”首创的 4 种版本（硬盘版/光盘版/优盘版/软盘版）同步发布的启动盘，适应各种用户需要，既可独立使用，又能相互配合。其主要功能包括：一键备份系统、一键恢复系统、中文向导、GHOST、DOS 工具箱。下面将对硬盘版做详细介绍。

1. 一键备份

一键 GHOST 只需按一个键，就能实现全自动无人值守操作，一键装机。一键 GHOST 是一款人性化、设计专业、操作简便，硬盘版能在 Win32(64)下对任意分区进行一键备份。“一键备份”界面如图 8-8-7 所示。

2. 一键恢复

一键还原系统同样也可在 Windows 界面下完成。选择“一键恢复系统”（见图 8-8-8），软件会自动寻找之前备份好的一键映像（c_pan.gho）对系统进行还原安装。操作之前会有贴心提示如图 8-8-9 所示。

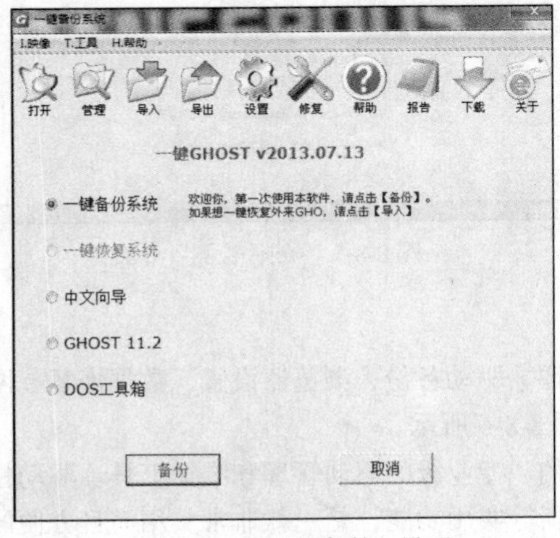

图 8-8-7 “一键备份”界面

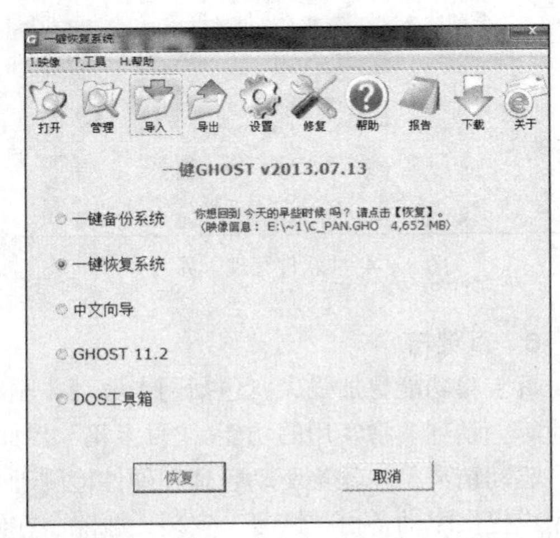

图 8-8-8 “一键恢复系统”界面

3. 其他功能

由于一键映像（c_pan.gho）是受特殊保护的，所以禁止一般用户在资源管理器里对其本身进行直接操作，但为了高级用户或管理员便于对映像进行管理，因此提供专门菜单。

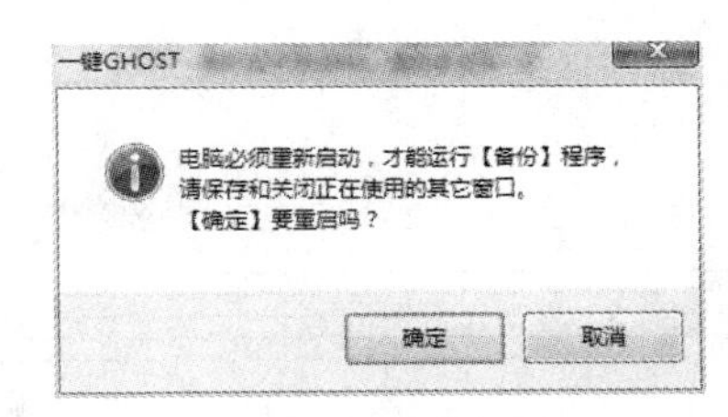

图 8-8-9　操作提示

① 打开：如果默认映像存在则用 GHOSTEXP 打开它以用于编辑 GHO，如添加、删除、提取 GHO 里的文件。

② 保护：去掉或加上防删属性（仅最后分区为 NTFS 时有效），如单击“是”即可永久性的解除保护，以便于直接“管理”（限管理员使用）。

③ 管理：在资源管理器里直接对默认 GHO 进行直接操作，如手动导入、导出、移动或删除等操作（限管理员使用）。

④ 导入：将外来的 GHO 复制或移动到～1 文件夹中，一般用于免刻录安装系统。例如，将下载的通用 GHO 或同型号其他计算机的 GHO 复制到～1 里（文件名必须改为 c_pan.gho）。

⑤ 导出：将一键映像复制（另存）到其他地方。例如，将本机的 GHO 复制到 U 盘等移动设备，为其他同型号计算机“导入”所用，以达到共享的目的。

⑥ 移动：将一键映像移动到其他地方。例如，再次一键备份时不想覆盖原来的 GHO，可将前一次的 GHO 转移到其他位置。

⑦ 删除：将一键映像删除，一般不常用。

习　题

1. 列举出两个常用压缩软件的名称。
2. 常用的媒体播放工具有哪些？其特点分别是什么？
3. 请使用 ACDSee 对图片进行浏览和编辑操作。
4. 常用的音频素材获取的方法有哪些？
5. 常用的图像素材获取的方法有哪些？
6. 使用 SnagIt 可以进行哪些对象的捕获？
7. WinRAR 具有哪些主要的功能？其具有什么优点？
8. 什么是 PDF？什么是 Adobe Acrobat Reader？其主要功能是什么？
9. 使用驱动精灵进行驱动安装和备份的前提是什么？请总结使用过程中的注意事项。

第9章 数据库 Access 2010

随着信息社会的飞速发展，在社会生活的各个领域中，每天都要进行大量的数据处理工作，大型的数据库管理系统在处理巨量的数据中发挥着极大的作用。

但是，在很多行业中，大量用户所面临更多的数据处理的特点是：数据量小，需要处理的问题又多种多样，使用大型数据库软件投资成本高，得不偿失。有时请专业人员开发自己行业需要的数据库又往往难于满足需要，那么有没有一种既能满足普通用户，而且简单易学的数据库系统工具呢？答案是肯定的，那就是 Access 2010。

9.1 认识 Access 2010

数据库是存放数据的地方，是以一定的组织方式将相关的数据组织在一起形成的。Access 是一个专门管理“数据库”的软件，即数据库管理系统（Date Base Management System，DBMS）。Access 2010 是 Microsoft 办公软件包 Office 2010 的一部分。

一个数据库可以包含多个表。数据库将自身的表与窗体、报表、宏、模块等一起存储在单个数据库文件中。Access 2010 是一个面向对象的、采用事件驱动的新型关系型数据库管理系统。以 Access 2010 格式创建的数据库文件扩展名为.accdb，之前的版本创建的数据库文件扩展名为.mdf。

Access 2010 提供了表生成器、查询生成器、宏生成器、报表设计器等许多可视化的操作工具，以及数据库向导、表向导、查询向导、窗体向导、报表向导等多种向导，可以使用户很方便地构建一个功能完善的数据库系统。

9.1.1 Access 2010 的界面

Access 2010 的用户界面，如图 9-1-1 所示，主要元素包括以下部分。

1．可用模板页

启动 Access 2010 后，启动界面上就可以看到可用模板，在 Backstage 视图的中间窗格中是各种数据库模板。选择“样本模板”选项，可以显示当前 Access 2010 系统中所有的样本模板，如图 9-1-2 所示。

Access 2010 提供的每个模板都是一个完整的应用程序，具有预先建立好的表、窗体、报表、查询、宏、表关系等。如果模板设计满足需要，则通过模板建立数据库以后，便可以立即利用数据库开始工作；否则，可以使用模板作为基础，对所建立的数据库进行修改，创建符合需求的数据库。

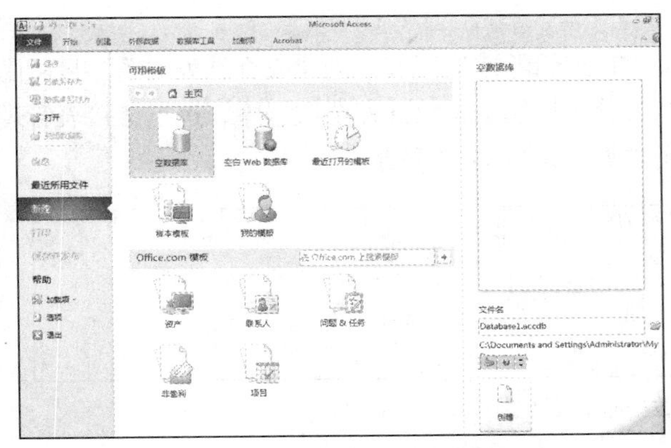

图 9-1-1　Access 2010 的用户界面

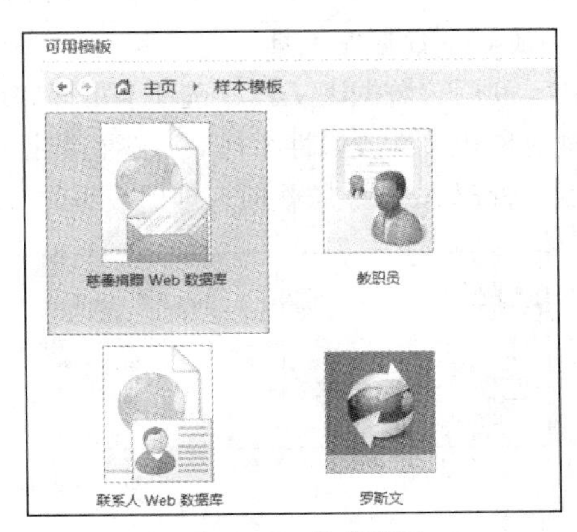

图 9-1-2　样本模板

2. 功能区

功能区提供了 Access 2010 中主要的命令界面，其中有 4 个选项卡，分别为“开始”、“创建”、“外部数据”和“数据库工具”，每个选项卡下，都有不同的操作工具。

（1）“开始”选项卡

从“开始”选项卡中可以选择不同的视图、从剪切板复制和粘贴、设置当前的字体格式、设置当前的字体对齐方式、对备注字段应用 RTF 格式、操作数据记录、对记录进行排序和筛选、查找记录，如图 9-1-3 所示。

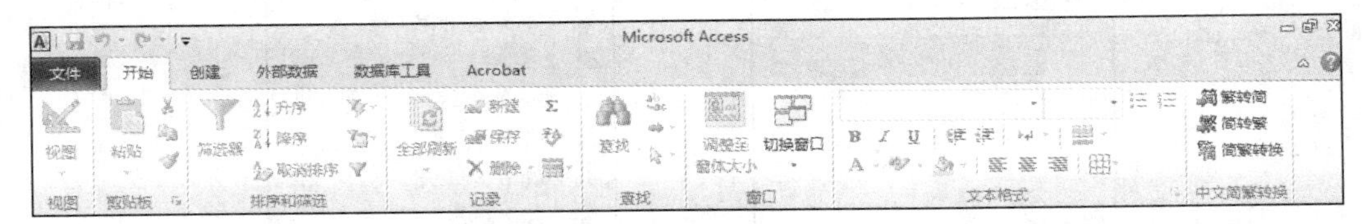

图 9-1-3　“开始”选项卡

（2）“创建”选项卡

利用“创建”选项卡可以创建数据表、窗体、查询等各种数据库对象，如图 9-1-4 所示。

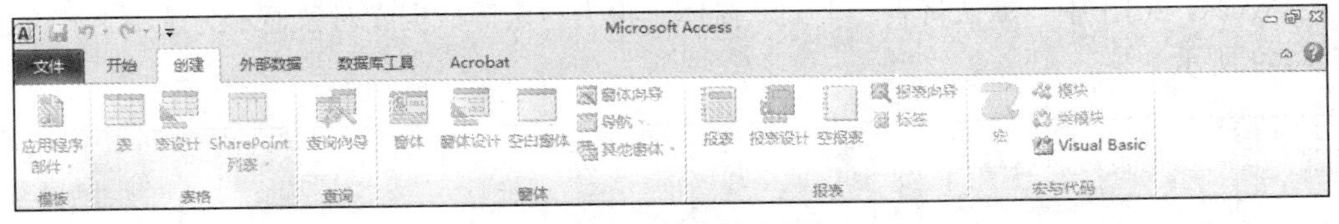

图 9-1-4　“创建”选项卡

（3）“外部数据”选项卡

利用“外部数据”选项卡可以完成导入和链接到外部数据、导出数据、通过电子邮件收集和更新数据、使用联机 SharePoint 列表、将数据库移至 SharePoint 网站，如图 9-1-5 所示。

图 9-1-5　“外部数据”选项卡

（4）“数据库工具”选项卡

利用“数据库工具”选项卡可以完成启动 VB 编辑器或运行宏、创建或查看表关系、显示隐藏对象相关性或属性工作表、运行数据库文档或分析性能、将数据移至数据库、运行链接表管理器、管理 Access 加载项、创建或编辑 VBA 模块等，如图 9-1-6 所示。

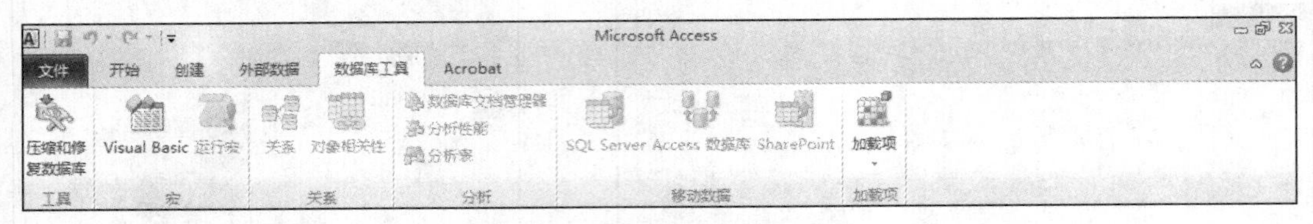

图 9-1-6 “数据库工具”选项卡

3. 导航窗格

导航窗格区域位于窗口左侧，用以显示当前数据库中各种数据库对象。导航窗格取代了 Access 早期版本中的数据库窗口，如图 9-1-7 所示。单击导航窗格右上方的小箭头，弹出“浏览类别”菜单，从中选择查看对象的方式，如图 9-1-8 所示。

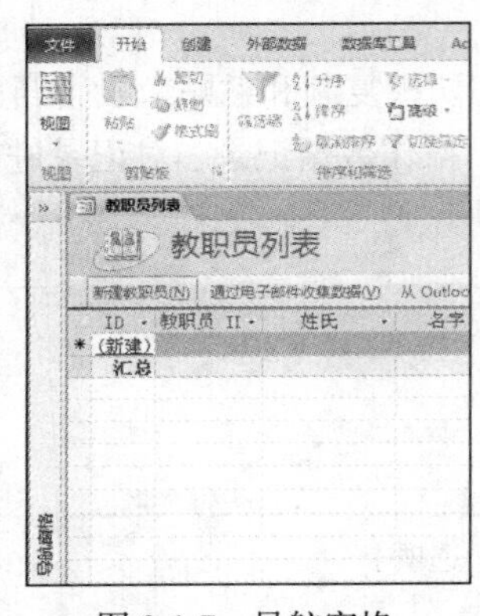

图 9-1-7 导航窗格

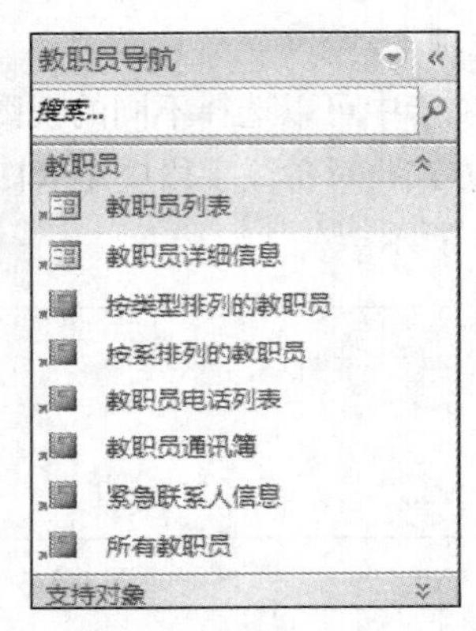

图 9-1-8 查看对象

4. 选项卡式文档

在 Access 2010 中，默认将表、查询、窗体、报表、宏等数据库对象显示为选项卡式文档，如图 9-1-9 所示。

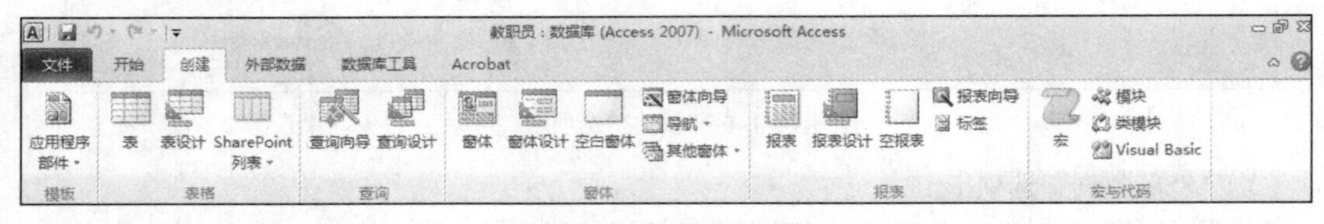

图 9-1-9 选项卡式文档

5. 状态栏

“状态栏”位于窗口底部，用于显示状态信息，还包含用于切换视图的按钮。

6. 微型工具栏

在 Access 2010 中，可以使用微型工具栏轻松设置文本格式，如图 9-1-10 所示。用户选择要设置格式的文本后，微型工具栏会自动出现在所选文本的上方。如果将鼠标指针靠近微型工具栏，则微型工具栏会渐渐淡入，用户可以用它来加粗、倾斜、选择字号、颜色等。如果将鼠标指针移开，则微型工具栏会渐渐淡出。如果不想使用微型工具栏设置格式，只需将指针移开一段距离，微型工具栏即会自动消失。

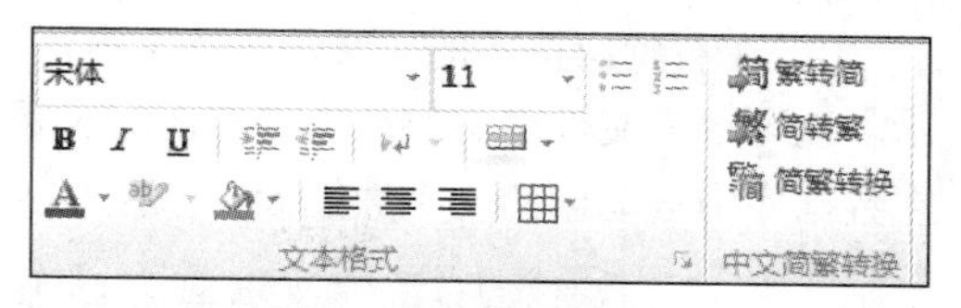

图 9-1-10　微型工具栏

7. 样式库

"样式库"控件专为使用"功能区"而设计，不仅可显示命令，还可以显示使用这些命令的结果，为用户提供一种可视方式，以便浏览和查看 Access 2010 执行的操作结果。

9.1.2　Access 的六大对象

Access 数据库包括数据表、查询、窗体、报表、宏和模块六大对象。

- 表：表包括字段和记录，与 Excel 工作表作用类似，主要用于存放数据。字段中存放一种类型的数据，记录由相互关联的数据项构成，每个数据项都用于存储特定字段的信息。
- 查询：查询是在数据库中查找符合条件的记录数据，Access 和其他数据库软件不同的是，它可以将查询条件保存在数据库内，以后只要查询条件相同就可以执行已有的查询。
- 窗体：窗体是显示在屏幕上的画面，其功能在于建立一个可以查询、输入、修改、删除数据的操作界面，以便用户在友好的界面下编辑或查阅数据。通过窗体可以打开数据库中其他窗体和报表，还可以在窗体和窗体的数据来源之间创建链接。
- 报表：报表是以打印格式展示数据的一种有效方式。报表上所有内容的大小和外观都可以控制。
- 宏：宏是执行指定任务的一个或多个操作的集合，利用宏可以自动完成某些常用的操作。
- 模块：模块是用语言编写的程序。Access 提供了 VBA 程序命令，可以控制细微或较复杂的操作。

新版的 Access 2010 不再支持数据库访问页对象。如果希望在 Web 上部署数据输入窗体并在 Access 中存储所生成的数据，需要将数据库部署到 Microsoft Windows SharePoint Service 3.0 服务器上，使用 Windows SharePoint Service 提供的工具实现所要求的目标。

9.2　数据库与表操作

Access 2010 是功能强大的关系数据库管理系统，可以组织、存储并管理任何类型和任意数量的信息。为了了解和掌握 Access 2010 组织和存储信息的方法，本节将详细介绍 Access 2010 数据库和表的基本操作，包括数据库的创建、表的建立、表的编辑等内容。

9.2.1　数据库的创建与使用

创建数据库的方法有两种：创建空数据库和利用模板创建数据库。

1. 创建空数据库

先创建一个空数据库，然后再向其中添加表、查询、窗体、报表等对象，这种方法很灵活，但是需要分别定义每一个数据库元素。

创建空数据库的操作步骤如下。

① 启动 Access 2010 程序，进入 Backstage 视图，在左侧导航窗格中选择"新建"命令，然后在中间窗格中单击"空数据库"选项，如图 9-2-1 所示。

② 在右侧窗格中的“文件名”文本框中输入数据库名称，单击“创建”按钮，如图 9-2-2 所示。也可单击文件名右侧的文件夹图标，重新选择文件的存放位置，完成创建空白数据库，同时在数据库中自动创建一个数据表，如图 9-2-3 所示。

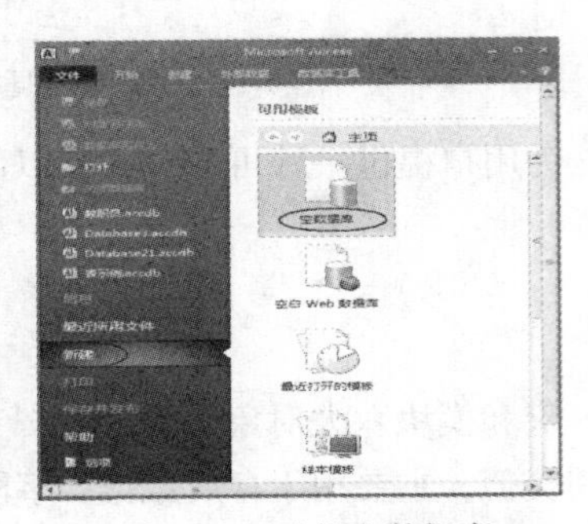
图 9-2-1 选择空数据库

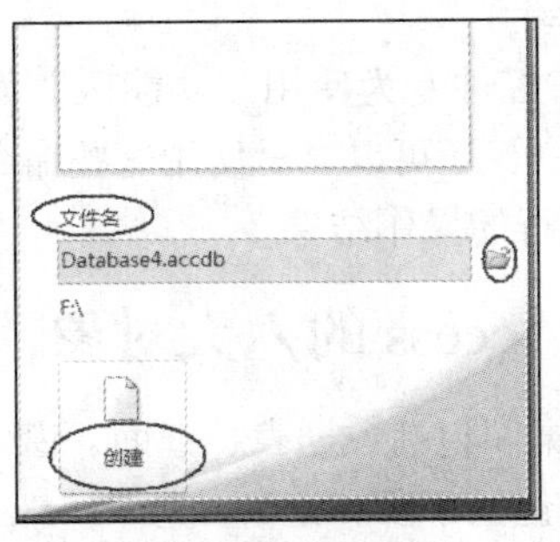

图 9-2-2 新建数据库

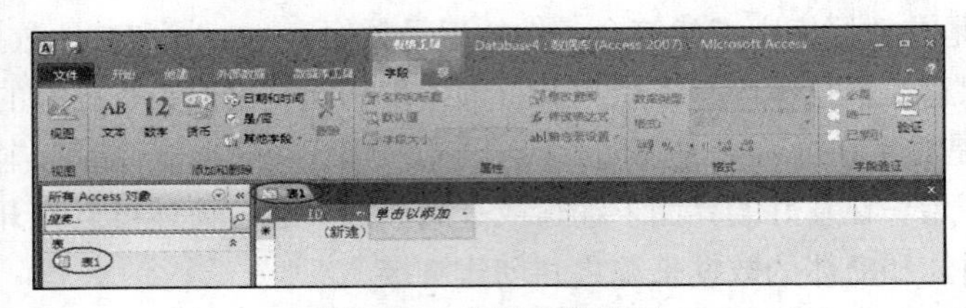
图 9-2-3 创建空数据库

2. 利用模板创建数据库

利用模板创建数据库的操作步骤如下。

① 启动 Access 2010 程序，单击“样本模板”选项，从列出的 12 个模板中选择需要的模板，如选择“教职员”模板，如图 9-2-4 所示。

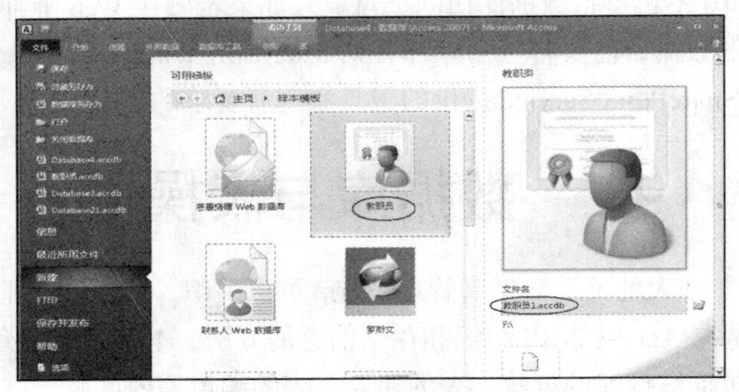
图 9-2-4 创建“教职员”数据库

② 在屏幕右下方弹出的“数据库名称”中输入数据库文件名，单击“创建”按钮，即完成数据库的创建。

注意

通过数据库模板可以创建专业的数据库系统，但是这些系统有时不太符合要求，因此可以先利用模板生成一个数据库，然后再修改。

3. 数据库的打开、保存与关闭

（1）打开数据库

- 单击窗口左上方的“文件”标签，在打开的 Backstage 视图中选择“打开”命令，选择要打开的数据库文件，如图 9-2-5 所示，单击 “打开” 按钮。

- 也可按 Ctrl+O 组合键，直接打开一个数据库。

（2）保存数据库

- 单击“文件”标签，在打开的 Backstage 视图中选择“保存”命令。弹出“Microsoft Access”对话框，提示保存数据库前必须关闭所有打开对象，单击 “是” 按钮即可。

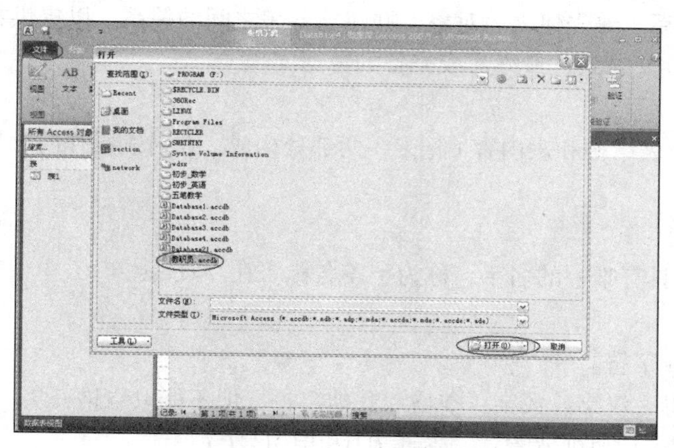

图 9-2-5　打开数据库

- 或者选择“数据库另存为”命令，可更改数据库的保存位置和文件名。

（3）关闭数据库

完成数据库的保存并不使用数据库时，可以关闭数据库。

- 单击 “数据库” 窗口右上角的 “关闭” 按钮。
- 或单击“文件”标签，在打开的 Backstage 视图中选择“关闭数据库” 命令，如图 9-2-6 所示，即可关闭数据库。

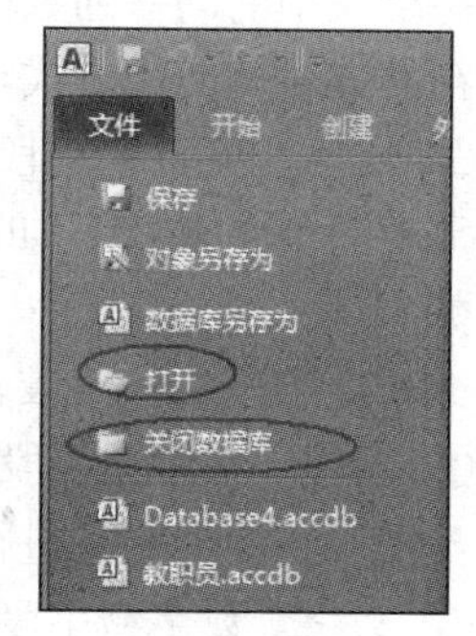

图 9-2-6　关闭数据库

4. 备份数据库

对数据库进行备份是最常用的安全措施。下面以“xsgl.accdb”数据库为例介绍备份数据库的操作步骤。

① 打开 “xsgl.accdb” 数据库，单击 “文件” 标签，在打开的 Backstage 视图中选择 “保存并发布” 命令，选择 “备份数据库” 选项，如图 9-2-7 所示。

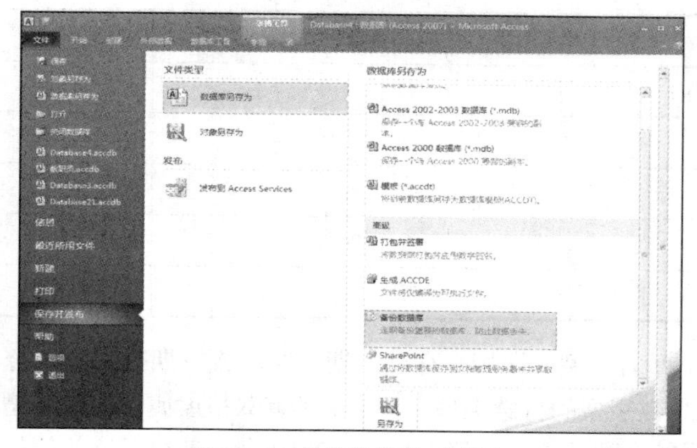

图 9-2-7　备份数据库_步骤一

② 系统弹出“另存为”对话框，默认的数据库文件名为“数据库名+备份日期”。

③ 单击“保存”按钮，即完成备份数据库。

9.2.2 表的建立

表是 Access 2010 数据库的基础，是存储和管理数据的对象，也是数据库其他对象的操作依据。在空数据库建好后，要先建立表对象，并建立各表之间的关系，以提供数据的存储架构，然后逐步创建 Access 2010 对象，最终形成完备的数据库。

1. 表的组成

Access 2010 表由表结构和表内容（记录）两部分构成。在对表操作时，是对表结构和表内容分别进行的。

（1）字段名称

表的每个字段应具有唯一的名字，称为字段名称。在 Access 2010 中，字段名称的命名规则如下。

① 长度为 1～64 字符。

② 可以包含字母、汉字、数字、空格和其他字符，但不能以空格开头。

③ 不能包含句点(.)、惊叹号(!)、方括号([])和单引号(‘)。

（2）数据类型

一个表中的同一列数据应具有相同的数据特征，称为字段的数据类型。数据的类型决定了数据的存储方式和使用方式。Access 2010 的数据类型有以下几种。

① 文本。文本型字段可以保存文本或文本与数字的组合，如学号、姓名、住址等。也可以是不需要计算的数字，如电话号码、邮政编码。设置“字段大小”属性可控制能输入的最大字符个数。

文本型字段的取值最多可达到 255 个字符，如果取值的字符个数超过了 255，可使用备注型。

② 备注。备注型字段可保存较长的文本，允许存储的最多字符个数为 64 000，如特长、奖惩等。不能对备注型字段进行排序和索引。

③ 数字。数字型字段用来存储进行算术运算的数字数据，如年龄、身高、工资、成绩等。一般可以通过设置“字段大小”属性，定义一个特定的数字型。可以定义的数字型以及取值范围如表 9-2-1 所示。

表 9-2-1　　字段类型及取值范围

数字类型	小数位数	字段长度
字节	无	1 字节
整数	无	2 字节
长整数	无	4 字节
单精度数	7	4 字节
双精度	15	8 字节

④ 日期/时间。日期/时间型字段用来存储日期、时间或日期时间的组合。

⑤ 货币。货币型是数字型的特殊类型，等价于具有双精度属性的数字型。向货币型字段输入数据时，不必输入美元符号和千位分隔符，Access 2010 会自动显示这些符号，并在此类型的字段

中添加两位小数。

⑥ 自动编号。自动编号类型比较特殊，每次向表中添加新记录时，Access 2010 会自动插入唯一顺序号，即在自动编号字段中指定某一数值。

需要注意的是，自动编号型一旦被指定，就会永久地与记录连接。如果删除了表中含有自动编号型字段的一条记录，Access 2010 并不会对表中自动编号型字段重新编号。当添加某一条记录时，Access 2010 不再使用已被删除的自动编号型字段的数值，而是按递增的规律重新赋值。还应注意，不能对自动编号型字段人为地指定数值或修改其数值，每个表只能包含一个自动编号型字段。

⑦ 是/否。是/否型，又常被称为布尔类型数据或逻辑型，是针对两个不用取值的字段而设置的，如性别、状态等数据。通过设置是/否型的格式特性，可以选择是/否型字段的显示形式，使其显示为 Yes/No、True/False 或 On/Off。

⑧ OLE 对象。OLE 对象是指字段允许单独地“连接”或“嵌入”OLE 对象，如照片、表格等。在窗体或报表中必须使用“结合对象框”来显示 OLE 对象。OLE 对象字段最大可为 1GB，它受磁盘空间限制。

⑨ 超级链接。超级链接型的字段是用来保存超级链接的。超级链接型字段包含作为超级链接地址的文本或以文本形式储存的字符与数字的组合，如网址等。

2. 建立表结构

建立表结构常用的两种方式，一种是使用“表”模板创建表，另一种是使用“表设计”创建表。

(1) 使用表模板创建表

对于常用的表格，如联系人、资产等信息，用表模板更加方便。下面以表模板创建“联系人”表为例说明其操作步骤。

① 新建一个空数据库，命名为“表示例”。

② 切换到“创建”选项卡，单击“表模板”按钮，在弹出的列表中选择“联系人”选项，如图 9-2-8 所示，这样就创建好了“联系人”表。

③ 单击左侧导航栏的“联系人”选项，即建立一个数据表，如图 9-2-9 所示，接着可以在表的“数据表视图”中完成数据记录的创建、删除等操作。

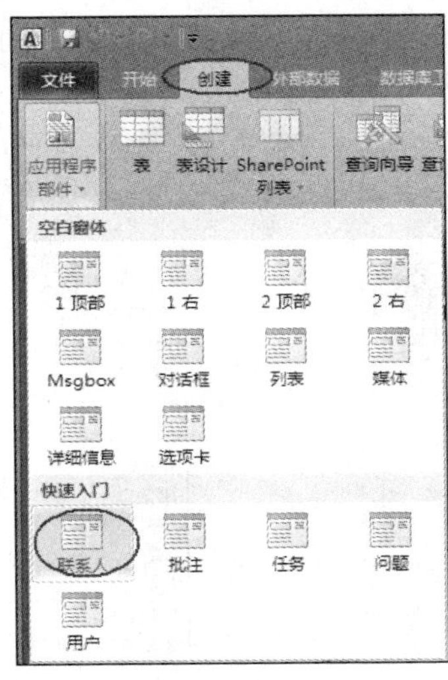

图 9-2-8 创建“联系人”表

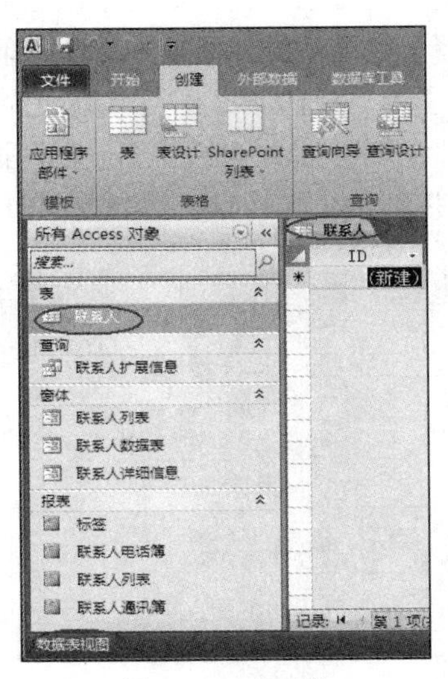

图 9-2-9 表操作

（2）使用表设计创建表

在表模板中提供的模板类型是非常有限的，而且运用模板创建的数据表不一定符合用户要求，必须进行修改。在更多的情况下，必须自己创建新表，这就需要用“表设计器”。用户需要在表的“设计视图”中完成表的设计与修改。

使用“设计视图”创建表主要是设置表的各种字段的属性，即创建表结构。表中数据记录要在“数据表视图”中输入。下面以创建“学生基本情况表”为例说明其操作步骤。

① 新建数据库“表示例”。

② 切换到“创建”选项卡，单击“表格”组中的“表设计”按钮，进入表设计视图，如图 9-2-10 所示。

图 9-2-10　表的设计视图

③ 在“字段名称”栏中输入字段的名称“学号”；在“数据类型”选择该字段的数据类型，这里选择“数字”选项；“说明”栏可根据需要输入，如图 9-2-11 所示。

④ 用同样的方法，输入其他字段名称，并设置相应的数据类型。

⑤ 选择要设为主键（能唯一标识一条记录的字段）的字段，在“设计”选项卡的“工具”组中，单击“主键”按钮，即可将其设为主键。

⑥ 在“常规”选项卡中可以定义字段的字段大小、格式、小数位数、输入掩码、标题、默认值、有效性规则、必需、索引等参数，如图 9-2-12 所示。

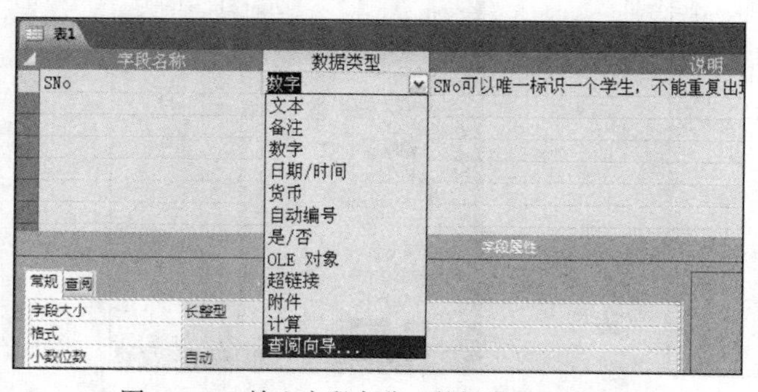

图 9-2-11　输入字段名称、数据类型和说明栏

常规	查阅
字段大小	长整型
格式	
小数位数	自动
输入掩码	
标题	
默认值	
有效性规则	
有效性文本	
必需	否
索引	无
智能标记	
文本对齐	常规

图 9-2-12　“常规”选项卡

“常规”选项卡中的属性根据字段数据类型的不同而不同，图 9-2-11 所示为“数字”数据类型的属性设置。其中，“格式”属性可以选择“常规数字”、“货币”、“欧元”、“固定”、“标准”、“百分比”、“科学计数”等。“掩码”用于限制用户输入数据的格式，如可以将邮政编码字段的掩码设置为 6 个 0，这样用户在邮政编码字段中只能输入连续的 6 个数字，不能输入非数字字符。“标题”就是要设置在数据表视图中显示的列名。“有效性规则”用于设置检查规则，例如，如果表中有“年龄”字段，可设置有效规则为“>=0 and <=120”。“必需”用于设置是否必需输入数据，如果选择“是”，则该字段输入值不允许为空。“索引”可以为表建立索引。

⑦ 将所有字段设置完，保存。

表结构定义完成后，可以在数据库窗口中看到已建立的表对象。

（3）设置多个表之间的关系

通常情况下，一个数据库中不会只有一张表，而是至少包含两张或更多的表。为了让多个表中的数据形成一个有机的整体，就需要在各个表之间建立一个种关系，这种关系是通过表的主键和外键建立的。

Access 2010 中表与表之间的关系可以分为一对一、一对多和多对多 3 种。

假设有表 A 和表 B 两个表，如果表 A 中的一条记录与表 B 中的一条记录相匹配，反之也是一样，那么这两个表存在一对一的关系。如果表 A 中的一条记录与表 B 中的多条记录相匹配，且表 B 中的一条记录只与表 A 中的一条记录相匹配，则这两个表存在一对多的关系。通常，在 Access 2010 中将一对多关系的一端表称为主表，将多端表称为相关表。

参照完整性是在输入或删除记录时，为维持表之间已定义的关系而必须遵循的规则。在定义表之间的关系时，应设立一些准则，这些准则将有助于数据的完整。

下面通过建立学生情况表和选课表之间的关系，说明建立外键的方法。具体操作如下。

① 新建数据库“学生管理”，从导航窗格中分别新建“学生信息表”和“选课表”。

其中，“学生信息表”中包括学号、姓名、性别、年龄、系别等字段，“选课表”中包括学号、课程号、课程名称字段。

② 单击“数据库工具”选项卡下的“关系”命令，如图 9-2-13 所示。

③ 系统弹出“显示表”对话框，如图 9-2-14 所示。

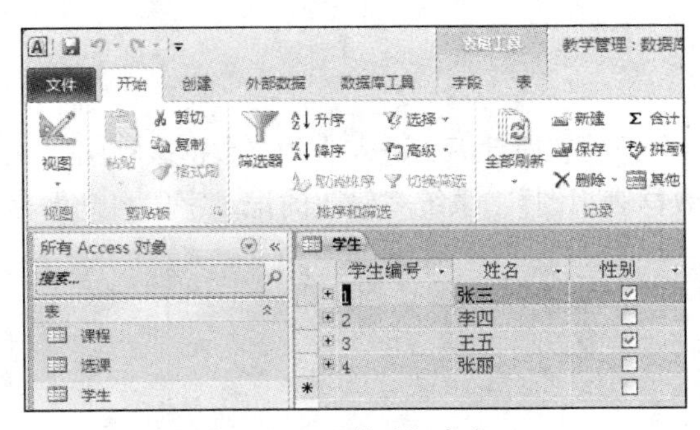

图 9-2-13　“关系”命令

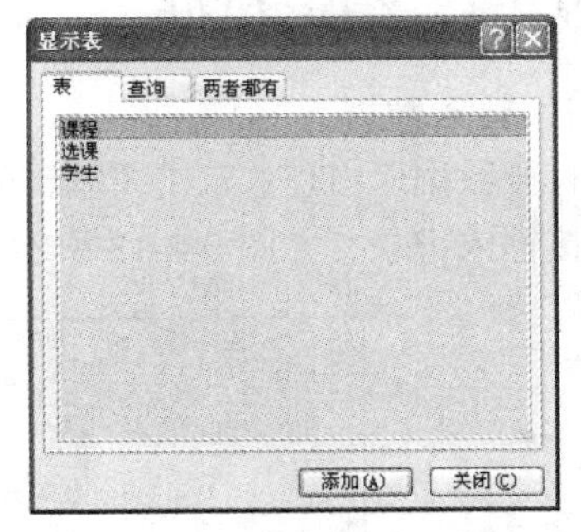

图 9-2-14　“显示表”对话框

④ 选择“学生信息表”，然后单击“添加”按钮，将该表添加到“关系管理器”中。用同样的方法将“选课表”添加到“关系管理器”中，如图 9-2-15 所示。

⑤ 将“学生信息表”中的“学号”字段用鼠标拖到“选课表”的“学号”字段处，松开鼠标

后，弹出“编辑关系”对话框，如图 9-2-16 所示，选中“实施参照完整性”和“级联删除相关记录”复选框，在该对话框的下端显示两个表的“关系类型”。

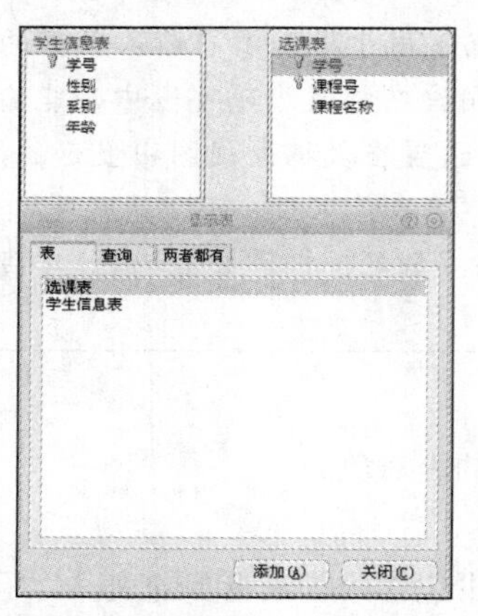

图 9-2-15　添加表至“关系管理器”中

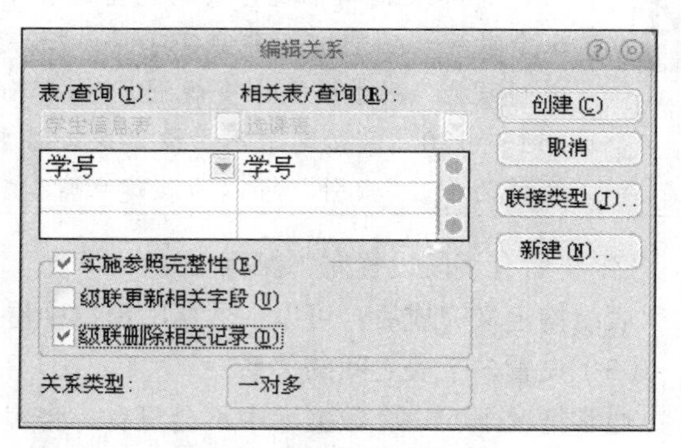

图 9-2-16　编辑关系窗口

⑥ 单击“创建”按钮，返回“关系管理器”，可以看到，在“关系”窗口中显示对应表之间的关系，如图 9-2-17 所示。

⑦ 单击“保存”按钮，保存已建立的联系。

如果以后需要修改表之间的关系，可以双击“关系”窗口中的关系连接线，在打开的“编辑关系”对话框中修改表间的关系。要删除关系，可以单击连接线，然后按 Delete 键。

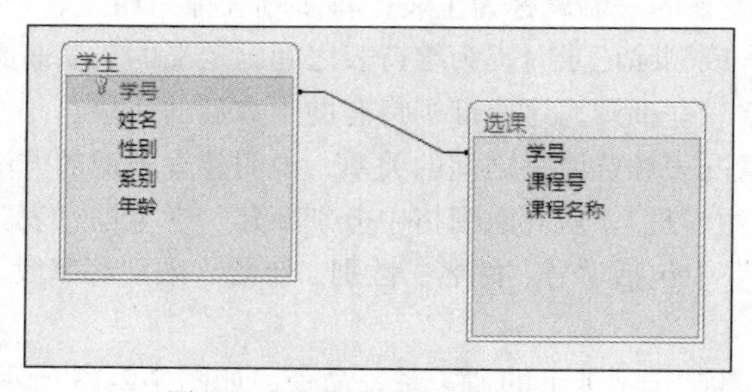

图 9-2-17　显示表之间关系窗口

9.2.3　编辑数据

1. 输入数据

打开数据库窗口，双击要编辑的数据表，在完成表设计后，进入表的“数据表视图”，在此可以直接输入记录，如图 9-2-18 所示。关闭“数据表视图”，系统将修改的记录字段自动保存。

	学生编号	姓名	性别	系别	年龄	单击以添加
	+ 1	张三	☑	计算机系	20	
	+ 2	李四	☐	外语系	22	
	+ 3	王五	☑	计算机系	18	
	+ 4	张丽	☐	外语系	22	
*			☐			

图 9-2-18　输入记录

2. 修改和删除记录

（1）添加记录

打开数据库窗口，双击要编辑的数据表，进入表的“数据表视图”。移动光标到左侧选择栏，当光标变成右箭头时，单击鼠标右键，在弹出的快捷菜单中选择“新记录”命令，即可添加记录。

注意　如果需要快速在数据表末尾插入空白记录，直接单击数据表末尾的“新建”文本即可。

（2）修改记录

在“数据表视图”中，可以直接修改记录。关闭该视图时，系统自动保存。

（3）删除记录

在“数据表视图”中，移动光标到左侧选择栏，当光标变成右箭头时，单击鼠标右键，在弹出的快捷菜单中选择“删除记录”命令。

3. 查找和替换数据

打开数据表的“数据表视图”，在“开始”选项卡的“查找”组中单击“查找”命令，打开“查找和替换”对话框，如图 9-2-19 所示，操作方法与 Office 2010 其他组件中的查找、替换操作相似。

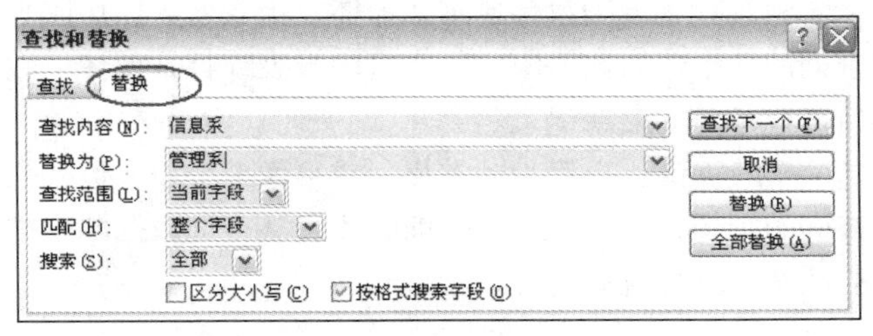

图 9-2-19　“查找和替换”对话框

4. 排序记录

排序是将数据表按照某一个或某几个相邻的字段进行排序，以方便查询。

打开数据表的“数据表视图”，选中要排序的字段列，单击鼠标右键，在弹出的快捷菜单中选择“升序”或“降序”，也可以单击工具栏上的升序、降序按钮。

要取消排序结果，选择“开始”菜单中“排序和筛选”选项卡中的“取消排序”命令。

5. 筛选记录

筛选是将数据表某个字段的条件，对全部记录进行选择，将满足条件的记录显示在“数据表视图”中。

打开数据表的“数据表视图”，选中要筛选的字段列的值，单击“开始”菜单中“排序和筛选”选项卡中的“应用筛选”按钮。

要取消排序结果，选择“开始”菜单中“排序和筛选”选项卡中的“取消筛选”按钮。

9.3　创建查询

使用 Access 的最终目的是通过对数据库中的数据进行各种处理和分析，从中提取有用信息。查询是 Access 处理和分析数据的工具，它能够将多个表中的数据抽取出来，供用户查看、统计、分析和使用。

1. 查询的功能

查询最主要的目的是根据指定的条件对表或者其他查询进行检索，筛选出符合条件的记录，构成一个新的数据集合，从而方便对数据库进行查看和分析。在 Access 2010 中，利用查询可以实现多种功能。

（1）选择字段

在查询中，可以只选择表中的部分字段。

（2）选择记录

可以根据指定的条件查找所需要的记录，并显示找到的记录。

（3）编辑记录

编辑记录包括添加记录、修改记录和删除记录等。

（4）实现计算

查询不仅可以找到满足条件的记录，而且还可以在建立查询的过程中进行各种统计计算。

（5）建立新表

利用查询得到的结果可以建立一个新表。

（6）为窗体、报表或数据访问页提供数据

为了从一个或多个表中选择合适的数据显示在窗体、报表或数据访问页中，用户可以先建立一个查询，然后将该查询的结果作为数据源。每次打印报表或打开窗体、数据访问页时，该查询就从它的基表中检索出符合条件的最新记录。

查询的运行结果是一个数据集，也称为动态集。它很像一个表，但并没有存储在数据库中。创建查询后，只保存查询的操作，只有在运行查询时才会从查询数据源中抽取数据，并创建它；只要关闭查询，查询的动态集就会自动消失。

2. 查询的类型

在 Access 2010 中，查询分为 5 类，分别是选择查询、交叉查询、参数查询、操作查询和 SQL 查询。5 类查询的应用目标不同，对象数据的操作方式和操作结果也不同。

（1）选择查询

选择查询是最常用的查询类型。顾名思义，它是根据指定的条件，从一个或多个数据源中获取数据并显示结果。也可对记录进行分组，并且对分组的记录进行总计、计数、平均以及其他类型的计算。

（2）交叉表查询

交叉表查询能够汇总数据字段的内容，汇总计算的结果显示在行与列交叉的单元格中。交叉表查询可以计算平均值、总计、最大值、最小值等。

（3）参数查询

参数查询是一种根据用户输入的条件或参数来检索记录的查询。

（4）操作查询

操作查询与选择查询相似，都需要指定查找记录的条件，但选择查询是检索符合特定条件的一组记录，而操作查询是在一次查询操作中对检索的记录进行编辑等操作。

操作查询有 4 种，分别是生成表、删除、更新和追加。生成表查询是利用一个或多个表中的全部或部分数据建立新表。删除查询可以从一个或多个表中删除记录。更新查询可以对一个或多个表中的记录追加到一个表的尾部。

（5）SQL 查询

SQL 查询是使用 SQL 语句创建的查询。某些 SQL 查询称为 SQL 特定查询，包括联合查询、传递查询、数据定义查询和子查询 4 种。

9.3.1　在设计视图中创建查询

若按照用户自己的要求创建查询，可以使用查询向导和设计视图创建。这里介绍使用设计视图创建查询的方法。

1. 创建简单查询

本例添加到查询中的是“学生信息”表，假设要求查看年龄为 20 及以上的所有学生的信息，并将所有学生年龄按从大到小排列，其具体操作如下。

① 打开数据库“学生管理”。

② 单击“创建”选项卡中“查询”组中的“查询设计”按钮。

③ 弹出“显示表”对话框，如图 9-3-1 所示。

④ 选择“学生信息表”，依次单击“添加”和“关闭”按钮

⑤ 将所选择的表添加到一个新创建的查询中，如图 9-3-2 所示。

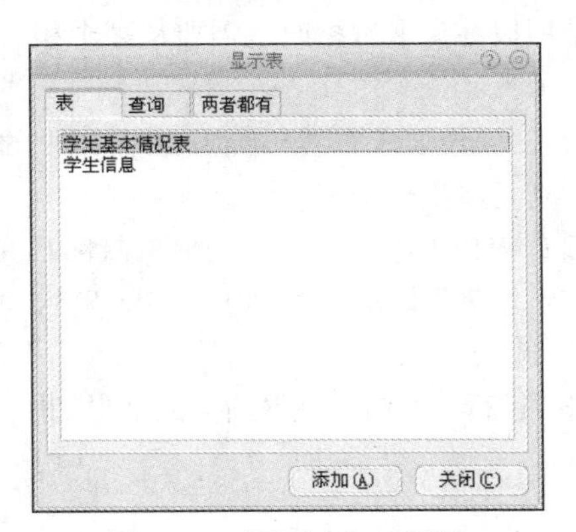

图 9-3-1　“显示表”对话框

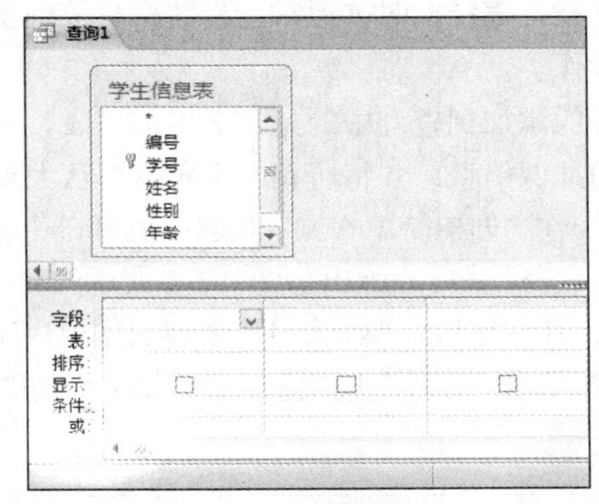

图 9-3-2　查询设计窗口

查询设计窗口包含上下两个部分，上半部分显示了查询来源的表，下半部分则用于设置查询条件。下半部分用设置查询条件的窗口包含以下 7 项，如表 9-3-1 所示。

表 9-3-1　设置查询条件

行的名称	作　　用
字段	设置查询对象时要选择字段
表	设置字段所在的表或查询的名称
总计	定义字段在查询中的运算方法
排序	定义字段的排序方式
显示	定义选择的字段是否在数据表（查询结果）视图中显示出来
条件	设置字段限定条件
或	设置“或”条件来限定记录的选择

⑥ 单击查询设计窗口下半部分的字段单元格右侧的下拉按钮，从下拉列表中选择“姓名”选项，在同行右侧两个单元格中依次选择“年龄”和“学号”。

⑦ 在“年龄”列中，将“排序”对应的单元格设置为降序；在条件行对应的单元格输入“>=20”并设置排序为“降序”，如图 9-3-3 所示。

⑧ 单击“设计”选项卡，在“结果”功能区中单击“运行”按钮，将得到查询结果如图 9-3-4 所示。

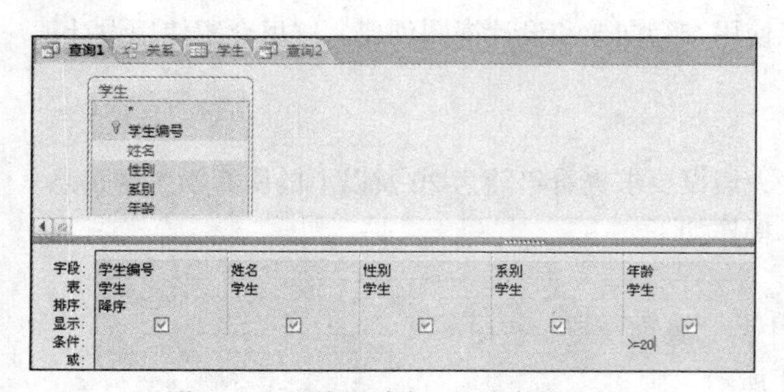

图 9-3-3　查询设计窗口查询条件设置

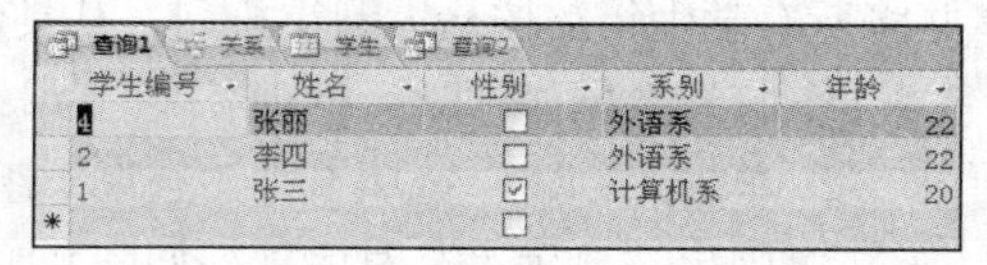

学生编号	姓名	性别	系别	年龄
4	张丽	☐	外语系	22
2	李四	☐	外语系	22
1	张三	☑	计算机系	20

图 9-3-4　查询结果

2. **创建多表查询**

在设计表结构时，通常会将数据分散到多个表中，所以在提取数据时也需要从多个相关表中进行操作。

本例添加到查询中的是“学生信息表”和“选课表”，假设要求查看年龄为 20 及以上的所有学生的选课信息，并将所有学生年龄按从大到小排列，其具体操作如下。

① 在“创建简单查询”步骤⑦的基础上，在查询设计窗口上半部分空白处单击鼠标右键，选择“显示表”命令，弹出如图 9-3-1 所示的对话框，将“选课表”添加到窗体中，如图 9-3-5 所示。

② 在“字段”单元格下拉列表中添加“课程名称”选项。

③ 单击“设计”选项卡，在“结果”功能区中单击“运行”按钮，将得到查询结果如图 9-3-6 所示。

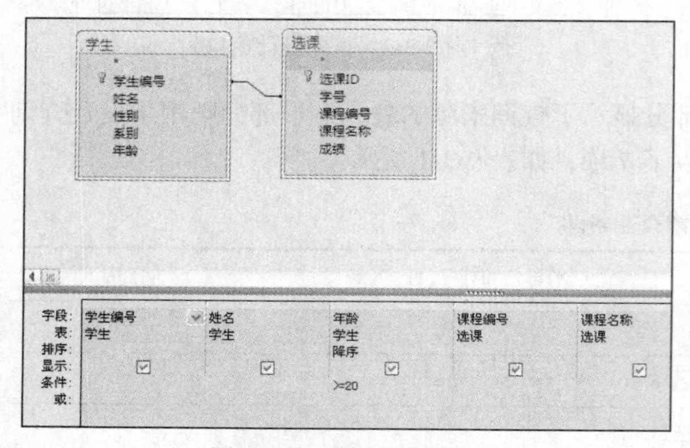

图 9-3-5　添加“选课表”

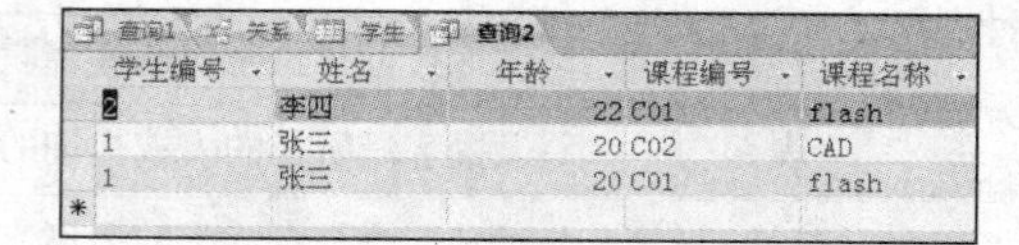

学生编号	姓名	年龄	课程编号	课程名称
2	李四	22	C01	flash
1	张三	20	C02	CAD
1	张三	20	C01	flash

图 9-3-6　查询结果

9.3.2　使用查询向导创建查询

使用“查询向导”创建查询比较简单，在向导指示下选择表和表中字段，但不能设置查询条件。本例添加到查询中的是“学生信息”表，假设要求查找所有学生的信息以及其选课信息，创建查询的具体操作如下。

① 打开数据库“学生管理”。

② 单击“创建”选项卡下面“查询”功能区的“查询向导”按钮。

③ 系统弹出“新建查询”对话框，选择“简单查询向导”，单击“确定”按钮。

④ 选择要使用的字段，可以从多个表中选取，此处将“学生”表及“选课”表的所有字段添加到“选定字段”，如图 9-3-7 所示。

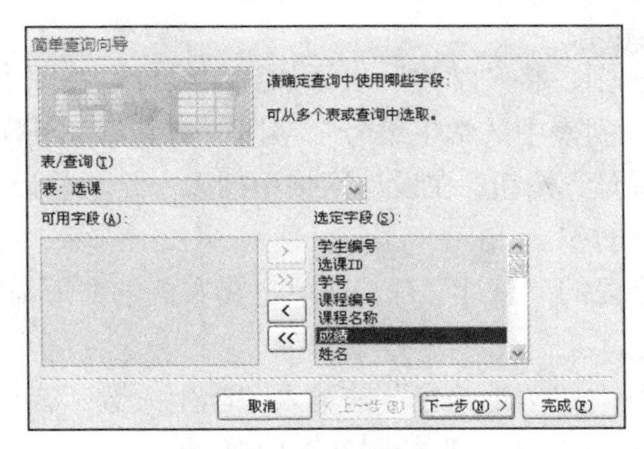

图 9-3-7 选择要使用的字段

⑤ 单击“下一步”按钮，创建查询标题，得到的查询结果如图 9-3-8 所示。

查询1 | 关系 | 学生 | 查询2 | 学生 查询

	学生编号	选课ID	学号	课程编号	课程名称	成绩	姓名	性别	系别	年龄
	1	1	1	C01	flash	80	张三	☑	计算机系	20
	1	2	1	C02	CAD	66	张三	☑	计算机系	20
	2	3	2	C01	flash	50	李四	☐	外语系	22
*		(新建)						☐		

图 9-3-8 使用查询向导的查询结果

9.3.3 在查询中进行计算

前面介绍了创建查询的一般方法，同时也使用这些方法创建了一些查询，但所建查询仅仅是为了获取符合条件的记录，并没有对查询得到的结果进行更深入的分析和利用。而在实际应用中，常常需要对查询结果进行统计算，如求和、计算、求最大值和平均值等。Access 2010 允许在查询中利用设计网格中的“总计”进行各种统计，通过创建计算字段进行任意类型的计算。

1. 询计算功能

在 Access 2010 查询中，可以执行两种类型的计算，预定义计算和自定义计算。

预定义计算即“总计”计算，是系统提供的用于对查询中的记录组或全部记录进行的计算，它包括总计、平均值、计数、最大值、最小值等。总计项名称及含义如表 9-3-2 所示。

表 9-3-2 总计项名称及含义

总计项		功 能
函数	总计	求某字段的累加值
	平均值	求某字段的平均值
	最小值	求某字段的最小值
	最大值	求某字段的最大值
	计数	求某字段中非空值数
其他总计项	分组	定义要执行计算的组
	第一条记录	求在表或查询中第一条记录的字段值
	最后一条记录	求在表或查询中最后一条记录的字段值
	表达式	创建表达式中包含统计函数的计算字段
	条件	指定不用于分组的字段条件

2. 在查询中进行计算

在创建查询时，可能更关心记录的统计结果，而不是表中的记录。例如，统计学生人数，操作步骤如下。

① 打开查询“设计”视图，将“学生”表添加到“设计”视图上半部分的窗口中。

② 双击“学生”表字段列表中“学生编号”字段，将其添加到字段行的第 1 列。

③ 单击工具栏上的“总计”按钮，在设计网格中插入一个“总计”行，并自动将“学生编号”字段的“总计”行设置成“分组”。

④ 单击“学生编号”字段的“总计”行，并单击其右侧的向下箭头按钮，从打开的下拉列表中选择“计数”。

⑤ 在第 1 列“字段”行中“学生编号”前输入“学生人数:”，如图 9-3-9 所示。

⑥ 切换到“数据表视图”，查询结果如图 9-3-10 所示。

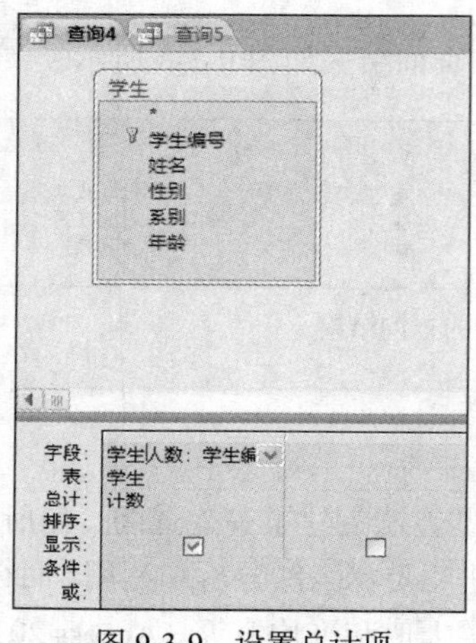

图 9-3-9 设置总计项

图 9-3-10 总计查询结果

9.3.4 创建交叉表查询

使用 Access 2010 提供的查询，可以根据需要检索出满足条件的记录，也可以在查询中执行计算。交叉表查询以行和列字段作为标题和条件选取数据，并在行与列的交叉处对数据进行统计。交叉表查询以一种独特的概括形式返回一个表内的总计数字，这种概括形式是其他查询无法完成的。交叉表查询为用户提供了清楚的汇总数据，便于分析和使用。

9.3.5 创建参数查询

使用前面介绍的方法创建的查询，无论是内容，还是条件都是固定的，如果希望根据某个或某些字段不同的值来查找记录，就需要不断地更该内容所建查询的条件，显然很麻烦。为了更灵活地实现查询，可以使用 Access 2010 提供的参数查询。

参数查询利用对话框，提示用户输入参数，并检索符合所输参数的记录。用户可以建立一个参数提示的单参数查询，也可以建立多个参数提示的多参数查询。例如，按照学生姓名查看某学生的成绩，并显示学生“学生编号”、“姓名”、“课程名称”“成绩”。创建查询的具体操作如下。

① 将“学生”、“选课成绩”和“课程”3 个表添加到“设计视图”的上半部分窗口。将“学生编号”、“姓名”、“课程编号”和“成绩”4 个字段添加到“字段”的第 1 列到第 4 列中。在“姓名”字段的“条件”行中输入“[请输入学生姓名：]”，结果如图 9-3-11 所示。

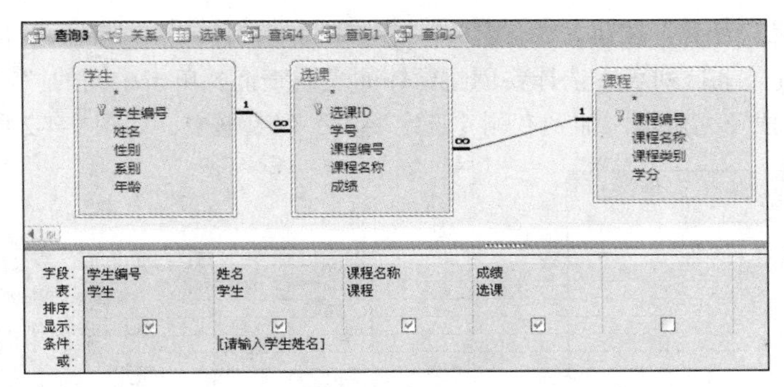

图 9-3-11　设计单参数查询

② 单击工具栏上的“运行”按钮，屏幕会显示“输入参数值”对话框，在“请输入学生姓名：”文本框中输入“张三”，如图 9-3-12 所示。

从图中可以看到，对话框中的提示文本正是在查询字段的“条件”行中输入的内容。按照要求输入查询条件，如果条件有效，检查结果将显示所有满足条件的记录；否则不显示任何数据。

③ 单击“确定”按钮，这时就可以看到所建参数查询的查询结果，结果如图 9-3-13 所示。

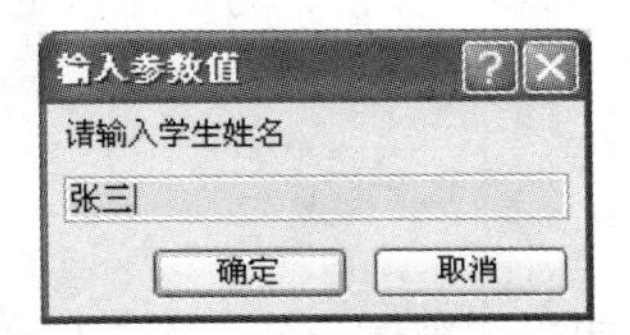

图 9-3-12　运行查询时输入参数值

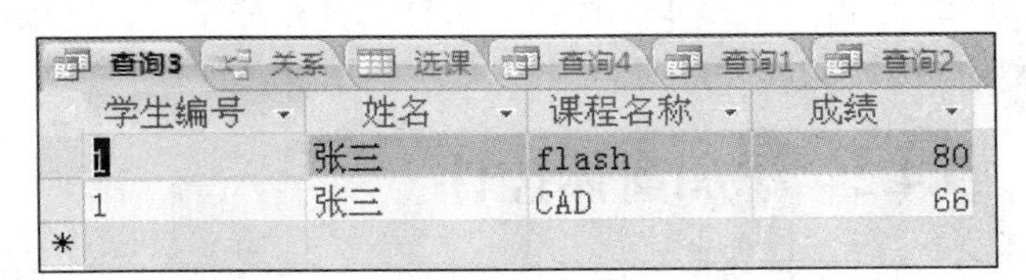

学生编号	姓名	课程名称	成绩
1	张三	flash	80
1	张三	CAD	66
*			

图 9-3-13　参数查询的查询结果

9.3.6　保存查询

在当前的查询结果界面，右键单击查询选项卡，从弹出的快捷菜单中选择“保存”命令，如果是第一次保存查询，要求输入查询文件名。查询文件中保存的并不是查询提取出的记录数据，而是查询中设置的条件。

9.4　创建窗体和报表

为了更加方便地输入和显示数据，可以使用窗体对输入和显示界面进行自定义，同时可以通过在窗体中添加一系列控件来方便操作。

9.4.1　创建窗体

单击功能区中的“创建”按钮，在“窗体”组中有多种创建窗体的方法：“窗体”、“窗体设计”、“空白窗体”、“窗体向导”、“导航”、“其他窗体”等，可根据需求和用途选择创建窗体的类型。

根据“导航窗格”中所选表或查询创建窗体，操作步骤如下。

① 单击“导航窗格”中要创建窗体的表，如“学生信息表”。

② 单击功能区中的“创建”按钮，在“窗体”项中单击“窗体”按钮，产生一个新窗体，该窗体包含了“学生信息表”中的所有字段和数据，如图 9-4-1 所示。

另外，也可以通过使用“窗体向导”这一快捷方法创建窗体，操作步骤如下。

① 单击功能区“创建”按钮，在“窗体”项中单击“窗体向导”按钮，打开“窗体向导”对话框。在“表/查询”下拉列表中选择要创建窗体的表或查询，单击中间的“>”按钮就可以将字段从左侧“可用字段”列表框添加到右侧“选定字段”列表框中，如图 9-4-2 所示。

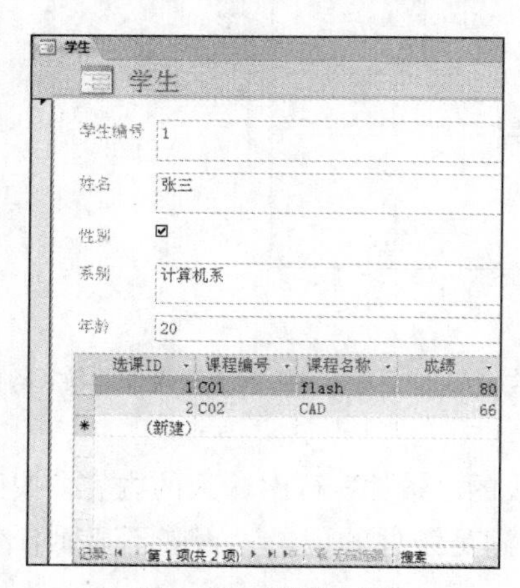

图 9-4-1　新建的窗体

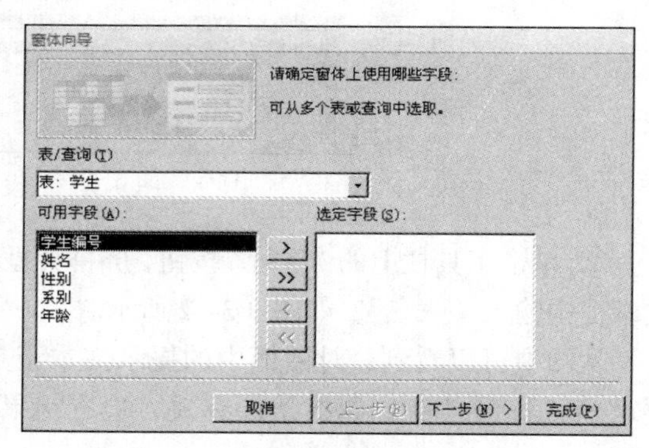

图 9-4-2　窗体向导

② 单击“下一步”按钮，选择窗体布局结构，继续单击“下一步”按钮，为窗体指定名称，然后单击“完成”按钮。

9.4.2　添加窗体控件

如果已经创建了窗体，可以单击状态栏中的“设计视图”按钮进入窗体设计视图，以更改窗体结构，其主要工作就是向窗体中添加控件。在窗体中添加控件的步骤如下。

① 单击功能区中的“创建”按钮，在“窗体”项中单击“窗体设计”按钮，在设计视图中新建一个空白窗体，如图 9-4-3 所示。

② 单击“设计”“控件”组中的控制类型按钮，然后在窗体中拖动鼠标绘制所选类型的控件，如图 9-4-4 所示，在窗体中绘制了一个文本框控件，一个按钮控件。

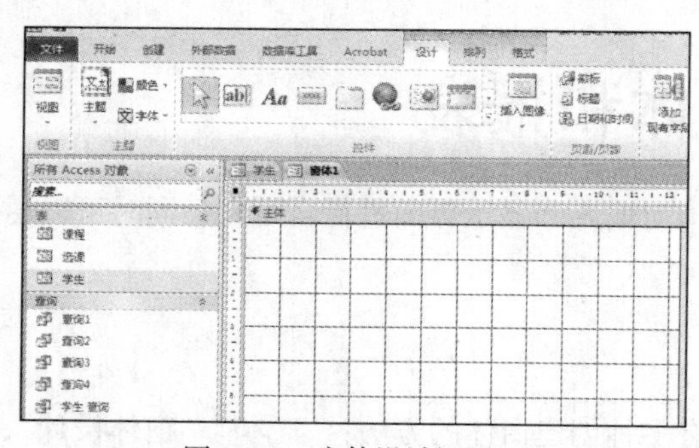

图 9-4-3　窗体设计视图

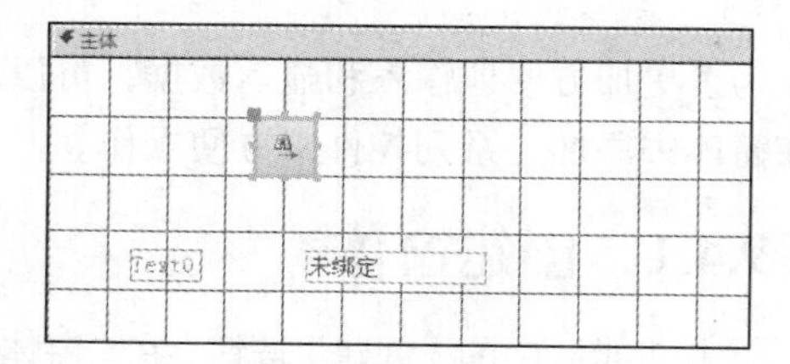

图 9-4-4　添加控件

9.4.3　控件的设置

1. 调整控件位置和大小

在将控件添加到窗体后，可能需要对控件的格式进行调整，选定控件后拖动可以移动控件。使用鼠标拖动控件上的控制柄，可以在一个方向扩大或缩小控件。

2. 改变控件类型

如果发现控件不合适，可以更改窗体中控件的类型。右击控件，在弹出的快捷菜单中选择“更改为”命令，然后在子菜单中选择要更改为的控件类型。

3. 设置控件属性

控件属性决定控件的各种特性，可以在“属性表”中设置。单击功能区中的“设计”按钮，在“工具”项中单击“属性表”按钮，打开“属性表”窗格，然后进行设置。

4. 删除控件

在设计视图中选中一个或多个控件并按 Delete 键，即可删除控件。

9.4.4 创建报表

根据报表中包含类型与布局不同，报表可以分为列表式报表、纵栏式报表、邮件合并报表、邮件标签和图表。

报表的创建方法有多种，总体来说大致需要以下步骤。

① 构建报表布局。

② 组合数据。

③ 使用设计视图细化报表的创建。

④ 查看或打印报表。

以报表向导创建报表的方法为例，具体步骤如下。

① 打开要创建报表的数据库，单击功能区中的“创建”按钮，然后单击“报表”，再单击“报表向导”，打开“报表向导”对话框，在“表/查询”中列出了当前数据库中包含的表和查询。

② 选择要使用的表，然后选择要添加到报表中的字段，如图 9-4-5 所示。

③ 如果还需添加其他表中的字段，重复上述步骤，在“表/查询”下拉列表中选择其他表即可。

④ 单击“下一步”按钮进入如图 9-4-6 所示的界面，选择要查看的数据的方式。

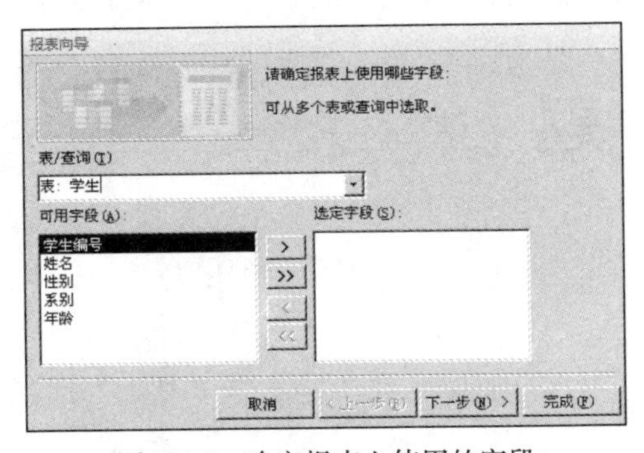

图 9-4-5　确定报表上使用的字段

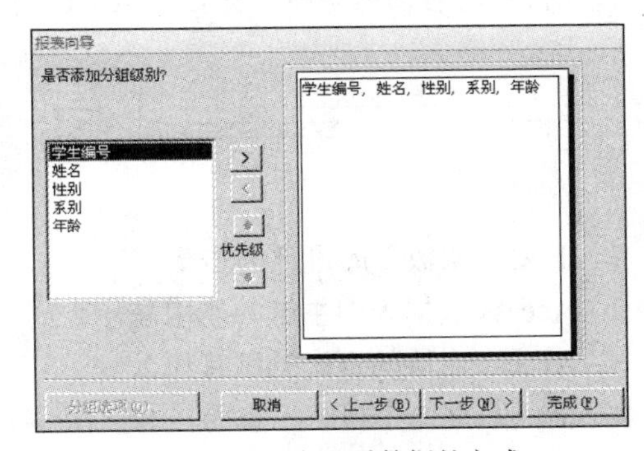

图 9-4-6　确定查看数据的方式

⑤ 单击“下一步”按钮，选择是否为报表数据进行分组。

⑥ 单击“下一步”按钮，进入如图 9-4-7 所示的界面，选择报表中的数据以哪个字段进行排序，然后单击“下一步”按钮。

⑦ 进入如图 9-4-8 所示的界面，选择报表的布局方式，然后单击“下一步”按钮。

⑧ 进入如图 9-4-9 所示的界面，设置报表标题，还可以进行报表外观修改和内容修改。

⑨ 单击“完成”按钮，在打开的窗口中显示了创建的报表，如图 9-4-10 所示，以后可以单击状态栏中的“设计视图”按钮，进入报表视图修改报表。

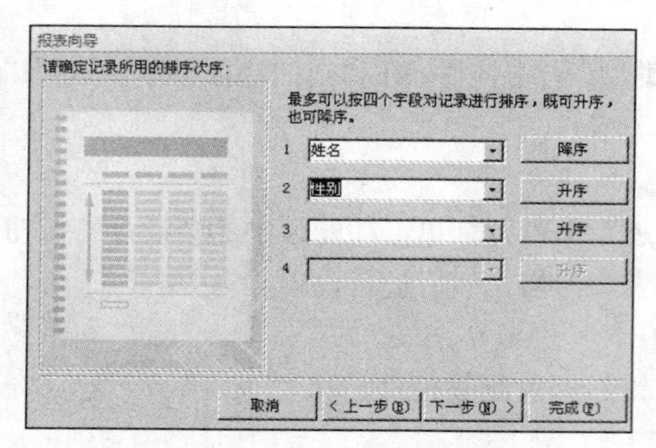

图 9-4-7 确定记录的排序次序

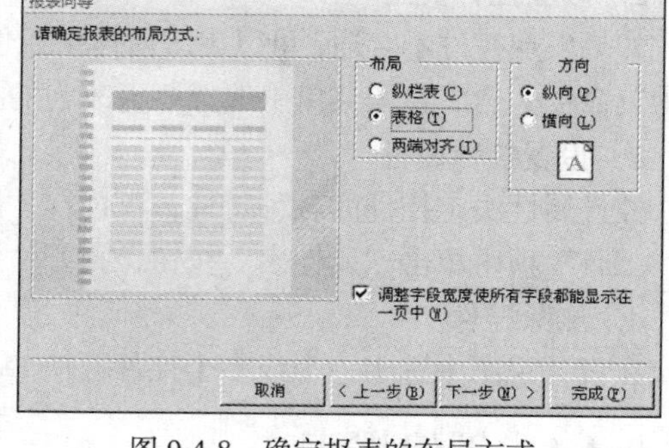

图 9-4-8 确定报表的布局方式

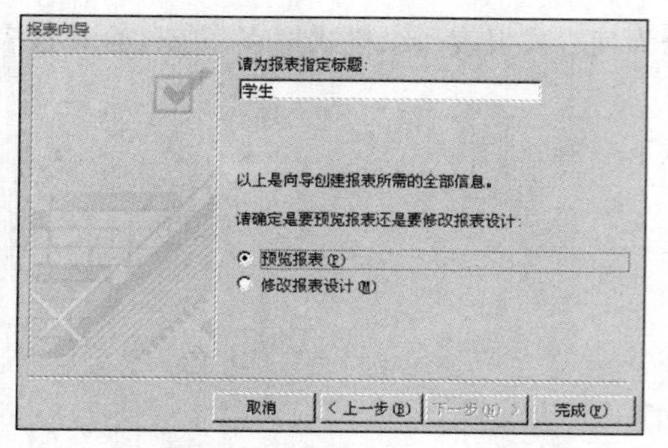

图 9-4-9 设置报表标题

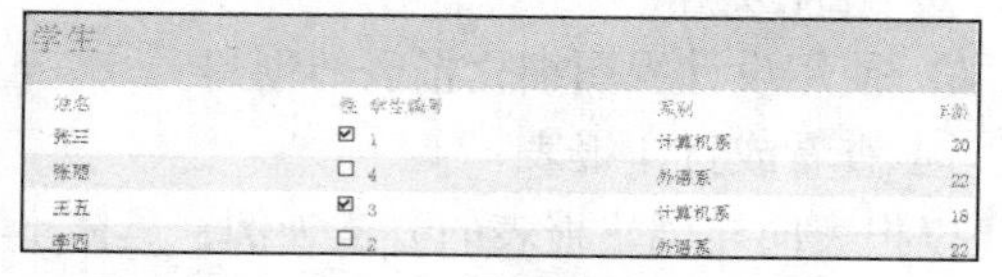

图 9-4-10 创建好的报表

9.4.5 将窗体转换为报表

在窗体设计视图中打开要转换为报表的窗体，然后单击“文件”按钮并选择“对象另存为”命令，在打开的对话框中将“保存类型”设置为“报表”，然后单击“确定”按钮即可。

习 题

1. 简要说明数据库设计的步骤。
2. Access 数据表中主键的作用是什么？
3. Access 支持的查询类型有什么？
4. 简述数据库中视图、查询与 SQL 语言的区别。
5. 数据库中的模式跟基本表、视图、索引有什么区别？
6. 模式有什么作用？
7. 窗体有什么作用？
8. A ccess 中窗体有哪几种视图？各有什么特点？
9. 什么是控件？有哪些种类的控件？
10. 控件有什么作用？
11. 如何设置窗体和报表中所有控件的默认属性？
12. 窗体由哪几部分组成？窗体的各组成部分分别起什么作用？

第 10 章 信息安全及计算机病毒防范

10.1 信息安全

当前，以 Internet 为代表的信息网络技术正迅猛发展，随着应用层次的不断深入，应用领域从传统的、小范围的业务系统逐渐向大范围的业务系统扩展。国际化的信息网络的发展给企事业单位及政府机构带来了改革和开放的生机。然而，人们在享受网络信息所带来的巨大便利的同时，也面临着信息安全的威胁，如计算机的非法入侵、计算机病毒的产生和传播地、重要数据被破坏等。这些事件给计算机系统的正常运行造成严重危害，也带来了巨大经济损失，甚至危及国家和地区的安全，因此，提高信息安全与防范意识，普及计算机系统安全知识，已成为我国信息化发展的趋势。

10.1.1 信息安全概念及信息安全技术介绍

计算机技术在快速发展的同时，也面临着各种各样的威胁，计算机系统安全技术涉及面广，首先有必要了解基本范畴、基本概念，认识计算机犯罪的由来和计算机系统应该采取的安全措施。

1. 信息安全概念

信息安全，意为保护信息及信息系统免受未经授权的人进入、使用、披露、破坏、修改、检视、记录及销毁。

信息安全不管对于个人还是对于企事业单位来说，都十分重要，一旦机密信息被盗用，可能导致一个企业破产。信息安全的领域在最近这些年经历了巨大的成长和进化。有很多方式进入这一领域，并将之作为一项事业。它提供了许多专门的研究领域，包括安全的网络和公共基础设施、安全的应用软件和数据库、安全测试、信息系统评估、企业安全规划以及数字取证技术等。

2. 信息安全技术介绍

目前，在市场上比较流行，而又能够代表未来发展方向的安全产品大致有以下几类。

① 防火墙：防火墙能够较为有效地防止黑客利用不安全的服务对内部网络的攻击，并且能够实现数据流的监控、过滤、记录和报告功能，较好地隔断内部网络与外部网络的连接。防火墙在某种意义上可以说是一种访问控制产品。它在内部网络与不安全的外部网络之间设置障碍，阻止外界对内部资源的非法访问，防止内部对外部的不安全访问。防火墙的主要技术有：包过滤技术，应用网关技术，代理服务技术。

② 安全路由器：由于 WAN 连接需要专用的路由器设备，因而可通过路由器来控制网络传输。通常采用访问控制列表技术来控制网络信息流。

③ 虚拟专用网（VPN）：虚拟专用网（VPN）是在公共数据网络上，通过采用数据加密技术

和访问控制技术，实现两个或多个可信内部网之间的互联。

④ 安全服务器：安全服务器主要针对一个局域网内部信息存储、传输的安全保密问题，其实现功能包括对局域网资源的管理和控制，对局域网内用户的管理，以及局域网中所有安全相关事件的审计和跟踪。

⑤ 电子签证机构——CA 和 PKI 产品：电子签证机构（CA）作为通信的第三方，为各种服务提供可信任的认证服务。CA 可向用户发行电子签证证书，为用户提供成员身份验证和密钥管理等功能。PKI 产品可以提供更多的功能和更好的服务，将成为所有应用的计算基础结构的核心部件。

⑥ 用户认证产品：由于 IC 卡技术的日益成熟和完善，IC 卡被更为广泛地用于用户认证产品中，用来存储用户的个人私钥，并与其他技术如动态口令相结合，对用户身份进行有效的识别。同时，还可利用 IC 卡上的个人私钥与数字签名技术结合，实现数字签名机制。随着模式识别技术的发展，诸如指纹、视网膜、脸部特征等高级的身份识别技术也将投入应用，并与数字签名等现有技术结合，必将使得对于用户身份的认证和识别更趋完善。

⑦ 安全管理中心：由于网上的安全产品较多，且分布在不同的位置，这就需要建立一套集中管理的机制和设备，即安全管理中心。它用来给各网络安全设备分发密钥，监控网络安全设备的运行状态，负责收集网络安全设备的审计信息等。

⑧ 安全数据库：由于大量的信息存储在计算机数据库内，有些信息是有价值的，也是敏感的，需要保护。安全数据库可以确保数据库的完整性、可靠性、有效性、机密性、可审计性及存取控制与用户身份识别等。

⑨ 安全操作系统：给系统中的关键服务器提供安全运行平台，构成安全 WWW 服务、安全 FTP 服务、安全 SMTP 服务等，并作为各类网络安全产品的坚实基础，确保这些安全产品的自身安全。

⑩ 入侵检测系统（IDS）：入侵检测，作为传统保护机制（如访问控制，身份识别等）的有效补充，形成了信息系统中不可或缺的反馈链。

10.1.2 信息安全的实现目标

计算机系统自身的脆弱和不足，是造成计算机安全问题的内部根源，作为一个安全可靠的计算机系统，需要达到以下基本标准。

① 真实性：对信息的来源进行判断，能对伪造来源的信息予以鉴别。

② 保密性：保证机密信息不被窃听，或窃听者不能了解信息的真正含义。

③ 完整性：保证数据的一致性，防止数据被非法用户篡改。

④ 可用性：保证合法用户对信息和资源的使用不会被不正当地拒绝。

⑤ 不可抵赖性：建立有效的责任机制，防止用户否认其行为，这一点在电子商务中是极其重要的。

⑥ 可控制性：对信息的传播及内容具有控制能力。

⑦ 可审查性：对出现的网络安全问题提供调查的依据和手段。

10.1.3 主要的信息安全威胁

计算机系统面临的威胁按对象可以分为 3 类，一是对硬件设施的威胁和攻击，二是对软件、数据、文档资料的威胁和攻击，三是兼对两者的攻击破坏。具体可能受到的破坏方式有以下几种。

① 窃取：非法用户通过数据窃听的手段获得敏感信息。

② 截取：非法用户首先获得信息，再将此信息发送给真实接收者。

③ 伪造：将伪造的信息发送给接收者。

④ 篡改：非法用户对合法用户之间的通信信息进行修改，再发送给接收者。

⑤ 拒绝服务攻击：攻击服务系统，造成系统瘫痪，阻止合法用户获得服务。

⑥ 行为否认：合法用户否认已经发生的行为。

⑦ 非授权访问：未经系统授权而使用网络或计算机资源。

⑧ 传播病毒：通过网络传播计算机病毒，其破坏性非常高，而且用户很难防范。

10.1.4 信息安全策略

信息安全策略是指为保证提供一定级别的安全保护所必须遵守的规则。实现信息安全，不但靠先进的技术，而且也得靠严格的安全管理、法律约束和安全教育。

① 先进的信息安全技术是网络安全的根本保证。用户对自身面临的威胁进行风险评估，决定其所需要的安全服务种类，选择相应的安全机制，然后集成先进的安全技术，形成一个全方位的安全系统；

② 严格的安全管理。各计算机网络使用机构，企业和单位应建立相应的网络安全管理办法，加强内部管理，建立合适的网络安全管理系统，加强用户管理和授权管理，建立安全审计和跟踪体系，提高整体网络安全意识。

③ 制定严格的法律、法规。计算机网络是一种新生事物。它的许多行为无法可依，无章可循，导致网络上计算机犯罪处于无序状态。面对日趋严重的网络上犯罪，必须建立与网络安全相关的法律、法规，使非法分子慑于法律，不敢轻举妄动。

10.2 计算机病毒防范

10.2.1 计算机病毒的定义

计算机病毒在《中华人民共和国计算机信息系统安全保护条例》中被明确定义，病毒“指编制或者在计算机程序中插入的破坏计算机功能或者破坏数据，影响计算机使用并且能够自我复制的一组计算机指令或者程序代码”。

10.2.2 计算机病毒的特点

病毒不是来源于突发或偶然的原因。一次突发的停电和偶然的错误，会在计算机的磁盘和内存中产生一些乱码和随机指令，但这些代码是无序和混乱的，病毒则是一种比较完美的，精巧严谨的代码，按照严格的秩序组织起来，与所在的系统网络环境相适应和配合起来，病毒不会通过偶然形成，并且需要有一定的长度，这个基本的长度从概率上来讲是不可能通过随机代码产生的。现在流行的病毒是由人为故意编写的，多数病毒可以找到作者和产地信息，从大量的统计分析来看，病毒作者主要情况和目的是：一些天才的程序员为了表现自己和证明自己的能力，处于对上司的不满，为了好奇，为了报复，为了祝贺和求爱，为了得到控制口令，为了软件拿不到报酬预留的陷阱等。当然也有因政治、军事、宗教、民族、专利等方面的需求而专门编写的，其中也包括一些病毒研究机构和黑客的测试病毒。

（1）寄生性

计算机病毒寄生在其他程序之中，当执行这个程序时，病毒就起破坏作用，而在未启动这个程序之前，它是不易被人发觉的。

（2）传染性

计算机病毒不但本身具有破坏性，更有害的是具有传染性，一旦病毒被复制或产生变种，其速度之快令人难以预防。传染性是病毒的基本特征。只要一台计算机染毒，如不及时处理，那么病毒会在这台机子上迅速扩散，其中的大量文件会被感染。而被感染的文件又成了新的传染源，再与其他机器进行数据交换或通过网络接触，病毒会继续进行传染。计算机病毒可通过各种可能的渠道，如 U 盘、计算机网络去传染其他的计算机。是否具有传染性是判别一个程序是否为计算机病毒的最重要条件。病毒程序通过修改磁盘扇区信息或文件内容并把自身嵌入到其中的方法达到病毒的传染和扩散。被嵌入的程序叫作宿主程序。

（3）潜伏性

有些病毒像定时炸弹一样，让它什么时间发作是预先设计好的。例如，黑色星期五病毒，不到预定时间一点都觉察不出来，等到条件具备的时候一下子就爆炸开来，对系统进行破坏。一个编制精巧的计算机病毒程序，进入系统之后一般不会马上发作，可以在几周或者几个月内甚至几年内隐藏在合法文件中，对其他系统进行传染，而不被人发现，潜伏性越好，其在系统中的存在时间就会越长，病毒的传染范围就会越大。潜伏性的第一种表现是指，病毒程序不用专用检测程序是检查不出来的，因此病毒可以静静地躲在磁盘或磁带里待上几天，甚至几年，一旦时机成熟，得到运行机会，就又要四处繁殖、扩散，继续为害。潜伏性的第二种表现是指，计算机病毒的内部往往有一种触发机制，不满足触发条件时，计算机病毒除了传染外不做什么破坏。触发条件一旦得到满足，有的在屏幕上显示信息、图形或特殊标识，有的则执行破坏系统的操作，如格式化磁盘、删除磁盘文件、对数据文件做加密、封锁键盘以及使系统死锁等。

（4）隐蔽性

计算机病毒具有很强的隐蔽性，有的可以通过病毒软件检查出来，有的根本就查不出来，有的时隐时现、变化无常，这类病毒处理起来通常很困难。

（5）破坏性

计算机中毒后，可能会导致正常的程序无法运行，把计算机内的文件删除或受到不同程度的损坏。

（6）可触发性

计算机病毒因某个事件或数值的出现，诱使病毒实施感染或进行攻击的特性称为可触发性。为了隐蔽自己，病毒必须潜伏，少做动作。如果完全不动，一直潜伏的话，病毒既不能感染也不能进行破坏，便失去了杀伤力。病毒既要隐蔽又要维持杀伤力，它必须具有可触发性。病毒的触发机制就是用来控制感染和破坏动作的频率的。病毒具有预定的触发条件，这些条件可能是时间、日期、文件类型或某些特定数据等。病毒运行时，触发机制检查预定条件是否满足，如果满足，启动感染或破坏动作，使病毒进行感染或攻击；如果不满足，使病毒继续潜伏。

10.2.3 计算机病毒分类

从第一个病毒出世以来，究竟世界上有多少种病毒，说法不一。无论多少种，病毒的数量仍在不断增加。据国外统计，计算机病毒以 10 种/周的速度递增。病毒分类是为了更好地了解它们。按照计算机病毒的特点及特性，计算机病毒的分类方法有许多种。

1．按照计算机病毒存在的媒体划分

（1）网络病毒

通过计算机网络传播感染网络中的可执行文件。

（2）文件病毒

感染计算机中的文件（如 COM、EXE、DOC 等）。

（3）引导型病毒

感染启动扇区（Boot）和硬盘的系统引导扇区（MBR）。

还有这 3 种情况的混合型，如多型病毒（文件和引导型）感染文件和引导扇区两种目标，这样的病毒通常都具有复杂的算法，它们使用非常规的办法侵入系统，同时使用了加密和变形算法。

2. 按照计算机病毒传染的方法划分

（1）驻留型病毒

病毒感染计算机后，把自身的内存驻留部分放在内存（RAM）中，这一部分程序挂接系统调用并合并到操作系统中去，它处于激活状态，一直到关机或重新启动。

（2）非驻留型病毒

在得到机会激活时并不感染计算机内存，一些病毒在内存中留有小部分，但是并不通过这一部分进行传染，这类病毒也被划分为非驻留型病毒。

3. 根据病毒破坏的能力划分

（1）无害型

除了传染时减少磁盘的可用空间外，对系统没有其他影响。

（2）无危险型

这类病毒仅仅是减少内存、显示图像、发出声音及同类音响。

（3）危险型

这类病毒在计算机系统操作中造成严重的错误。

（4）非常危险型

这类病毒删除程序、破坏数据、清除系统内存区和操作系统中重要的信息。这些病毒对系统造成的危害，并不是本身的算法中存在危险的调用，而是当它们传染时会引起无法预料的、灾难性的破坏。由病毒引起其他的程序产生的错误也会破坏文件和扇区，这些病毒也按照它们引起的破坏能力划分。一些现在的无害型病毒也可能会对新版的 DOS、Windows 和其他操作系统造成破坏。例如，在早期的病毒中，有一个"Denzuk"病毒在 360KB 磁盘上很好地工作，不会造成任何破坏，但是在后来的高密度软盘上却能引起大量的数据丢失。

4. 根据病毒特有的算法划分

（1）伴随型病毒

这一类病毒并不改变文件本身，它们根据算法产生 EXE 文件的伴随体，具有同样的名字和不同的扩展名（COM）。例如，XCOPY.EXE 的伴随体是 XCOPY.COM。病毒把自身写入 COM 文件并不改变 EXE 文件，当 DOS 加载文件时，伴随体优先被执行到，再由伴随体加载执行原来的 EXE 文件。

（2）"蠕虫"型病毒

通过计算机网络传播，不改变文件和资料信息，利用网络从一台机器的内存传播到其他机器的内存、计算网络地址，将自身的病毒通过网络发送。有时它们在系统中存在，一般除了内存，不占用其他资源。

（3）寄生型病毒

除了伴随型和"蠕虫"型，其他病毒均可称为寄生型病毒，它们依附在系统的引导扇区或文件中，通过系统的功能进行传播。按其算法不同，可分为练习型病毒，病毒自身包含错误，不能进行很好的传播，如一些病毒在调试阶段。

（4）诡秘型病毒

它们一般不直接修改 DOS 中断和扇区数据，而是通过设备技术和文件缓冲区等 DOS 内部修改，不易看到资源，使用比较高级的技术。它们利用 DOS 空闲的数据区进行工作。

（5）变型病毒（又称为幽灵病毒）

这一类病毒使用一个复杂的算法，使自己每传播一份都具有不同的内容和长度。它们一般的作法是一段混有无关指令的解码算法和被变化过的病毒体组成。

10.2.4 计算机病毒的预防

1983 年 11 月 3 日，美国计算机专家首次提出了计算机病毒的概念并进行了验证。几年前计算机病毒就迅速蔓延，到我国才是近年来的事。而这几年正是我国微型计算机普及应用热潮。微机的广泛普及，操作系统简单明了，软、硬件透明度高，基本上没有什么安全措施，能够透彻了解它内部结构的用户日益增多，对其存在的缺点和易攻击处也了解得越来越清楚，不同的目的可以做出截然不同的选择。目前，在 IBM PC 系统及其兼容机上广泛流行着各种病毒就很说明这个问题。

预防病毒有如下 7 点注意事项。

① 重要资料，必须备份。资料是最重要的，程序损坏了可重新拷贝或再买一份，但是自己键入的资料，可能是三年的会计资料或画了三个月的图纸，结果某一天，硬盘坏了或者因为病毒而损坏了资料，会让人欲哭无泪，所以对于重要资料经常备份是绝对必要的。

② 尽量避免在无防毒软件的机器上使用可移动储存介质。一般人都以为不要使用别人的磁盘即可防毒，但是不要随便用别人的计算机也是非常重要的，否则有可能带一大堆病毒回家。

③ 使用新软件时，先用扫毒程序检查，可减少中毒机会。

④ 准备一份具有杀毒及保护功能的软件，将有助于杜绝病毒。

⑤ 重建硬盘是有可能的，救回的机率相当高。若硬盘资料已遭破坏，不必急着格式化，因病毒不可能在短时间内将全部硬盘资料破坏，故可利用杀毒软件加以分析，恢复至受损前状态。

⑥ 不要在互联网上随意下载软件。病毒的一大传播途径就是 Internet。潜伏在网络上的各种可下载程序中，如果随意下载、随意打开，对于制造病毒者来说，可真是再好不过了。因此，不要贪图免费软件，如果实在需要，请在下载后执行杀毒软件彻底检查。

⑦ 不要轻易打开电子邮件的附件。近年来造成大规模破坏的许多病毒，都是通过电子邮件传播的。不要以为只打开熟人发送的附件就一定保险，有的病毒会自动检查受害人计算机上的通讯录并向其中的所有地址自动发送带毒文件。最妥当的做法，是先将附件保存下来，不要打开，先用查毒软件彻底检查。

习　题

1. 计算机病毒的特点是什么？
2. 按照计算机病毒存在的媒体的不同，可将计算机病毒分成哪几类？
3. 计算机在信息安全方面，面临的主要威胁有哪些？

第 11 章 医学与信息技术应用

人类已进入信息化时代，医学必须与信息技术结合起来，建立现代化的医疗体系，使医学和信息技术真正服务于社会。

11.1 信息时代与医疗信息化

随着科学技术的突飞猛进，信息化的浪潮也席卷到医疗卫生领域。医疗行业的信息化建设关系国计民生，与人民的日常生活有着密切联系，有着巨大需求。然而，医疗卫生行业作为一个面向大众提供服务的行业，与银行业、电信行业相比，信息化程度相对落后。不少人都有过在医院排长队挂号买药的经历。随着人们生命质量的进一步提高，对健康生活的渴望也愈加强烈，这些都无可避免地要求医疗的信息化程度相应提升。而医疗信息化的核心是病人信息的共享，包括医院各个科室之间、医院之间、医院与社区、医疗保险、卫生行政部门之间的信息共享，以数据库为中心实现病人信息的无纸化和无胶片化。

事实上，医疗行业正在积极地调整自身的姿态，谋求变革。为此，出现了以病人为中心的新目标，同时诸如人性化的治疗等理念得以张扬，方便快捷的电子病历、移动医疗、远程医疗等信息技术新应用也开始普及。一旦信息化建设在各个医疗机构徐徐铺开后，人们就可以惬意地享受到医疗信息化所带来的种种便利。一些医院实施信息化建设以后，就可以通过互联网和通信系统，选择医院、选择医生，网上挂号、预约就诊，减少病人的排队候诊时间；通过屏幕显示病人就诊、检查和取药的时间，病人可以坐着等候；通过自动划价收费系统和电子查询系统，使病人对医院收费放心，等等。目前我国正积极推行电子病历医院试点工作，以后老百姓到医院看病，可望告别反复填资料、跑上跑下递药方、排队等化验单结果的奔波劳累，只需 e 网轻松搞定。在具体的需求驱动下，医疗行业信息化的建设实现了加速发展。

另一方面，医疗行业信息化催生的巨大商机刺激了整个行业的信息化进程。业界普遍认为，对高精尖医疗领域的信息化和网络化是今后医疗管理的发展趋势，这个趋势会引发对影像化、数字化等高精尖医疗设备的需求增长。医院信息化趋势给医疗器械生产企业带来了巨大的市场空间。据测算，全国 PACS（Picture Archiving & Communication System，图像存档传输系统）市场的总需求达 211.7 亿元，如果考虑到由 PACS 衍生出的高档影像设备以及其他一些附属设备市场，PACS 的市场容量将达到 300 亿元以上。

11.1.1 计算机在医疗上的应用概述

计算机在医疗中有着广泛的应用，具体来说，可以从以下几方面来分析。

1. 计算机在处理生理信号方面的应用

利用计算机处理生理信号的典型设备是心电、呼吸监护及中医系统的脉搏分析仪器。监护系统是对人体重要的生理（包括生化）指标（参数）有选择的经常或连续监测的设备。按不同的应用场合，分为手术室用、高压氧舱用、恢复室及新生儿和早产儿用等；按需要监护的项目又分为呼吸、循环、代谢等几大类。临床上最常用、标准最高的是危重（ICU）和冠心（CCU）自动监护系统。

图 11-1-1　床边监护仪

最典型的现代心电监护设备是由美国 Holter 实验室首先开发而得以命名的长时期记录和分析动态心电图的仪器——Holter 监护仪（见图 11-1-1）。Holter 用磁带记录器将患者正常活动时的心电信息持续记录并通过微处理器分析，以检测患者的异常心律、诊断早期的心血管疾病并研究评价药物作用以及心律失常与生理间的相互关系。对异常心律的分析常采用模拟量判别和数字计算机图形识别的方法。

2. 计算机在专家诊断方面的应用

计算机专家诊断系统的应用和开发是建立在人工智能技术基础之上的。人工智能即利用机器模仿人类的智能。

- DENDRAL 中保存着化学家的知识和质谱仪的知识，可以根据给定的有机化合物的分子式和质谱图，从几千种可能的分子结构中挑选出一个正确的分子结构。
- MYCIN 是一个用于帮助医生诊断传染病和提供治疗建议的专家系统。

3. 计算机在处理医学图像方面的应用

功能各异的医学图像可分为结构影像技术和功能影像技术两大类。

结构影像技术主要用于获取人体各器官解剖结构图像，借助此类结构透视图像，不经解剖检查，医务人员就可诊断出人体器官的器质性病变。CT（Computer Tomography，见图 11-1-3）及 MRI（Magnetic Resonance Imaging，见图 11-1-2）便属于此类结构影像的代表。

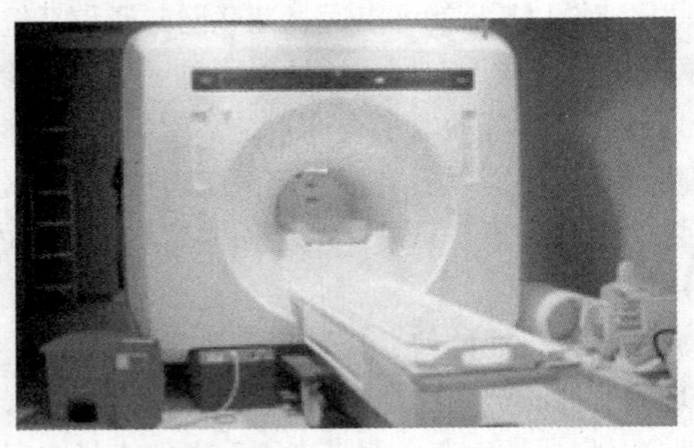

图 11-1-2　核磁共振仪

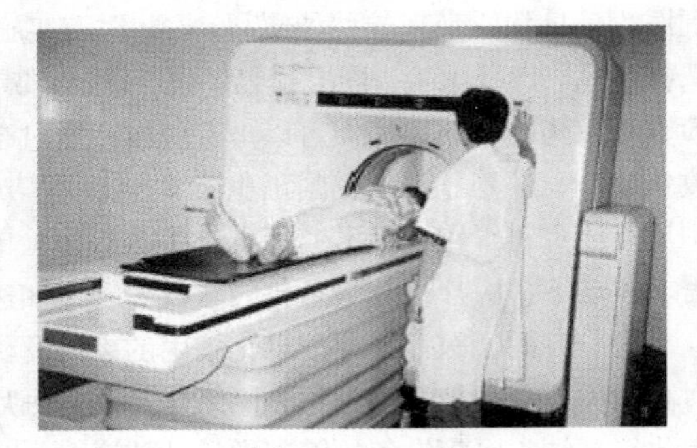

图 11-1-3　CT 机

功能影像能够检测到人体器官的生化活动状况，并将其以功能影像的方式呈现出来。如 PET（Positron emission tomography）正电子发射型计算机断层技术。

4. 计算机在肿瘤放疗方面的应用

计算机在肿瘤放疗方面的应用包括辅助放疗计划方面的应用和立体定向放射外壳领域的应用。

- 放射治疗计划，是指根据检查手段确定出肿瘤的大小和部位后，选择合适的照射源、射野面积、源皮距、入射角和射野中心参数。作为放疗计划中如何实施照射剂量这个关键性问题，无论是体外照射还是腔内照射（如后装机）都同样要用计算机计算和显示放疗治疗剂量发布。

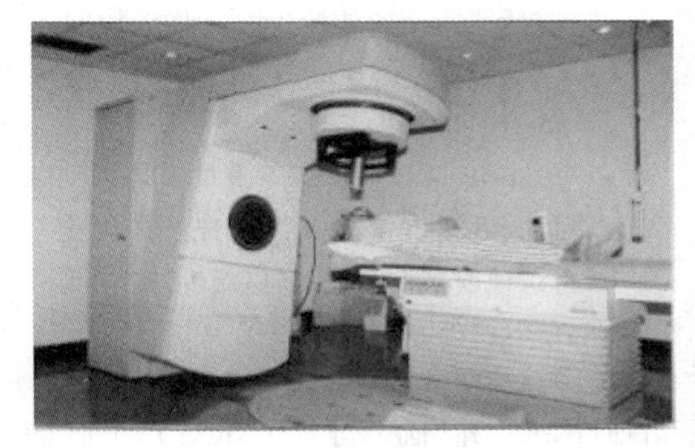
图 11-1-4 X 刀

- X 刀（见图 11-1-4）治疗技术属立体定向放射外科领域（Stereotractic Radiosurgery，SRS）。它是一种大剂量窄射束定向集中照射技术，它是以 CT、MR 和 Angiography 图像为诊断依据的，用计算机技术进行三维重建、立体定位、制定精确的照射方案，准确地对颅内肿瘤或病灶进行定向照射，最大限度地减少正常组织的损伤，是一种高效、精确、无血、无痛的非手术治疗方法。可大大缩短脑部肿瘤病人的治疗和痊愈时间，提高放射治疗的成功率。

5. 计算机在生化仪器方面的应用

计算机在生化仪器方面的应用着重体现在对患者信息识别、样品识别、检测信息的模数转换、检验结果的后处理、仪器的质量控制和对待检验数据分析过程的监视等数据处理上。

- 加快分析速度
- 扩展仪器功能
- 提高测量精度

具有代表性的如酶标仪、血液分析仪及血成分计数器等类产品。

6. 计算机在人工脏器方面的应用

最为成功的人工脏器——人工肾（血液透析机），血液透析机的体外循环系统包括血泵、肝素泵、血流量表、动静脉压表和空气探测器，由计算机控制；透析液系统包括比例泵、透析流量计、超滤系统、电导度计和漏血监测器，也要由计算机控制；透析机的监测控制装置还要由计算机统一管理。

11.1.2 现代远程医疗

20 世纪 50 年代末，美国学者 Wittson 首先将双向电视系统用于医疗；同年，Jutra 等人创立了远程放射医学。此后，美国相继不断有人利用通信和电子技术进行医学活动，并出现了 Telemedicine 这一词汇，现在国内专家统一将其译为"远程医疗"。

远程医疗系统是根据远程医疗服务的具体应用要求而集成的系统设备，是以计算机和网络通信为基础，实现对医学资料和远程视频、音频信息的传输、存储、查询、比较、显示及共享的医疗系统。远程医学系统由通信网络系统、计算机系统和多媒体视频系统 3 部分组成。

1. 现代远程医疗发展历史

现代远程医疗起源于远航船上海员的疾病治疗，其发展经过了以下几个阶段。

（1）起步阶段（20 世纪 50 年代末～20 世纪 60 年代末）。

- 美国国家宇航局调查失重状态下宇航员的健康和生理指标，建立远程医学实验台。
- 心理研究所与一家州立精神病院进行双向远程心理咨询。
- 麻省总医院与波士顿国际机场进行远程医疗服务。

（2）交流阶段（20 世纪 60 年代末～20 世纪 70 年代中期）。

- 阿拉斯加州用 AST-1 卫星开展远程医疗服务。

- 电话线远距离传输诊断及临床数据。

（3）革新阶段（20世纪70年代中后期～20世纪90年代初）。

- 美国卫星会诊系统。
- 1988年亚美尼亚地震，首次使用国际间远程医疗。
- 我国远洋货轮上得急病的船员电报跨海会诊。

（4）快速发展阶段（20世纪90年代至今）。

- 乔治亚洲教育医疗系统

美国乔治亚洲教育医疗系统（GSAMS），是目前世界上规模最大、覆盖范围最广的远程教育和医疗网络；乔治亚医学院（MCG）是远程医疗的中心，中心共有59个完全开业的远程医疗点，病人不必远离家乡，只要通过双向交互式声像通道，就可接受专门治疗。

- 俄克拉荷马州的远程医疗网络

1995年美国俄克拉荷马州的远程医疗网络投入运营，这是当时世界上最大的远程医疗专用网络。把俄州140家医院中的54家连接起来。乡村的小医院（这些医院通常缺少放射学家）就可把他们的X光片数字化，然后传送给更高级的城市医院去进行诊断。这样，乡村医院在大约1个小时之内便可得到通常需要3～5天才能得到的诊断结论。

（5）中国远程医疗开展情况。

- 我国的远程医学活动开始于1988年，解放军总医院通过卫星与德国一家医院进行了神经外科远程病例讨论。
- 1994年上海医科大学用电话线进行了会诊演示。
- 1996年10月上海华山医院开通远程医疗网。
- 1997年9月，中国医学基金会成立了国际医学中国互联网委员会（IMNC）。该组织准备经过10年3个阶段：即电话线阶段、ISDN通信联网阶段、卫星通信阶段，逐步在我国开展医学信息及远程医疗工作。

2. 远程医疗的应用现状

- 欧洲已有17个国家建立了远程医疗系统。
- 加拿大每年组织一次医学年会。
- 以色列已有远程心脏检测仪。

3. 创建农村远程医疗国家实验室

（1）实验室的第一阶段项目包括：

① 虚拟医院：虚拟医院是美国虚拟医学中心的一个样板。网址为www.vh.org。

② 适用于农村的远程放射学。

③ 农村家庭远程医疗。

家庭远程医疗是面向农村的远程医疗。家庭部件包括和电视机连接的POTS视频部件以及可以测量血压、心音、体温、体重、血糖的接口。所有测量数据传送到基地的电子病历。

（2）实验室第二阶段项目包括以下两项内容。

① 农村远程精神病研究。

② 农村外伤远程医疗系统。

这个系统旨在建立测试临床医院和大学中心医院之间的远程通信；决定当地医院的外伤病人的治疗以及是否要转院；开发网络数据库软件和视频会议系统（利用Power Macintosh和QuickTime）（见图11-1-5）；编写供农村医务人员使用的使用手册。

③ 糖尿病病人多媒体教材

当病人诊断为糖尿病以后，由于心理上产生巨大压力而迫切需要得到有关糖尿病的医学知识。糖尿病病人多媒体教材可以在病人家中观看，也可以在病房中观看。除了编辑糖尿病知识以外，研究人员还开发了一个特殊的播放器，它可以和 Internet 连接，从而也是一种专用的 Web 浏览器。

④ 儿童超声心动图实时传输（见图 11-1-6）。

超声心动图的三维视频信息必须通过高带宽网络传输，已经在 2 家医院试用。农村地区的社区门诊部可以拥有超声心动机，但是缺乏分析影像的专家，视频信息传送到 Iowa 大学医院，由专家分析并将诊断结果回传到当地门诊部，节省了病人往返的时间。

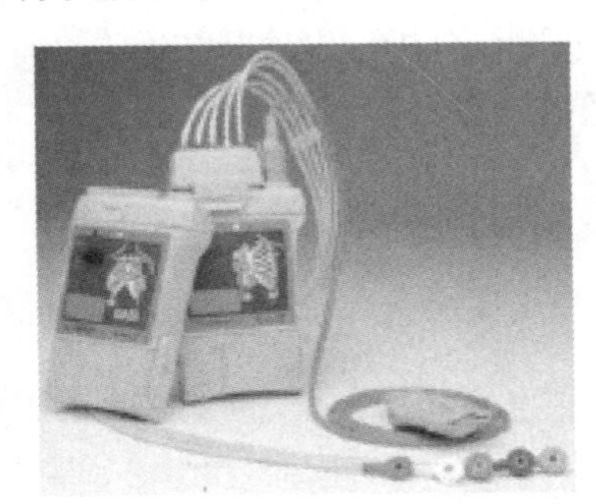

图 11-1-5　视频会议系统接口图

图 11-1-6　儿童超声心动图实时传输

⑤ 基于 Web 的家庭交互式医疗保健服务

Web 技术以及无线测量技术的进展使得交互式家庭远程医疗服务（Interactive Healthcare Service，IHS）的发展有了可能。

病人在规定的时间（如早晨）或根据医疗保健提供者的指令，利用家里的无线测量装置，他们可以自动工作，或者按一下按钮就可以了。这些装置可以是体重计、血压计（包括测量脉搏）以及可以测量心电图和心率的心律记录仪。测量结果由电话机附近的家用集线器自动采集并利用普通电话线传送到护理提供者诊室的服务器。

服务提供者的授权用户可以通过 Web 浏览器访问病人数据库。医生可以利用软件跟踪病人的数据，发现有超出预置阈值的测量值时可以立即通知病人到家里随访或作进一步处置。

⑥ X 光片和心脏病远程可视咨询

图片、数据、X 光片、超音频图片以及 EKG（心电图）能通过一定的标准编码，将信息数字化，进行通信传输、存储和调用。

意大利 INRCA 学院的远程教育项目已经在意大利不同地方的中小型医院运行。该项目由 INRCA 中心给其他医院和健康中心提供有关放射性的知识和经验培训，同时也给世界其他各地的专家进行咨询。

⑦ 眼科的可视咨询

远程眼科医疗对一些国家如美国是一种普遍的应用。利用意大利 Aethra 远程医疗桌面系统开展远程眼科医疗应用时，系统需要连接到眼睛视网膜摄像头和一个裂缝灯上。

休斯敦大学眼科诊断服务中心正在使用 Aethra 远程眼科医疗 Eykona 系统。休斯敦大学的眼科医疗服务中心连接到休斯敦偏远和服务水平低下的门诊部，眼科诊断服务中心的专家可以远程观察被检查的患者，并且可以控制裂缝灯的角度。

中国研究院信息所（世界卫生组织传统医学合作中心）于 1997 年 10 月正式成立了第一间覆盖全球的中医国际远程医学中心。

4. 远程医疗系统的功能

远程医疗系统的功能主要有3个：远程监护、远程诊治、图像存档传输系统（PACS）。

（1）远程监护

远程监护的作用有以下几点。

- 缩短医生和患者之间的距离；
- 对自理能力较差的老年人和残疾人的日常生活状态实施远程监护；
- 在患者熟悉的环境中进行，减少了患者的心理压力，提高了诊断的准确性；
- 对健康人群可以远程监护，可以发现疾病的早期症状，从而达到保健和预防疾病的目的。

（2）远程会诊：医生通过远地病人的图像和其他信息进行分析作出诊断结论。

（3）图像存档传输系统（PACS）是存放和传输图像的设备。

5. 远程医疗的发展趋势

（1）远程医疗质量、效果不断提高。

（2）远程医疗系统会趋于多样化和一体化。

（3）远程医疗日益成为军事医学的重要课题。

（4）远程医学正向社区和家庭拓展其应用范围。

6. 实现远程医疗的意义

（1）使广大偏远地区的患者享有与城镇地区平等的医疗保障。

（2）远程医疗能够提供及时的诊断与治疗。

（3）远程医疗通过远程诊断减少了医生出诊和患者去医院就诊所需的时间。

（4）远程医疗能对高发病人群，如老年人、残疾人和慢性病患者实行远程家庭监护。

（5）远程监护可以在患者熟悉的环境中进行，减少了患者的心理压力。

（6）远程教育具有广泛的服务对象。

7. 目前已投入使用的远程诊断与治疗系统

（1）旅行人员的急症诊断系统。

（2）急救车载远程诊断系统。

（3）专门为医生设计的变携式传呼诊断系统。

（4）精神病的远程诊治系统。

8. 远程医疗的路线传输

远程医疗的路线传输可以依靠地面和卫星两种方式。地面方式包括普通电话线、ISDN、帧中继和光纤线路等；卫星传输大都和地面传输方式相结合，形成天地合一的远程医疗网络，也是效果最好的一种传输方式。

11.1.3 现代远程医疗典型案例分析

我国的远程医学活动开始于1988年，大致包括以下几种形式：远程医疗会诊、远程医学教育、学术会议转播、手术示教等，现在开展最好的是远程医疗会诊。时至今日，在远程医学活动不断发展的过程中发生了许多感人的医疗事迹，拯救了无数宝贵的生命。图11-1-7所示为远程医疗示例。

2008年5月12日四川汶川发生地震后，总后卫生部紧急部署，大批解放军医疗队快速赶赴灾区。在汶川地震伤员救治工作中，通过卫星网远程救治系统，利用远程会诊技术，实现了多地区多名一流专家的联合会诊，成功救治了多名危重伤员。

图 11-1-7　远程医疗图例

例 1：2008 年 5 月 16 日下午 16 时，解放军第 42 医院医疗队收治北川县人民医院药剂师张艳，患者病情危重，伤情复杂，随时有生命危险。医疗队紧急联系已赶至成都军区总医院的解放军总医院卢世壁院士和陈香美院士，随后立即启用远程会诊系统，进行了可视化现场指导。教授仔细询问了病情，并在现场医疗人员的协助下进行了详细的查体，会诊后教授们肯定了初步诊断，作出了指导建议。

例 2：一名 21 岁的男青年，在震后被废墟压埋 124 小时后成功获救，在此后 14 小时救治过程中，病情反复不定，情况十分危急。为此，解放军抗震救灾卫勤指挥部紧急启用卫星网远程救治系统，组织南京、西安、成都 3 地著名专家为其会诊。在南京军区南京总医院远程医学中心，黎介寿、黎磊石、刘志红 3 位院士和专家们通过卫星视频，详细听取了灾区医疗救援队专家的病情介绍，通过视频指导前方军医仔细查看了伤者的病情，并对一些重要伤情指标作了详细询问。针对伤者全身软组织挫伤、挤压综合症、极度缺水、营养不良导致体内电解质紊乱、出现精神应激反映等情况，针对性提出了加强心理调节、抗感染治疗、纠正水电平衡等指导性意见，使患者在尽可能短的时间内得到最权威专家的诊断及治疗建议。

例 3：抢救废墟下被埋 179 小时生还者。南京军区南京总医院 3 名院士会同上海、成都、常州的著名专家，详细询问患者的各项生化指标、用药情况，甚至情绪表现等，对坏死左上肢的处理、排尿情况、肝功能情况等尤其关注，通过视频，观察患者状况，最后提出必须立即实施开放性截肢手术的正确意见，科学方案加上精心救治终于挽救了这位重伤员的生命。

例 4：被困 196 小时的一名矿工。南京军区南京总医院启用全军远程医学信息平台，连同北京、重庆、成都等地专家远程会诊一名刚刚获救的被困 196 小时的幸存者。该矿工被部队官兵成功救出时，全身严重脱水，轻度昏迷，左耳后有 2 厘米外伤并感染，心肺无明显异常，四肢可活动。专家们通过对患者尿量、血压、脉搏等生命体征全面细致地分析，诊断患者为“多器官障碍综合征”，并伴有急性肾功能衰竭。专家们提出使用大量抗感染药物，及时纠正患者电解质失衡和酸中毒，最终使其得到及时有效的治疗，脱离了生命危险。

11.1.4　对远程医疗网站发展的分析

远程医学网络体系结构采用 Internet/Intranet 架构，由网上专家、网上医院和网络中心 3 个部分组成。现阶段的远程医疗可划分为以下 3 个层次。

第一个层次：医院内各个科室与部门间的医学信息交流，包括病案传送、会诊等。

第二个层次：各个医院间的医学信息交流。

第三个层次：医院与院外的医学信息交流。

随着网络的飞速发展，远程医疗网站将会迅速建立、健全，并将成为以后医疗信息化发展的一个重要方向。

11.2 医学统计学及应用

统计学（Statistics）是研究数据搜集、整理与分析的科学，是认识社会和自然现象数量特征的重要工具。统计工作的基本步骤通常分为 4 步：设计、搜集资料、整理资料和分析资料。下面我们具体介绍一下统计学在医疗中的应用。

11.2.1 医学统计学概述

19 世纪，现代科学思想和科学方法在医学研究中的应用初见端倪。1835 年，法国医生 P.C.A.Louis 对当时流行的“放血”疗法治疗肺炎的效果进行了统计分析比较。在著名法国数字家 S.D.Poisson（1781—1840）的学生 J.Gavarret 的协助下，Louis 的数字方法发展为“概率框架”，Gavarret 也于 1840 年在巴黎出版了世界第一部医学统计学教科书。

统计学在医学研究领域的应用称为医学统计学。医学统计学与生物统计学、卫生统计学是统计学原理和方法在互有联系的不同学科领域的应用，三者间有少许区别，但无截然界限。

医学常遇见的统计问题如：癌症病人不做手术或做术后能生存多久？新药的用量、用法如何，疗效怎样判定？吸烟对人类的危害到底有多大?

11.2.2 统计方法学应用

统计在分子生物学、医学检验学、医院管理等方面都有广泛的应用。同时，在各类医学研究中，统计方法学也被应用得越来越多。下面看几个例子。

例 5：为了解铅中毒病人是否有尿棕色素增加现象，分别对病人组和对照组的尿液作尿棕色素定性检查，结果见表 11-2-1，问铅中毒病人与对照人群的尿棕色素阳性率有无差别？

表 11-2-1 两组人群尿棕色素阳性率比较

组　别	阳 性 数	阴 性 数	合　计	阳性率（%）
铅中毒病人	29（18.74）	7（17.26）	36	80.56
对照组	9（19.26）	28（17.74）	37	24.32
合计	38	35	73	52.05

注：括号内为理论频数

H0: π1=π2，即两总体阳性率相等；

H1: π1≠π2，即两总体阳性率不等；

$$\alpha=0.05$$

$$\chi^2=\frac{(29-18.74)^2}{18.74}+\frac{(7-17.26)^2}{17.26}+\frac{(9-19.26)^2}{19.26}+\frac{(28-17.74)^2}{17.74}=23.12$$

$$\nu=(2-1)(2-1)=1$$

按 α=0.05 水准拒绝 H0，接受 H1，因而可认为两总体阳性率有差别（统计学推论）。结果说明，铅中毒病人有尿棕色素增高现象（结合样本率作实际推论）。

例 6：鼻咽癌患者与眼科病人血型构成比较，相关数据参见表 11-2-2。

表 11-2-2　鼻咽癌患者与眼科病人血型构成

组　别	A 型	B 型	O 型	AB 型	合　计
鼻咽癌患者	55	45	57	19	176
眼科病人	44	23	36	9	112
合　计	99	68	93	28	288

H0：鼻咽癌患者与眼科病人血型的总体构成比相同；

H1：鼻咽癌患者与眼科病人血型的总体构成比不全相同；

$$\alpha=0.05$$

$$\chi^2 = 288(\frac{55^2}{176\times 99}+\frac{45^2}{176\times 68}+\frac{57^2}{176\times 93}+\frac{19^2}{176\times 28}+\frac{44^2}{112\times 99}+\frac{23^2}{112\times 68}+\frac{36^2}{112\times 93}+\frac{9^2}{112\times 28}-1)=2.56$$

$$\nu=(2-1)(4-1)=3$$

查 χ^2 界值得 P>0.25，按 α=0.05 水准不拒绝 H0，故尚不能认为鼻咽癌患者与眼科病人的血型构成有差别，即尚不能认为血型与鼻咽癌发病有关。

11.2.3　生物统计学方法

20 世纪 20 年代，英国统计学家 R.A. Fisher 爵士（1890—1962）在伦敦附近的 Rothamsted 农业实验站，创立了实验设计方法和统计分析技术，奠定现代生物统计的基础。

1948 年，英国发表了评价链霉素治疗肺结核疗效的随机对照的临床试验报告，第一次采用生物统计方法进行临床干预试验。

生物统计学方法包括以下 11 种。

（1）正态分布　（2）抽样分布　（3）样本平均数差数　（4）百分数的检验
（5）非参数检验　（6）方差分析　（7）多重比较　（8）多因素方差分析
（9）回归分析　（10）平均数假设测验　（11）协方差分析

11.2.4　医学统计软件

常用的统计分析软件包括 SAS、SPSS、EPIINFO 等，这些软件都能完成常用的统计方法，如统计描述、回归分析、方差分析、多元分析等，但不同的软件在功能和作用上又各具特色。

1．国际流行统计软件

（1）SAS（Statistics Analysis System）。美国的 SAS 软件以其强大的数据管理能力、全面的统计方法、高精度的计算以及独特的多平台自适应技术，使其成为统计软件包的标准，被国内外许多学者誉为最权威的优秀统计软件包。在 20 世纪 80 年代进入中国后，占据了许多大型部门的统计室。目前 SAS 对 Windows 和 Unix 两种平台都提供支持。SAS 提供“数据步”和“过程步”两种处理数据的方式，可进行复杂而灵活的统计分析，但这种方式操作复杂，不能为广大普通用户所接受，仅适合那些专业统计人员使用，这也在很大程度上制约了其市场的表现。

（2）SPSS（Statistical Package for the social sciences）。SPSS 公司一推出 SPSS/PC+便大受市场欢迎，从而确立了个人用户市场第一的地位。目前主要以 Windows 为平台，同时该公司推行本土化战略，目前已推出 9 个语种版本。最新的 10.0 版采用 DAA（Distributed Analysis Architecture，分布式分析系统）技术，全面适应互联网，支持动态收集、分析数据和 HTML 格式报告，领先于诸多竞争对手。

SPSS 包括 11 个功能模块。

- SPSS Base——基础模块
- SPSS Advanced——多元方差分析、生存分析
- SPSS Regression——回归分析
- SPSS Trends——时间序列
- SPSS Categories——分类数据分析
- SPSS Conjoint——正交设计和分析
- SPSS Tables——表格展示数据
- SPSS Maps——地图展示数据
- SPSS Missing Value Analysis——缺失值分析
- SPSS Exact Test Analysis——精确检验
- SPSS Complex Samples——复杂抽样（12.0 版新增）

（3）BMDP（Biomedical computer programs）。由加州大学于 1961 年研制，1968 年 BMDP 公司发行。该软件包曾和 SAS、SPSS 共称为 3 大统计软件包，在国际上影响很大，客户达 1 万户以上，国外许多大学的统计学网站均对其关照有加。它方法全面、灵活，早期曾有很多独具特色的分析方法。不过其发展路途不畅，从 1991 年的 7.0 版以后就没有新版本，最后被 SPSS 收购。

（4）EPIINFO（见图 11-2-1）和 EPIMAP（Epidemiology Information）。该软件由美国 CDC（疾病控制中心）和 WHO（世界卫生组织）联合发布，是一款免费软件。该软件主要应用于流行病学领域，包含从调整表设计、数据输入表设计、数据输入自动校验、无效数据项的自动跳过直至统计分析、作图、报告、连网汇总等疾病监测工作全过程中的所有应用。在 DOS 平台上有 5.0 和 6.0 版，在 Windows 95、Windows 98 平台上有 2000 版，均为菜单操作。与之相配套，CDC 和 WHO 还提供有一套地理信息系统 EPIMAP，用于疾病的地理分布分析，也是免费软件。

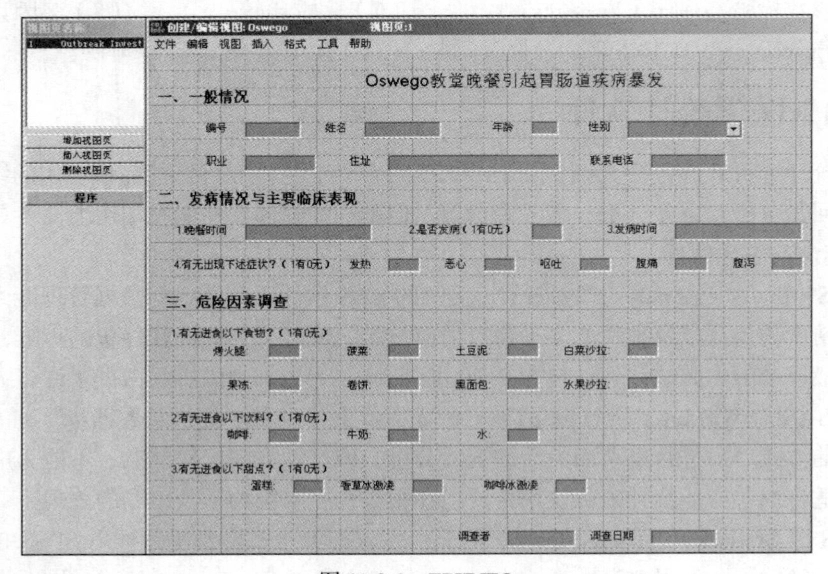

图 11-2-1 EPIINFO

（5）SYSTAT（the system for statistics）。由美国 SYSTAT 公司于 20 世纪 70 年代推出，因方法齐全、速度快、精度高、软件小、处理数据量大而大受欢迎，一度欲与 BMDP 争夺“第三”的名份，在我国也曾风靡一时，但随着市场的风云变幻，也不幸于 1994 年 9 月被 SPSS 公司兼并。SPSS 公司则调整产品布局，利用 SYSTAT 较为突出的图形优势，发展 MAC 平台上的产品系列。目前，它的 MAC 版最新为 5.2.1，Windows 版为 9.0。

除以上介绍的一些软件外，还有 Quick-Statistic 5.5、S-plus2000、GLIM、EPICURE 等。这些软件有的包含一些应用面较窄的独特的统计方法，还有的被大公司产品所“屏蔽”。因此虽然也很优秀，但很少见到，用户数就更少了。

2. 国产医学统计软件

（1）NOSA（非典型数据统计分析系统）。由第四军医大学卫生统计教研室 NOSA 工作组开发。它覆盖了绝大部分常用统计方法，嵌入了当代数据处理技术，能满足从事医学研究人员处理数据的需要，是医学各专业研究生、本科生统计教学的优秀课件。NOSA 采用广义线性模型建模作为核心算法，因此广泛用于一般线性、对数线性、Logistic、Probit 等模型。

（2）SDAS（统计设计和分析系统）。由解放军总医院医学统计教研室研制，北京万道电子技术公司发行。它是国内第一款采用下拉式菜单界面的医学统计软件包，操作简便、易学，有较强的数据管理功能，其 2.0 版曾被中华预防医学会卫生统计专业委员会在 1994 年推荐使用。

（3）POMS（医学统计程序集）。由上医大、上二医、中山医大及中国医科院基础医学研究所共同研制。该软件用 BASIC 语言编写，共 40 个程序，各程序均独立、完整。用户只需确定分析方法，调用程序，简单易学，也比较流行。

11.3　医院信息系统（HIS）

在现代医院中，我们可以利用计算机和网络通信设备收集、存储、传递、分析处理医院的所有信息，也可以通过任何人（授权者）在任何时候、任何地方共享信息。医院信息化是医院现代化的基础和前提，是提高医院管理水平和运行效率的重要手段。因此，加速医院信息系统的建设是加速医院现代化建设的重要组成部分。

11.3.1　世界各国医院信息系统发展状况

医院信息系统 HIS（Hospital Information System）是为了医院的效益而建立的信息管理系统。美国著名的医学信息教授 Morris Collen 给医院信息系统 HIS 的定义是：HIS 的目标是用计算机和通信设备采集、存储、处理、访问和传输所有和医院相关的病人医疗信息和管理信息，满足所有授权用户功能上的要求。

1. 国外 HIS 的发展与现状

（1）起源于美国。20 世纪 50 年代中期，开始将计算机应用于医院财务会计管理，并进一步实现了部分事务处理，逐步形成医院信息系统。

（2）探索阶段（20 世纪 60 年代初～70 年代初）。病人护理系统。1965 年美国国会修改社保制度，要求医院向政府提供病人详细信息。1972 年调查全美还没有一个完整的、成功的信息系统。

（3）发展阶段（20 世纪 70 年代中～80 年代中）。1975 年 SNOMED 公布，1977 年 ICD-9、ICD-9-CM 发布，制定了诊断相关分组编码（DRG），1985 年发布 DICOM 标准（医学影像系统和检查设备接口标准）。信息系统向小型机和微机两个方向发展。此时，HIS 基本覆盖医院各方面，但系统标准化程度不高。

（4）成熟阶段（20世纪80年代末～20世纪90年代中）。1987年HL7首次公布（HL7，health level seven），1992年ICD-10发布，硬件设备技术提高，开发重点是与诊疗有关的系统，医嘱、实验室、医学影像、病人监护、合理用药等系统。

（5）提高阶段（20世纪90年代末至今）。重点开发电子病历、计算机辅助决策、统一的医学语言系统（UMLS）、专业范围临床信息共享等方面。正经历着小型化、智能化和集成化改造过程，并由信息系统管理功能经信息网络和交换系统向信息服务方向发展。

日本HIS兴起于20世纪70年代初期，日本HIS的开发和运行主要基于大型计算机，如IBM3090、富士通M1600/8，编程语言主要是COBOL。

欧洲各国HIS发展稍晚，大多兴起于20世纪70年代末期，但发展十分迅猛，区域突出。如1995年丹麦政府支持的红色系统管理76所医院和诊所；法国第八医疗保健中心实现了能管理3所大医院和3所医药学院的一体化医院信息系统。目前，欧盟的SHINE工程（欧盟医疗保健信息网络系统战略工程）已启动，英、法、意、德等国公司都参与了此项工程，目的是共享各医院信息。

2. 我国HIS的发展与现状

我国医院信息化建设伴随计算机和网络技术的发展，经历了20多个年头。

（1）萌芽阶段（20世纪70年代末～20世纪80年代初）。1976年上海肿瘤医院利用计算机进行放疗剂量的计算，两年后建立病史管理系统。

1978年在武汉召开“中医控制论研讨会”标志着中医行业计算机应用的开始，湖北中医学院附属医院、上海、北京等中医院的“名老中医专家系统”研究，全国闻名，同时中国中医研究院的“中医药文献检索系统”开始研究。

（2）起步阶段（20世纪80年代中期）。1984年卫生部下达“计算机在我国医院管理中应用的预测研究”课题，成立了由上海肿瘤医院、黑龙江省医院、北京积水潭医院和南京军区总医院组成的课题协作组；同时在北京医科大学和湖北中医学院分别举办综合医院、中医医院的计算机技术研修班，培养高层次医学计算机两用人才。

（3）局部发展阶段（20世纪80年代末～20世纪90年代初）。20世纪80年代后期，我国HIS发展较快，1988年11月召开首届全国医院管理计算机应用学术会议，医院信息系统开发计划列入“八五”攻关课题，各子系统开发应用蓬勃兴起。统一医疗指标体系、统计登记报表、信息分类编码、数据交换接口、医疗名词术语开始提出。

（4）全面发展阶段（20世纪90年代中后期）。1993年国家有关部门投资100万元，下达国家重点攻关课题“医院综合信息系统研究”，1995年众邦公司推出DOS平台的HIS。

11.3.2 医院信息系统概述

医院信息系统（Hospital Information System），是指利用计算机软硬件技术、网络通信技术等现代化手段，对医院及其所属各部门的人流、物流、财流进行综合管理，对在医疗活动各阶段产生的数据进行采集、储存、处理、提取、传输、汇总、加工生成各种信息，从而为医院的整体运行提供全面的、自动化的管理及各种服务的信息系统。

HIS既包括医院管理信息系统，又包括临床医疗信息系统。

医院管理信息系统（Hospital Management Information System，HMIS）的主要目标是支持医院的行政管理与事务处理业务，减轻事务处理人员的劳动强度，辅助医院管理，辅助高层领导决策，提高医院的工作效率，从而使医院能够以少的投入获得更好的社会效益与经济效益，像财务系统、人事系统、住院病人管理系统、药品库存管理系统等就属于 HMIS 的范围。

临床信息系统（Clinical Information System，IS）的主要目标是支持医院医护人员的临床活动，收集和处理病人的临床医疗信息，丰富和积累临床医学知识，并提供临床咨询、辅助诊疗、辅助临床决策，提高医护人员的工作效率，为病人提供更多、更快、更好的服务。像医嘱处理系统、病人床边系统、医生工作站系统、实验室系统、药物咨询系统等就属于 CIS 范围。

11.3.3　医院信息系统的特性

广义地说，医院管理信息系统是管理系统（MIS）在医院环境的具体应用，因此，它必定具有以下一些与其他 MIS 系统共有的特性。

- 它们均是以数据库为核心，以网络为技术支撑环境，具有一定规模的计算机化的系统。
- 它们是以经营业务为主线，以提高工作质量与效率和辅助决策为主要目的，可以提高综合管理水平，反映企业全貌，增强企业竞争能力，获得更多、更好的社会、经济效益的信息系统。
- 在系统内部按一定原则划分若干子系统（也可能在子系统之上加一层分系统），各子系统、分系统之间互有接口，可有效地进行信息交换，真正实现信息资源共享。
- 它处理的对象既有结构化数据，也有半结构化或非结构化数据，有些数据及结构会较多地受到人工干预和社会因素的影响，既有静态的，也有动态的。
- 开发难度高，技术复杂，周期较长。

具有完善的系统管理、监督、运行保障体系以及相应的规章制度和系统安全措施。医院信息系统属于迄今世界上现存的企业级信息系统中最复杂的一类，这是医院本身的目标、任务和性质决定的，它不仅要同其他所有 MIS 系统一样追踪管理伴随人流、财流、物流所产生的管理信息，从而提高整个医院的运作效率，而且还应该支持以病人医疗信息记录为中心的整个医疗、教学、科研活动。

- 系统的复杂性高。

在许多情况下，它需要极其迅速的响应速度和联机事务处理（OLTP）能力。当一个急诊病人入院抢救的情况下，迅速、及时、准确地获得他们既往病史和医疗记录的重要性是显而易见的。当每天高峰时间门诊大厅中拥挤着成百上千名患者与家属，焦急地排队等待挂号、候诊、划价、交款、取药时，系统对 OLTP 的要求可以说不亚于任何银行窗口业务系统、机票预定与销售系统。

- 医疗信息复杂性。病人信息是以多种数据类型表达出来的，不仅需要文字与数据而且时常需要图形、图表、影像等。
- 信息的安全、保密性要求高。病人的医疗记录是一种拥有法律效力的文件，它不仅在医疗纠纷案件中，而且在许多其他的法律程序中均会发挥重要作用，有关人事的、财务的，乃至病人的医疗信息均有严格的保密性要求。
- 数据量大。任何一个病人的医疗记录都是一部不断增长着的、图文并茂的书，而一个大型综合性医院拥有上百万份病人的病案是常见的。
- 缺乏医疗信息处理的标准。这是另一个突出地导致医院信息系统开发复杂化的问题。目前医疗卫生界极少有医学信息表达、医院管理模式与信息系统模式的标准与规范。计算机专业人员在开发信息系统的过程中要花费极大精力去处理自己并不熟悉的领域的信息标准化问题，甚至要参与制定一些医院管理的模式与算法。医学知识的表达的规范化，即如何把医学知识翻译成一种适合计算机的形式，是一个世界性的难题，而真正的病人电子化病历的实现仍有待于这一问题的解决。
- 医院的总体目标、体制、组织机构、管理方法、信息流模式的不确定性，为我们分析、设计与实现一个 HIS 增加了困难。众所周知，我国目前正处在一个改革开放的大变革当中，医院的性质、体制、机构、制度、管理的概念、方法与手段都在变，这大大增加了设计 HIS 的难度。

- 高水平的信息共享需求。一个医生对医学知识（如某新药品的用法与用量，使用禁忌，某一种特殊病例的文献描述与结论等）、病人医疗记录（无论是在院病人还是若干年前已死亡的病人）的需求可能发生在他所进行的全部医、教、研的活动中，可能发生在任何地点。而一个住院病人的住院记录摘要也可能被全院各有关临床科室、医技科室、行政管理部门所需要。因此信息的共享性设计、信息传输的速度与安全性、网络的可靠性等也是 HIS 必须保证的。

- 医护、管理人员的心理行为障碍。医院信息系统的成功依赖于医院医护人员、管理人员的参与。医护人员及管理人员对应用计算机的心理、行为障碍，往往会导致一个系统的失败。在中国，由于普遍的教育背景，计算机的普及程度以及汉字录入的困难，使得终端用户对使用计算机采取更为普遍的抵制态度。这就要求系统的设计者付出更大的精力于人—机友善性的设计，更好的界面，更方便的帮助信息，更简单的操作方法，更易学、更快捷的汉字信息的录入等，这当然反过来增加了系统的开销与复杂程度。

11.3.4 医院信息处理的层次

医院信息系统面临着“以病人为中心”的临床诊疗信息处理体系（CIS）和“以提高现代化管理及服务为中心的”管理决策信息处理系统（MIS）两大交互体系。有专家称之为“双塔模式”，如图 11-3-1 所示。

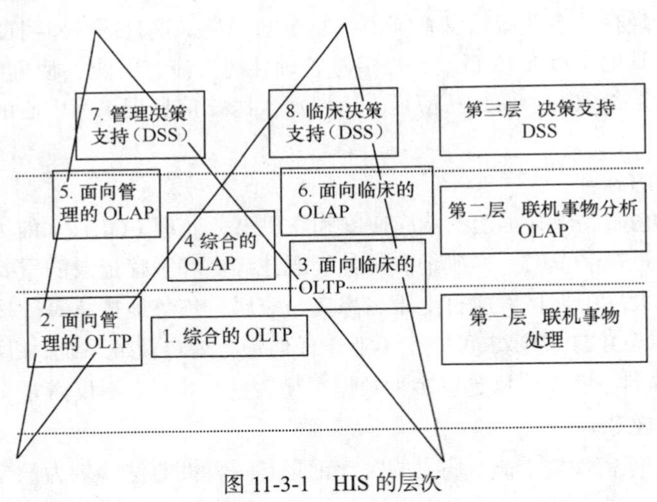

图 11-3-1 HIS 的层次

从信息处理功能和服务对象上来划分，可以分为 8 个单元或 3 个层次，下面从 3 个层次方面加以介绍。

1. 基础层次，联机事物处理层次

联机事物处理层次（On Line Task Press，OLTP），从概念上讲应该包含 HIS 系统中各个子系统模块的源数据收集功能，作用是完成 HIS 中所有基本数据的采集、标准化转换、存储、加工、数据共享传输等工作。另外，由于每种原始数据的服务对象及最终目的不同，因此，数据彼此之间关联度高，且有数据流向错综复杂的医学信息独有的特点。这个层次工作的好坏关系到完成后续工作的基础和保证，又因为该层次直接面向患者和医护人员，数据量大，效益和效率反映突出，因此建设 HIS 系统时一般多从这一层次开始。

2. 中间层次，联机事物分析层次

联机事物分析层次（On Line Analysis Press，OLAP）属于中间层次，这个层次的主要功能是HIS 系统的信息加工处理，该层次工作能最大限度地体现全程数据监控的处理能力和水平。在计算机中对联机事物进行处理和分析，实现用户对信息处理的要求，生成业务数据库，早期 HIS 中由于没有采用数据仓库技术，直接负责多个数据库表文件（电子病历、处方、日报表、月报表、季报表、年报表、人、财、物报表）的复杂查询，不仅效率低下，且影响了 DSS 决策信息处理的实现。目前众多 HIS 系统中采用了与业务数据库分离的数据仓库技术实现 OLAP 层对海量数据的复杂查询需求，真正解决“数据丰富，知识贫乏”的状况，高效率地处理海量数据，快速分析生成有用信息。

3. 高端层次，决策支持层次

决策支持层次（DSS）是信息处理的高端层次，是 HIS 系统的指挥中心，是在管理信息系统的管理决策子系统的概念基础上发展起来的。这一层次最能够体现出信息系统的效率及效益，也是医院最高管理层最为关心和依赖的决策信息提供层。决策信息是在处理包括临床诊疗、住院信息、药品与卫材信息、手术与麻醉信息、统计分析管理信息等庞大而快速增长的数据集的情况下产生的。往往考虑采用先进的数据仓库技术为基础，结合联机分析处理和数据挖掘技术为手段的一整套解决方案来实现。

11.3.5　医院信息系统的体系结构

当前，可供一个 HIS 选择的体系结构不外乎 3 种，主机加终端的分时系统，微机网络加文件服务器系统和客户机/服务器系统。

主机加终端分时系统是美国、西欧与日本自 20 世纪 70 年代到 80 年代末在开发综合医院信息系统时的基本选择，许多成功的著名的 HIS 都是基于这样的体系结构开发出来的，这就是所谓传统集中式信息管理基于主机的模型。尽管这样的系统可处理的数据量，其运行效率，对完整的关系数据库的支持以及数据的整体可用性等方面可以满足 HIS 的需要，但近年来理论上受到越来越多的批评，实践上受到 Downsizing 浪潮的强烈冲击。普遍认为这样的集中式系统一次性投入太大，应用系统被过多地束缚在厂家的软、硬件产品之上，失去了系统的开放性、灵活性与可伸缩性，笨拙的软件开发工具影响应用软件的开发速度，无法与 PC 相比的 API 及 GUI 技术影响应用软件开发的质量与成功率。

微机网络加文件服务器系统可以说是当今中国医院信息系统体系结构的主流选择。中国医院计算机应用经历了单微机单任务，多微机多任务进入到微机网络的文件服务器阶段，应该承认是有了很大的进步。微机网络支持分布式处理，而且直接继承了 PC 系统的全部优点，用户可以充分使用自己的 CPU 的同时，又可以共享昂贵的外部设备，海量外存器，激光打印机及绘图仪，亦能实现多用户的数据共享。实际上，已有一些中、小型的医院在这样体系结构基础上成功地部分实现了 HMIS。但是，这样的系统也许可以承担大型医院部门一级（如财务处、人事处或患者入、出院管理等）的信息管理任务，但此类结构的先天不足会使其难以担负起建立整个医院完整的信息系统的重任。主要有以下几方面的原因。

（1）通常此类系统均不是建立在真正 RDBMSServer 之上，xbase 一类的“大众”数据库系统无法为开发者和用户提供完整的关系数据库管理服务，像数据库管理员（DBA）、数据字典（DDL）、数据库结构化查询语言（SQL）、数据的完整一致性与保密性保证，支持多任务、多线索（Multithreaded），联机事务处理控制（OLTP），查询优化，StoredProcedure 及 Trigger 的能力。

（2）文件服务器（Server）负责应答用户端计算机有关数据存取的需求，但它往往是以简单的文件方式：用对单一文件加锁、解锁方式实现共享，用传输整个文件的方式提供服务。这不但给LAN增加了不必要的流通负担，同时也没能充分发挥后台服务器CPU的能力，工作站仍然承担全部所需处理，和单个微机情况相同。

（3）在这样的体系结构下，如果设计者为减轻网络的通信负担和加强数据的安全性，采用数据物理上分布于不同Client端的方法，那将为系统的设计与实现、数据完整一致性的保证、满足高层用户对各类数据的综合查询与辅助决策、多个用户对彼此间数据的共享与同步更新带来无穷的麻烦。

客户机/服务器（Client/Server）是在网络基础上，以数据库管理系统为后援，以微机为工作站的一种系统结构。其关键点在于“一分为二”，即把数据存取与应用程序分离开，分别由数据库（Server端）及工作站（Client端）来执行，从而明显地既保证整个系统的运行性能，又增加了系统的易开发性、可扩充性和可维护性。它的优越性体现在以下4个方面。

（1）极高的性能（Performance），Server端一定有一个完整的高效能的关系数据库管理系统（RDBMS，Relational Database Management System）。CPU只负责DBMS的使用，不负责任何客户端应用功能，支持并发控制，确保多个用户同一时间内处理相同的表、行、列数据，这就显著地改善了运行性能，特别是医院中以高频率更新数据的应用环境。

（2）集中式数据管理。这是该结构的关键环节，是医院环境之高层管理和患者医疗数据管理的至关重要的需求，所有数据均用集中式DBMS加以管理和存取。Server所负责的DBMS功能完全等同于大、中型计算机中的DBMS。

（3）扩充升级方便灵活。前后台任务的分离使得前端的应用程序不依赖于后台的软、硬件平台。无论用户升级更换后台的操作系统、Server硬件，应用程序都无须变动。这一方面保护了用户对应用程序及使用培训方面的投资，同时也为用户提供了一种低消耗地逐步更新设备的途径。

（4）开放式平台有利于加速系统的开发。一方面，开放式后台数据库拥有强大的数据管理功能。另一方面，开发者又可以在前端用各式各样所熟悉的微机环境下的开发工具进行应用程序的开发工作，当然也可以使用数据库所提供的API方式来开发前端应用。

11.3.6 医院信息系统的组成与功能

医院信息系统是医院以业务流程优化重组为基础，利用计算机技术、网络技术和通信技术及数据库技术，对医院各项管理、医疗护理、物资经济和科研教学等信息进行有效的管理和应用，实现医院内、外部信息资源共享。本系统包括以下16个功能模块。

1. 门诊挂号管理
2. 划价收费管理
3. 门诊药房管理
4. 门诊医生工作站管理
5. 药库管理
6. 住院医生工作站管理
7. 住院管理
8. 护士工作站管理
9. 中心药房管理
10. 手术室管理
11. 综合统计查询
12. 院长查询和决策分析
13. 多媒体触摸查询
14. 经济核算管理
15. 检验检查管理
16. 设备物资管理

11.3.7 医院信息系统的标准化

随着医疗信息化的不断深入，医疗卫生领域信息标准化工作日益显得迫切。国内外的经验都表明，信息标准化是实现医院信息化的首要条件。没有统一的信息标准，不可能实现医疗数据资源的共享，更谈不上卫生主管部门合理利用医疗信息资源。信息标准化问题主要表现在以下几个方面。

1．医院内部的数据共享需要信息标准化

经过多年的建设，不少医院信息系统呈现出多样性，特别是大型医院的信息系统，往往是由多家产品逐步构建而成。不同时期，不同技术水平的系统彼此的体系结构差异很大，加上现在医疗设备和信息设备之间的界限已经越来越模糊，这都使得众多先进的医疗设备成为彼此隔离的信息孤岛，医院内部不同系统间的信息交换不能满足现代医院信息化管理的需要。

2．医疗保险机构的信息交换需要信息标准化

目前医疗保险中心系统与 HIS 的数据接口还没有统一的标准，给数据交换带来较大困难，对医疗保险的管理和 HIS 建设都十分不利。由于政策和技术的原因，现行标准的变更时有发生。标准变化，接口和 HIS 源代码就要随之改变，影响正常的医疗业务。

3．医疗机构间的联系需要信息标准化

各地 HIS 产品的开发由于缺乏统一的信息标准，造成宏观数据统计结果的可用性差。未来实现电子病历和医疗电子商务，一个关键功能是医疗数据的网上交换和共享。全国各级医院拥有我国重要的医疗卫生资源，在日常的诊疗过程中收集了大量的门（急）诊和住院患者个案信息。在参与各种突发事件的处理与医疗救治过程中，收集了患者个案详细的临床数据资料。所有这些重要医疗信息，国家卫生主管部门在必要时，可抽样汇总，分析决策，及时监控各地区疾病发生发展的动态变化情况，统一指挥，合理调配卫生资源进行有效防治。上述这些重要工作都要依靠各地各级医院建立比较完整的医院信息系统，并在此基础上建立医院突发公共卫生事件监测、预警系统，实现信息的标准化才能完成。

医疗信息标准主要包括：卫生信息交换标准 HL7（health level seven）、医学数字成像和通信标准 DICOM（Digital Imaging and Communications in Medicine）、业务标准（处方标准、账单标准、手术报告标准、化验申请单及化验结果报告单标准等）、医疗相关术语及编码标准（ICD、ICD-10/PCS、CD-9/CM-3、化验检查项目、医疗服务项目、药品名称与编码、医疗设备与卫生材料等）、统一的 ID 码标准（医院名称与 ID 码、保险机构名称与 ID 码、医生姓名及 ID 码、患者姓名与 ID 码）等。

11.3.8　医院信息系统数据安全和保密

随着医院的不断发展和国家医疗卫生管理要求的不断提高，对计算机信息网络系统的依赖性也表现得越来越强，但是计算机信息网络系统所表现出来的先进性，以及所带来的劳动效率提高和生产成本降低，并不能掩饰其存在的种种安全隐患。特别是医院的信息网络系统中运载着大量重要的数据和信息，无论是硬件、软件、环境、人为方面的影响都可能导致这些数据遭受破坏，将给医院带来无法挽回的损失。因此保护信息系统的数据安全，构建信息系统安全平台成为了医院信息化建设的当务之急。一般而言，可遵循如下原则来进行构建 HIS 的数据安全和保密策略。

1．冗余原则

医院信息系统是一个联机事务系统，要求 7×24 小时不间断运行。如：住院、收费、发药、临床检验系统，都不能有太长时间的中断，也不允许数据丢失，否则将造成灾难性后果和巨大损失，所以硬件设备的安全是至关重要的。为了保证它们的正常运转，需要对硬件进行冗余设计，其目的是保证网络系统内任意环节出现故障，系统都能自动切换接管工作，而不中断系统的运行。如下硬件设备在系统建设时要进行冗余设计。

（1）服务器及内部的硬盘、电源、风扇、网卡；

（2）存储设备及内部的控制器、磁盘（运用阵列）；

（3）交换机及内部的电源、风扇；

（4）网络链路，包括光纤与双绞线。

2. 可靠性原则

随着医院各项业务不断地整合到医院信息系统内，使得数据量急剧膨胀，数据的多样化以及数据安全性、实时性的要求越来越高，这些都要求医院信息系统必须具有高可用性和可靠性。针对这点，无论在采用系统软件，还是应用软件系统时也必须制定相关的安全策略。

（1）数据库备份。采用磁盘阵列和镜像技术配合、磁带库和备份软件配合，来实现对应用数据库数据的保护。

（2）企业级的网络版杀毒。病毒是目前对系统和数据威胁最大的安全隐患，建立一套完善的病毒防范体系十分重要。通过在服务器和工作站上安装对应的程序、定时检查、清杀病毒、定时升级程序、勤打补丁、尽量不使用别人的 U 盘和光盘来实现全面病毒防护，减少系统破坏。

（3）入侵检测（IDS）技术。黑客也是网络安全的隐患，为了防止对医院局域网的非法侵入，需要建立专门的入侵监测计算机，随时监控网络中的各个关键节点，收集信息并加以分析，采取与之对应的措施来防御和对抗。

（4）桌面管理。通过一台控制中心加上配置以下模块：服务器管理、软件许可证监控、硬件资产管理、系统漏洞监测、应用软件升级、补丁分发、远程控制与问题解决、IP 地址管理与各种端口的控制来随时监控每台工作站的运行情况，做到及时发现和解决问题。

（5）硬件防火墙。防火墙既是一个简单的过滤器，又是一个精心配置的网关，它除了对网络进行管理，设定访问与被访问规则，切断被禁止的访问外，它还能通过制定的控制策略对出入网络的信息流进行过滤和监测，记录通过防火墙的信息内容和活动，对来自网络的攻击行为进行检测和报警，从而达到排除恶意和未经授权的侵入，保护内部网络敏感数据的安全。

对于数据安全防范的具体措施，可从以下几方面考虑。

1. 硬件安全方案

硬件环境的搭建直接关系到医院信息系统的运行，我们在选择设备时，不光要考虑投入的资金、设备的扩展性、运行性能，更要考虑数据库数据的安全性，考虑医院信息系统的高稳定性和高可用性。

（1）服务器和存储设备。

① 服务器选用小型机，其特点是稳定、耐用，支持 24 小时连续不间断的工作。采用两台互为冗余，当其中一台出现故障而不能工作时，另一台可以平滑地把业务全部接管过来，从而保证关键应用的持续运行。服务器磁盘采用 1+1 块，构成 RAID1 方案，有效防止硬盘的损坏而破坏操作系统。

② 磁盘阵列柜选用双控制器，其中的磁盘采用 5+1 块，构成 RAID5 方案，这种配置可以最大限度地保护磁盘阵列柜记载的阵列信息和盘体记录的数据。

③ 光纤交换机运用两台冗余，它与服务器、磁盘阵列共同组成一个具有 FC 支撑的存储区域网络（SAN）平台。选用 SAN 的构架不但优于以往的直接附加存储方式（DAS）和网络附加存储方式（NAS），而且还可以有效规避数据与应用系统紧密结合所产生的结构性局限和 SCSI 标准的限制。支持服务器数量和存储容量的不断扩充，也就是支持医院业务的不断扩大，保护硬件的资源投入。

④ 磁带机用于定时记载备份数据信息。

（2）网络通信设备。

① 中心机房中的核心交换机选用高性能交换机，采用冗余方案，两台核心交换机之间运用多

条千兆光纤捆绑互连，运用防止网络中路由器或 L3 交换机故障的 HSRP 协议，实现热备份。当其中任何一台出现故障而不能工作时，另一台正常工作的交换机可以平滑地把业务流量全部接管过来，从而保证关键应用的持续运行。

② 分布在各楼层的接入交换机与中心交换机之间通过互为冗余的两条千兆光纤链路互连形成骨干连接。

③ 中心机房的核心交换机在管理上运用 VLAN 技术。将服务器规划到一个专用网段，而工作站也要根据地理位置或部门属性规划到另外的网段，配置交换机相应的网络管理软件，对 IT 资源、流量、数据包进行有效地监控 。

④ 最好采用将医院的 HIS、RIS、LIS、PACS 局域系统与 Internet 网络从物理上完全割断的分布方案，这样可以有效地规避风险。如果采用将医院的 HIS、RIS、LIS、PACS 系统与 Internet 网络融为一体的方案，就必须增加必要的防范外部黑客、病毒的攻击手段，如：企业级的网络版杀毒软件、硬件防火墙、入侵检测、桌面管理软件。

（3）UPS 不间断电源支持。

① 合理计算服务器的运行功率，配置相适应的 UPS 支持电源，支持时间的长短与投入的资金多少相关联，建议 8 小时支持是一个比较合理的中间值，当然也可具体情况具体分析。

② 配置两路专用电源支持中心机房的服务器，防止意外停电。

③ 配置停电报警装置。

④ UPS 设置关联 Internet 专用邮箱，一旦发生停电情况，它会自动发送信息到邮箱，然后由商业网站通知绑定手机的机主，使其在最短时间内得知消息、及时采取相应的处理措施。

2. 软件安全方案

同硬件的搭建一样，软件环境的选择与医院信息系统也至关重要，我们在选择时，既要考虑投入的资金、使用的延续性、运行性能，还要根据数据库数据的安全性要求，选用高稳定性、高可用性的产品。

（1）UNIX 操作系统。

（2）ORACLE 数据库系统。

11.4　卫生信息系统

2003 年上半年暴发的非典型肺炎重大疫情灾害，暴露出我国突发公共卫生事件应急机制不健全，公共卫生信息系统发展滞后等问题。这些问题不仅严重影响国家的公共卫生事业和公众安全，更直接关系到小康社会目标的实现。因此，医疗卫生的信息化随着政府卫生主管部门和医院以及社会各界对进程的重视程度与日俱增，建设现代化的卫生信息系统已成为了当务之急。

11.4.1　电子病历与病历信息化

电子病历（EMR，Electronic Medical Record）也叫计算机化的病案系统或称基于计算机的患者记录（CPR，Computer-Based Patient Record），它是用电子设备（计算机、健康卡等）来保存、管理、传输和重现的数字化的病人的医疗记录，取代手写纸张病历。图 11-4-1 是电子病历系统概貌图。

EHR 在在 DICOM 和 HL7 的支持下，将连接各种医疗信息系统，构成一个面向临床医生和患者的信息服务系统。IHE 组织定义的标准的数字化医院框架，如图 11-4-2 所示。

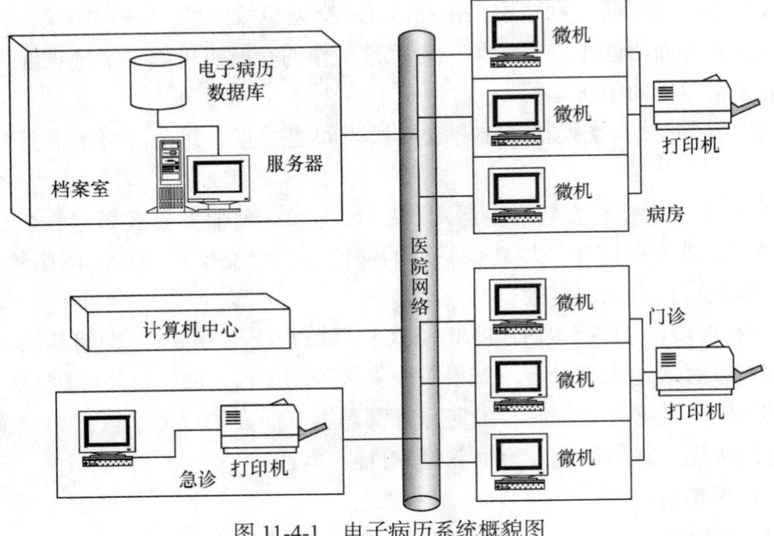

图 11-4-1　电子病历系统概貌图

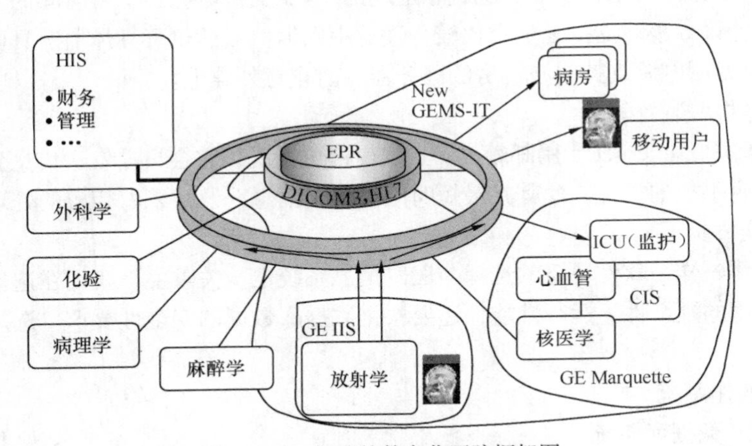

图 11-4-2　标准的数字化医院框架图

电子病历的特点是传送速度快，共享性好，存储容量大，使用方便，成本低廉。尽管它也存在一些缺点，如需要大量的计算机软硬件投资和人员培训，有些医务人员甚至很难适应计算机操作；计算机一旦发生故障，将造成系统停顿，无法进行工作，因此经常需要保存手工的原始记录。即便这样，以电子病历为核心的临床信息系统也逐渐成为医院信息系统最重要的趋势之一。

医疗信息系统的主要功能是为医院的医疗提供信息服务，而电子病历的各项功能都是建立在对病人的病历信息进行处理的基础上。它包括以下几个方面。

- 患者的姓名，性别等自然信息；
- 患者的入院，出院，转科，转院等流行情况；
- 患者在医院所接受的各种检查记录；
- 医生为患者所做的各种治疗记录；
- 对患者的护理记录等。

有了以电子病历为核心的医院信息系统，医疗工作的过程将会有很大变化。如果一个急诊患者突然来到医院，医生可以将患者身上所带的健康卡插入计算机，这样计算机就会立刻显示出患者的有关情况，如姓名，年龄，药物敏感等，此时医生就能够根据患者的临床表现开出需要的检查项目单。完成检查后，经治医生能够立刻得到检查结果，并做出诊治处理意见。如果是疑难病例，医生还可以通过计算机网络系统请上级医生或专科医生进行会诊。上级医生或专科医生可以在自己的办公室或家中提出会诊意见，以帮助经治医生做出治疗方案。电子病历和计算机信息系统的应用，将使这个医疗会诊的时间大大缩短，质量大大提高。国外于 1994 年推出的多媒体电子病历记录系统——VIEWSCOPE，就是一个有代表性的以电子病历为核心的医院信息系统。这个系统是集图像、视频、声频及文本于一体的多媒体微型计算机系统，它能从多种数据源同时存取信息，使医务人员能从一台普通的桌面微机系统上一次查阅有关患者的所有病历记录，如 X 光片及超声波图像，观看有关病情记录的录像及录音等。多媒体电子病历系统 VIEWSCOPE 还能和其他的医疗信息系统相连接，形成一个以电子病历为核心的医院信息系统。

图 11-4-3 和图 11-4-4 是 EMR 的图例。

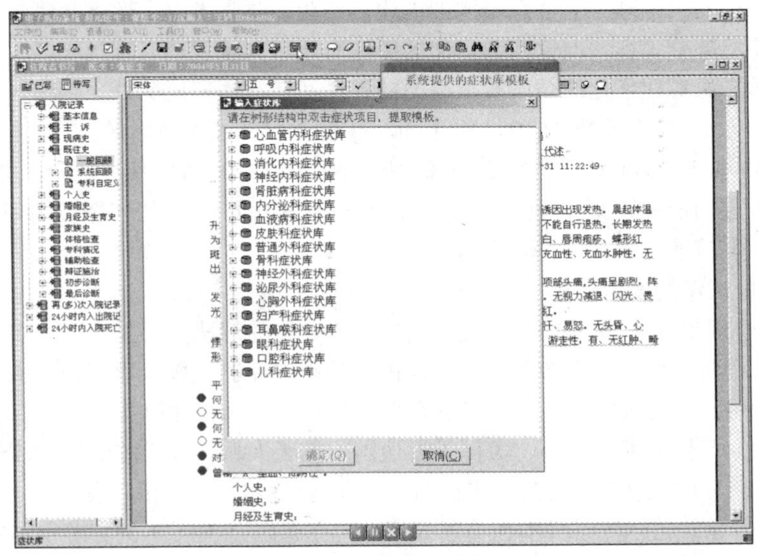

图 11-4-3　EMR 图例 1

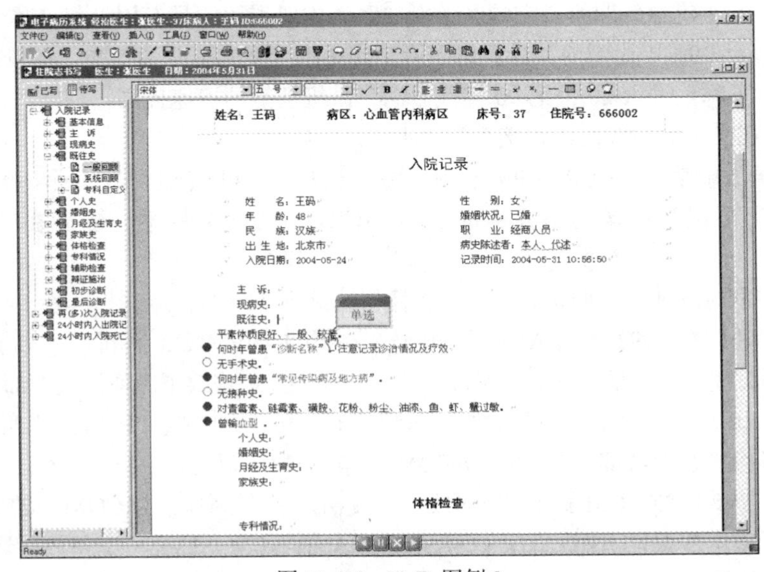

图 11-4-4　EMR 图例 2

11.4.2 HIS 中的医学影像系统

1．医学影像系统概述

医学影像系统通常称为图像存档传输系统（Picture Archiving and Communication System，PACS），是医院信息系统中的一个重要组成部分，是使用计算机和网络技术对医学影像进行数字化处理的系统，其目标是用来代替现行的模拟医学影像体系。它主要解决医学影像的采集和数字化，图像的存储和管理，数字化医学图像的高速传输，图像的数字化处理和重现，图像信息与其他信息的集成 5 个方面的问题。

根据医学影像实际应用的不同目的，数字化的影像可分为 3 个精度等级：影像作为医疗诊断的主要依据时，数字化后的影像必须反映原始图像的精度；作为医疗中的一般参考时，数字化影像可进行一定的压缩，以减少对信息资源的占用；作为教学参考时，数字化影像只要能够保留影像中教学所需要的部分内容，允许对数字化的影像有比较大幅度的有损压缩。

不同的医学影像对数字化的精度要求也不同，常见有：对 X 光胸片、乳腺 X 片影像，几何精度要求为 2K 以上，灰阶分辨率为 1024 级至 4096 级；对 CT、MRI 影像，几何精度为 512×512，灰阶分辨率为 4096 级；对超声、内窥镜影像，几何精度为 320～512 级，灰阶为 256 级彩色影像，这类影像还需要是 16～30 幅/秒连续的动态影像；对病理影像，几何精度为 512×512 或 1×1K，具有灰阶分辨率为 256 级的彩色图像。

2．医学影像系统的发展历史概况

PACS 的概念提出于 20 世纪 80 年代初。建立 PACS 的想法主要是由两个主要因素引起的：一是数字化影像设备，如 CT 设备等的产生使得医学影像能够直接从检查设备中获取；另一个是计算机技术的发展，使得大容量数字信息的存储、通信和显示都能够实现。

在 20 世纪 80 年代初期，欧洲、美国等发达国家基于大型计算机的医院管理信息系统已经基本完成了研究阶段而转向实施，研究工作在 80 年代中就逐步转向为医疗服务的系统，如临床信息系统、PACS 等方面。在欧洲、日本和美国等相继建立起研究 PACS 的实验室和实验系统。随着技术的发展，到 20 世纪 90 年代初期已经陆续建立起一些实用的 PACS。

在 20 世纪 80 年代中后期所研究的医学影像系统主要采用的是专用设备，整个系统的价格非常昂贵。到 20 世纪 90 年代中期，计算机图形工作站的产生和网络通信技术的发展，使得 PACS 的整体价格有所下降。进入 20 世纪 90 年代后期，微机性能的迅速提高，网络的高速发展，使得 PACS 可以建立在一个能被较多医院接受的水平上。

1982 年美国放射学会（ACR）和电器制造协会（NEMA）联合组织了一个研究组，1985 年制定出了一套数字化医学影像的格式标准，即 ACR-NEMA1.0 标准，随后在 1988 年完成了 ACR-NEMA2.0。

随着网络技术的发展，人们认识到仅有图像格式标准还不够，通信标准在 PACS 中也起着非常重要的作用。随即在 1993 年由 ACR 和 NEMA 在 ACR-NEMA2.0 标准的基础上，增加了通信方面的规范；同时按照影像学检查信息流特点的 E-R 模型重新修改了图像格式中部分信息的定义，制定了 DICOM 3.0 标准。目前，一些主要的医疗仪器公司，如 GE、PHILIPS、西门子、柯达等，所生产的大型影像检查设备都配有支持 DICOM 标准的通信模块或工作站，也有许多专门制造影像系统的公司生产支持 DICOM 标准的影像处理、显示、存储系统。DICOM 标准也在不断更新，它所支持的医学影像种类也不断增加，已经从原来 ACR-NEMA 标准只支持放射影像扩展到支持内窥镜、病理等其他影像。也有学者在研究处理医学图形、声音等信息。同时也有人研究 DICOM

与其他医学信息传输标准的沟通，如 HL7（Health Level Seven）等。

3. PACS 系统的组成

一个 PACS 系统，主要包括的内容有图像采集、传输存储、处理、显示以及打印。硬件主要有接口设备、存储设备、主机、网络设备和显示系统。软件的功能包括通信、数据库管理、存储管理、任务调度、错误处理和网络监控等。

4. PACS 类型及特征

按规模和应用功能将 PACS 分为以下 3 类。

（1）全规模 PACS（full-service PACS）：涵盖全放射科或医学影像学科范围，包括所有医学成像设备、有独立的影像存储及管理子系统、足够量的图像显示和硬胶片复制输出设备，以及临床影像浏览、会诊系统和远程放射学服务。

（2）数字化 PACS（digital PACS）：包括常规 X 线影像以外的所有数字影像设备（如 CT、MRI、DSA 等），常规 X 线影像可经胶片数字化仪（film digitizer）进入 PACS。具备独立的影像存储及管理子系统和必要的软、硬复制输出设备。

（3）小型 PACS（mini-PACS）：局限于单一医学影像部门或影像子专业单元范围内，在医学影像学科内部分地实现影像的数字化传输、存储和图像显示功能。

具备医学数字影像传输（DICOM）标准的完全遵从性，是现代 PACS 不可或缺的基本特征。

在近年的文献中提出了"第二代 PACS"（Hi-PACS，Hospital integrated PACS）的概念，其基本定义即指包括了模块化结构、开放性架构、DICOM 标准、整合医院信息系统/放射信息系统（HIS/RIS）等特征的 full-service PACS 范畴。

5. PACS 系统管理结构模式。

PACS 系统管理结构模式可以分为以下两种。

（1）集中管理模式（Central Management）：由 1 个功能强大的中央管理系统（服务器）及中央影像存储系统（Central Archiving）服务于所有 PACS 设备和影像，提供集中的、全面的系统运行和管理服务。该模式有利于对系统资源和服务实施进行有效的管理，但该模式对网络带宽及传输速率、管理系统设备软件和（或）硬件性能及稳定性要求较高。

（2）分布式管理模式（Distributed Management）：PACS 由多个相对独立的子单元（系统）组成，每一子单元有独立的存储管理系统。可以设或不设中央管理服务器，但通常应具有一个逻辑上的中央管理系统/平台。该模式也可以由多个 mini-PACS 整合形成。分布式管理模式有利于减轻网络负荷，但对资源和服务的管理、利用效率可能不及集中模式高。

6. PACS 目前存在的问题

标准化技术的应用在 PACS 建立过程中关系重大，它关系到 PACS 与其他系统信息交换和各个不同厂商设备的连入。当前，有美国的 ACR 和 NEMA 两个组织共同制定 DICOM 标准已经成为业界实际采用的工业标准。这个标准使得各个医疗影像仪器生产厂的数字化检查设备能够方便地连接在一起。

由于医学影像系统中图像的质量关系到诊断和治疗的准确性，因此系统应该对图像质量有很高的要求，对图像质量产生较大影像的主要因素是胶片图像的采集过程。在诊疗中，通常对 X 光片的影像质量、图像的几何分辨率、光密度、噪声等都有较高的要求，需要使用专用的胶片激光扫描仪进行图像的采集，而目前在很多远程医疗系统中使用普通办公用扫描系统采集的图像往往达不到要求。

当前计算机技术的发展为 PACS 建设提供了技术基础。大容量的磁盘已经大大降低了图像存储的费用。使用 CD-R、光盘柜、光盘塔等设备，使系统的离线存储非常可靠与方便，同时费用也能够为广大医院所接受。

不同检查所产生的医学影像，在图像分辨率、光密度等方面有非常大的差别。大多数种类的检查影像是中低分辨率的。这些影像能够使用常用的通用微机设备进行处理和显示，只有少数种类的影像需要高分辨率的设备来处理。我们可以充分利用这个特点，在 PACS 建设中分阶段实施，逐步实现医院影像处理的自动化和无胶片化。

7. PACS 的发展趋势

PACS 是与计算机技术、网络通信技术结合的产物。它将医学影像资料转化为计算机能识别处理的数字形式，通过计算机及网络通信设备，完成对医学影像信息及其相应信息（资料）的采集、存储、处理及传输等功能，使医学信息资源共享，并得到充分的利用。从临床医师的角度，PACS 也可理解为多媒体（电子）病案管理系统的主要组成部分。

在确定 PACS 发展模式时，应根据实际情况制定总体规划，循序渐进，分步实施；遵循 DICOM 3.0 标准，并基于 Internet 的浏览器/服务器体系，采用模块化结构去建设 PACS 及探讨 PACS 的发展模式和实施策略。

选择基于浏览器/服务器（B/S）体系的模块化结构组建 PACS，在于充分利用 WWW 技术设计 PACS。B/S 体系结构，从分布式数据库管理系统角度来说，它是 Client/Server（C/S）模式的扩展，是基于超链接 Hyperlinks、HTM 描述语言的多级 C/S 体系结构，易于解决跨平台问题，通过标准浏览器访问多个平台。

B/S 的客户端为标准的浏览器，环境单一，界面统一，易学易操作，易提高工作效率，版本更新易维护。由于 B/S 体系结构的代码分布不象 C/S 结构那样，要分布在客户端和服务器端，B/S 结构在版本更新时，只需考虑服务器端代码，降低运行成本和软件开发的工作压力。

同时 B/S 可便于实现业务的分布式处理与代码的集中式维护，以利于目前医院缺乏高素质计算机技术人员的条件下，建立集中管理的网络中心，对医学信息系统的各种应用系统的服务器群、网络核心交换设备、网络使用情况的监控设备，以及有关医院管理和临床诊疗信息的海量存取系统等，进行及时而全面的维护和管理，以提高医院信息系统的实用性，以及对付突发事件的应变能力。

在上述制定医院信息系统总体规划的前提下，探讨 PACS 的发展模式。

（1）建立小规模 PACS（mini-PACS）或部分 PACS（Partial PACS）。

应用 DICOM 3.0 标准为设备接口，将数字化成像的医学影像设备连接入网，实现医学影像部门信息资源共享。

（2）通过医院局部网络，实现基于 B/S 和 WWW 技术的示教式的 PACS。

其 PACS 工作站显示器分辨率为 1024 × 1024，10Bit，供各临床科室作非医学影像诊断的浏览（阅读）医学图像（如 CT、MRI、超声和 X 光线）。它具有院内图像分配系统（IHIDS）的雏型。

（3）面向医学影像学专业医师，用以进行医学影像会诊的 PACS。

- 具有完善的图像采集功能，除能通过 DICOM 3.0 接口从 CT、MRI、DSA、CR、DR 等直接采集数字化图像外，还可通过数字化仪（Digitizer），将胶片上记录的模拟信息数字化，间接采集图像信息。
- 应用公认的图像压缩标准，如“JPEG”（联合图片专家组）无失真压缩算法，将数字化医学影像压缩存储。
- 按 DICOM 3.0 标准建立医学影像信息库，并通过高速网络传输，实现医学影像中心和各个影像部门在网上共享高质量的影像输出设备和影像信息资源；

（4）PACS 与不同传输速率组合，构成不同类型的远程放射学信息系统（Tele-Radiology Information System，RIS）。一般可分为以下 3 个类型。

- 低速、窄带远程放射学信息系统。

以公共电话网（PSTN）为基础，用 Modem（传输速率在 56kbit/s 之下）相连接的多媒体 PC 为平台，提供 CT、MR、静态超声图像以及个别体位的 X 线片的中低分辨率（1K × 1K，10Bit）医学影像的远程会诊服务。

- 中速远程放射学信息系统。

以 ISDN 或 DSLAM 为骨干，采用高分辨率监视器（2K × 2K，12bit）的图形工作站，以 64kbit/s 至 768kbit/s 传输速率传输图像信息，除提供 CT、MRI、静态超声影像的远程会诊外，还包括几乎所有部位 X 线片及动态超声心动图、CT 心血管图像的远程会诊服务。

- 高速、宽带远程放射信息系统。

采用 ATM、卫星线路或 E1 电信专用线，其传输速率均在 1Mbit/s 以上，甚至可高达 2400Mbit/s，提供包括实时动态医学影像会诊在内的远程信息服务。

（5）PACS 与 RIS 和 HIS（医院信息系统）以及个人健康档案卡相结合，提供面向社会的远程医学信息服务。

我们应在总体规划下，结合实际，采用模块化结构，密切注视标准和高新技术，循序渐进；切忌忽视医院需求和具备的条件，片面追求技术领先和高速发展，否则欲速不达，造成人力财力浪费。

11.4.3　医学实验室信息系统

医学实验室信息系统（Laboratory Information System，LIS）是指利用计算机技术及计算机网络，实现临床实验室的信息采集、存储、处理、传输、查询，并提供分析及诊断支持的计算机软件系统。

LIS 的主要任务是协助检验师对检验申请单及标本进行预处理，检验数据的自动采集或直接录入，检验数据处理、检验报告的审核，检验报告的查询、打印等。

LIS 的工作流程是：通过门诊医生和住院医生工作站提出的检验申请，生成相应患者的化验条码标签，在生成化验单的同时将患者的基本信息与检验仪器相对应；当检验仪器生成检验结果后，系统会根据相应的关系，通过数据接口和检验结果核准将检验数据自动与患者信息相对应。

LIS 系统的数据加工流程如图 11-4-5 所示：首先，各个全自动化仪器根据通过 HIS 获取的工

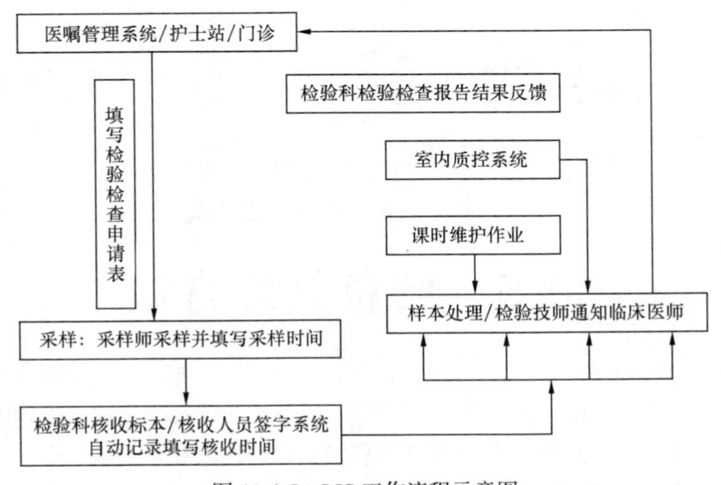

图 11-4-5　LIS 工作流程示意图

作内容（各个患者的标本需检测的项目），对患者的标本进行检测。然后，将从患者标本中获取的临床检验数据通过电缆实时传送入（镜检数据用手工录入）系统，与患者基本数据如姓名、性别、病室等相组合产生完整的检验数据，再经有经验的检验医师审核确认无误后打印出实验报告并存入数据库。进入数据库的临床检验数据，通过医院的HIS，很快便可提供给病房查询和调用。对数据加工可以产生费用表、检验结果底单和各种报表。

11.4.4 中医药信息处理

中医信息活动是我国最早进行科技信息活动的学科之一，历经了一千年多年的发展。网络时代的到来推动了社会的信息化进程，人们意识到了信息作为一种资源对于推动社会和行业的发展起到了至关重要的作用，中医药事业的发展也同样离不开信息化的指导。

中医的临床实践过程从信息学角度看，实际上是一个数据处理的过程。这个过程的核心内容是如何获取有价值的临床数据以及如何处理这些临床数据，并且从中取得可以诊疗患者疾病的有用信息。

要用计算机来处理中医药学的数据，就必须将这些数据转化为计算机能够处理的文字、图像、声音或电信号等数据，再对这些数据进行数字化处理。

11.4.5 公共卫生信息系统

中国公共卫生系统结构如图11-4-6所示，主要由各级医疗行政部门、医院、疾病预防与控制机构、卫生监督机构组成。相对应的，国家公共卫生信息系统主要实现对这些机构所涉及的各种信息进行规划和管理。

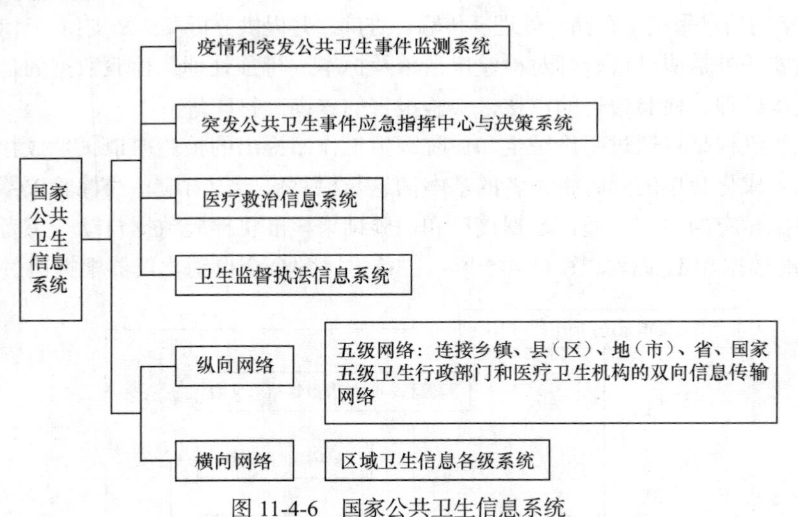

图11-4-6 国家公共卫生信息系统

11.5 信息处理方法

信息是指经过了分析和处理的数据，而医学信息是医疗处理的基础，医疗方案的制定和某种病况的推断都要依赖于医学信息处理；医疗处理中，信息的交换在很大程度上依赖于信息处理的媒体和交换的手段。然而，传统的医学处理常常只包含治疗、比较和认知这3个阶段，很少涉及利用计算机来处理医学信息。在现代化医疗中，我们应利用计算机、网络对医疗信息进行有效处理。

11.5.1　生物信号处理

1. 生物医学信号检测与传感器

生物医学信号检测是对生物体中包含的生命现象、状态、性质及变量和成分等信息的信号进行检测和量化的技术。生物医学传感器是获取各种生物信息并将其转换成易于测量和处理的信号（一般为电信号）的器件，是生物医学信号检测的关键技术。

生物医学信号涉及生物体各层次的生理、生化和生物信号，这些信息以物理量、化学量或生物量变化的形式表现出来，如心电、脑电、肌电、眼电等生物电信号；血压、体温、呼吸、血流、脉搏等非电磁生理信号；血液、尿液、血气等生物化学量信号；酶、蛋白、抗体、抗原等生物量信号。利用生物医学传感器将这些生物信息转换成易于测量和处理的信号，一般为电信号，以便进一步处理，以了解生命活动的规律和本质，为医学研究和临床诊断服务。如血压和血流等信息可以了解心血管系统的状态。

生物医学信号的特点是信号微弱，随机性强，噪声和干扰背景强，动态变化和个体差异大，因此若要把掺杂在噪声和干扰信号中的有用的生物医学信号检测出来，除要求用于检测的传感器系统具有灵敏度高、噪声小、抗干扰能力强、分辨力强、动态特性好之外，对信号提取和分析的手段也有较高的要求。

生物医学传感器按被检测量划分为物理传感器、化学传感器和生物传感器 3 类。物理型传感器用于血压、血流、体温、呼吸等各种生理量的测量，化学型传感器用于对体液中的各种无机离子的测量，生物型传感器用于对生物体的酶、抗原抗体、激素、神经递质以及核糖核酸等生物活性物质的测量。由于生物系统十分复杂，生物体内的信息丰富，生物信号检测技术十分重要。

生物医学传感技术因其关键地位而受到各发达国家的重视。20 世纪 80 年代以来，美国、日本等国先后将生物传感器列为重点研究项目，1985 年起创办了国际性专门刊物《Biosensor》，由此推动了生物传感器的研究热潮。

生物体内物质互相作用或与外界物质相互作用，常同时伴有物理变化及化学变化，故生物医学信号的检出“既可以用物理传感器又可以用化学传感器”，化学传感器常受较多干扰，如电极电位漂移、电极表面中毒等，使这类传感器的性能提高受到限制。

与传统的电化学传感器相比，光纤化学传感器（FOCS）有如下优点。

（1）光纤及探头均可微型化，生物兼容性好，加之良好的柔韧性和不带电的安全性，使其更加适合临床医学上的实时、在体检测；

（2）光纤传输功率损耗小，传输信息容量大，抗电磁干扰，耐高温、高压，防腐，阻燃，防爆，使之可用于远距离遥测和某些特殊环境的分析；

（3）可采用多波长和时间分辨技术来提高方法的选择性，可同时进行多参数或连续多点检测，以获得大量信息；

（4）适当选择化学试剂及其固定方法，可检测多种物质，灵活性很大；

（5）不需要电位法的参比电极，用廉价光源照射样品，可使成本大大降低；

（6）在大多数情况下，FOCS 不改变样品的组成，是非破坏性分析。

目前，光纤传感器已成为生物医学分析的一个重要发展方向。

物理传感器主要包括热敏生物传感器、声效应管生物传感器、光学生物传感器、声波道生物传感器。热敏生物传感器应用范围较广，它具有线路简单、灵敏度高、响应快等优点，适用于对病人进行实时监护。光学生物传感器是利用生物发光或生物物质对光波的扰动进行测量，精度高，抗电磁干扰，非常灵敏，但线性范围窄。声效应管生物传感器是今后的重要发展方向之一，高度集成化后，可做成多功能微型传感器。声波道传感器对力学及电学量都很敏感，它具有灵敏度高、易于集成化、微型化等优点，应用范围较广，越来越受到人们的重视。

目前，物理传感器已经实用化，化学传感器也多已达到实用水平，生物传感器大多数尚处于实验开发阶段。

随着微电子、光电子技术的发展，生物医学传感器也将继续向微型化、多参数、实用化发展。微电子和微加工技术的进步，将导致集微传感器、微处理器和微执行器于一体的微系统的问世与应用。

2. 生物医学信号处理

生物医学信号一般都伴随着噪声和干扰信号，如心电、肌电信号总是伴随着因肢体动作和精神紧张等带来的假象，而且有较强的工频干扰；诱发脑电信号，总是伴随着较强的自发脑电信号；超声回波信号总是伴随着其他反射杂波。此外，信号中无用成分亦应视为检测中的干扰。

生物信息处理技术即是研究从被检测的湮没在干扰和噪声中的生物医学信号中提取有用的生物医学信息的方法。

生物医学信号的检测与处理的方法，包括在强噪声背景下对微弱生理信号的动态提取、多道生理信号的同步观察与处理、生理信号的时间—频率表示、自适应处理、医学专家系统等。

另外，生物传感器输出的信号一般十分微弱，需要放大。

再者，生物信号的特征部分包含着生物信息，把这些信号的特征识别出来也是生物医学信号处理的主要任务。例如，累加平均技术对诱发脑电、希氏束电位、心室晚位等微弱信号的提取；在心电和脑电的体表检测中采用计算机进行多道信号的同步观察与处理，并推求原始信号源的活动；在生理信号的数据压缩中引入人工神经网络方法。

生物医学信息处理技术的研究领域广泛，但仍在发展之中，并存在大量的前沿性课题，均需继续加强系统的、深入的研究，扩大其实用价值。近年来，小波变换（WT）被广泛地应用于生物医学信号检测的许多领域。特别是其在时间—频率平面具有良好的定位特性。

在过去的几年中，人工神经网络（Artificial Neural Networks，NN）在生物医学领域中的应用迅速扩大。人工神经网络提供了一种与常规分析方法不同的计算方法。一般情况下，操作人员先用某种类型的一组输入输出数据训练系统，让系统学习，以后当把属于这种类型的新数据输入系统时，NN 就能用学过的数据推测出而无需编制任何处理这类事件的特殊程序。

虽然 NN 计算最初的重点是为了更好地了解大脑的活动，但它却已经在神经生物学以外的许多应用领域获得了惊人的成就。已有多种 NN 模型被提出，其中某些模型已取得了引人注目的成果。在高分子序列分析，包括蛋白质和 DNA 的 NN 研究对于医学有潜在的重要性。

NN 在图像分析及辅助诊断中的应用，近年来受到了重视，用 NN 对胸部透视数据进行分析，对于鉴别良性与恶性病灶很有帮助，同时还减少了不必要的活组织检查。在单光子发射计算机断层成像（SPECT）中，NN 分析甚至比人工看片在病灶探测方面更为准确。在诊断老年痴呆症时 NN 能和专家相媲美。除图像分析外，NN 还被广泛地应用于心血管疾病的诊断及生化和化学分析等领域。

生物医学信号检测技术已广泛应用于临床检查、病人监护、医学实验、在体控制、人工器官和运动医学等领域，并成为生物医学工种研究各领域的共用性技术。在各方面的应用中，计算机发挥了重要的作用。例如，在心电和脑电的体表检测中，计算机对多种生理信号进行同步观察与处理，以利于更好地反应信号源的活动。

计算机心电图诊断系统已被用户所接受，成为知识处理在医疗卫生领域内为数不多的几个成功应用的例子之一，在门诊检查、基础护理、职业病防治、人口筛选和流行病研究等领域得到一定的应用。虽然目前的心电图诊断系统还比不上专业医生的水平，但心电图的自动分析仍有改进的余地，研究人员正从不同的着重点对诊断程序作进一步的改进，如利用每一心跳中有用的信息；综合不同程序的结果；吸收心电学其他领域的知识；采用非心电图的数据；利用记录完备的心电数据来评估心电图诊断程序等。

11.5.2　图像处理

图像处理一般包括图像采集、传输存储、显示、处理、打印 5 个步骤。

图像可分为两种类型，一是静态图像，主要是单帧图片，例如，腹部超声发现的结石图像；二是动态图像，为一段或多段连续的图像系列，如心脏超声可以采集一个或多个心动周期的图像。

根据超声仪器的特点，图像采集目前大体有两种方式：数字图像以及视频图像的采集。数字图像直接通过网络实现图像采集。以超声仪器为例，该方式的前提一是超声仪器为数字化超声仪，二是其图像支持国际医学图像标准如 DICOM（Digital Imaging and Communication in Medicine）或其他标准，三是开发支持对应格式的图像存储、显示等软件。该方式实现起来比较简单，只要超声仪通过网络与图像存储设备例如图像存储工作站连接即可。该方式要求超声仪器本身支持 DICOM 或其他标准，但它是超声图像采集的最终方式，将来很可能是超声仪器的基本配置。

视频图像采集是将超声仪器输出的视频信号通过计算机转化为数字信号。具体是通过图像采集卡将超声仪器的图像采集到工作站，然后保存到存储设备中。该方式目前基本满足于所有的仪器，实现的条件也比较成熟。

图像的传输存储过程是将采集到的位于超声工作站上的图像按一定的格式、一定的组织原则存储到物理介质上，如服务器、光盘等，以备使用。必须考虑的问题有存储格式、存储空间、存储介质等。可以使用的存储格式为：TIF、TGA、GIF、PCX、BMP、AVI、MPEG、JPEG、DICOM，我们选择比较通用的 AVI 格式或 DICOM 格式。图像压缩方法很多，但医学图像必须保证图像能完全还原为原图式样。也就是说，必须为无失真压缩（或称无损压缩，相对于有失真压缩）。目前几种实用标准为 ISO（国际标准化组织）和 ITU（国际电信联盟）制定的这 3 种：JPEG、H.261 和 MPEG。

常用存储介质有以下几种。

（1）硬磁盘——用于临时存储采集的图像或显示的图像，在图像采集工作站上或者专门的图像服务器上皆配备该设备。

（2）光盘存储器——即 CD-R 盘片，一张盘片存储量可达到 650MB 或更大，多张光盘可组成光盘塔、光盘阵，以实现大量数据的存储。

（3）流磁带（库）。

图像的显示必须满足：（1）不依赖于硬件，也就是说通过软件实现图像显示；（2）动态图像可以动态显示，也可以静态显示；（3）图像方便地在院区网的工作站（如医生工作站）上显示，采集的图像能充分共享，以达到图像采集的目的。

图像处理目前包括图像放大缩小、灰度增强、锐度调整、开窗以及漫游等，图像面积、周长、灰度等的测量。

图像打印生成规范的、包括图像的超声诊断报告单。图像打印时用户可以选择 1～4 幅图像，呈方阵排列，如果配备彩色激光或喷墨打印机则可打印非常漂亮、艳丽、基本满足医学需要的报告单。

DICOM是医学数字图象通信标准（Digital Imaging and Communication in Medicine）的英文缩写，是在医学信息领域中有关医学图像的事实上的国际标准。它详细描述了医学图像的存储格式，及网络间图像传输的协议和消息的格式，使医学图像设备的制造厂商和用户可以在标准网络上实现设备互连，简化了各种类型的医学图像系统的开发和应用。目前，大部分知名的医学图像设备制造厂商都采用DICOM作为其通信互连的标准。因此可以说，理解和实现DICOM标准是实现PACS系统的基础。

目前流行的PACS系统一般使用DICOM标准作为图像设备接口来获取患者图像。例如，CT、X光机、MR等图像设备的共享打印系统就可以应用DICOM标准作为各种图像设备和打印机的网络互连接口，在图像设备来自多个制造厂商的环境里，这就意味着避免了定制不同设备的接口，减少了连接不同设备的费用和麻烦，简化了系统服务。

DICOM标准还应用于将PACS连接到其他信息系统，特别是连接到RIS或HIS。PACS与HIS和RIS相连需要在两方面均采用相应的标准。DICOM标准通过各种管理服务类来简化PACS方面的问题，RIS和HIS也应该采用相应标准（如HL7）来简化其相应问题，这样就大大简化了两种系统互连的问题。

11.5.3 模式识别与决策支持

模式识别是人工智能中一个很重要的领域。模式是对某些感兴趣的客体定量的或结构的描述，模式类是具有某些共同特征的模式的集合，模式是一些供模仿用的、完美无缺的标本。

模式识别就是识别出特定客体所模仿的标本，即研究一种自动技术，依靠这种技术，机器将自动地（或人尽量少地干涉）把待识模式分配到各自的模式类中去。但模式识别不是简单的分类学，其目标包括对于识别对象的描述、理解与综合。图11-5-1是模式识别的全过程。

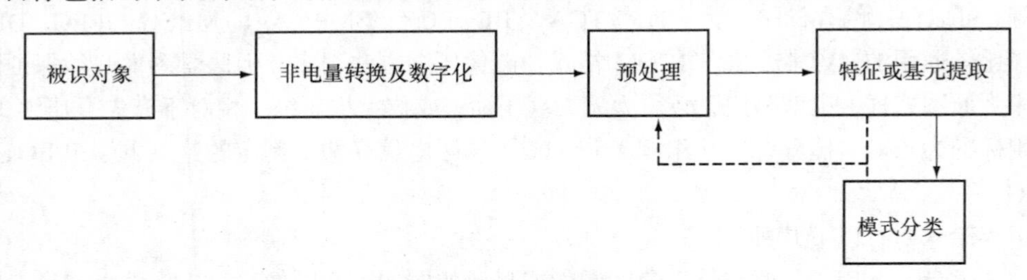

图11-5-1　模式识别的全过程

决策支持系统是以管理学、运筹学、控制论和行为科学为基础，以计算机技术、仿真技术和信息技术为手段，针对半结构化的决策问题，支持决策活动的具有智能作用的人机系统。

医学决策支持系统指将医学知识应用到某一患者的特定问题，提出具有最佳费用/效果比的解决方案的计算机系统，实例如下。

（1）HELP系统（Health Evaluation through Logical Processing）是基于知识框架技术的专用开发语言-HELP FRAME LANGUAGE，旨在帮助医护人员分析解释处理临床数据、分析呼吸系统疾病、判断实验检查异常结果、监控传染病、检查用药合理性。

（2）INTERNIST-1系统是由Pittsburg医科大学开发的用于内科疾病的诊断咨询系统，该系统收集了600多种疾病的诊断知识，4500多例临床表现，旨在通过疾病症状来推理疾病。

11.6　医疗网站精选

首尔峨山医院：http://www.amc.seoul.kr

医疗保健网：http://www.ylbj.com

放心 120 医疗网：http://www.120ask.com

健康 123 医疗网：http://www.jk123.com

医疗商务网：http://www.ylsw.net

中国医疗人才网：http://www.doctorjob.com.cn

中国医疗器械信息网：http://www.cmdi.gov.cn

万行医疗卫生人才网：http://www.job120.com.cn

习　　题

一、填空题

1. HIS 起源于________。
2. HIS 的体系结构有 3 种________、________、________。
3. HIS 分为以下 3 个层次：________、________、________。
4. HIS 可分为以下 8 个单元________、________、________、________、________、________、________、________。
5. HIS 包括________、________。
6. 按规模和应用功能将 PACS 分为________、________、________。
7. DICOM 是________。

二、选择题

1. 远程医疗系统的功能有（　　）。
   A. 远程监护　　B. 远程诊治　　C. PACS　　D. EMR
2. 从概念的角度来看，远程医疗服务可以分为（　　）。
   A. 远程治疗　　B. 远程诊断　　C. 远程教育　　D. 远程信息服务
3. 图像可分为两种类型（　　）。
   A. 静态图像　　B. 动态图像　　C. 位图　　D. JPEG

三、简答题

1. 什么是 PACS？它要解决的主要问题有哪些？
2. 什么是 EMR？
3. LIS 及其组成。
4. 远程医疗系统及其组成。
5. 统计学及统计的基本步骤。
6. 流行统计软件有哪些？
7. 怎样防范 HIS 的数据安全？
8. 什么是医学决策支持系统？试举例。

参考文献

[1] 张惠安，何建军，刘蓉．大学计算机基础．北京：人民邮电出版社，2009.

[2] 甘勇，尚展垒，张建伟．大学计算机基础．北京：人民邮电出版社，2012.

[3] 周大红．大学计算机基础．北京：人民邮电出版社，2012.

[4] 高燕婕．医院信息中心主任实用手册（精）．北京：电子工业出版社，2007.

[5] 康晓东．医学影像学．天津：天津科技翻译出版社，2000.

[6] 高燕婕，朱百钢．现代远程医疗与医院信息系统（HIS）建设全书（全三册）．北京：光明日报出版社，2001.

[7] 王炳顺．医学统计学及 SAS 应用．上海：上海交通大学出版社，2007.

[8] 罗爱静．卫生信息管理学．北京：人民卫生出版社，2006.

[9] 金新政．卫生管理系统工程．北京：高等教育出版社，2007.